21世纪 **高等学校本科系列规划教材**

电力系统继电保护

（第三版）

DIANLI XITONG JIDIAN BAOHU

主　编　陈生贵　袁旭峰
副主编　卢继平　王维庆

重庆大学出版社

内容提要

全书分为两篇。第1篇从基本概念入手全面介绍了电力系统继电保护装置的构成和基本原理,由浅入深地分析了高压输电线路、发电机、变压器等各种继电保护装置的动作行为以及保护装置的整定计算原则。第2篇介绍了微机保护的软硬件构成及其工作原理和算法,并对特征量算法和数字滤波也作了专门介绍。附录介绍了目前广泛使用的典型的超高压输电线路的微机保护装置,以供阅读者查阅。

本书主要作为高等院校电气工程学科电气工程及其自动化专业的教材,也可供电力系统及其自动化专业硕士研究生、高等职业技术学院相关专业学生及从事电力系统相关工作的工程技术人员参考。

图书在版编目(CIP)数据

电力系统继电保护／陈生贵,袁旭峰主编. -- 3 版. -- 重庆:重庆大学出版社,2019.7(2023.1重印)
电气工程及其自动化专业本科系列教材
ISBN 978-7-5689-1168-9

Ⅰ.①电… Ⅱ.①陈…②袁… Ⅲ.①电力系统—继电保护—高等学校—教材 Ⅳ.①TM77

中国版本图书馆 CIP 数据核字(2019)第 045914 号

电力系统继电保护
(第三版)

主 编 陈生贵 袁旭峰
副主编 卢继平 王维庆
策划编辑:曾显跃

责任编辑:陈 力 版式设计:曾显跃
责任校对:万清菊 责任印制:张 策

*

重庆大学出版社出版发行
出版人:饶帮华
社址:重庆市沙坪坝区大学城西路 21 号
邮编:401331
电话:(023)88617190 88617185(中小学)
传真:(023)88617186 88617166
网址:http://www.cqup.com.cn
邮箱:fxk@ cqup.com.cn(营销中心)
全国新华书店经销
重庆华林天美印务有限公司印刷

*

开本:787mm×1092mm 1/16 印张:19.75 字数:495 千
2019 年 7 月第 3 版 2023 年 1 月第 13 次印刷
印数:31 001—33 000
ISBN 978-7-5689-1168-9 定价:49.80 元

第三版前言

本书自 2003 年出版以来，得到了高等院校师生、科研单位技术人员的一致好评，发行量逐年攀升，现已近 3 万册。

编者通过对本书十余年的教学使用也深有感触，虽然教材内容基本满足了当时的教学要求，但仔细推敲，觉得在系统性、完整性及实用性上还有待完善，并且时代在进步，科技在发展，特别是计算机技术、网络技术和通信技术日新月异以及大数据、云计算的广泛应用，为智能化的自适应保护装置的深入研究和广泛使用打下了良好的基础。

为此本书有必要进行修订，其总体思路是在保证基本概念、基本原理内容清晰，保护动作行为分析到位的基础上，删繁就简，特别是要删除陈旧过时的内容，增加一些较新颖的、实用性较强的内容，以加强本书的系统性、完整性和实用性。

修改的具体内容大致如下：在第 1 篇第 1 章的方向电流保护内容中删除了装设方向元件的一些烦琐的方法，修改了功率方向元件工作原理的内容。在第 2 章的距离保护中，增加了多相补偿阻抗继电器的内容，在变压器保护中，增加了后备保护的内容。在高频保护和母线保护内容中也做了适当修改。在第 2 篇微机保护中，除算法和数字滤波部分未作改动外，其余部分如软硬件及附录部分均做了大幅度修改。

全书对大量的图形、符号进行了修改，对文字符号尽可能做到了统一。但在第 1 篇第 5 章的自动重合闸的内容中，因为要在图中介绍具体的继电器工作原理，且图形复杂，图中所用的文字符号改动起来会有一些困难，即使改动也会在学习理解上增加一些难度，所以，从教学上考虑，原文字符号沿用下来。

由于近年来本专业教学计划的变动，专业课授课学时减少幅度较大，书中标注"＊"部分为非基本内容，供教师在教学中根据实际情况选用。

1

全书分为两篇,第 1 篇继电保护原理共分为 10 章,由陈生贵教授修订;第 2 篇微机保护基础共分为 5 章,由袁旭峰教授修订。其中,熊炜、汤亚芳、明德刚、熊国江等老师也分别参与了全书部分内容的修订工作。陈生贵教授对全书进行了统稿。

本书在修订过程中,得到了贵州电网有限责任公司有关部门的大力支持和协助,邹晓松教授、程永忠高级工程师也提出了一些宝贵意见,在此一并表示衷心的感谢。

由于编写人员水平所限,书中难免存在一些疏漏,恳请读者批评指正。

编　者
2019 年 3 月

前　言

　　本书是参照最新的有关教学大纲，并依据本课程应遵循的目前电力系统的特点和发展趋势等因素而编写的。

　　由于目前在电力系统中，数字化技术发展很快，特别是在新建的电站及变电站中大量采用了微机保护装置，因此，本教材在较全面地介绍继电保护原理的基础上，加强了对微机保护原理及其实际应用的介绍。与同类教材相比，本书删除了大部分传统模拟型继电器保护装置的有关内容，突出了继电保护的基本原理部分，并以较大篇幅介绍微机保护的内容。

　　书中从最简单的电流保护及电流继电器入手，对继电保护的基本概念、基本原理和基本分析方法由浅入深地做了较全面的阐述，在此基础上，对微机保护的软、硬件组成，微机保护的特点、方法和抗干扰措施以及实际应用进行了较深入的介绍和分析。

　　全书分为两篇。第 1 篇为继电保护原理，介绍各种继电保护原理的知识；第 2 篇为微机保护基础，介绍微机保护的特点、组成和工作原理，并对目前应用较广的输电线路典型的微机保护装置作了较详细的阐述。

　　全书在图例及文字上尽可能做到统一，采用英文符号。但在第 1 篇第 5 章中因为介绍了具体的继电器，图中所用的 QHJ、JSJ 等符号无法改动，否则容易引起误解。此外，短路点的符号仍沿用通用的 K，未改为 f。

　　参加本书编写的有西华大学詹红霞（第 1 篇第 1、2 章），新疆大学王维庆（第 1 篇第 3、5 章）、重庆大学卢继平（第 1 篇第 4 章，第 2 篇绪论及第 1、4 章），贵州大学陈生贵（第 1 篇绪论及第 6、7、8、9 章，第 2 篇第 5 章），第 2 篇第 2、3 章由陈生贵与卢继平共同编写。全书由陈生贵负责统编与定稿。

　　本书由贵州大学施怀瑾教授主审，他对本书提出了许多宝贵意见，并对本书大纲及全书进行了审定。

本书在编写过程中得到国家电力总公司有关部门及兄弟院校的大力支持和协助。此外，汤亚芳、马长红也参加了部分文稿的打印及绘图工作。在此，一并表示衷心的感谢。

　　由于编写人员水平有限，书中难免有缺点和错误，恳请读者批评指正。

编　者

2002 年 11 月

本书使用符号说明

一、设备文字符号

G：发电机；

T：变压器；

QF：断路器；

YR：断路器跳闸线圈；

QS：隔离刀闸；

TA：电流互感器；

M：电动机；

LP：连接片。

AR：自动重合闸；

SD：发电机无磁开关；

TX：电抗互感器；

C：电容器；

L：电抗器；

TV：电压互感器；

SA：控制开关；

二、继电器文字符号

KI：电流继电器；

KV：电压继电器；

KCO：出口继电器；

KCP：合闸位置继电器；

KKJ：合后继电器；

KTP：跳闸位置继电器；

KST：启动继电器；

KP：功率方向继电器。

KM：中间继电器；

KS：信号继电器；

KT：时间继电器；

KD：差动继电器；

KOF：跳闸继电器；

KON：合闸继电器；

KCY：同步检查继电器；

三、文字符号及下标符号

r：制动；

op：动作；

N：额定；

n：基准；

f：故障；

k：短路；

d：差动；

min：最小。

st：启动值；

set：整定；

unb：不平衡；

0：零序分量；

1：正序分量；

2：负序分量；

max：最大；

四、常用系数

K_{rel}：可靠系数；

K_{sen}：灵敏系数；

K_{re}：返回系数；

K_{b}：分支系数；

K_{aper}：非周期分量影响系数；

K_{ss}：同型系数；

K_{s}：自启动系数；

K_{c}：接线系数。

目录

第1篇　继电保护原理

第2篇　微机保护基础

第1篇
继电保护原理

绪 论

❀❀❀❀❀❀❀❀❀❀❀❀❀❀❀❀❀❀❀❀❀❀❀❀❀❀❀❀❀❀❀❀❀❀❀❀❀❀

0.1 继电保护的作用

电力系统运行要求安全可靠。但是,电力系统的组成元件数量多,结构各异,运行情况复杂,覆盖的地域辽阔。因此,受自然条件、设备及人为因素的影响(如雷击、倒塌、内部过电压或运行人员误操作等),电力系统会发生各种故障和不正常运行状态。最常见、危害最大的故障是各种形式的短路。

①故障造成的很大的短路电流产生电弧使设备损坏。

②从电源到短路点间流过的短路电流引起的发热和电动力将造成在该路径中非故障元件的损坏。

③靠近故障点的部分地区电压大幅度下降,可使用户的正常工作遭到破坏或影响产品质量。

④破坏电力系统并列运行的稳定性，引起系统振荡，甚至使该系统瓦解和崩溃。

所谓不正常运行状态：是指系统的正常工作受到干扰，使运行参数偏离正常值，如一些设备过负荷、系统频率或某些地区电压异常、系统振荡等。

故障和不正常运行情况常常是难以避免的，但事故却可以防止。电力系统继电保护装置就是装设在每一个电气设备上，用来反映它们发生的故障和不正常运行情况，从而动作于断路器跳闸或发出信号的一种有效的反事故的自动装置。它的基本任务如下所述：

①自动、有选择性、快速地将故障元件从电力系统中切除，使故障元件损坏程度尽可能降低，并保证该系统中非故障部分迅速恢复正常运行。

②反映电气元件的不正常运行状态，并依据运行维护的具体条件和设备的承受能力，发出信号、减负荷或延时跳闸。

应该指出，要确保电力系统的安全运行，除了继电保护装置外，还应该设置电力系统安全自动装置。后者是着眼于事故后和系统不正常运行情况的紧急处理，以防止电力系统大面积停电和保证对重要负荷连续供电及恢复电力系统的正常运行。例如自动重合闸、备用电源自动投入、自动切负荷、快关汽门、电气制动、远方切机、在按选定的开关上实现系统解列、过负荷控制等。

随着电力系统的扩大，对安全运行的要求也越来越高。为此，还应设置以各级计算机为中心，用分层控制方式实施的安全监控系统，它能对包括正常运行在内的各种运行状态实施控制，这样才能更进一步地确保电力系统的安全运行。

0.2　对电力系统继电保护的基本要求

为实现其目标，作用于跳闸的继电保护装置在技术性能上必须满足以下 4 个要求：

(1)选择性

选择性的基本含义是保护装置动作时仅将故障元件从电力系统中切除，使停电范围尽量减小，以保证系统中非故障部分继续安全运行，如图 0.1 所示。

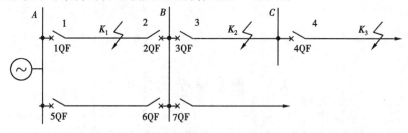

图 0.1　保护选择性说明图

当 K_3 发生故障时，则应由保护 4 动作切除 4QF，仅使本线路停电，停电范围最小，其余非故障部分可继续运行，这是有选择性动作。若 K_1 点发生故障，由保护 1 和 2 动作，断路器 1QF、2QF 跳闸以切除故障线路，也满足选择性的要求。若此时断路器 5QF 或 6QF 也跳闸，则扩大了电网停电范围，这种情况就属于非选择性动作。

但是，当 K_3 点发生短路，如果保护 4 或断路器 4QF 由于某种原因拒绝动作，而由保护 3 动作使断路器 3QF 跳闸，从而切除故障线路 BC，也是有选择性的。此时，虽然切除了一部分非故障线路，但在 4QF 或保护 4 拒动的情况下，达到了尽可能限制故障的扩展，缩小停电范围的目的。因此,把它称为下一段线路保护或断路器拒动的"后备"保护。

对每个被保护设备(或称元件)上装设着分别起主保护和后备保护作用的独立的两套保护,"就近"实现后备,不依靠相邻的上一个元件的保护,称为"近后备"保护。断路器拒动则由本站装设的断路器失灵保护(也称近后备结线)动作切除连接在该段母线上的其他断路器。

在远处实现的"后备"称远后备。显然,远后备保护的功能比较完备,它对相邻元件的保护装置、断路器、二次回路和直流电源故障所引起的拒动都能起到后备作用,同时它比较简单、经济。因此,远后备宜优先采用。只有当远后备保护不能满足灵敏度要求时,再考虑采用"近后备"的方式。

辅助保护为补充主保护某种保护性能的不足(如方向性元件的电压死区)或加速切除某部分故障而装设的简单保护(如无时限电流速断)。

(2)**速动性**

速动性是指继电保护装置应以尽可能快的速度断开故障元件。这样就能降低故障设备的损坏程度,减少用户在低电压情况下工作的时间,提高电力系统运行的稳定性。

快速切除故障,可提高发电厂并列运行的稳定性,可用图0.2说明。若A厂母线附近K点发生三相短路时,A厂母线电压会大大下降而卸去母线上负荷,但发电厂调速系统来不及作相应调整,则A厂发电机转速必然升高。此时,B厂母线还有较高残余电压,故B厂卸去或增加的负荷不多,发电机转速变化

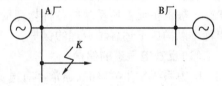

图0.2　电力系统并列运行示意图

较小。这样A、B两厂的发电机就产生转速差而失去同步。若切除故障时间短,则转差小,很易恢复同步运行;若切除故障时间长,则两厂解列(联络线断开)。

故障切除时间等于保护装置和断路器动作时间之和。目前保护动作速度最快的约为0.02 s,加上快速断路器的动作时间,故障可在0.05～0.06 s切除。

应考虑不同电网对故障切除时间的具体要求和经济性、运行维护水平等条件以便确定合理的保护动作时间。

(3)**灵敏性**

保护装置对其保护范围内的故障或不正常运行状态的反应能力称为灵敏性(灵敏度)。灵敏性常用灵敏系数来衡量。它是在保护装置的测量元件确定了动作值后,按最不利的运行方式、故障类型、保护范围内的指定点校验,并满足有关规定的标准。

(4)**可靠性**

可靠性是指保护装置在规定的保护范围内发生了它应该作出反应的故障时,保护装置应可靠地动作(即不拒动);而在不属于该保护动作的其他任何情况下,则不应该动作(即不误动)。

可靠性取决于保护装置本身的设计、制造、安装、运行维护等因素。一般来说,保护装置的组成元件质量越好、接线越简单、回路继电器的触点和接插件数越少,保护装置就越可靠。同时,保护装置恰当的配置与选用、正确的安装与调试、良好的运行维护,对于提高保护的可靠性也具有重要的作用。

对继电保护装置的4项基本要求是分析研究继电保护的基础,也是贯穿全书的主线,必须反复地领会。要注意的是这4项基本要求之间往往有矛盾的一面,例如,既有选择性而又速动的保护,其装置结构都比较复杂,可靠性就比较低;提高保护的灵敏性,却增加了误动的可能

性,降低了可靠性。因此,必须从被保护对象的实际情况出发,明确矛盾的主次,采取必要的措施,通过实践是可以逐步掌握的。

除了以上4项基本要求外,还应该考虑经济性与可维护性。经济性是指保护装置购置、安装、调试及运行维护等费用,但经济性首先要着眼于国民经济的整体利益,而不应只着眼于节省继电保护装置的投资。另一方面,对于那些次要而数量很多的电气设备,如异步电动机的保护,也不应该装设复杂而昂贵的继电保护装置。

可维护性则是指保护装置的正常动作维护及定期维护应该比较方便。

0.3 继电保护的基本原理及保护装置的组成

继电保护装置要起到反事故的自动装置的作用,必须正确地区分"正常"与"不正常"运行状态、被保护元件的"外部故障"与"内部故障",以实现继电保护的功能。因此,通过检测各种状态下被保护元件所反映的各种物理量的变化并予以鉴别。依据反映的物理量的不同,保护装置可以构成下述各种原理的保护。

(1)**反映电气量的保护**

电力系统发生故障时,通常伴有电流增大、电压降低以及电流与电压的比值(阻抗)和它们之间的相位角改变等现象。因此,在被保护元件的一端装设的种种变换器可以检测、比较并鉴别出发生故障时这些基本参数与正常运行时的差别,就可以构成各种不同原理的继电保护装置。例如,反映电流增大构成过电流保护;反映电压降低(或升高)构成低电压(或过电压)保护;反映电流与电压间的相位角变化构成方向保护;反映电压与电流的比值的变化构成距离保护。除此以外,还可根据在被保护元件内部和外部短路时,被保护元件两端电流相位或功率方向的差别,分别构成差动保护、高频保护等。

同理,由于序分量保护灵敏度高,故障分量、突变量保护可靠性好也得到了广泛应用。

(2)**反映非电气量的保护**

如反映温度、压力、流量等非电气量变化的保护可以构成电力变压器的瓦斯保护、温度保护等。

继电保护相当于一种在线的开环的自动控制装置,根据控制过程信号性质的不同,可以分模拟型(它又分为机电型和静态型)和数字型两大类。对于常规的模拟继电保护装置,一般包括测量部分、逻辑部分和执行部分。如图0.3所示,测量部分从被保护对象输入有关信号,再与给定的整定值比较,以判断是否发生故障或不正常运行状态;逻辑部分依据测量部分输出量的性质、出现的顺序或其组合,进行逻辑判断,以确定保护是否应该动作;执行部分依据前面环节判断得出的结果予以执行:跳闸或发信号。

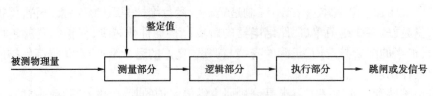

图0.3 继电保护装置组成方框图

第**1**章
电网的电流电压保护

电网在运行过程中,可能发生各种故障和不正常运行状态,最常见的、同时也是最危险的故障就是发生各种形式的短路。当被保护线路上发生短路故障时,其主要特征就是电流增加和电压降低。利用这两个特征,可以构成电流电压保护。电流保护主要包括:无时限电流速断保护、限时电流速断保护和定时限过电流保护。电压保护主要指低电压保护。当发生短路时,保护安装处母线上残余电压低于低电压保护的整定值时,保护就动作。在电压互感器二次回路断线的情况下,低电压保护也要误动作,所以很少单独采用。多数情况下与电流保护配合使用,例如,电流电压联锁速断保护等。

1.1 单侧电源网络的相间短路的电流电压保护

1.1.1 电流继电器

电网发生相间短路时,一个明显的特征就是故障相电流突然增大,因此,通过检测电流的变化可以判定故障的发生,这就是作为故障测量元件之一的电流继电器的功能。

电流继电器是实现电流保护的基本元件,也是反映一个电气量而动作的简单继电器的典型。

电流继电器有很多类型,如电磁型、晶体管型和集成电路型等,无论何种类型的电流继电器,它们总有一个动作电流 $I_{op.r}$ 和一个返回电流 $I_{re.r}$。

动作电流 $I_{op.r}$:能使继电器动作的最小电流值。当继电器的输入电流 $I_r < I_{op.r}$ 时,继电器根本不动作;而当 $I_r \geq I_{op.r}$ 时,继电器能够突然迅速地动作。

返回电流 $I_{re.r}$:能使继电器返回原位的最大电流值。在继电器动作以后,当电流 I_r 减小到 $I_{re.r}$ 时,继电器能立即突然地返回原位。无论启动和返回,继电器的动作都是明确的,它不可能停留在某一个中间位置。这种特性称为"继电特性"。

返回系数:即继电器的返回电流与动作电流的比值。可表示为:

$$K_{re} = \frac{I_{re.r}}{I_{op.r}}$$

$$(1.1)$$

显然,反映电气量增长而动作的继电器(如电流继电器)的 K_{re} 小于1,而反映电气量降低而动作的继电器(如低电压继电器),其 K_{re} 必大于1。在实际应用中,常常要求电流继电器有较高的返回系数,如 0.8~0.9,微机电流保护有的可达到0.95。

老式的继电保护装置都是由许多继电器组合而成的,如电流、电压、时间、中间、信号、差动、功率方向、阻抗继电器等。与微机保护相比,装置较复杂,但对初学者来说,对装置的各部分均可看得较清楚,对了解和掌握保护的原理会容易一些。

1.1.2 无时限电流速断保护

无时限电流速断保护又称为Ⅰ段电流保护或瞬时电流速断保护。

根据对继电保护速动性的要求,保护装置动作切除故障的时间,必须满足系统稳定和保证重要用户供电可靠性。在简单、可靠和保证选择性的前提下,原则上总是越快越好。因此,应力求装设快速动作的继电保护,无时限电流速断保护就是这样的保护。它是反映电流增大而瞬时动作的电流保护,故又简称为电流速断保护。

以图 1.1 所示的单侧电源网络接线为例,假定在每条线路上均装有电流速断保护,则当线路 A—B 上发生故障时,希望保护 2 能瞬时动作,而当线路 B—C 上故障时,希望保护 1 能瞬时动作,且它们的保护范围最好能达到本线路全长的 100%。但这种希望能否实现,还需具体分析。

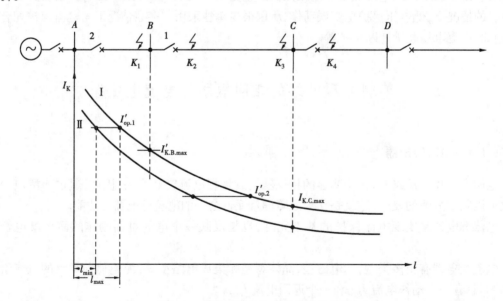

图 1.1　电流速断保护动作特性的分析

如图 1.1 所示,以保护 2 为例。当本线路末端 K_1 点短路时,希望速断保护 2 能够瞬时动作切除故障,而当相邻线路 B—C 出口处(即 B—C 线路的始端)K_2 点短路时,按照选择性的要求,速断保护 2 就不应该动作,因为该处的故障应由速断保护 1 动作切除。实际上,K_1 点和 K_2 点短路时,从保护 2 安装处所流过短路电流的数值几乎是一样的。因此,希望 K_1 点短路时速断保护 2 能动作,而 K_2 点短路时又不动作的要求就不可能同时得到满足。同理,保护 1 也无法区别 K_3 和 K_4 点的短路,这就产生了矛盾。为解决这个矛盾,可采取两种办法:第一,优先保证动作的选择性,即从保护装置启动参数的整定上保证下一条线路出口处短路时保护不启动,在继电保护技术中,这又称为按躲开下一条线路出口处短路的条件整定;第二,当快速切除故障为首要条件时,就采用无选择性的电流速断保护,而以自动重合闸来纠正这种无选择性动作。此处重点介绍优先保证选择性的电流速断保护。

对于反映电流增大而瞬时动作的电流速断保护而言,保护装置的启动电流以 I'_{op} 表示,显然,必须当实际的短路电流 $I_K \geq I'_{op}$ 时,保护装置才能启动。保护装置的启动电流 I'_{op} 是用电力系统一次侧的参数表示的。

现在来分析电流速断保护的整定计算原则。根据电力系统短路的分析,当电源电势一定时,短路电流的大小决定于短路点和电源之间的总阻抗 Z_Σ,三相短路电流可表示为:

$$I_K^{(3)} = \frac{E_\phi}{Z_\Sigma} = \frac{E_\phi}{Z_S + Z_K} \tag{1.2}$$

式中　E_ϕ——系统等效电源的相电势;

　　　Z_K——短路点至保护安装处之间的阻抗;

　　　Z_S——保护安装处到系统等效电源之间的阻抗。

由式(1.2)可见,在一定的系统运行方式下,E_ϕ 和 Z_S 是常数,流过保护的三相短路电流 $I_K^{(3)}$ 将随 Z_K 的增大而减小,因此,可以经计算后绘出 $I_K = f(l)$ 的变化曲线,如图 1.1 所示。当系统运行方式及故障类型改变时,I_K 将随之变化。对每一套保护装置来讲,通过该保护装置的短路电流为最大的方式,称为系统最大运行方式;而短路电流为最小的方式,则称为系统最小运行方式。对于不同安装地点的保护装置,应根据网络接线的实际情况,选取最大和最小运行方式。在系统最大运行方式下发生三相短路故障时,通过保护装置的短路电流为最大;而在系统最小运行方式下发生两相短路时,则短路电流为最小。这两种情况下短路电流的变化如图1.1中的曲线Ⅰ和Ⅱ所示。

为了保证电流速断保护动作的选择性,对于保护1,其启动电流必须整定得大于本线路末端短路时可能出现的最大短路电流(即在最大运行方式下变电所 C 母线上三相短路时的电流 $I_{K.C.max}$),也即

$$I'_{op.1} > I_{K.C.max} \tag{1.3}$$

引入可靠系数 $K'_{rel} = 1.2 \sim 1.3$,则上式可写为:

$$I'_{op.1} = K'_{rel} \cdot I_{K.C.max} \tag{1.4}$$

式中　K'_{rel}——考虑短路电流计算误差、继电器动作电流误差、短路电流中非周期分量的影响和必要的裕度而引入的大于1的系数。

对于保护2,按照同样的原则,其启动电流应整定得大于 K_B 点短路时的最大短路电流 $I_{K.B.max}$,即

$$I'_{op.2} = K'_{rel} \cdot I_{K.B.max} \tag{1.5}$$

启动电流与 Z_K 无关,即与 l 无关,所以在图 1.1 上是直线,它与曲线Ⅰ和Ⅱ各有一个交点。在交点以前短路时,由于短路电流大于启动电流,保护装置都能动作;而在交点以后短路时,由于短路电流小于启动电流,保护将不能启动。对应这两点,保护有最大和最小保护范围。由此可见,有选择性的电流速断保护不可能保护线路的全长。

因此,速断保护对被保护线路内部故障的反应能力(即灵敏性),只能用保护范围的大小来衡量,此保护范围通常用线路全长的百分数来表示。由图 1.1 可见,当系统为最大运行方式且发生三相短路故障时,电流速断的保护范围为最大,当出现其他运行方式或两相短路时,速

断的保护范围都要减小,而当出现系统最小运行方式下的两相短路时,电流速断的保护范围最小。一般情况下,应按这种运行方式和故障类型来校验其保护范围。规程规定,最小保护范围不应小于线路全长的15%。

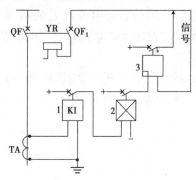

图1.2　无时限电流速断保护
的单相原理接线图

无时限电流速断保护的单相原理接线如图1.2所示。它是由电流继电器(测量元件)1、中间继电器2和信号继电器3组成。正常运行时,负荷电流流过线路,反映电流继电器中的电流小于1的启动电流,1不动作,其常开触点是断开的,2常开触点也是断开的,信号继电器3线圈和断路器QF跳闸线圈中无电流,断路器主触头闭合处于送电状态。当线路短路时,短路电流超过保护装置的启动电流,电流继电器1常开触点闭合启动中间继电器2,2常开触点闭合将正电源接入3的线圈,并通过断路器的常开辅助触点QF₁,接到跳闸线圈YR构成通路,断路器QF执行跳闸动作,QF跳闸后切除故障线路。

中间继电器2的作用,一方面是利用2的常开触点(大容量)代替电流继电器1的小容量触点,接通YR线圈;另一方面是利用带有0.06～0.08 s延时的中间继电器,以增大保护的固有动作时间,躲过管型避雷器放电时间(一般放电时间可达0.04～0.06 s),以防止避雷器放电引起保护误动作。

信号继电器3的作用是用于指示该保护动作,以便运行人员处理和分析故障。

无时限电流速断保护的主要优点是简单可靠,动作迅速,因而获得了广泛的应用。它的缺点是不可能保护线路的全长,并且保护范围直接受系统运行方式变化的影响。当系统运行方式变化很大,或者被保护线路的长度很短时,无时限电流速断保护就可能没有保护范围,因而不能采用。

如图1.3所示,当系统运行方式变化很大时,保护2电流速断按最大运行方式下保护选择性的条件整定以后,在最小运行方式下就没有保护范围。

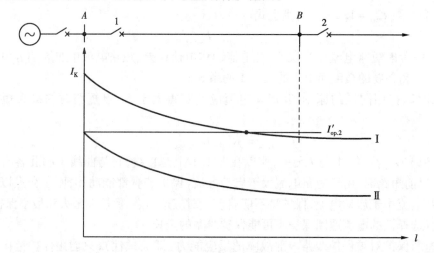

图1.3　系统运行方式的变化对电流速断保护的影响

图 1.4 所示为被保护线路长短不同的情况。当线路较长时,其始端和末端短路电流的差别较大,因而短路电流变化曲线比较陡,保护范围比较大,如图 1.4(a)所示;而当线路较短时,由于短路电流曲线变化平缓,速断保护的整定值在考虑了可靠系数以后,其保护范围将很小,甚至等于零,如图 1.4(b)所示。

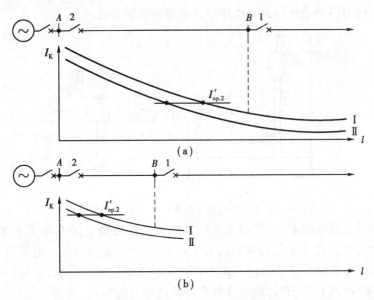

图 1.4 被保护线路长短不同对电流速断保护的影响

在个别情况下,有选择地电流速断也可以保护线路的全长,例如,当电网的终端线路上采用线路—变压器组的接线方式时(图 1.5),由于线路和变压器可以看成一个元件,而速断保护就可以按照躲开变压器低压侧出口处 K_1 点的短路来整定,由于变压器的阻抗一般较大,因此,K_1 点的短路电流就大为减小,这样整定之后,电流速断就可以保护线路 $A—B$ 的全长,并能保护变压器的一部分。

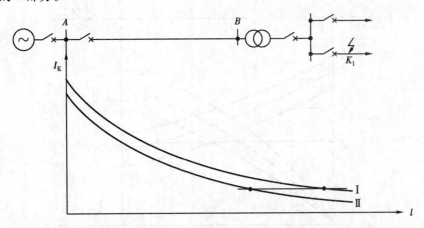

图 1.5 线路—变压器组的电流速断保护

当系统运行方式变化很大时,无时限电流速断保护的保护范围可能很小,甚至没有保护区。为了在不延长保护动作时间的条件下,增加保护范围,提高灵敏度,可采用电流电压联锁速断保护。它是兼用短路故障时电流增大和电压下降两种特征,以取得本线路故障的较高灵敏感和防止下一级线路故障时的误动作。

电流电压联锁速断保护的单相原理接线如图1.6所示。由电压互感器 TV 供给低电压继电器以母线残压,由电流互感器 TA 供给电流继电器1以相电流,只有当低电压继电器和电流继电器同时动作时,才能启动中间继电器2,从而启动信号继电器3,至断路器的跳闸线圈 YR,执行跳闸动作。继电器的动作电流和动作电压有多种整定方法。

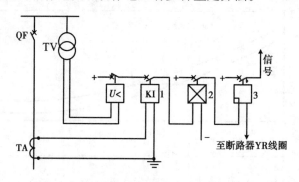

图1.6　电流电压连锁速断保护的单相原理接线图

图1.7中表示了沿线路 A—B 各点发生相间短路时的短路电流 I_K 和母线残压 U_K,其中,曲线1、4是最大运行方式,2、5是经常运行方式,3、6是最小运行方式。电流电压联锁速断保护的一种整定原则是确保在经常运行方式下有较大的保护范围。例如,被保护线路全长为 l,经常运行方式的保护区 $l' = 75\% l$,取电流继电器的动作电流为 I_{op}^u,则有:

$$I_{op}^u = \frac{E_\phi}{Z_S + Z_K} \tag{1.6}$$

式中　E_ϕ——系统等效电源相电势;

　　　Z_S——保护安装处至等效电源之间的阻抗;

　　　Z_K——$Z_1 l'$,Z_1 为被保护线路每公里正序阻抗数,l' 为经常运行方式下的保护范围。

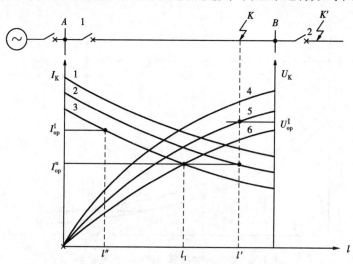

图1.7　电流电压联锁速断保护的动作特性分析

式(1.6)即经常运行方式下线路 K 点三相短路电流值,此时保护应能动作,所以,低电压继电器的动作电压应取为:

$$U_{op}^{I} = \sqrt{3} I_{op}^{u} l' Z_1 \qquad (1.7)$$

式(1.7)即经常运行方式下线路 K 点三相短路时的残余线电压。图1.7中已标出 I_{op}^{I} 和 U_{op}^{I}；同时，也标出了一段的电流速断保护的动作电流 I_{op}^{I}；由 U_{op}^{I} 与曲线5相交得电流电压联锁速断保护的整定保护区(l' 即 $75\%l$)；使由 I_{op}^{u} 与曲线3相交得该保护的实际最小保护区 l_1；由 I_{op}^{I} 与曲线3相交得电流速断保护的最小保护区 l''。$l_1 > l''$，所以电流速断保护的灵敏度比电流电压联锁速断保护差，但后者能否保证在各种运行方式下发生下一级线路故障时不误动作呢？

在图1.7中，在最大运行方式下 K' 点短路时，电流继电器可能误动，但此时母线残压高于 U_{op}^{I}，低电压继电器不动作，电流电压联锁速断保护也就不会误动作。在最小运行方式下 K' 点短路时，低电压继电器可能误动，但电流继电器不动作，同样保证了整个保护不误动。

1.1.3　限时电流速断保护

由于有选择性的电流速断保护不能保护本线路的全长，因此，可考虑增加一段新的保护，用来切除本线路上速断保护范围以外的故障，同时也能作为速断的后备，这就是限时电流速断保护，又称为Ⅱ段电流保护。对这个新设保护的要求，首先是在任何情况下都能保护本线路的全长，并具有足够的灵敏性，其次是在满足上述要求的前提下，力求具有最小的动作时限。正是由于能以较小的时限快速切除全线路范围以内的故障，故称为限时电流速断保护。

（1）工作原理和整定计算的基本原则

由于要求限时电流速断保护必须保护本线路的全长，因此它的保护范围必然要延伸到下一条线路中去，这样当下一条线路出口处发生短路时，它就要启动。为了保证动作的选择性，就必须使保护的动作带有一定的时限，此时限的大小与其延伸的范围有关。为尽量缩短此时限，首先规定其整定计算原则为限时电流速断的保护范围不超出下一条线路电流速断的保护范围；同时，动作时限比下一条线路的电流速断保护高出一个 Δt 的时间阶段，如图1.8所示。

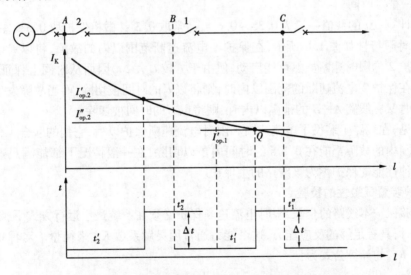

图1.8　单侧电源线路限时电流速断保护的配合整定图

在图1.8中，保护1和保护2均装有电流速断和限时电流速断保护，启动电流的标注如图所示，均为平行于横坐标的直线。图上 Q 点为保护1电流速断的保护范围，在此点发生短路故障时,电流速断保护刚好能动作,根据限时电流速断保护的整定计算原则,保护 2 的限时电流速断不能超出保护 1 电流速断的范围,因此,在单侧电源供电的情况下,它的启动电流就应该整定为:

$$I''_{op.2} > I'_{op.1} \qquad (1.8)$$

引入可靠系数 K''_{rel},则得:

$$I''_{op.2} = K''_{rel}I'_{op.1} \qquad (1.9)$$

式中 K''_{rel}——考虑到短路电流中的非周期分量已经衰减,故可选取得比速断保护的 K'_{rel} 小一些,一般取为 1.1~1.2。

(2)**动作时限的计算**

由图 1.8 可知,保护 2 限时电流速断保护的动作时限 t''_2,应选择得比下一条线路电流速断保护的动作时限 t'_1 高出一个 Δt,即

$$t''_2 = t'_1 + \Delta t \qquad (1.10)$$

从尽快切除故障的观点看,Δt 应越小越好,但是,为了保证两个保护之间动作的选择性,其值又不能选择得太小,现以线路 B—C 上发生故障时,保护 2 与保护 1 的配合关系为例,说明确定 Δt 的原则:

$$\Delta t = t_{QF.1} + t_{t.1} + t_{t.2} + t_{g.2} + t_Y \qquad (1.11)$$

式中 $t_{QF.1}$——故障线路断路器 QF 的跳闸时间,即从操作电流送入跳闸线圈 TQ 的瞬间算起,直到电弧熄灭的瞬间为止;

$t_{t.1}$——考虑故障线路保护 1 中的时间继电器实际动作时间比整定值 t'_1 要大 $t_{t.1}$;

$t_{t.2}$——考虑保护 2 中的时间继电器可能比预定的时间提早 $t_{t.2}$;

$t_{g.2}$——保护 2 中的测量元件(电流继电器)在外部故障切除后由于惯性的影响而延迟返回的惯性时间;

t_Y——裕度时间。

按上式计算,Δt 的数值一般为 0.35~0.6 s,通常取 0.5 s(微机保护取 0.3 s 左右)。按此原则整定的时限特性如图 1.8 所示,在保护 1 电流速断范围以内的故障,将以 t'_1 的时间被切除,此时,保护 2 的限时速断虽然可能启动,但由于 t''_2 较 t'_1 大 Δt,因而从时间上保证了选择性。当故障发生在保护 2 电流速断的范围以内时,则将以 t''_2 的时间被切除,而当故障发生在速断的范围以外同时又在线路 A—B 的范围以内时,则将以 t''_2 的时间被切除。

由此可见,在线路上装设了电流速断和限时电流速断保护以后,它们的联合工作就可以保证全线路范围内的故障都能在 0.5 s 的时间内予以切除,在一般情况下都能满足速动性的要求。具有这种性能的保护称为该线路的主保护。

(3)**保护装置灵敏性的校验**

为了能够保护本线路的全长,限时电流速断保护必须在系统最小运行方式下,线路末端发生两相短路时,具有足够的反应能力,这个能力通常用灵敏系数 K_{sen} 来衡量。对保护 2 限时电流速断而言,K_{sen} 的计算公式为:

$$K_{sen} = \frac{I_{K.B.min}}{I''_{op.2}} \qquad (1.12)$$

式中 $I_{K.B.min}$——系统最小运行方式下线路 A—B 末端发生两相短路时的短路电流;

$I''_{op.2}$——保护 2 限时电流速断的整定电流值。

为了保证在任何情况下线路末端短路时保护装置一定能够动作,要求 $K_{sen} \geq 1.3$。当灵敏系数 K_{sen} 不满足要求时,可能会出现当发生内部故障时保护启动不了的情况,这样就达不到保护线路全长的目的,这是不允许的。为解决此问题,通常考虑进一步延伸限时电流速断的保护范围,使之与下一条线路的限时电流速断保护相配合,这样其动作时限就应该选择得比下一条线路限时速断的时限再高出一个 Δt,一般取为 $1 \sim 1.2 \ s$。这就是限时电流速断保护的整定原则之二,按此原则的整定计算公式为:

$$I''_{op.2} = K''_{rel} I''_{op.1} \tag{1.13}$$
$$t''_2 = t''_1 + \Delta t \tag{1.14}$$

(4)限时电流速断保护的单相原理接线图

限时电流速断保护的单相原理接线如图 1.9 所示,它和电流速断保护接线(图 1.2)的主要区别是用时间继电器 2 代替了原来的中间继电器,当电流继电器动作后,还必须经过时间继电器的延时 t''_2 才能动作于跳闸。如果在 t''_2 以前故障已经切除,则电流继电器立即返回,整个保护随即复归原状,而不会形成误动作。

1.1.4 定时限过电流保护

前面所介绍的无时限电流速断保护和限时电流速断保护的动作电流,都是按某点的短路电流整定的。虽然无时限电流速断保护可无时限地切除故障线路,但它不能保护线路的全长。限时电流速断保护虽然可以较小的

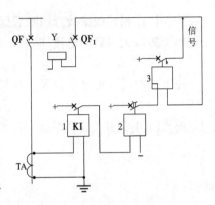

图 1.9 限时电流速断保护的
单相原理接线图

时限切除线路全长上任一点的故障,但它不能作相邻线路故障的后备。因此,引入定时限过电流保护,又称为第Ⅲ段电流保护,它是指启动电流按照躲开最大负荷电流来整定的一种保护装置。它在正常运行时不应该启动,而在电网发生故障时,则能反应于电流的增大而动作。在一般情况下,它不仅能保护本线路的全长,而且也能保护相邻线路的全长,以起到后备保护的作用。

(1)工作原理和整定计算的基本原则

为保证在正常运行情况下过电流保护不动作,保护装置的启动电流必须整定得大于该线路上可能出现的最大负荷电流 $I_{L.max}$。然而,在实际确定保护装置的启动电流时,还必须考虑在外部故障切除后,保护装置应能立即返回。在如图 1.10 所示的单侧电源网络接线中,当 K_1 点短路时,短路电流将通过保护 5、4、3,这些保护都要启动,但是,按照选择性的要求应由保护 3 动作切除故障,然后保护 4 和 5 由于电流已经减小而立即返回原位。

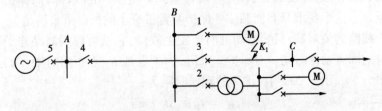

图 1.10 定时限过电流保护启动电流和动作时限的配合

实际上,当外部故障切除后,流经保护 4 的电流是仍然在继续运行中的负荷电流。另外,由于短路时电压降低,变电所 B 母线上所接负荷的电动机被制动,因此,在故障切除后电压恢复时,电动机有一个自启动的过程。电动机的自启动电流要大于它正常工作的电流,因此,引入一个自启动系数 K_S 来表示自启动时最大电流 $I_{st.max}$ 与正常运行时最大负荷电流 $I_{L.max}$ 之比,即

$$I_{st.max} = K_S I_{L.max} \qquad (1.15)$$

式中 K_S——一般取 1.5~3。

为保证过电流保护在正常运行时不动作,其启动电流 I_{op} 应大于最大负荷电流 $I_{L.max}$,即:

$$I_{op} > I_{L.max} \qquad (1.16)$$

为保证在相邻线路故障切除后保护能可靠返回,其返回电流应大于外部短路故障切除后流过保护的最大自启动电流,即

$$I_{re} > I_{st.max} \qquad (1.17)$$

在上式中引入可靠系数 K_{rel},并代入式(1.15),即

$$I_{re} = K_{rel} K_S I_{L.max} \qquad (1.18)$$

由式(1.1),引入返回系数,得:

$$K_{re} = \frac{I_{re}}{I_{op}}$$

即得:

$$I_{op} = \frac{I_{re}}{K_{re}} = \frac{K_{rel} K_{st}}{K_{re}} I_{L.max} \qquad (1.19)$$

式中 K_{rel}——可靠系数,考虑继电器启动电流误差和负荷电流计算不准确等因素而引入的大于 1 的系数,一般取 1.15~1.25;

K_{re}——返回系数,一般取 0.85。

式(1.19)为定时限过电流保护的启动电流计算公式。当 K_{re} 减小时,保护装置的启动电流越大,因而其灵敏性越差,这就是为什么要求过电流继电器应有较高的返回系数的原因。

最大负荷电流 $I_{L.max}$ 必须按实际可能的严重情况确定。例如,图 1.11(a)所示的平行线路,应考虑某一条线路断开时另一条线负荷电流增大一倍;图 1.11(b)所示的装有备用电源自动投入装置(BZT)的情况,当一条线路因故障断开后,BZT 动作将 QF 投入时,应考虑另一条线路出现的最大负荷电流。

(2)按选择性的要求整定定时限过电流保护的动作时限

如图 1.12 所示,假定在每条线路上均装有定时限过电流保护,各保护装置的启动电流均按照躲开被保护线路上的最大负荷电流来整定。当 K_1 点短路时,保护 1~5 在短路电流的作用下都可能启动,但按照选择性的要求,应该只有保护 1 动作,切除故障,而保护 2~5 在故障切除后应立即返回。这个要求只有依靠使各保护装置带有不同的时限来满足。

保护 1 位于线路的最末端,只要电动机内部发生故障,它就可以瞬时动作予以切除,t_1 即为保护装置本身的固有动作时间。对保护 2 来讲,为了保证 K_1 点短路时动作的选择性,则应整定其动作时限 $t_2 > t_1$,引入 Δt,则保护 2 的动作时限为:

$$t_2 = t_1 + \Delta t \qquad (1.20)$$

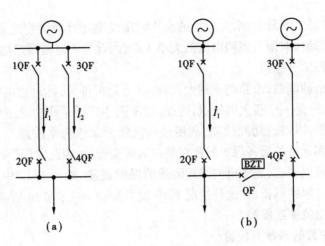

图 1.11　最大负荷说明图

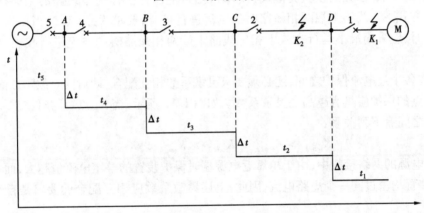

图 1.12　单侧电源串联线路中各过电流保护动作时限的确定

保护 2 的动作时限确定以后,当 K_1 点短路时,它将以 t_2 的时限切除故障,此时,为了保证保护 3 动作的选择性,又必须整定 $t_3 > t_2$,引入 Δt 后,得:

$$t_3 = t_2 + \Delta t \tag{1.21}$$

依此类推,保护 4、5 的动作时限分别为:

$$\left. \begin{array}{l} t_4 = t_3 + \Delta t \\ t_5 = t_4 + \Delta t \end{array} \right\} \tag{1.22}$$

一般来说,任一过电流保护的动作时限,应选择比下一级线路过电流保护的动作时限至少高出一个 Δt,只有这样才能充分保证动作的选择性。如在图 1.10 中,对保护 4 而言应同时满足以下要求:

$$t_4 = t_1 + \Delta t$$
$$t_4 = t_3 + \Delta t$$
$$t_4 = t_2 + \Delta t$$

式中　t_1——保护 1 的动作时限;

　　　　t_2——保护 2 的动作时限;

　　　　t_3——保护 3 的动作时限。

15

实际上,t_4 应取其中的最大值,此保护的动作时限经整定计算确定之后,即由专门的时间继电器予以保证,其动作时限与短路电流的大小无关,因此称为定时限过电流保护。实现保护的单相原理接线与图 1.9 相同。

当故障越靠近电源端时,短路电流越大,而由以上分析可见,此时过电流保护动作切除故障的时限反而越长,这是一个很大的缺点,因此,在电网中广泛采用电流速断和限时电流速断来作为线路的主保护,以快速切除故障,利用过电流保护来作为本线路和相邻元件的后备保护。由于它作为相邻元件的后备保护的作用是在远处实现的,因此它属于远后备保护。

由以上分析也可以看出,处于电网终端附近的保护装置(如图 1.12 中的保护 1 或 2),其过电流保护的动作时限并不长,在这种情况下,它就可以作为主保护兼后备保护,而无须再装设电流速断或限时电流速断保护。

(3)过电流保护灵敏系数的校验

过电流保护灵敏系数的校验类似式(1.12),当过电流保护作为本线路的主保护时,应采用最小运行方式下本线路末端两相短路时的电流进行校验,要求 $K_{sen} \geq 1.3$;当作为相邻线路的后备保护时,应采用最小运行方式下相邻线路末端两相短路时的电流进行校验,此时要求 $K_{sen} \geq 1.2$。

此外,在各个过电流保护之间,还必须要求灵敏系数相互配合,即对同一故障点而言,要求越靠近故障点的保护应具有越高的灵敏系数。如图 1.12 所示,当 K_1 点短路时,应要求各保护的灵敏系数之间有下列关系:

$$K_{sen.1} > K_{sen.2} > K_{sen.3} > K_{sen.4} > K_{sen.5} \tag{1.23}$$

在单侧电源的网络接线中,由于越靠近电源端时保护装置的整定电流值越大,而发生故障后,各保护装置均流过同一个短路电流,因此,上述灵敏系数应相互配合的要求是自然能够满足的。

当过电流保护的灵敏系数不能满足要求时,应采用性能更好的其他保护方式。

1.1.5 三段式电流保护的应用

电流速断、限时电流速断和过电流保护都是反映电流升高而动作的保护装置。它们之间的区别主要在于按照不同的原则来选择启动电流。速断是按照躲开某一点的最大短路电流来整定,限时电流速断是按照躲开下一级相邻元件电流速断保护的动作电流整定,而过电流保护则是按照躲开最大负荷电流来整定。

由于电流速断不能保护线路全长,限时电流速断又不能作为相邻元件的后备保护,因此,为保证迅速而有选择地切除故障,常将电流速断、限时电流速断和过电流保护组合在一起,构成三段式电流保护。具体应用时,可以只采用速断加过电流保护,或限时电流速断加过电流保护,也可以三者同时采用。如图 1.13 所示的网络接线:在电网的最末端——用户的电动机或其他受电设备上,保护 1 采用瞬时动作的过电流保护即可满足要求,其启动电流按躲开电动机启动时的最大电流整定,与电网中其他保护在定值和时限上都没有配合关系。在电网的倒数第二级上,保护 2 应首先考虑采用 0.5 s 的过电流保护,如果在电网中对线路 C—D 上的故障没有提出瞬时切除的要求,则保护 2 只装设一个 0.5 s 的过电流保护也是完全允许的,而如果要求线路 C—D 上的故障必须快速切除,则可增设一个电流速断,此时,保护 2 就是一个速断加过电流的两段式保护。继续分析保护 3,其过电流保护由于要和保护 2 配合,因此,动作时

限要整定为 $1 \sim 1.2 \text{ s}$，一般情况下，需要考虑增设电流速断或同时装设电流速断和限时电流速断，此时，保护3可能是两段式也可能是三段式。越靠近电源端，则过电流保护的动作时限就越长，因此，一般都需要装设三段式的保护。

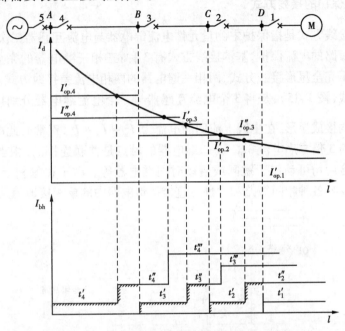

图 1.13　阶段式电流保护的配合和实际动作时间的示意图

具有上述配合关系的保护装置配置情况，以及各点短路时实际切除故障的时间也相应地表示在图上。

具有电流速断、限时电流速断和过电流保护的单相原理接线如图 1.14 所示，电流速断部分由继电器 $1 \sim 3$ 组成，限时电流速断部分由继电器 $4 \sim 6$ 组成，过电流保护部分则由继电器 $7 \sim 9$ 组成。由于三段的启动电流和动作时间整定得均不相同，因此，必须分别使用 3 个电流继电器和两个时间继电器，而信号继电器 3、6 和 9 则分别用以发出 Ⅰ、Ⅱ、Ⅲ 段动作的信号。

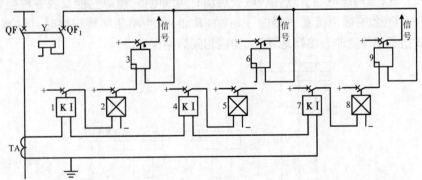

图 1.14　具有电流速断、限时电流速断和过电流保护的单相原理接线图

使用 Ⅰ段、Ⅱ段或Ⅲ段组成的阶段式电流保护，其最主要的优点就是简单、可靠，并且在一般情况下也能够满足快速切除故障的要求。因此，在电网中特别是在 35 kV 及以下的较低电压的网络中获得了广泛的应用。此种保护的缺点是它直接受电网的接线以及电力系统运行方

式变化的影响。例如,整定值必须按系统最大运行方式来选择,而灵敏性必须用系统最小运行方式来校验,这就使它往往不易满足灵敏系数或保护范围的要求。

1.1.6 电流保护的接线方式

电流保护的接线方式是指保护中测量元件电流继电器与电流互感器二次线圈之间的连接方式。对于相间短路的电流保护,基本接线方式有 3 种:三相三继电器的完全星形接线方式、两相两继电器的不完全星形接线方式、两相一继电器的两相电流差接线方式。

完全星形接线(图 1.15),是将 3 个电流互感器与 3 个电流继电器分别按相连接在一起,互感器和继电器均接成星形,在中线上流回的电流为 $\dot{i}_a + \dot{i}_b + \dot{i}_c$,正常时此电流约为零,在发生接地短路时则为 3 倍零序电流 $3I_0$。3 个继电器的触点是并联连接的,相当于"或"回路,当其中任一触点闭合后均可动作于跳闸或启动时间继电器等。由于在每相上均装有电流继电器,因此,它可以反映各种相间短路和中性点直接接地电网中的单相接地短路。

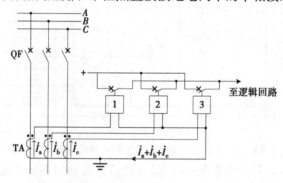

图 1.15 三相完全星形接线方式的原理接线图

不完全星形接线(图 1.16),用装设在 A、C 相上的两个电流互感器与两个电流继电器分别按相连接在一起,它和完全星形接线的主要区别在于 B 相上不装设电流互感器和相应的继电器,因此,它不能反映 B 相中所流过的电流。在这种接线中,中线上流回的电流是 $\dot{i}_a + \dot{i}_c$。由于这种接线方式,是两继电器节点并联后去启动时间继电器,所以它能反映各种类型的相间短路(表 1.1),但在没有装电流互感器的一相(如 B 相)发生单相接地短路时,保护装置不会动作,因此,多用于中性点非直接接地系统,构成相间短路保护。

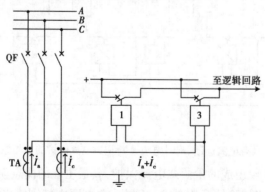

图 1.16 两相不完全星形接线方式的原理接线图

表1.1

相间短路类型	A—B	B—C	C—A	A—B—C
A 相继电器	动作		动作	动作
C 相继电器		动作	动作	动作

由表1.1可见,两相不完全星形接线方式在 AB 和 BC 相间短路时,只有一个继电器动作,在三相短路及 CA 两相短路时有两个继电器动作。

现对上述两种接线方式在各种故障时的性能进行分析比较。

（1）对中性点直接接地电网中的单相接地短路

在中性点直接接地的电网中发生单相接地短路故障时,要求保护切除故障线路。在此情况下,如果采用三相完全星形接线,则可以反映任一相的接地短路而动作于跳闸。对于后两种方式,由于在 B 相上没有装设电流互感器和继电器,因此就不能反映 B 相的接地。实际上,对于接地故障采用专用接地保护。

（2）对中性点非直接接地电网中的两点接地短路

在中性点非直接接地电网中某相上一点接地以后,由于电网上可能出现弧光接地过电压,因此,在绝缘薄弱的地方就可能发生一相上的第二点接地,这样就出现了两相经过大地形成回路的两点接地短路。而由于在中性点非直接接地电网中,允许单相接地时继续短时运行,因此,希望只切除一个故障点。

例如,在如图1.17所示的串联线路上发生两点接地短路时,希望只切除距电源较远的那条线路 B—C,而不要切除线路 A—B,这样可以继续保证对变电所 B 的供电。当保护1和2均采用三相完全星形接线时,由于两个保护之间在定值和时限上都是按照选择性的要求配合整定的,因此,能够保证只切除线路 B—C。如果是采用两相不完全星形接线,则当线路 B—C 上有一点是 B 相接地时,则保护1就不能动作,此时,只能由保护2动作切除线路 A—B,因而扩大了停电范围。由此可见,这种接线方式在不同相别的两点接地短路组合中,只能保证有 2/3 的机会有选择性地切除后一条线路。

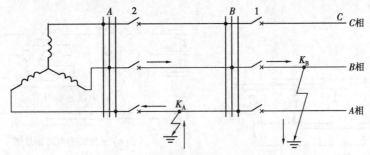

图1.17　串联线路上两点接地的示意图

又如图1.18所示,在变电所引出的放射形线路上发生两点异地接地短路时,希望先任意切除一条线路即可。当保护1和2均采用三相完全星形接线时,两套保护均将启动,如保护1和2的时限整定得相同,即 $t_1 = t_2$,则保护1和2将同时动作切除两条线路。如果采用两相不完全星形接线,即使是出现 $t_1 = t_2$ 的情况,也能保证有 2/3 的机会只切除任一条线路。这是因为只要某一条线路上出现 B 相一点接地,由于 B 相未装保护,因此该线路就不被切除。表1.2说明了在两条线路上两相两点异地接地的各种组合时,两相不完全星形接线的保护动作情况。

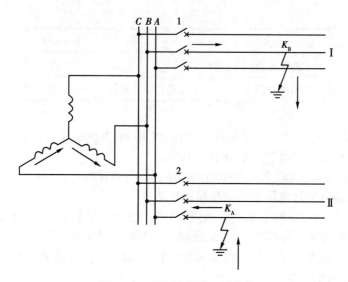

图 1.18　两点异地接地示意图

表 1.2

线路 I 故障相别	A	A	B	B	C	C
线路 II 故障相别	B	C	A	C	A	B
保护 1 动作情况	动作	动作			动作	动作
保护 2 动作情况		动作	动作	动作	动作	
$t_1 = t_2$ 时,停电线路数	1	2	1	1	2	1

(3)对 Y、△接线变压器后面的两相短路

在实际的电力系统中,大量采用 Y/△—11 接线的变压器,并在变压器的电源侧装设一套电流保护,以作为变压器的后备保护。

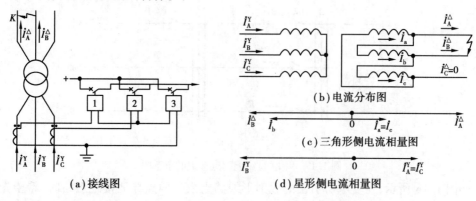

图 1.19　Y/△—11 接线降压变压器短路时电流分布及过电流保护的接线

现以图 1.19(a)所示的 Y/△—11 接线的降压变压器为例,分析△侧发生 A、B 两相短路时的电流关系。在故障点, $\dot{I}_A^\triangle = -\dot{I}_B^\triangle$, $\dot{I}_C^\triangle = 0$,设△侧各相绕组中的电流分别为 $\dot{I}_a$ 、$\dot{I}_b$ 和 $\dot{I}_c$,并设变压器比 $n_T = 1$,则:

$$\left.\begin{array}{l} \dot{I}_{a} - \dot{I}_{b} = \dot{I}_{A}^{\triangle} \\ \dot{I}_{b} - \dot{I}_{c} = \dot{I}_{B}^{\triangle} \\ \dot{I}_{c} - \dot{I}_{a} = \dot{I}_{C}^{\triangle} \end{array}\right\} \tag{1.24}$$

由此可求出：

$$\left.\begin{array}{l} \dot{I}_{a} = \dot{I}_{c} = \dfrac{1}{3}\dot{I}_{A}^{\triangle} \\ \dot{I}_{b} = -\dfrac{2}{3}\dot{I}_{A}^{\triangle} = \dfrac{2}{3}\dot{I}_{B}^{\triangle} \end{array}\right\} \tag{1.25}$$

根据变压器的工作原理，即可求得 Y 侧电流的关系为：

$$\left.\begin{array}{l} \dot{I}_{A}^{Y} = \dot{I}_{C}^{Y} \\ \dot{I}_{B}^{Y} = -2\dot{I}_{A}^{Y} \end{array}\right\} \tag{1.26}$$

图 1.19(b)为按规定的电流正方向画出的电流分布图，图 1.19(c)为 △ 侧的电流相量图，图 1.19(d)为 Y 侧的电流相量图。

当过电流保护接于降压变压器的高压侧以作为低压侧线路故障的后备保护时，如果保护是采用三相完全星形接线，则接于 B 相上的继电器由于流有较其他两相大一倍的电流，因此，灵敏系数增大一倍，这是十分有利的。如果保护采用的是两相不完全星形接线，则由于 B 相上没有装设继电器，因此，灵敏系数只能由 A 相和 C 相的电流决定，在同样的情况下，其数值要比采用三相完全星形接线时降低一半。为了克服这个缺点，可以在两相不完全星形接线的中线上再接入一个继电器[如图 1.19(a)所示]，其中流过的电流为($\dot{I}_{A}^{Y} + \dot{I}_{C}^{Y}$)，因此，利用这个继电器就能提高灵敏系数。

1.1.7　两种接线方式的应用

三相星形接线需要 3 个电流互感器、3 个电流继电器和 4 根二次电缆，相对来讲是复杂和不经济的，一般广泛应用于发电机、变压器等大型重要的电气设备保护中，因为它能提高保护动作的可靠性和灵敏性。此外，它也可以用在中性点直接接地电网中，作为相间短路和单相接地短路的保护。

由于两相星形接线较为简单经济，因此，在中性点非直接接地电网中，广泛地采用它作为相间短路的保护，但它不能完全反映单相接地短路，当下一设备为 Y/△ 接线的降压变压器时，为了提高低压侧两相短路时保护的灵敏度，可在中线上加接一电流继电器。

1.1.8　三段式电流保护的接线图

图 1.20 所示为一个三段式电流保护的原理接线图，其中电流速断和限时电流速断采用两相不完全星形的接线方式，而过电流保护则采用在两相不完全星形接线的中线上再接入一个继电器的接线方式，以提高其灵敏性。

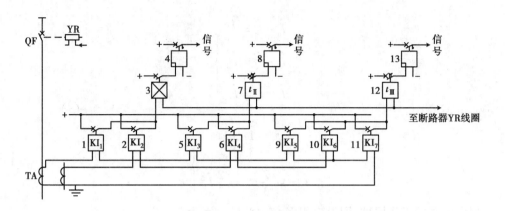

图 1.20　三段式电流保护的接线图

1.2　电网相间短路的方向性电流保护

1.2.1　方向性电流保护的基本原理

前节所介绍的三段式电流保护是以单侧电源网络为基础分析的,各保护都安装在被保护线路靠近电源的一侧,发生故障时短路功率(一般指短路时某点电压与电流相乘所得的感性功率,在无串联电容、也不考虑分布电容的线路上短路时,认为短路功率从电源流向短路点)从母线流向被保护线路的情况下,按照选择性的条件来协调配合工作。随着电力工业的发展和用户对连续供电的要求,由原来的单侧电源供电的辐射型电网发展为多电源组成的复杂网络或单电源环网。因此,上述简单的保护方式已不能满足系统运行的要求。例如,在图 1.21所示的双侧电源网络接线中,由于两侧都有电源,因此,每条线路的两侧均需装设断路器和保护装置。假设断路器 8 断开,电源 E_{II} 不存在,当发生短路时,保护 1、2、3、4 的动作情况和由电源 E_{I} 单独供电时一样,它们之间的选择性是能够保证的。如果电源 E_{I} 不存在,则保护 5、6、7、8 由电源 E_{II} 单独供电,此时,它们之间也同样能保证动作的选择性。如果两个电源同时存在,如图 1.21(a)所示,当 K_1 点短路时,按照选择性的要求,应该由距故障点最近的保护 2 和 6动作切除故障。然而,由电源 E_{II} 供给的短路电流 I''_{K1} 也将通过保护 1。如果保护 1 采用电流速断且 I''_{K_1} 大于保护装置的启动电流 $I'_{\mathrm{op.1}}$,则保护 1 的电流速断就要误动作;如果保护 1 采用过电流保护且其动作时限 $t_1 \leqslant t_6$,则保护 1 的过电流保护也将误动作。同理,当图 1.21(b)中 K_2 点短路时,本该由保护 1 和 7 动作切除故障,但是,由电源 E_{I} 供给的短路电流 I'_{K_2} 将通过保护 6,如果 $I'_{K_2} > I'_{\mathrm{op.6}}$,则保护 6 的电流速断要误动作;如果过电流保护的动作时限 $t_6 \leqslant t_1$,则保护 6 的过电流保护也要误动作。同样地分析其他地点短路时,对有关的保护装置也能得出相应的结论。

分析双侧电源供电情况下所出现的这一新矛盾可以发现,凡发生误动作的保护都是在自己所保护的线路反方向发生故障时,由对侧电源供给的短路电流所引起的。对误动作的保护而言,实际短路功率的方向都是由线路流向母线,这与其所保护的线路故障时的短路功率方向相反。因此,为了消除这种无选择的动作,就需要在可能误动作的保护上增设一个功率方向闭锁元件,该元件只当短路功率方向由母线流向线路时动作,而当短路功率方向由线路流向母线时不动作,从而使继电保护的动作具有一定的方向性。按照这个要求配置的功率方向元件及其规定的动作方向如图 1.21(c)所示。

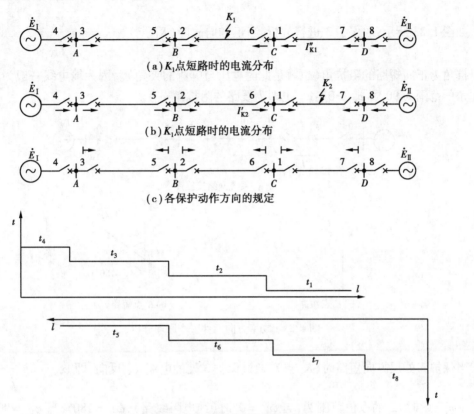

(a)K_1点短路时的电流分布

(b)K_1点短路时的电流分布

(c)各保护动作方向的规定

(d)方向过电流保护的阶梯形时限特性

图 1.21　双侧电源供电网络

当双侧电源网络上的电流保护装设方向元件以后,就可以把它们拆开看成两个单侧电源网络的保护,其中,保护 1～4 反应于电源 E_I 供给的短路电流而动作,保护 5～8 反应于电源 E_{II} 供给的短路电流而动作,两组方向保护之间不要求有配合关系,其工作原理和整定计算原则与前节所介绍的三段式电流保护相同。例如,在图 1.21(d)中画出了方向过电流保护的阶梯型时限特性,它与图 1.12 所示的选择原则相同。由此可见,方向性继电保护的主要特点

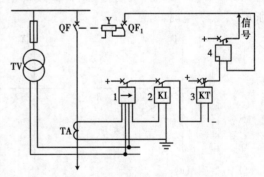

图 1.22　方向过电流保护的单相原理接线图

就是在原有保护的基础上增加一个功率方向判别元件,以保证在反方向故障时把保护闭锁使其不致误动作。具有方向性的过电流保护的单相原理接线如图 1.22 所示,主要由方向元件 1、电流元件 2 和时间元件 3 组成,方向元件和电流元件必须都动作以后才能启动时间元件,再经过一定的延时后动作于跳闸。

1.2.2 功率方向元件的工作原理及其接线方式

（1）相位比较式功率方向元件

如图 1.23 所示，取保护 3 进行分析，当正方向故障（K_1 点），$\varphi_{rA} = \arg \dfrac{\dot{U}_A}{\dot{I}_{K_1}} = \varphi_{K_1}$，即测量到

的阻抗角为正向短路的阻抗角（也就是此时电压与电流的夹角）。因为输电线一般为感性，所以此角的范围为 $90° \geqslant \varphi_{K_1} \geqslant 0°$（$\varphi_{K_1}$ 也即为线路的阻抗角 φ_L）。

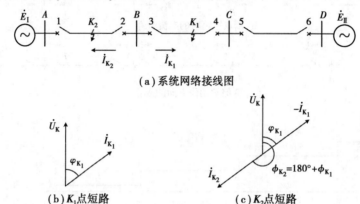

（a）系统网络接线图

（b）K_1 点短路　　　　（c）K_2 点短路

图 1.23　功率方向元件工作原理分析

当保护 3 处反方向短路时（K_2 点），通过保护 3 处的电流 $\dot{I}_{K_2}$ 反向，即 $\varphi_{rA} = \arg \dfrac{\dot{U}_A}{\dot{I}_{K_2}} = \varphi_{K_2} =$

$180° + \varphi_{K_1}$，此时 φ_{rA} 的取值范围为：当 $\varphi_{K_1} = 0°$ 时（纯电阻线路），$\varphi_{rA} = 180°$，当 $\varphi_{K_1} = 90°$ 时（纯电感线路），$\varphi_{rA} = 270°$。一般输电线路呈感性（含一定的电阻），所以反向短路，φ_{rA} 的取值范围为 $270° \geqslant \varphi_{rA} \geqslant 180°$。人们将 $90° \geqslant \varphi_{K_1} \geqslant 0°$ 作为动作条件，功率方向元件动作特性如图 1.24 所示。

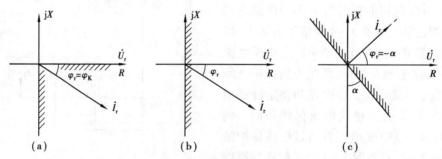

图 1.24　功率方向元件动作特性

由以上分析可知，任何一相功率方向元件的动作条件为：

$$90° \geqslant \varphi_r \geqslant 0° \tag{1.27}$$

$$即 \quad 90° \geqslant \arg \frac{\dot{U}_r}{\dot{I}_r} \geqslant 0° \tag{1.28}$$

$\dot{U}_r$、$\dot{I}_r$为通过保护处测量到的电压与测量电流,此动作条件在复平面上表示为 1/4 个平面,即图 1.24(a)。或式(1.28)也可以转变为功率方向元件动作功率来表示,即

$$P = U_r I_r \cos \varphi_r > 0 \tag{1.29}$$

$$\cos \varphi_r > 0 \tag{1.30}$$

只要 $P > 0$,功率方向元件就能动作,所以满足 $\cos \varphi_r > 0$ 的 φ_r 取值范围实际上还可以扩展到:

$$+90° \geqslant \varphi_r \geqslant -90° \tag{1.31}$$

也就是半个复平面,如图 1.24(b)所示(同样以电压为参考)。

考虑到功率方向元件本身有一内角 α,其大小决定于方向元件的内部参数,可以调整。对于反映相间短路的功率方向元件,α 常取为 30°或 45°。这样实际应用的功率方向元件的动作条件为:

$$90° \geqslant \arg \frac{\dot{U}_r e^{j\alpha}}{\dot{I}_r} \geqslant -90° \tag{1.32}$$

$$或 90° \geqslant (\varphi_r + \alpha) \geqslant -90° \tag{1.33}$$

$$或 90° - \alpha \geqslant \varphi_r \geqslant -90° - \alpha \tag{1.34}$$

在复平面上表示的动作区如图 1.24(b)所示。

方向元件能动作的功率为:

$$P = U_r I_r \cos(\varphi_r + \alpha) > 0$$

当 $\varphi_r = -\alpha$ 时,$P = P_{max}$,方向元件动作最灵敏,所以把 $\varphi_r = -\alpha$ 称为最灵敏角 φ_{sen}。

通常,反映相间短路的功率方向元件均是接入故障相电流,而接入的电压 $\dot{U}_r$ 常常是另两相的相间电压,称为 90°接线,即 $\dot{I}_r = \dot{I}_A$,则 $\dot{U}_r = \dot{U}_{BC}$,其他两相亦然。如图 1.25 所示,是假设 $\cos \varphi_r = 1$ 来定义的(实际上 $\dot{U}_A$ 与 $\dot{I}_A$ 的夹角不为零),其原理接线如图 1.26 所示。

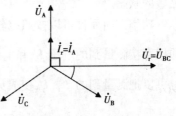

图 1.25　90°接线的相量图

此时,各相功率方向元件的动作条件(动作方程)为

$$\left. \begin{array}{l} 90° \geqslant \arg \dfrac{\dot{U}_{BC} e^{j\alpha}}{\dot{I}_A} \geqslant -90° \\[3em] 90° \geqslant \arg \dfrac{\dot{U}_{CA} e^{j\alpha}}{\dot{I}_B} \geqslant -90° \\[3em] 90° \geqslant \arg \dfrac{\dot{U}_{AB} e^{j\alpha}}{\dot{I}_C} \geqslant -90° \end{array} \right\}$$

一般形式为

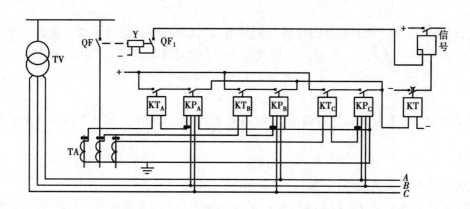

图 1.26　功率方向继电器的 90°接线

$$90° \geqslant \arg \frac{\dot{U}_r}{\dot{I}_r} \geqslant -90° \tag{1.35}$$

这种接线的功率方向元件不会出现两相短路的电压"死区"(指在正向保护出口正向两相短路时,$\dot{U}_r = 0$,方向元件不能动作),即正向出口两相短路时,能正确动作。但对保护出口正向三相短路的"电压死区"仍然存在,功率方向元件不能动作,这只有采用其他方法(如采用"记忆"元件或引入"插入另外的电压"的措施)。

这里还要说明的是,之所以选择功率方向元件的内角为 30°、45°,是通过严格分析得出的,而且只有这样,功率方向元件在输电线路各种相间故障的情况下才能动作,一般输电线的线路阻抗角 φ_L 为 60°左右,可取 $\alpha = 30°$,使 $\alpha + \varphi_L = 90°$,这样就能使功率方向元件工作在较灵敏的状态。

功率方向元件可以按照比较两个相量的相位的原理实现,称为相位比较式功率方向元件,即把直接测量到的电压 $\dot{U}_r$ 和电流 $\dot{I}_r$ 之间的相角与预先整定的角度(或角度范围)进行比较。也可以把测量到的 $\dot{I}_r$,$\dot{U}_r$ 变成另外的两个电压相量来进行比相,即

$$\left. \begin{array}{l} \dot{C} = \dot{K}_v \dot{U}_r \\ \dot{D} = \dot{K}_I \dot{I}_r \end{array} \right\} \tag{1.36}$$

此处 $\dot{K}_v$ 和 $\dot{K}_I$ 为已知相量,也就是将直接测量到的 $\dot{U}_r$ 和 $\dot{I}_r$ 再通过一个电压变换器和一个电抗变换器,分别在副边得到 $\dot{K}_v \dot{U}_r$ 和 $\dot{K}_I \dot{I}_r$。

(2)**幅值比较式功率方向元件**

知道相位比较式的两个向量。

$$\left. \begin{array}{l} \dot{C} = \dot{K}_v \dot{U}_r \\ \dot{D} = \dot{K}_I \dot{I}_r \end{array} \right\} \tag{1.37}$$

就可以将其线性组合形成另外两个相量,变成幅值比较,即

$$\left.\begin{array}{l} \dot{A} = \dot{C} + \dot{D} \\ \dot{B} = \dot{D} - \dot{C} \end{array}\right\} \tag{1.38}$$

其动作条件为 $|\dot{A}| \geqslant |\dot{B}|$。

相位比较式的动作条件 $90° \geqslant \arg \dfrac{\dot{C}}{\dot{D}} \geqslant -90°$ 与幅值比较式的动作条件 $|\dot{A}| \geqslant |\dot{B}|$ 是等值的,其等值的原理在阻抗保护一章详述。

（3）相间短路功率方向继电器的接线方式分析

下面分析采用 90°接线的功率方向继电器,在正方向发生各种相间短路时的动作情况,并确定内角 α 的取值范围。

①三相短路。正方向发生三相短路时的相量如图 1.27 所示, $\dot{U}_{\mathrm{A}}$、$\dot{U}_{\mathrm{B}}$、$\dot{U}_{\mathrm{C}}$ 表示保护安装地点的母线电压, $\dot{I}_{\mathrm{A}}$、$\dot{I}_{\mathrm{B}}$、$\dot{I}_{\mathrm{C}}$ 为三相的短路电流,电流滞后电压的角度为线路阻抗角 φ_{K}。

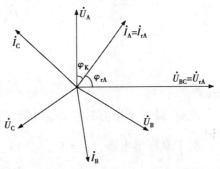

由于三相对称,3 个功率方向继电器工作情况完全一样,故以 A 相功率方向继电器为例来分析。由图可见, $\dot{I}_{\mathrm{rA}} = \dot{I}_{\mathrm{A}}$, $\dot{U}_{\mathrm{rA}} = \dot{U}_{\mathrm{BC}}$, $\dot{\varphi}_{\mathrm{rA}} = \dot{\varphi}_{\mathrm{K}} - 90°$,电流超前于电压。$A$ 相功率方向继电器的动作条件为:

图 1.27　三相短路的 90°接线分析图

$$U_{\mathrm{BC}} I_{\mathrm{A}} \cos(\varphi_{\mathrm{K}} - 90° + \alpha) > 0 \tag{1.39}$$

为了使继电器工作在最灵敏的条件下,应使 $\cos(\varphi_{\mathrm{K}} - 90° + \alpha) = 1$,即要求 $\varphi_{\mathrm{K}} + \alpha = 90°$。因此,如果线路的阻抗角 $\varphi_{\mathrm{K}} = 60°$,则应取内角 $\alpha = 30°$;如果 $\varphi_{\mathrm{K}} = 45°$,则应取内角 $\alpha = 45°$等。故功率方向继电器应有可以调整的内角 α,其大小决定于功率方向继电器的内部参数。

一般说来,电力系统中任何电缆或架空线路的阻抗角(包括含有过渡电阻短路的情况)都位于 $0° < \varphi_{\mathrm{K}} < 90°$,为使功率方向继电器在任何 φ_{K} 的情况下均能动作,就必须要求式(1.39)始终大于 0。为此,需要选择一个合适的内角,才能满足要求:当 $\varphi_{\mathrm{K}} \approx 0$ 时,必须选择 $0° < \alpha < 180°$;当 $\varphi_{\mathrm{K}} \approx 90°$时,必须选择 $-90° < \alpha < 90°$。为同时满足这两个条件,使功率方向继电器在任何情况下均能动作,则在三相短路时,应选择 α 位于 $0° < \alpha < 90°$。

②两相短路。如图 1.28 所示,以 B、C 两相短路为例,用 $\dot{E}_{\mathrm{A}}$、$\dot{E}_{\mathrm{B}}$、$\dot{E}_{\mathrm{C}}$ 表示对称三相电源的电势; $\dot{U}_{\mathrm{A}}$、$\dot{U}_{\mathrm{B}}$、$\dot{U}_{\mathrm{C}}$ 为保护安装处的母线电压; $\dot{U}_{\mathrm{KA}}$、$\dot{U}_{\mathrm{KB}}$、$\dot{U}_{\mathrm{KC}}$ 为短路故障点处电压。

短路点位于保护安装地点附近,短路阻抗 $Z_{\mathrm{K}} \leqslant Z_{\mathrm{S}}$(保护安装处到电源间的系统阻抗),当 $Z_{\mathrm{K}} \approx 0$,此时的相量图如图 1.29 所示,短路电流 $\dot{I}_{\mathrm{B}}$ 由电势 $\dot{E}_{\mathrm{BC}}$ 产生, $\dot{I}_{\mathrm{B}}$ 滞后 $\dot{E}_{\mathrm{BC}}$ 的角度为 φ_{K},电流 $\dot{I}_{\mathrm{C}} = -\dot{I}_{\mathrm{B}}$,短路点(即保护安装地点)的电压为:

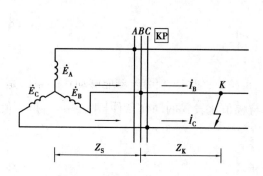

图 1.28　B、C 两相短路的系统接线图

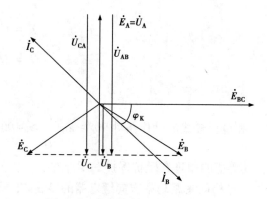

图 1.29　保护安装地点出口处 B、C
两相短路时的相量图

$$\left.\begin{aligned}\dot{U}_A &= \dot{U}_{KA} = \dot{E}_A\\\dot{U}_B &= \dot{U}_{KA} = -\frac{1}{2}\dot{E}_A\\\dot{U}_C &= \dot{U}_{KC} = -\frac{1}{2}\dot{E}_A\end{aligned}\right\} \tag{1.40}$$

此时,对于 A 相功率方向继电器,当忽略负荷电流时,$I_A \approx 0$,因此,继电器不动作。

对于 B 相继电器,$\dot{I}_{rB} = \dot{I}_B,\dot{U}_{rB} = \dot{U}_{CA},\varphi_{rB} = \varphi_K - 90°$,则动作条件应为:

$$U_{CA}I_B\cos(\varphi_K - 90° + \alpha) > 0 \tag{1.41}$$

对于 C 相继电器,$\dot{I}_{rC} = \dot{I}_C,\dot{U}_{rC} = \dot{U}_{AB},\varphi_{rC} = \varphi_K - 90°$,则动作条件应为:

$$U_{AB}I_C\cos(\varphi_K - 90° + \alpha) > 0 \tag{1.42}$$

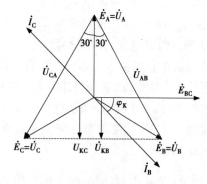

图 1.30　远离保护安装地点 B、C
两相短路时的相量图

对于三相短路时的分析,为了保证在 $0° < \varphi_K < 90°$ 的范围内,继电器均能动作,就要选择内角 α 为 $0° < \alpha < 90°$。

短路点远离保护安装地点,且系统容量很大,此时,$Z_K \gg Z_S$,当 $Z_S \approx 0$,则相量图如图 1.30 所示,电流 $\dot{I}_B$ 仍由电势 $\dot{E}_{BC}$ 产生,并滞后 $\dot{E}_{BC}$ 一个角度 φ_K,保护安装地点的电压为:

$$\left.\begin{aligned}\dot{U}_A &= \dot{E}_A\\\dot{U}_B &= \dot{U}_{KB} + \dot{I}_B Z_S \approx \dot{E}_B\\\dot{U}_C &= \dot{U}_{KC} + \dot{I}_C Z_K \approx \dot{E}_C\end{aligned}\right\} \tag{1.43}$$

对于 B 相继电器,由于电压 $\dot{U}_{CA} = \dot{E}_{CA}$,较出口处短路时相位滞后 $30°$,因此,$\varphi_{rB} = \varphi_K - 90°, -30° = \varphi_K - 120°$,则动作条件应为:

$$U_{CA}I_B\cos(\varphi_K - 120° + \alpha) > 0 \tag{1.44}$$

因此,当 $0° < \varphi_d < 90°$ 时,继电器能够动作的条件为:$30° < \alpha < 120°$。

对于 C 相继电器,由于电压 $U_{AB} \approx E_{AB}$,较出口处短路时相位超前 $30°$,因此,$\varphi_{rC} = \varphi_K - 90° + 30° = \varphi_K - 60°$,则动作条件应为:

$$U_{AB}I_C\cos(\varphi_K - 60° + \alpha) > 0 \tag{1.45}$$

因此,当 $0° < \varphi_K < 90°$ 时,继电器能够动作的条件为: $-30° < \alpha < 60°$。

综合以上两种情况可得出,在正方向任何地点两相短路时,B 相继电器能够动作的条件是 $30° < \alpha < 90°$,C 相继电器为 $0° < \alpha < 60°$;反方向短路时,电流向量位于非动作区,功率方向继电器不会动作。

同理,分析 A、B 和 C、A 两相短路时,也可得出相应的结论。

综上所述,采用 $90°$ 接线方式,除在保护安装出口处发生三相短路时出现死区外,对于线路上发生的各种相间短路均能正确动作。当 $0° < \varphi_K < 90°$ 时,继电器能够动作的条件是 $30° < \alpha < 60°$。

通常厂家生产的继电器直接提供了 $\alpha = 30°$ 和 $\alpha = 45°$ 两种内角,这就满足了上述要求。应该指出,以上的讨论只是继电器在各种可能的情况下动作的条件,而不是动作最灵敏的条件。为了减小死区的范围,继电器动作最灵敏的条件应根据三相短路时 $\cos(\varphi_r + \alpha) = 1$ 来决定,因此,对某一确定了阻抗角的输电线路而言,应采用 $\alpha = 90° - \varphi_K$,以获得最大灵敏角。

③按相启动。当电网中发生不对称故障时,在非故障相中仍然有电流流过,这个电流就称为非故障相电流,它可能使非故障相的方向元件误动作。现以发生两相短路为例,分析非故障相电流对保护的影响。在图 1.31 中线路 B—C 上 K 点发生两相短路时,B、C 两相中有短路电流流向故障点,而非故障相(A 相)仍有负荷电流 I_L 流过保护 1,则保护 1 中 A 相功率方向继电器 KP 将发生误动作。

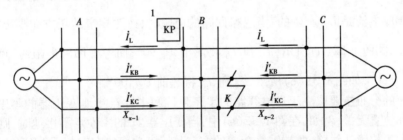

图 1.31　两相短路电流对非故障相电流的影响

为避免非故障相电流对保护的影响,在整定计算启动电流时,要躲过非故障相电流。

④ $90°$ 接线方式的评价。$90°$ 接线的优点是:a. 适当选择继电器的内角 α,对线路上发生的各种相间短路都能保证正确地判断短路功率的方向,而不致误动作。b. 各种两相短路均无电压死区,因为继电器接入非故障相间电压,其值很高。c. 由于接入继电器的相间电压,故对三相短路的电压死区有一定的改善;如果再采用电压记忆回路,一般可以消除三相短路电压死区。其缺点是:连接在非故障相电流上的功率方向继电器,可能在两相短路或单相接地短路时误动作。

由以上分析可见,在两个及两个以上电源的网络接线中,必须采用方向性电流保护,才有可能保证各保护之间动作的选择性,这是方向保护的主要优点。但当保护增加方向元件以后,将使接线复杂,投资增加,同时还存在方向元件的电压、"死区"问题。

1.3　大接地电流系统的零序保护

电力系统中性点的工作方式有:中性点直接接地、中性点不接地和中性点经消弧线圈接地。中性点的接地方式是综合考虑供电的可靠性、系统绝缘水平、系统过电压、继电保护的要求、对通信线路的干扰以及系统稳定运行的要求等因素确定的。一般 110 kV 及以上电压等级电网都采用中性点直接接地方式,3 ~ 35 kV 的电网采用中性点不接地或经消弧线圈接地方式。

当中性点直接接地的电网(又称大接地电流系统)中发生接地短路时,将出现很大的零序电流,而在正常运行情况下它们是不存在的。因此,利用零序电流来构成接地短路的保护,就有显著的优点。在电力系统中发生接地短路时,如图 1.32(a)所示,可以利用对称分量的方法将电流和电压分解为正序、负序和零序分量,并利用复合序网来表示它们之间的关系。短路计算的零序等效网络如图 1.32(b)所示,零序电流可以看成是在故障点出现一个零序电压 $\dot{U}_{K_0}$ 而产生的,它必须经过变压器接地的中性点构成回路。对于零序电流的方向,仍然采用母线流向故障点为正,而零序电压的方向是线路高于大地的电压为正,如图 1.32(b)中的符号"↑"所示。

由上述等效网络可见,零序分量的参数具有如下特点:

①故障点的零序电压最高,系统中距离故障点越远处的零序电压越低,零序电压的分布如图 1.32(c)所示,在变电所 A 母线上零序电压为 $\dot{U}_{A_0}$,变电所 B 母线上零序电压为 $\dot{U}_{B_0}$ 等。

②由于零序电流是 $\dot{U}_{K_0}$ 产生的,当忽略回路的电阻时,按照规定的正方向画出零序电流和电压的相量图,如图 1.32(d)所示,$\dot{I}'_0$ 和 $\dot{I}''_0$ 将超前 $\dot{U}_{K_0}$ 90°;而考虑回路电阻时,例如,取零序阻抗角为 $\varphi_{K_0} = 80°$,如图 1.32(e)所示,$\dot{I}'_0$ 和 $\dot{I}''_0$ 将超前 $\dot{U}_{K_0}$ 100°。

零序电流的分布主要取决于送电线路的零序阻抗和中性点接地变压器的零序阻抗,而与电源的数目和位置无关,例如,在图 1.32(a)中,当变压器 T_2 的中性点不接地时,则 $I''_0 = 0$。

③对于发生故障的线路,两端零序功率的方向与正序功率的方向相反,零序功率方向实际上都是由线路流向母线的。

④从任一保护(例如保护 1)安装处的零序电压与电流之间的关系看,由于 A 母线上的零序电压 $\dot{U}_{A_0}$ 实际上是从该点到零序网络中性点之间零序阻抗上的电压降,因此,可表示为:

$$\dot{U}_{A_0} = (-\dot{I}_0)X_{T1.0}$$

式中,$X_{T1.0}$ 为变压器 T_1 的零序阻抗。该处零序电流与零序电压之间的相位差也将由 $X_{T1.0}$ 的阻抗角决定,而与被保护线路的零序阻抗及故障点的位置无关。

⑤在电力系统运行方式发生变化时,如果送电线路和中性点接地的变压器数目不变,则零序阻抗和零序等效网络就是不变的。但此时系统的正序阻抗和负序阻抗要随着运行方式而变化,正、负序阻抗的变化将引起 $\dot{U}_{K_1}$、$\dot{U}_{K_2}$、$\dot{U}_{K_0}$ 之间电压分配的改变,因而间接地影响零序分量的大小。

用零序电压和零序电流过滤器即可实现接地短路的零序电流和零序方向保护。现分别讨论如下:

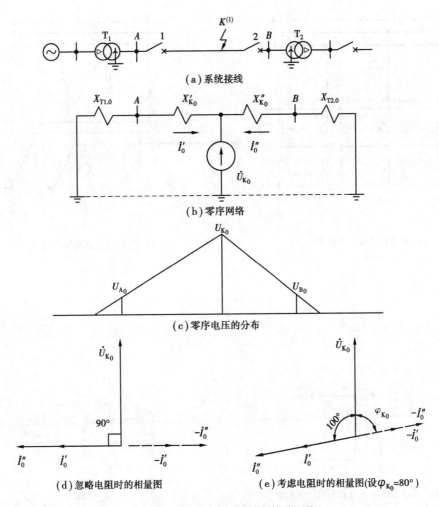

（a）系统接线

（b）零序网络

（c）零序电压的分布

（d）忽略电阻时的相量图　　　　（e）考虑电阻时的相量图（设 $\varphi_{K0} = 80°$）

图 1.32　接地短路时的零序等效网络

1.3.1　零序电压过滤器

为了取得零序电压，通常采用如图 1.33（a）所示的 3 个单相式电压互感器或图 1.33（b）所示的三相五柱式电压互感器，其一次绕组接成星形并将中性点接地，其二次绕组接成开口三角形，这样从 m、n 端子上得到的输出电压为：

$$\dot{U}_{mn} = \dot{U}_a + \dot{U}_b + \dot{U}_c = 3\dot{U}_0$$

而对正序或负序分量的电压，因三相相加后等于零，没有输出。因此，这种接线实际上就是零序电压过滤器。

此外，当发电机的中性点经电压互感器或消弧线圈接地时，如图 1.33（c）所示从它的二次绕组中也能取得零序电压。

利用集成电路由电压形成回路取得 3 个相电压后，利用加法器将 3 个相电压相加，如图 1.33（d）所示，也可合成零序电压。

实际上，在正常运行和电网相间短路时，由于电压互感器的误差以及三相系统对地不完全平衡，在开口三角形侧也可能有数值不大的电压输出，次电压称为不平衡电压（以 U_{unb} 表示）。

31

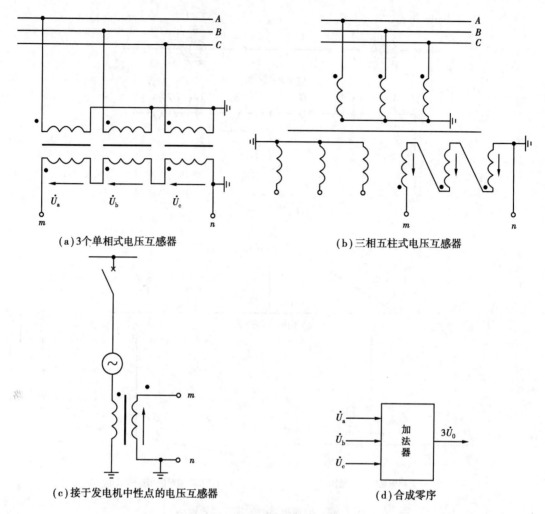

（a）3个单相式电压互感器　　　　　　（b）三相五柱式电压互感器

（c）接于发电机中性点的电压互感器　　　（d）合成零序

图1.33　取得零序电压的接线图

此外,当系统中存在三次谐波分量时,一般三相中的三次谐波电压是同相位的。因此,在零序电压过滤器的输出端也有三次谐波的电压输出。对反映于零序电压而动作的保护装置,应考虑躲开三次谐波的影响。

1.3.2　零序电流过滤器

为了取得零序电流,通常采用三相电流互感器,按图1.34（a）的方式连接,此时流入继电器回路中的电流为:

$$\dot{I}_r = \dot{I}_a + \dot{I}_b + \dot{I}_c = 3\dot{I}_0 \tag{1.46}$$

对于正序或负序分量的电流,因三相相加后等于零,所以就没有输出,这种过滤器的接线实际上就是三相星形接线方式中在中线上所流过的电流,因此,在实际的使用中,零序电流过滤器并不需要专门的电流互感器,而是接入相间保护用电流互感器的中线就可以了。

零序电流过滤器也会产生不平衡电流,如图1.35所示为一个电流互感器的等效回路,考虑励磁电流 $\dot{I}_i$ 的影响后,二次电流和一次电流的关系为:

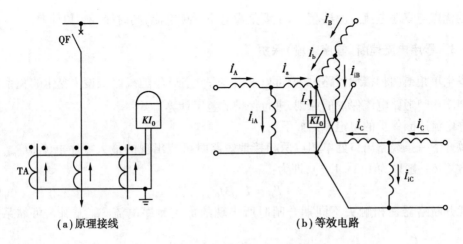

（a）原理接线　　　　　　　　　　（b）等效电路

图 1.34　零序电流过滤器

$$\dot{I}_2 = \frac{1}{n_{TA}}(\dot{I}_1 - \dot{I}_i) \tag{1.47}$$

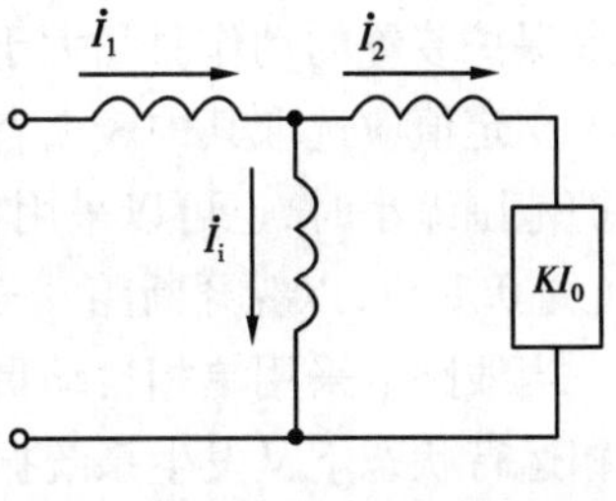

因此,零序电流过滤器的等效回路可用图 1.34（b）来表示,此时流入继电器的电流为:

$$\dot{I}_r = \dot{I}_a + \dot{I}_b + \dot{I}_c = \frac{1}{n_{TA}}[(\dot{I}_A - \dot{I}_{iA}) + (\dot{I}_B - \dot{I}_{iB}) +$$

$$(\dot{I}_C - \dot{I}_{iC})] \tag{1.48}$$

图 1.35　电流互感器的等效电路

$$= \frac{1}{n_{TA}}(\dot{I}_A + \dot{I}_B + \dot{I}_C) - \frac{1}{n_{TA}}(\dot{I}_{iA} + \dot{I}_{iB} + \dot{I}_{iC})$$

在正常运行和不接地的相间短路时,3 个电流互感器一次侧电流的相量和必然为零,因此,流入继电器中的电流为:

$$\dot{I}_r = -\frac{1}{n_{TA}}(\dot{I}_{iA} + \dot{I}_{iB} + \dot{I}_{iC}) = \dot{I}_{unb} \tag{1.49}$$

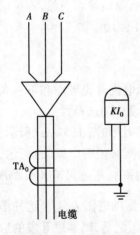

图 1.36　零序电流互感器
接线示意图

$\dot{I}_{unb}$ 称为零序电流互感器的不平衡电流。它是由 3 个互感器励磁电流不相等而产生的,而励磁电流的不等,则是由于铁芯的磁化曲线不完全相同以及制造过程中的某些差别而引起的。当发生相间短路时,电流互感器一次侧流过的电流值最大并且包含有非周期分量,因此,不平衡电流也达到最大值,以 $I_{unb.max}$ 表示。

当发生接地短路时,在过滤器输出端有 $3I_0$ 的电流输出,此时,I_{unb} 相对于 $3I_0$ 一般很小,因此可以忽略,零序保护即可反应于这个电流而动作。

此外,对于采用电缆引出的送电线路,还广泛地采用了零序电流互感器的接线以获得 $3I_0$,如图 1.36 所示,此电流互感器就套在电缆的外面,从其铁芯中穿过的电缆就是电流互感器的一次绕组。因此,这个互感器的一次电流就是 $\dot{I}_A + \dot{I}_B + \dot{I}_C$,只有当一次侧出现零序电流时,在互感器的二次侧才有相应的 $3I_0$ 输出,故称它为零序电流互感器。采用零序电互感器的优点与零序电流过滤器相比,主要是没有不平衡电流,同时接线也更简单。

1.3.3 零序电流速断(零序Ⅰ段)保护

在发生单相或两相接地短路时,也可以求出零序电流 $3I_0$ 随线路长度 l 变化的关系曲线,然后相似于相间短路电流保护的原则,进行保护的整定计算。

零序电流速断保护的整定原则如下:

①躲开下一条线路出口处单相或两相接地短路时可能出现的最大零序电流 $3I_{0.\max}$,引入可靠系数 K'_{rel}(一般取为 $1.2 \sim 1.3$),即为:

$$I'_{\mathrm{op}} = K'_{\mathrm{rel}} 3I_{0.\max} \tag{1.50}$$

②躲开断路器三相触头不同期合闸时所出现的最大零序电流 $3I_{0.\mathrm{bt}}$,引入可靠系数 K'_{rel},即为:

$$I'_{\mathrm{op}} = K'_{\mathrm{rel}} 3I_{0.\mathrm{bt}} \tag{1.51}$$

如果保护装置的动作时间大于断路器三相不同期合闸的时间,则可以不考虑这一条件。

整定值应选取其中较大者。但在有些情况下,如按照条件②整定将使启动电流过大,因而保护范围缩小时,也可以采用在手动合闸以及三相自动重合闸时使零序Ⅰ段带有一个小的延时(约 $0.1\,\mathrm{s}$),以躲开断路器三相不同期合闸的时间,这样在定值上就无须考虑条件②了。

当线路上采用单相自动重合闸时,按上述条件①、②整定的零序Ⅰ段,往往不能躲开在非全相运行状态下又发生系统振荡时所出现的最大零序电流,如果按这一条件整定,则正常情况下发生接地故障时,其保护范围又要缩小,不能充分发挥零序Ⅰ段的作用。因此,为了解决这个矛盾,通常可设置两个零序Ⅰ段保护,一个是按条件①或②整定(由于其定值较小,保护范围较大,因此称为灵敏Ⅰ段),其主要任务是对全相运行状态下的接地故障起保护作用,具有较大的保护范围,而当单相重合闸启动时,则将其自动闭锁,需待恢复全相运行时才能重新投入。另一个是按条件③整定,即按躲过非全相运行状态下又发生系统振荡时所出现的最大零序电流(由于其定值较大,因此称为不灵敏Ⅰ段),装设的主要目的是在单相重合闸过程中,其他两相又发生接地故障时,用以弥补失去灵敏Ⅰ段的缺陷,尽快地将故障切除。当然,不灵敏Ⅰ段也能反映全相运行状态下的接地故障,只是其保护范围较灵敏Ⅰ段为小。

1.3.4 零序电流限时速断(零序Ⅱ段)保护

零序Ⅱ段的工作原理与相间短路限时电流速断保护一样,其启动电流首先考虑和下一条线路的零序电流速断保护相配合,并带有高出一个 Δt 的时限,以保证动作的选择性。

但是,当两个保护之间的变电所母线上接有中性点接地的变压器时,如图1.37(a)所示,则该分支电路的影响将使零序电流的分布发生变化,此时的零序等效网络如图1.37(b)所示,零序电流的变化曲线如图1.37(c)所示。当线路 B—C 上发生接地短路时,通过保护1和2的零序电流分别为 $\dot{I}_{K_0.\mathrm{BC}}$ 和 $\dot{I}_{K_0.\mathrm{AB}}$,两者之差就是从变压器 T_2 中性点流回的电流 $I_{K_0.\mathrm{T2}}$。这种情况与图1.32所示的无助增电流情况不同,引入零序电流的分支系数 K_b 之后,则零序Ⅱ段的启动电流应整定为:

$$I''_{\mathrm{op}.1} = \frac{K''_{\mathrm{rel}}}{K_\mathrm{b}} I'_{\mathrm{op}.2} \tag{1.52}$$

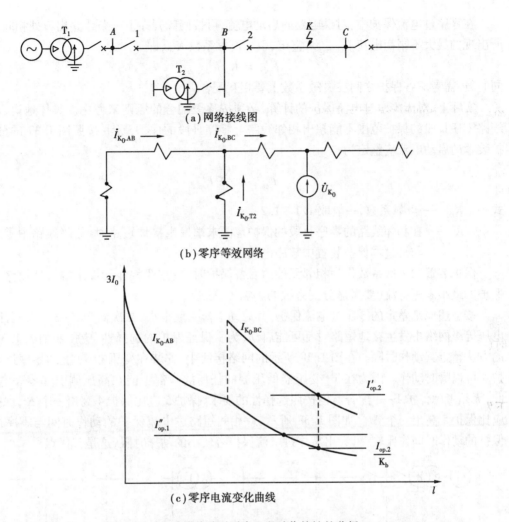

图 1.37　有分支线路时零序 II 段动作特性的分析

当变压器 T_2 切除或中性点改为不接地运行时,则该支路即从零序等效网络中断开,此时, $K_b = 1$ 。

零序 II 段的灵敏系数应按照本线路末端接地短路时的最小零序电流来效验,并应满足 $K_{sen} \geqslant 1.5$ 的要求。当下一条线路比较短或运行方式变化比较大,不能满足对灵敏系数的要求时,可以考虑用其他方式解决:

①使零序 II 段保护与下一条线路的零序 II 段相配合,时限再高出一个 Δt ,取为 1.2 s。

②保留 0.5 s 的零序 II 段,同时再增加一个按①整定的保护,这样保护装置中,就有两个定值和时限均不相同的零序 II 段,一个定值较大,能在正常运行方式和最大运行方式下以较短的时限延时切除本线路上所发生的接地故障,另一个则有较长的时限,但它能保证在各种运行方式下线路末端接地短路时保护装置具有足够的灵敏系数。

1.3.5　零序过电流(零序 III 段)保护

零序 III 段的作用相当于相间短路的过电流保护,一般情况下作为后备保护使用。在中性点直接接地电网中的终端线路上,它也可以作为主保护使用。

在零序过电流保护中,对继电器的启动电流,可按照躲开在下一条线路出口处相间短路时所出现的最大不平衡电流 $I_{unb.max}$ 来整定,引入可靠系数 K_{rel},即

$$I_{op.r} = K_{rel}I_{unb.max} \qquad (1.53)$$

同时,还需考虑各保护之间在灵敏系数上要相互配合。

实际上,对于零序过电流保护的计算,必须按逐级配合的原则来考虑。具体地讲,就是本线路零序Ⅲ段的保护范围不能超出相邻线路上零序Ⅲ段的保护范围,按照图1.37的分析,保护装置的启动电流应整定为:

$$I'''_{op.1} = \frac{K_{rel}}{K_b}I'''_{op.2} \qquad (1.54)$$

式中　K_{rel}——可靠系数,一般取1.1~1.2;

　　　K_b——在相邻线路的零序Ⅲ段的保护范围末端发生接地短路时,故障线路中零序电流与流过本保护装置中零序电流之比。

保护装置的灵敏系数作为相邻元件的后备保护时,应按照相邻元件末端接地短路时流过保护的最小零序电流(要考虑分支系数的影响)来效验。

按上述原则整定的零序过电流保护,其启动电流一般很小(二次侧为2~3 A),因此,在本电压等级网络中发生接地短路时都可能启动,为了保证保护的选择性,应按照如图1.38所示的方法整定其动作时限。在图1.38所示的网络接线中,安装在变压器 T_1 上的零序过电流保护4可以瞬时动作。因为在 T_1 变压器低压侧的任何故障都不能在高压侧引起零序电流,因此,无须考虑保护1—3配合。但按照选择性的要求,保护5应比保护4高出一个 Δt,保护6又应比保护5高出一个 Δt。如图1.38所示,对相间短路过电流保护的动作时间与零序过电流保护的动作时间作比较,可看出零序过电流保护有较小的动作时限,这是其优点。

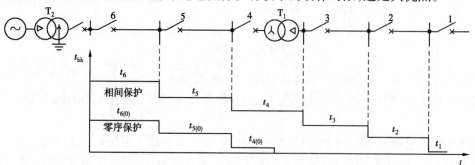

图1.38　零序过电流保护的时限特性

1.3.6　方向性零序电流保护

在双侧或多侧电源的网络中,电源处变压器的中性点一般至少有一台要接地。由于零序电流的实际流向是由故障点流向各个中性点接地的变压器,因此,在变压器接地数目较多的复杂网络中,就需要考虑零序电流保护动作的方向性问题。

在如图1.39(a)所示的网络接线,两侧电源处的变压器中性点均直接接地。当 K_1 点接地短路时,其零序等效网络和零序电流分布如图1.39(b)所示,按照选择性的要求,应该由保护1和2动作切除故障,但是,零序电流 I''_{0K_1} 流过保护3时,就可能引起它的误动作;同样,当 K_2

点短路时,如图 1.39(c)所示,零序电流 $\dot{I}'_{0K_2}$ 又可能使保护 2 误动作。此情况类似于多侧电源的相间短路情况,因而必须在零序电流保护上增加功率方向元件,利用正方向和反方向故障时零序功率方向的差别,来闭锁可能误动作的保护,保证动作的选择性。

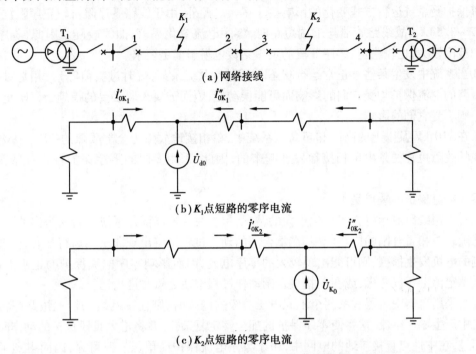

(a)网络接线

(b)K_1点短路的零序电流

(c)K_2点短路的零序电流

图 1.39　零序方向保护工作原理的分析

由于越靠近故障点的零序电压越高,所以零序功方向元件没有电压死区。相反,当故障点距保护安装地点很远时,由于保护安装处的零序电压较低,零序电流较小,继电器反而可能不启动。因此,必须校验此种情况下的灵敏系数。例如,当作为相邻元件的后备保护时,即应采用相邻元件末端短路时,在本保护安装处的最小零序电流、电压或功率(经电流、电压互感器转换到二次侧的值)与零序功率方向继电器的最小启动电流、电压或启动功率之比来计算灵敏系数,并要求 $K_{sen} \geqslant 1.5$。

具有方向性的零序电流保护的方向元件 P_{ro} 接于 $3\dot{I}_0$ 和 $-3\dot{U}_0$,由其触点控制三段电流元件的动作,只有方向元件和电流元件同时动作后,才能分别启动出口中间继电器或各自的时间继电器。

1.3.7　对零序电流保护的评价

由前面分析相间短路电流保护的接线方式已知,采用三相完全星形接线方式时,也可以保护单相接地短路。但采用专门的零序电流保护具有以下优点:

①相间短路的过电流保护是按照躲开最大负荷电流整定,继电器的启动电流一般为 5~7 A,而零序过电流保护则按照躲开不平衡电流的原则整定,其值一般为 2~3 A。由于发生单相接地短路时,故障相的电流为零序电流 $3I_0$,因此,零序过电流保护的灵敏度较高。此外,由图 1.38 可见,零序过电流保护的动作时限也较相间保护短,尤其对于两侧电源的线路,当线

路内部靠近任一侧发生接地短路时,本侧零序 I 段动作跳闸后,对侧零序电流增大可使对侧零序 I 段也相继动作跳闸,因而使总的故障切除时间更短。

②相间短路的电流速断和限时电流速断保护直接受系统运行方式变化的影响很大,而零序电流保护受系统运行方式变化的影响要小得多。此外,由于线路零序阻抗较正序阻抗为大,$X_0 = (2 \sim 3.5) X_1$,故线路始端与末端短路时,零序电流变化显著,曲线较陡。因此,零序 I 段的保护范围较大,也较稳定,零序 II 段的灵敏系数也易于满足要求。

③当系统中发生某些不正常运行状态时(例如,系统振荡、短时过负荷等)三相是对称的,相间短路的电流保护均受它们的影响而可能误动作,因而需要采取必要的措施予以防止,而零序保护则不受它们的影响。

④在 110 kV 及以上的高压和超高压系统中,单相接地故障为全部故障的 70% ~ 90%,而且其他的故障也往往是由单相接地发展起来的,因此,采用专门的零序保护就具有显著的优越性。

零序电流保护的缺点是:

①对于短线路或运行方式变化很大的情况,保护往往不能满足系统运行所提出的要求。

②随着单相重合闸的广泛应用,在重合闸的动作过程中将出现非全相运行状态,再考虑系统两侧的电机发生摇摆,则可能出现较大的零序电流,因而影响零序电流保护的正确工作,此时应从整定值上予以考虑,或在单相重合闸动作过程中使之短时退出运行。

③当采用自耦变压器联系两个不同电压等级的网络时,则任一网络的接地短路都将在另一网络中产生零序电流,这将使零序保护的配合整定复杂化,并将增大 III 段保护的动作时限。

不过,在中性点直接接地的电网中,由于零序电流保护简单、经济、可靠,因而得到了广泛应用。

1.4 中性点非直接接地系统的零序保护

在中性点非直接接地的电网(又称小接地电流系统)中发生单相接地时,由于故障点的电流很小,而且三相之间的线电压仍然保持对称,对负荷的供电没有影响,在故障不扩大的情况下,运行一段时间也是可以的。但是在单相接地以后,其他两相的对地电压要升高 $\sqrt{3}$ 倍。为了防止故障进一步扩大成两点或多点接地短路,对供电可靠性要求高的配电网,还是应该动作于跳闸。

因此,在中性点非直接接地系统中发生单相接地故障时,一般只要求继电保护能有选择性地发出信号,而不必跳闸。但当单相接地对人身和设备的安全有危险时,则应动作于跳闸。

1.4.1 中性点不接地系统单相接地故障时的接地电流

(1)中性点不接地系统的正常运行状态

中性点不接地的三相系统在正常运行时,网络中各相对地电压是对称的,各线路经过完善的换位,三相对地电容是相等的,因此各相对地电压也是对称的,如图 1.40 所示。线路上 A 相电流等于负荷电流 I_{AL} 和对地电容电流 I_{AC} 的相量和,当三相负荷电流平衡,对地电容电流对称时,三相电容电流相量和等于零,所以地中没有电容电流通过,中性点电位为零。但是实际上三相对地电容是不可能绝对平衡的,这就引起了中性点对地电位偏移,这个偏移的电压称为中性点的位移电压,如图 1.40(a)所示,U_N 就是其位移电压。

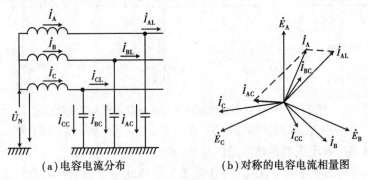

(a)电容电流分布　　　　　　(b)对称的电容电流相量图

图 1.40　中性点不接地电网运行

(2)单相接地故障时接地电流与零序电压的特点

当电网发生单相接地故障后,为了分析方便,设线路为空载运行,忽略电源内和线路上的压降,则电容电流的分布如图 1.41 所示。

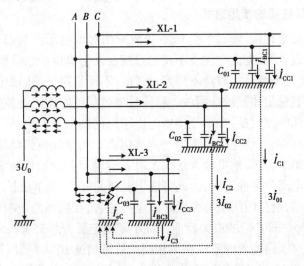

图 1.41　中性点不接地系统单相接地时电容电流分布

图中以 XL-3 线路 A 相接地为例,画出了非故障线路 XL-1、XL-2 出现的零序电流为非故障相的电容电流之和(故障相因对地电压为零,电容电流也为零)。XL-3 故障线路的非故障相电容电流与非故障线路相同,而接地点接地电流大;和故障相流回母线的电流在数值上均等于系统电容电流的总和,其相量图如图 1.42(a)所示。如 A 相直接接地 $U_A = 0$,非故障相电压 U_B 和 U_C 均升高 $\sqrt{3}$ 倍,即变为线电压值,中性点位移电压 $\dot{U}_0 = -\dot{E}_A$。非故障相电容电流 I_{BC} 和 I_{CC} 的相量和就是该线路的电容电流:$I_{B(C)} + I_{C(C)} = I_{C3}$。其相量图如图 1.42(c)所示。因为故障线路的非故障相电容电流与故障相流回母线的接地电流方向相反,所以故障线路的零序电流可用式(1.55)表示,其相量图可表示为图 1.42(b)。

$$3\dot{I}_{03} = \dot{I}_{C3} - \dot{I}_{ec} = -(3\dot{I}_{01} + 3\dot{I}_{02}) \tag{1.55}$$

由以上相量分析,可得出如下几个结论:

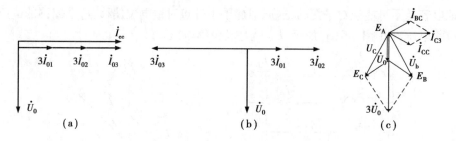

图 1.42　中性点不接地系统单相接地时电流电压相量图

①中性点不接地系统,单相接地故障时,中性点位移电压为 $-E_\varphi$(相电势)

②非故障线路电容电流就是该线路的零序电流。

③故障线路首端的零序电流数值上等于系统非故障线路全部电容电流的总和,其方向为线路指向母线,与非故障线路中零序电流的方向相反。该电流由线路首端的 TA 反映到二次侧。以上 3 点结论就是中性点不接地系统基波零序电流方向自动接地选线装置软件工作原理。

1.4.2　中性点经消弧线圈接地系统的接地电流

(1)中性点经消弧线圈的接地方式

中性点不接地系统单相接地故障时,虽然非故障相对地电压升高 $\sqrt{3}$ 倍,但由于系统中相对地绝缘是按线电压设计的,据此中性点不接地系统在发生单相接地时可以继续运行,但是不能长期工作,规程中规定继续运行时间不得超过 2 h。不能长期工作的原因是接地电流将在故障点形成电弧。电弧有稳定和间歇性两种。稳定性电弧很可能烧坏设备或引起两相甚至三相短路。产生间歇性电弧的原因是:在单相接地时由于电网的电容和电感容易形成一个振荡回路,就有可能因振荡出现周期性熄灭和重燃的间歇电弧。间歇性电弧将导致相对地电压的升高而危害系统的设备绝缘,在接地电流大于 5 A 时最容易引起间歇性电弧,电网的电压越高。间歇性电弧引起的过电压危害性越大,由此可能引起相间故障,使事故扩大。

为了减小接地电流,避免因间歇电弧引起过电压危害,在我国的《交流电气装置过电压和绝缘配合》(GB/T 50064—2014)的电力行业标准中新规定所有的 35 kV,6 kV 系统及 10 kV 不直接连接发电机的架空线路构成的系统在单相接地故障超过 10 A 时,应采用消弧线圈的接地方式(注意:原标准规定 10 kV 系统为 30 A);当 3 ~ 6 kV 非钢筋混凝土或金属杆塔的架空线路构成的系统及 3 ~ 20 kV 电缆线路构成的系统在单相接地故障电容电流超过 30 A 时,与原规定相同应采用消弧线圈的接地方式。这种中性点经消弧线圈接地方式发生单相接地故障时流过故障点的电流比较小,所以也属于小电流接地系统。

因为接地电流在数值上与系统电压、频率和相对地的电容及线路结构、长度均有关,因此理论仍很难用一个公式准确计算出来。在实际应用中,可以通过估算方法近似地计算:对架空线路 $I_C = UL/350$,对电缆线路 $I_C = UL/10$,式中 U 单位为 kV,L 单位为 km。按以上式子可估算出系统的接地电流并进一步判断是否应采用经消弧线圈接地的方式。

(2)消弧线圈的补偿方式及其作用

中性点接入消弧线圈的目的主要是消除单相接地时故障点的瞬时性电弧。其作用是:尽量减小故障接地电流;减缓电弧熄灭瞬间故障点恢复电压的上升速度。

消弧线圈减小故障接地电流的方式有过补偿、欠补偿和全补偿 3 种方式。消弧线圈以感

性电流 I_L 补偿系统接地电容电流 I_{ec} 的程度称为补偿度(也称为脱谐度),定义为

$$P = \frac{I_L - I_{ec}}{I_{ec}} \tag{1.56}$$

按过去的规定,不采用全补偿和欠补偿。因为全补偿有可能发生谐振,使中性点电压超过规定限制的15%相电压,而欠补偿在切除若干线路后也有可能进入全补偿的状态,因此也有可能发生谐振。如果在消弧线圈与地之间串接阻尼电阻,使得在进入全补偿状态时谐振电流变得较小,从而有效地避免了发生中性点过电压的现象。因此目前有的消弧线圈经阻尼电阻接地,允许其工作在全补偿、过补偿、欠补偿的全工况状态。

此外,理论上可以证明:减小补偿度,即尽可能接近全补偿状态,可以在故障点消弧的瞬间,减缓故障点恢复电压上升速度,避免了故障点恢复电压上升过快引起的电压振荡。因此自动跟踪调节消弧线圈电感,应使补偿度调节在适当范围内才能使熄弧效果最佳。

(3)**单相接地时零序电压、电流的特点**

中性点经消弧线圈接地的系统,当在线路 XL-3 的 A 相发生单相接地时,电容电流的分布如图1.43所示。

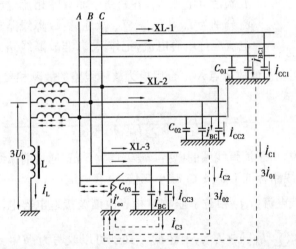

图 1.43　中性点经消弧线圈接地电网中单相接地时电容电流的分布图

图中表示了单相接地时,加在消弧线圈两端的中性点位移电压为 $\dot{U}_0 = -\dot{E}_A$。在该电压作用下,在消弧线圈中产生电感电流 I_L,这个电流流入故障接地点,流入故障接地点的系统电容电流与图1.41完全相同。I_L 与系统电容电流的相量相位关系如图1.44所示,$\dot{I}'_{ec} = \dot{I}_L - \dot{I}_{ec}$。

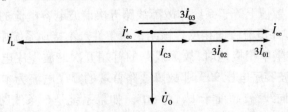

图 1.44　经消弧线圈 I_L 补偿后的接地电流 $\dot{I}'_{ec}$

由此可见,在过补偿的条件下经消弧线圈 I_L 补偿后,接地电流 $\dot{I}'_{ec}$ 与未经补偿的 $\dot{I}_{ec}$ 比较

明显小了许多,同时还可看出补偿后,故障线路的零序电流 $3\dot{I}_{03} = \dot{I}_{C3} - \dot{I}'_{ec}$ 的方向与非故障线路的零序电流 $3I_{01}$ 和 $3I_{02}$ 方向完全相同,而数值大小也无明显差异。所以在中性点经消弧线圈接地的电网中,就不能利用基波零序电流的数值大小和方向来作自动接地选线的依据。比较有效的判别接地方案是五次谐波判别法和有功分量判别法。

(4)**五次谐波判别法原理**

在电力系统中,由于发电机的电动势中存在着高次谐波,某些负荷的非线性也会引起高次谐波,所以系统中的电压和电流均含有高次谐波分量,其中以五次谐波分量数值最大。前面分析过,中性点经消弧线圈接地的系统中,在单相接地时消弧线圈的电感电流补偿接地电容电流是针对基波零序电流而言的,对于五次谐波来说,情况就大不相同了。

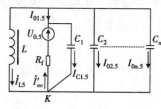

图 1.45 五次谐波等值电路图

图 1.45 所示的是小电流接地系统中性点经消弧线圈接地,在单相接地故障时的五次谐波零序等值电路图。图中假设第一条线路发生单相接地,$U_{0.5}$ 就是第一条线路接地时故障处的五次谐波零序电压。在 $U_{0.5}$ 作用下,消弧线圈 L 中流过电感性的零序五次谐波电流 I_{L5},各线路中非故障相流过电容性的五次谐波电流分别为 $I_{01.5}$、$I_{02.5}$…$I_{0n.5}$(注意:故障线路非故障相的五次谐波电流应称电容电流,记作 $I_{C1.5}$,非故障线路五次谐波电流为零序

电流记作 $\dot{I}_{0n.5}$)。它们在接地故障点 K 汇合后成为故障线路的故障相接地电流 $\dot{I}'_{ec}$,根据基尔霍夫定律,在 K 点有下式:

$$\dot{I}'_{ec} = \dot{I}_{L5} + \left(\sum_{i=2}^{n} \dot{I}_{01.5} \right) + \dot{I}_{C1.5} \tag{1.57}$$

对于五次谐波来说,由于消弧线圈的电抗($\omega_5 L$)增大 5 倍,通过消弧线圈的电感电流 $I_{L5} = U_{0.5}/\omega_5 L$ 减小 5 倍;而线路容抗 $1/\omega_5 \cdot Ci$ 减小 5 倍,电容电流($I_{01.5} = \omega_5 Ci U_{0.5}$)增加 5 倍。所以消弧线圈的五次谐波电流($I_{L5}$)相对于非故障相五次谐波接地电容电流($\sum I_{01.5}$)来说是非常小的,可以认为 $I_{L5} \ll (\sum_{i=2}^{n} I_{01.5}) + I_{C1.5}$,上述的 I'_{ec} 式子可以改写为:$\dot{I}'_{ec} \approx (\sum_{i=2}^{n} \dot{I}_{01.5}) + \dot{I}_{C1.5}$,即对于五次谐波而言,相当于中性点不接地系统,$I_{L5}$ 并不起补偿作用。所以根据式(1.57),故障线路首端五次谐波零序电流:

$$I_{01.5} = I_{C1.5} - I'_{ec} = - \sum_{i=2}^{n} I_{01.5} \tag{1.58}$$

上式表明:①中性点经消弧线圈接地系统,在发生单相接地故障时,故障线路首端的五次谐波零序电流($I_{01.5}$)在数值上等于系统非故障线路五次谐波电容电流的总和。②其方向与非故障线路中五次谐波零序电流方向相反。该结论与中性点不接地系统中基波零序电流的规律完全相同。因此,当发生单相接地时,故障线路的首端五次谐波零序电流方向从线路指向母线,落后于 $U_{0.5}$ 五次谐波零序电压 90°,非故障线路首端的零序电流为本线路五次谐波零序电容电流,方向从母线流向线路,超前于 $U_{0.5}$ 为 90°。如果系统是 3 条线路,其相量图如图 1.46 所示。图中第一条线路单相接地其非故障相五次谐波电容电流为 $I_{C1.5}$ 线路首端测出的五次谐波零序电流为 $I_{01.5}$。

以上结论是中性点经消弧线圈接地的单相接地选线的判别依据,即五次谐波判别法。

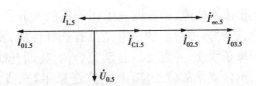

图 1.46 中性点经消弧线圈接地单相接地时五次谐波零序电流相量图

(5)有功分量判别法原理

五次谐波判别法与基波零序电流判别法都存在一个主要的缺点,即当系统的引出线长度较短时,单相接地故障线路的五次谐波和基波零序电流均较小,其方向也较难判断,因此其接地判别的准确率并不是很高。

当消弧线圈采用自动跟踪消弧线圈并经阻尼电阻(阻尼电阻的作用详见 1.4.4 节)接地时,系统单相接地选线可以采用基波有功分量判别法。

基波有功分量判别法的原理是:单相接地时,故障线路通过接地点与消弧线圈和阻尼电阻构成串联回路。该回路在中性点零序电压 U_0 作用下,产生的基波零序电流必然流经阻尼电阻,因而基波零序电流含有有功分量 I_R。而有功分量 I_R 在消弧线圈的电感电流对接地电容电流补偿中是不会被补偿消失的,因此该有功分量电流将全部流回故障线路的首端,被零序电流互感器测量出来,如图 1.51(a)所示。而非故障线路没有与消弧线圈阻尼电阻构成回路,必然没有流过消弧线圈的有功电流分量,只有本线路的零序电容电流,其中包含的有功电流为线路对地泄漏电流,数值很小。因此可以测量各线路基波零序电流中的有功电流分量值,比较它们的大小,最大者即为接地线路。

有功分量判别法是接地选线的一种新技术,该方法必须与带阻尼电阻的自动跟踪消弧线圈装置配套使用。其理论与实际验证,都证明了其选线准确率很高。

1.4.3 中性点不接地电网中单相接地的保护

根据网络接线的具体情况,可利用以下方式来构成单相接地保护。

(1)无选择性绝缘监视装置

在发电厂和变电所的母线上,一般装设网络单相接地的监视装置,它利用接地后出现的零序电压,带延时动作于信号。因此,可用一过电压继电器接于三相五柱式电压互感器的开口三角形侧,如图1.47所示。

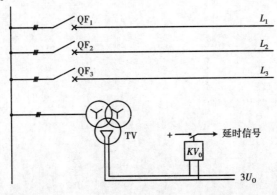

图 1.47 中性点不接地电网中的绝缘监视装置

只要本网络中发生单相接地故障,则在同一电压等级的所有发电厂和变电所的母线上都将出现零序电压。因此,这种方法给出的信号是没有选择性的,要想选出故障线路,还需要运行人员依次短时断开每条线路,并继之以自动重合闸,将断开线路投入;当断开某条线路时,零序电压信号消失,则这就是故障线路(目前广泛采用"选线装置",可以不停电找出故障线)。

(2)零序电流保护

利用故障线路零序电流较非故障线路为大的特点来实现有选择地发出信号或动作于跳闸。

这种保护一般使用在有条件安装零序电流互感器的线路上,当单相接地电流较大,足以克服零序电流过滤器中不平衡电流的影响时,保护装置也可以接于 3 个电流互感器构成的零序回路中。为了保证动作的选择性,保护装置的启动电流应躲开本线路的零序电流(电容电流)来整定,即

$$I_{0p} = K_{rel} 3 U_{\varphi} \omega C_0 \tag{1.59}$$

式中 C_0——被保护线路每相的对地电容。

按上式整定后,还需要效验在本线路上发生单相接地故障时的灵敏系数,由于流经故障线路上的零序电流为全网络中非故障线路电容电流的总和,可用 $3U_{\varphi}\omega(C_{\Sigma} - C_0)$ 来表示,因此,灵敏系数为:

$$K_{sen} = \frac{3U_{\varphi}\omega(C_{\Sigma} - C_0)}{K_{rel} 3 U_{\varphi}\omega C_0} = \frac{C_{\Sigma} - C_0}{K_{rel} C_0} \tag{1.60}$$

式中 C_{Σ}——同一电压等级网络中各元件每相对地电容之和,效验时应采用系统最小运行方式下的电容电流,也就是 C_{Σ} 为最小时的电容电流。

由上式可见,当全网的电容电流越大或被保护线路的电容电流越小时,零序电流保护的灵敏系数就越容易满足要求。

(3)零序功率方向保护

利用故障线路与非故障线路零序功率方向不同的特点来实现有选择性的保护,动作于发出信号或跳闸。这种方式适用于零序电流保护不能满足灵敏系数的要求时和接线复杂的网络中。

第**2**章

电网的距离保护

2.1 距离保护的基本原理

2.1.1 基本工作原理

电流、电压保护的主要优点是简单、可靠、经济,但它们的灵敏性受系统运行方式变化的影响较大,特别是在重负荷、长距离、电压等级高的复杂网络中,很难满足选择性、灵敏性以及快速切除故障的要求。为此,必须采用性能更加完善的保护装置,因而引入了"距离保护"。

距离保护是指反映故障点至保护安装地点之间的距离(或阻抗),并根据距离的远近而确定动作时间的一种保护装置。该装置的主要元件为距离(阻抗)继电器,可根据其端子所加的电压和电流测定保护安装处至短路点间的阻抗值,即测量阻抗。其主要特点是:短路点距离保护安装点越近,其测量阻抗越小;相反地,短路点距离保护安装点越远,其测量阻抗越大,动作时间就越长。这样就可保证有选择地切除故障线路。如图 2.1(a) 所示,K 点短路时,保护 1 的测量阻抗是 Z_K,保护 2 的测量阻抗是 $(Z_{AB} + Z_K)$。由于保护 1 距短路点较近,而且保护 2 距短路点较远,故保护 1 的动作时间比保护 2 的短,则 K 点短路故障就由保护 1 动作切除,不会引起保护 2 的误动作。距离保护的配合是靠适当地选择各保护的整定阻抗值和动作时限来完成的。

2.1.2 距离保护的时限特性

距离保护的动作时间与保护安装地点至短路点之间距离的关系 $t = f(l)$,称为距离保护的时限特性。为了满足速动性、选择性和灵敏性的要求,目前广泛应用具有三段动作范围的阶梯型时限特性,如图 2.1(b) 所示,并分别称为距离保护的 Ⅰ、Ⅱ、Ⅲ 段,与上一章所介绍的电流速断、限时电流速断以及过电流保护相对应。

距离保护的第 Ⅰ 段是瞬时动作的,t_1 是保护本身的固有动作时间。以保护 2 为例,其第 Ⅰ 段本应保护线路 A—B 的全长,即保护范围为全长的 100%,然而,实际上却是不可能的,因为当线路 B—C 出口处短路时,保护 2 第 Ⅰ 段不应动作。为此,其启动阻抗的整定值必须躲开这

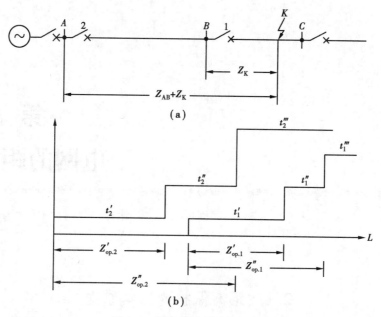

图 2.1　距离保护的基本原理

一点短路时所测量到的阻抗 Z_{AB}，即 $Z'_{op.2} < Z_{AB}$。考虑到阻抗继电器和电流、电压互感器的误差，需引入可靠系数 K'_{rel}（一般取 $0.8 \sim 0.85$），则

$$Z'_{op.2} = (0.8 \sim 0.85)Z_{AB} \tag{2.1}$$

同理，对保护 1 的第 I 段整定值应为：

$$Z'_{op.1} = (0.8 \sim 0.85)Z_{BC} \tag{2.2}$$

如此整定后，距离 I 段就只能保护本线路全长的 $80\% \sim 85\%$，这是一个严重缺点。为了切除本线路末端 $15\% \sim 20\%$ 范围以内的故障，就需设置距离保护第 II 段。

　　距离 II 段整定值的选择是相似于限时电流速断的，即应使其不超出下一条线路距离 I 段的保护范围，同时带有高出一个 Δt 的时限，以保证选择性。例如，在图 2.1（a）单侧电源网络中，当保护 1 第 I 段末端短路时，保护 2 的测量阻抗 Z_2 为：

$$Z_2 = Z_{AB} + Z'_{op.1}$$

引入可靠系数 K''_{rel}，则保护 2 的启动阻抗为：

$$\begin{aligned}
Z''_{op.2} &= K''_{rel}(Z_{AB} + Z'_{op.1}) \\
&= 0.8[Z_{AB} + (0.8 \sim 0.85)Z_{BC}]
\end{aligned} \tag{2.3}$$

距离 I 段与 II 段的联合工作构成本线路的主保护。

　　为了作为相邻线路保护装置和断路器拒绝动作的后备保护，同时也作为距离 I、II 段的后备保护，还应该装设距离保护第 III 段。

　　对于距离 III 段整定值的考虑是与过电流保护相似的，其启动阻抗要按躲开正常运行时的最小负荷阻抗来选择，而动作时限则应根据前述电流保护的原则，使其比距离 III 段保护范围内其他各保护的最大动作时限高一个 Δt。

2.1.3　距离保护的主要组成元件

　　在一般情况下，距离保护装置由以下回路组成。图 2.2 所示为三段式距离保护的简化逻辑框图。

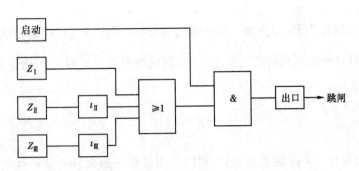

图 2.2　三段式距离保护的原理框图

（1）启动回路

启动回路主要由启动元件组成。启动元件可由过电流继电器、低阻抗继电器或反应于负序和零序电流的继电器构成。具体选用哪一种，应由被保护线路的情况确定。

（2）测量回路（Z_{I}、Z_{II} 和 Z_{III}）

测量回路的 Ⅰ 段和 Ⅱ 段由阻抗继电器 Z_{I} 和 Z_{II} 组成，而第 Ⅲ 段由测量组抗继电器 Z_{III} 组成。测量回路是测量短路点到保护安装处的距离，用以判断故障处于哪一段保护范围。

（3）逻辑回路

逻辑回路主要由门电路和时间电路组成。门电路包括与门和或门，时间电路主要由 t_{II} 和 t_{III} 两个时间继电器构成。时间继电器的主要作用是按照故障点到保护安装地点的远近，根据预定的时限特性确定动作的时限，以保证保护动作的选择性。

（4）其他部分

辅助相电流元件：接于相电流，作为辅助启动元件之用。重合闸后加速回路：瞬时加速 Ⅰ 段或 Ⅱ 段。执行元件：出口、信号、切换等其他功能。

从图 2.2 可以看出，当正方向发生故障时，启动元件动作，如果故障位于第 Ⅰ 段范围内，则 Z_{I} 动作，并与启动元件的输出信号通过与门，瞬时作用于出口回路，动作于跳闸；如果故障位于距离 Ⅱ 段保护范围内，则 Z_{I} 不动而 Z_{II} 动作，随即启动 Ⅱ 段的时间元件 t_{II}，待 t_{II} 延时到达后，也通过与门启动出口回路动作于跳闸；如果故障位于距离 Ⅲ 段保护范围以内，则 Z_{III} 动作启动 t_{III}，在 t_{III} 的延时之内；如果故障未被其他的保护动作切除，则在 t_{III} 延时到达后，仍通过与门和出口回路动作于跳闸，起到后备保护的作用。

2.2　阻抗继电器

阻抗继电器是距离保护装置的核心元件，其主要作用是测量短路点到保护安装地点之间的阻抗，并与整定阻抗值进行比较，以确定保护是否应该动作。

阻抗继电器可按以下不同方法分类：

根据其构造原理的不同，分为电磁型、感应型、整流型、晶体管型、集成电路型和微机型等。

根据其比较原理的不同，分为幅值比较式和相位比较式两大类。

根据其输入量的不同，分为单相式和多相式两种。

所谓单相式阻抗继电器,是指加入继电器的只有一个电压 $\dot{U}_r$(可以是相电压或线电压)和一个电流 $\dot{I}_r$(可以是相电流或两相电流之差)的阻抗继电器。$\dot{U}_r$ 和 $\dot{I}_r$ 的比值称为继电器的测量阻抗 Z_r,即

$$Z_r = \frac{\dot{U}_r}{\dot{I}_r} \qquad\qquad (2.4)$$

由于 Z_r 可以写成 $R+jX$ 的复数形式,可以利用复数平面来分析这种继电器的动作特性,并用一定的几何图形将其表示出来,如图 2.3 所示。

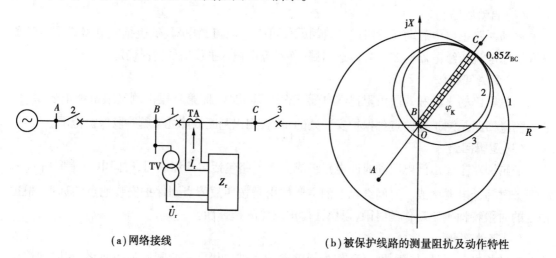

(a)网络接线 　　　　　　　　　　(b)被保护线路的测量阻抗及动作特性

图 2.3　在阻抗复平面上分析阻抗继电器特性

多相补偿式阻抗继电器是一种多相式继电器,加入继电器的是几个相的电流和几个相的补偿后电压,其主要优点是可反映不同相别组合的相间或接地短路,但由于加入继电器的不是单一的电压和电流,因此就不能利用测量阻抗的概念来分析它的特性,而必须结合给定的系统、给定的短路点和给定的故障类型对其动作特性进行具体分析。

阻抗复平面分析法是最常用、最简捷直观的方法,它需要经过以下步骤:

①阻抗继电器在阻抗复平面上的动作特性(可从动作条件判别式取等号求得)。继电器的测量阻抗 Z_r 沿一定的轨迹变化而使继电器始终处于临界动作状态时,这一轨迹便称为继电器的动作特性。

②求出阻抗继电器在各种运行情况下感受到的阻抗(测量阻抗 Z_r)。

③按动作条件判别式在阻抗平面上分析它们是否满足该式,从而决定其是否动作。

对于单相式阻抗继电器,其动作特性可用单一变量即继电器的测量阻抗 Z_r 的函数来分析,并在复阻抗平面上用一定的曲线来表示。例如,圆、直线、橄榄形、苹果形、椭圆形、矩形及多边形等。

下面针对单相式阻抗电器进行讨论。

2.2.1　阻抗继电器的基本原则

以图 2.3(a)中线路 $B—C$ 的保护 1 为例,将阻抗继电器的测量阻抗画在复数阻抗平面上,

如图 2.3(b)所示。线路的始端 B 位于坐标的原点,正方向线路的测量阻抗在第一象限,反方向线路的测量阻抗则在第三象限,正方向线路测量阻抗与 R 轴之间的角度为线路 B—C 的阻抗角 φ_{K}。对保护 1 的距离 I 段,启动阻抗应整定为 $Z'_{\mathrm{KZ.1}} = 0.85Z_{\mathrm{BC}}$,阻抗继电器的启动特性就应包括 $0.85Z_{\mathrm{BC}}$ 以内的阻抗,可用图 2.3(b)中阴影线所括的范围表示。

由于阻抗继电器都是接于电流互感器和电压互感器的二次侧,其测量阻抗与系统一次侧的阻抗之间存在下列关系:

$$Z_{\mathrm{r}} = \frac{U_{\mathrm{r}}}{I_{\mathrm{r}}} = \frac{\dfrac{U(B)}{n_{\mathrm{TV}}}}{\dfrac{I_{\mathrm{BC}}}{n_{\mathrm{TA}}}} = \frac{U(B)}{I_{\mathrm{BC}}} \times \frac{n_{\mathrm{TA}}}{n_{\mathrm{TV}}} = Z_{\mathrm{K}} \frac{n_{\mathrm{TA}}}{n_{\mathrm{TV}}} \tag{2.5}$$

式中　$U(B)$——加于保护装置的一次侧电压,即母线 B 的电压;

　　　I_{BC}——接入保护装置的一次电流,即从 B 流向 C 的电流;

　　　n_{TV}——电压互感器的变化;

　　　n_{TA}——线路 B—C 上电流互感器的变化;

　　　Z_{K}——一次侧的测量阻抗。

如果保护装置的一次侧整定阻抗经计算以后为 Z'_{set},则按式(2.5),继电器的整定阻抗应该为:

$$Z_{\mathrm{set}} = Z'_{\mathrm{set}} \frac{n_{\mathrm{TA}}}{n_{\mathrm{TV}}} \tag{2.6}$$

为了能消除过渡电阻以及互感器误差的影响,尽量简化继电器的接线,并便于制造调试,通常把阻抗继电器的动作特性扩大为一个圆。如图 2.3(b)所示,其中 1 为全阻抗继电器的动作特性,2 为方向阻抗继电器的动作特性,3 为偏移特性的阻抗继电器的动作特性。此外,还有动作特性为透镜形、多边形阻抗继电器等。

2.2.2　利用复数平面分析圆或直线特性阻抗继电器

(1)全阻抗继电器

全阻抗继电器的特性是以 B 点(继电器安装点)为圆心,以整定阻抗 Z_{set} 为半径所作的一个圆,如图 2.4 所示。当测量阻抗 Z_{r} 位于圆内时继电器动作,即圆内为动作区,圆外为不动作区。当测量阻抗正好位于圆周上时,继电器刚好动作,对应此时的阻抗就是继电器的启动阻抗 $Z_{\mathrm{op.r}}$。由于这种特性是以原点为圆心而作的圆,不论加入继电器的电压与电流之间的角度 φ_{r} 为多大,继电器的启动阻抗在数值上都等于整定阻抗。具有这种动作特性的继电器称为全阻抗继电器,它没有方向性。

全阻抗继电器以及其他特性的继电器,都可以采用两个电压幅值比较或两个电压相位比较的方式构成,现分别叙述如下。

①幅值比较方式如图 2.4(a)所示,当测量阻抗 Z_{r} 位于圆内时,继电器能够启动,其启动的条件可用阻抗的幅值来表示,即

$$|Z_{\mathrm{r}}| \leqslant |Z_{\mathrm{set}}| \tag{2.7}$$

式中　Z_{set}——继电器整定阻抗。

上式两端乘以电流 $\dot{I}_{\mathrm{r}}$,因 $\dot{I}_{\mathrm{r}}\dot{Z}_{\mathrm{r}} = \dot{U}_{\mathrm{r}}$,变成:

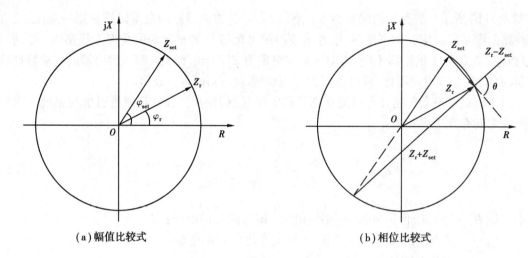

（a）幅值比较式　　　　　　　　　（b）相位比较式

图 2.4　全阻抗继电器的动作特性

$$| \dot{U}_r | \leqslant | \dot{I}_r Z_{set} | \tag{2.8}$$

式（2.8）可看作两个电压幅值的比较，式中，$\dot{I}_r Z_{set}$ 表示电流在某一个恒定阻抗 Z_{set} 上的电压降，可利用电抗互感器或其他补偿装置获得。

②相位比较方式全阻抗继电器的动作特性如图 2.4（b）所示，当测量阻抗 Z_r 位于圆周上时，相量（$Z_r + Z_{set}$）超前于（$Z_r - Z_{set}$）的角度 $\theta = 90°$，而当 Z_r 位于圆内时，$\theta > 90°$；Z_r 位于圆外时，$\theta < 90°$，如图 2.5（a）和（b）所示。因此，继电器的启动条件即可表示为：

$$270° \geqslant \arg \frac{Z_r + Z_{set}}{Z_r - Z_{set}} \geqslant 90° \tag{2.9}$$

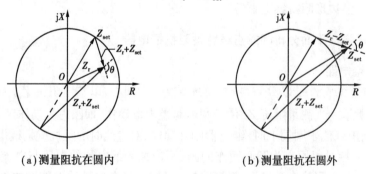

（a）测量阻抗在圆内　　　　　　　（b）测量阻抗在圆外

图 2.5　相位比较方式分析全阻抗继电器的动作特性

将两个相量均以电流 $\dot{I}_r$ 乘之，即可得到可比较其相位的两个电压分别为：

$$\dot{U}_P = \dot{U}_r + \dot{I}_r Z_{set}$$

$$\dot{U}' = \dot{U}_r - \dot{I}_r Z_{set}$$

继电器的动作条件又可写成：

$$270° \geqslant \arg \frac{\dot{U}_r + \dot{I}_r Z_{set}}{\dot{U}_r - \dot{I}_r Z_{set}} \geqslant 90° \ 或 \ 270° \geqslant \arg \frac{\dot{U}_P}{\dot{U}'} \geqslant 90° \tag{2.10}$$

此时,继电器能够启动的条件只与 $\dot{U}_\mathrm{P}$ 和 $\dot{U}'$ 的相位差有关,而与其大小无关。上式可以看成继电器的作用是以电压 $\dot{U}_\mathrm{P}$ 为参考相量,来测定故障时电压相量 $\dot{U}'$ 的相位。一般称 $\dot{U}_\mathrm{P}$ 为极化电压,$\dot{U}'$ 为补偿电压。上述动作条件也可表示为:

$$+90° \geqslant \arg \frac{\dot{I}_\mathrm{r} Z_\mathrm{set} - \dot{U}_\mathrm{r}}{\dot{U}_\mathrm{r} + \dot{I}_\mathrm{r} Z_\mathrm{set}} \geqslant -90° \tag{2.11}$$

③幅值比较方式与相位比较方式之间的关系,可以从图 2.4 和图 2.5 所示几种情况的分析得出。由平行四边形和菱形的定则可知,如用比较幅值的两个相量组成平行四边形,则相位比较的两个相量就是该平行四边形的两个对角线,3 种情况下的关系如图 2.6 所示。

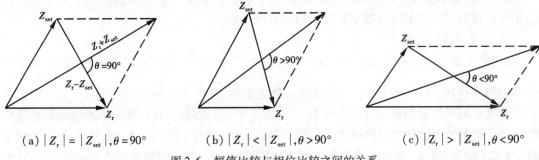

(a) $|Z_\mathrm{r}| = |Z_\mathrm{set}|,\theta = 90°$ 　　(b) $|Z_\mathrm{r}| < |Z_\mathrm{set}|,\theta > 90°$ 　　(c) $|Z_\mathrm{r}| > |Z_\mathrm{set}|,\theta < 90°$

图 2.6　幅值比较与相位比较之间的关系

a. 当 $|Z_\mathrm{r}| = |Z_\mathrm{set}|$ 时,如图 2.6(a)所示,由这两个相量组成的平行四边形是一个菱形,因此,其两个对角线互相垂直,$\theta = 90°$,正是继电器刚好启动的条件。

b. 当 $|Z_\mathrm{r}| < |Z_\mathrm{set}|$ 时,如图 2.6(b)所示,$(Z_\mathrm{r} + Z_\mathrm{set})$ 和 $(Z_\mathrm{r} - Z_\mathrm{set})$ 之间的角度 $\theta > 90°$,继电器能够动作。

c. 当 $|Z_\mathrm{r}| > |Z_\mathrm{set}|$ 时,如图 2.6(c)所示,$(Z_\mathrm{r} + Z_\mathrm{set})$ 和 $(Z_\mathrm{r} - Z_\mathrm{set})$ 之间的角度 $\theta < 90°$,继电器不动作。

一般而言,设以 $\dot{A}$ 和 $\dot{B}$ 表示比较幅值的两个电压,且当 $|\dot{A}| \geqslant |\dot{B}|$ 时,继电器启动;又以 $\dot{C}$ 和 $\dot{D}$ 表示比较相位的两个电压,当 $270° \geqslant \arg \dfrac{\dot{C}}{\dot{D}} \geqslant 90°$ 时,继电器启动,则它们之间的关系符合下式:

$$\left.\begin{aligned} \dot{C} &= \dot{B} + \dot{A} \\ \dot{D} &= \dot{B} - \dot{A} \end{aligned}\right\} \tag{2.12}$$

于是,已知 $\dot{A}$ 和 $\dot{B}$ 时,可以直接求出 $\dot{C}$ 和 $\dot{D}$;反之,如已知 $\dot{C}$ 和 $\dot{D}$,也可以利用上式求出 $\dot{A}$ 和 $\dot{B}$,即 $\dot{B} = \dfrac{1}{2}(\dot{C} + \dot{D})$,$\dot{A} = \dfrac{1}{2}(\dot{C} - \dot{D})$,由于 $\dot{A}$ 和 $\dot{B}$ 是进行幅值比较的两个相量,因此,可取消两式右侧的 1/2 而表示为:

$$\left.\begin{aligned} \dot{B} &= \dot{C} + \dot{D} \\ \dot{A} &= \dot{C} - \dot{D} \end{aligned}\right\} \tag{2.13}$$

以上诸关系虽以全阻抗继电器为例导出,但其结果可以推广到所有比较两个电气量的继电器。

由此可见,幅值比较原理与相位比较原理之间具有互换性。因此,不论实际的继电器是由哪一种方式构成,都可以根据需要而采用任一种比较方式分析它的动作性能。但是必须注意:

①它只适用于 $\dot{A}$、$\dot{B}$、$\dot{C}$、$\dot{D}$ 为同一频率的正弦交流量。

②只适用于相位比较方式动作范围为 $270° \geqslant \arg \dfrac{\dot{C}}{\dot{D}} \geqslant 90°$ 和幅值比较方式,且动作条件为

$|\dot{A}| \geqslant |\dot{B}|$ 的情况。

③对短路暂态过程中出现的非周期分量和谐波分量,以上转换关系显然是不成立的。因此,不同比较方式构成的继电器受暂态过程的影响不同。

(2)方向阻抗继电器

方向阻抗继电器的特性是以整定阻抗 Z_{set} 为直径而通过坐标原点的一个圆,如图 2.7 所示,圆内为动作区,圆外为不动作区。当加入继电器的 $\dot{U}_r$ 和 $\dot{I}_r$ 之间的相位差 φ_r 为不同数值时,此种继电器的启动阻抗也将随之改变。当 φ_r 等于 Z_{set} 的阻抗角时,继电器的启动阻抗达到最大,等于圆的直径,此时,阻抗继电器的保护范围最大,工作最灵敏。因此,这个角称为继电器的最大灵敏角,用 φ_{sen} 表示。当保护范围内部故障时,$\varphi_r = \varphi_K$(为被保护线路的阻抗角),因此,应该调整继电器的最大灵敏角,使 $\varphi_{sen} = \varphi_K$,以便继电器工作在最灵敏的条件下。

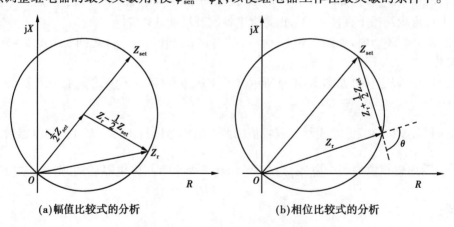

(a)幅值比较式的分析　　　　　　(b)相位比较式的分析

图 2.7　方向阻抗继电器的动作特性

当反方向发生短路时,测量阻抗 Z_r 位于第三象限,继电器不能动作,因此,它本身就具有方向性,故称之为方向阻抗继电器。方向阻抗继电器也可由幅值比较或相位比较的方式构成,现分别讨论如下:

①用幅值比较方式分析,如图 2.7(a)所示,继电器能够启动(即测量阻抗 Z_r 位于圆内)的条件为:

$$\left| Z_r - \frac{1}{2}Z_{set} \right| \leqslant \left| \frac{1}{2}Z_{set} \right| \qquad (2.14)$$

等式两端均以电流 $\dot{I}_r$ 乘之,即变为如下两个电压的幅值的比较:

$$\left| \dot{U}_r - \frac{1}{2}\dot{I}_r Z_{set} \right| \leqslant \left| \frac{1}{2}\dot{I}_r Z_{set} \right| \qquad (2.15)$$

②用相位比较方式分析,如图 2.7(b)所示,当 Z_r 位于圆周上时,阻抗 Z_r 与 $(Z_r - Z_{set})$ 之间的相位差为 $\theta = 90°$,类似于对全阻抗继电器的分析,同样可以证明,$270° \geqslant \theta \geqslant 90°$ 是继电器能够启动的条件。

将 Z_r 与 $(Z_r - Z_{set})$ 均以电流 $\dot{I}_r$ 乘之,即可得到比较相位的两个电压分别为:

$$\left.\begin{array}{l} \dot{U}_P = \dot{U}_r \\ \dot{U}' = \dot{U}_r - \dot{I}_r Z_{set} \end{array}\right\} \qquad (2.16)$$

同样,$\dot{U}_P$ 称为极化电压,$\dot{U}'$ 称为补偿电压。

(3) 偏移特性的阻抗继电器

偏移特性阻抗继电器的特性是当正方向的整定阻抗为 Z_{set} 时,同时,向反方向偏移一个 αZ_{set},式中 $0 < \alpha < 1$,继电器的动作特性如图 2.8 所示,圆内为动作区,圆外为不动作区。由图 2.8 可知,圆的直径为 $|Z_{set} + \alpha Z_{set}|$,圆心的坐标为 $Z_0 = \frac{1}{2}(Z_{set} - \alpha Z_{set})$,圆的半径为:

$$|Z_{set} - Z_0| = \frac{1}{2}|Z_{set} + \alpha Z_{set}|$$

这种继电器的动作特性介于方向阻抗继电器和全阻抗继电器之间,例如,当采用 $\alpha = 0$ 时,即为方向阻抗继电器,而当 $\alpha = 1$ 时,则为全阻抗继电器。该继电器的启动阻抗 $Z_{op.r}$ 既与 φ_r 有关,但又没有完全的方向性,一般称其为具有偏移特性的阻抗继电器。实际上,通常 α 取 $0.1 \sim 0.2$,以便消除方向阻抗继电器的死区。现对其构成方式分析如下:

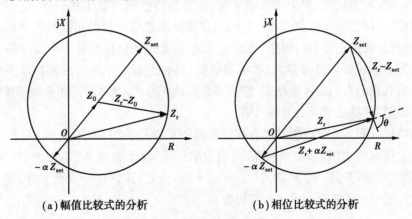

(a) 幅值比较式的分析　　　　　(b) 相位比较式的分析

图 2.8　具有偏移特性的阻抗继电器

①用幅值比较方式分析,如图 2.8(a)所示,继电器能够启动的条件为:

$$|Z_r - Z_0| \leqslant |Z_{set} - Z_0| \qquad (2.17)$$

或等式两端均以电流 $\dot{I}_r$ 乘之,即变为如下两个电压的幅值的比较:

$$|\dot{U}_r - \dot{I}_r Z_0| \leqslant |\dot{I}_r (Z_{set} - Z_0)| \qquad (2.18)$$

②用相位比较方式的分析,如图 2.8(b)所示,当 Z_r 位于圆周上时,相量 $(Z_r + \alpha Z_{set})$ 与

$(Z_r - Z_{set})$ 之间的相位差为 $\theta = 90°$，同样可以证明，$270° \geqslant \theta \geqslant 90°$ 也是继电器能够启动的条件。

将 $(Z_r + \alpha Z_{set})$ 和 $(Z_r - \alpha Z_{set})$ 均以电流 $\dot{I}_r$ 乘之，即可得到用以比较其相位的两个电压为：

$$\left.\begin{array}{l} \dot{U}_P = \dot{U}_r + \alpha \dot{I}_r Z_{set} \\ \dot{U}' = \dot{U}_r - \dot{I}_r Z_{set} \end{array}\right\} \tag{2.19}$$

至此，已介绍了电力系统中较常使用的 3 种阻抗继电器的动作特性。最后，总结一下 3 个阻抗的含义和区别，以便加深理解：

①Z_r 是继电器的测量阻抗，由加入继电器中电压 $\dot{U}_r$ 与电流 $\dot{I}_r$ 的比值确定，Z_r 的阻抗角就是 $\dot{U}_r$ 和 $\dot{I}_r$ 之间的相位差 φ_r。

②Z_{set} 是继电器的整定阻抗，一般取继电器安装点到保护范围末端的线路阻抗作为整定阻抗。对全阻抗继电器而言，就是圆的半径；对方向阻抗继电器而言，就是在最大灵敏角方向上的圆的直径；而对偏移特性阻抗继电器，则是最大灵敏角方向上由原点到圆周上的长度。

③$Z_{op.r}$ 是继电器的启动阻抗，它表示当继电器刚好动作时，加入继电器中电压 $\dot{U}_r$ 与电流 $\dot{I}_r$ 的比值，除全阻抗继电器以外，$Z_{op.r}$ 是随着 φ_r 的不同而改变的，当 $\varphi_r = \varphi_{sen}$ 时，$Z_{op.r}$ 的数值最大，等于 Z_{set}。

(4)功率方向继电器

在第 1 章里已做过分析，功率方向继电器的角度特性当用极坐标表示时，是垂直于最灵敏线的一条直线。如果用复数阻抗平面来分析它的启动特性，也可把它看成方向阻抗继电器的一个特例，即当整定阻抗 Z_{set} 趋向于无限大时，原来的特性圆就趋于和直径 Z_{set}（图 2.7）垂直的一条圆的切线，即直线 AA'（图 2.9）。因此，如果从阻抗继电器的角度来理解功率方向继电器，那就意味着只要是正方向的短路（此时电压和电流的比值反映着一个位于第一象限的阻抗），而不管测量阻抗的数值有多大，继电器都能启动，也就是正方向的保护范围在理论上是无限大的。而真正的方向阻抗继电器，它除了必须是正方向短路以外，还必须测量阻抗小于一定的数值才启动，这就是两者之间的区别。

当用幅值比较的方式来分析功率方向继电器的启动特性时，如图 2.9(a) 所示，在最大灵敏角的方向上任取两个相量 Z_0 和 $-Z_0$，当测量阻抗 Z_r 位于直线 AA' 以上时，它到 Z_0 的距离（向量 $Z_r - Z_0$），恒小于到 $-Z_0$ 的距离（相量 $Z_r + Z_0$），而当正好位于直线上时，则到两者的距离相等，因此，继电器能够动作的条件即可表示为：

$$|Z_r - Z_0| \leqslant |Z_r + Z_0| \tag{2.20}$$

两端均以电流 $\dot{I}_r$ 乘之，则变为如下两个电压幅值的比较：

$$|\dot{U}_r - \dot{I}_r Z_0| \leqslant |\dot{U}_r + \dot{I}_r Z_0| \tag{2.21}$$

如用相位比较方式来分析功率方向继电器的特性，如图 2.9(b) 所示，只要 Z_r 和 $(-Z_0)$ 之间的角度 θ 位于 $270° \geqslant \theta \geqslant 90°$，就是它能够动作的条件。将 Z_r 和 $(-Z_0)$ 均以电流 $\dot{I}_r$ 乘之，即得到比较其相位的两个电压分别为：

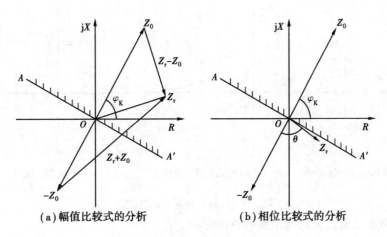

（a）幅值比较式的分析　　　　　（b）相位比较式的分析

图 2.9　功率方向继电器的动作特性

$$\left.\begin{array}{l} \dot{U}_{\mathrm{P}} = \dot{U}_{\mathrm{r}} \\ \dot{U}' = -\dot{I}_{\mathrm{r}} Z_0 \end{array}\right\} \tag{2.22}$$

此关系式由式（2.16）也可以直接导出：由于实际构成继电器时不可能做到 Z_{set} 等于无限大，故可在分母中用 $\dot{U}_{\mathrm{r}}$ 等于 0，而 Z_{set} 以任一有限 Z_0 来代替，即可得到式（2.22）。此式表明它实质上还是比较加入继电器中电流 $\dot{I}_{\mathrm{r}}$ 和电压 $\dot{U}_{\mathrm{r}}$ 之间的相位关系，即把 $\dot{I}_{\mathrm{r}}$ 向超前方向移动 φ_{sen} 角（Z_0 的阻抗角），再经反相之后，与 $\dot{U}_{\mathrm{r}}$ 比较相位。

（5）具有直线特性的继电器

当要求继电器的动作特性为任一直线时，如图 2.10 所示，由 O 点作动作特性边界线的垂线，其相量表示为 Z_{set}，测量阻抗 Z_{r} 位于直线的左侧为动作区，右侧为不动作区。

当用幅值比较方式分析继电器的启动特性时，如图 2.10（a）所示，继电器能够启动的条件可表示为：

$$|Z_{\mathrm{r}}| \leqslant |2Z_{\mathrm{set}} - Z_{\mathrm{r}}|$$

两端均以电流 $\dot{I}_{\mathrm{r}}$ 乘之，则变为如下两个电压的比较：

$$|\dot{U}_{\mathrm{r}}| \leqslant |2\dot{I}_{\mathrm{r}} Z_{\mathrm{set}} - \dot{U}_{\mathrm{r}}| \tag{2.23}$$

如用相位比较方式分析继电器的动作特性，如图 2.10（b）所示，继电器能够启动的条件是向量 Z_{set} 和（$Z_{\mathrm{r}} - Z_{\mathrm{set}}$）之间的夹角为 $270° \geqslant \theta \geqslant 90°$，将 Z_{set} 和（$Z_{\mathrm{r}} - Z_{\mathrm{set}}$）均以电流 $\dot{I}_{\mathrm{r}}$ 乘之，即可得到可用以比较相位的两个电压分别为：

$$\left.\begin{array}{l} \dot{U}_{\mathrm{P}} = \dot{I}_{\mathrm{r}} Z_{\mathrm{set}} \\ \dot{U}' = \dot{U}_{\mathrm{r}} - \dot{I}_{\mathrm{r}} Z_{\mathrm{set}} \end{array}\right\} \tag{2.24}$$

在以上关系中，如果取 $Z_{\mathrm{set}} = \mathrm{j}X_{\mathrm{set}}$，则动作特性如图 2.10（c）所示，即为一电抗型继电器，此时，只要测量阻抗 Z_{r} 的电抗部分小于 X_{set}，就可以动作，而与电阻部分的大小无关。

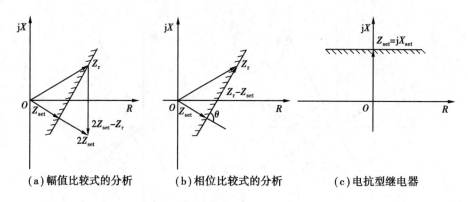

（a）幅值比较式的分析　　　　（b）相位比较式的分析　　　　（c）电抗型继电器

图 2.10　具有直线特性的继电器

（6）动作角度范围变化对继电器特性的影响

在以上分析中均采用动作的角度范围为 $270° \geqslant \arg \dfrac{\dot{U}_P}{\dot{U}'} \geqslant 90°$，在复数平面上获得的是圆或直线的特性。如果使动作范围小于 $180°$，例如采用 $240° \geqslant \arg \dfrac{\dot{U}_P}{\dot{U}'} \geqslant 120°$，则圆特性的方向阻抗继电器将变成透镜形特性的阻抗继电器，如图 2.11（a）所示。而直线特性的功率方向继电器的动作范围则变为一个小于 $180°$ 的折线，如图 2.11（b）所示。其他继电器特性的变化与此相似，不再阐述。

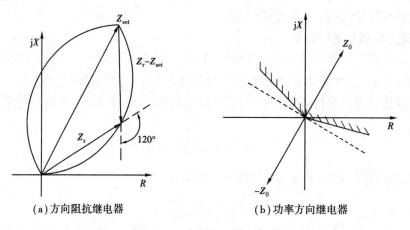

（a）方向阻抗继电器　　　　　　　（b）功率方向继电器

图 2.11　$240° \geqslant \arg \dfrac{\dot{U}_P}{\dot{U}'} \geqslant 120°$ 时的动作特性

（7）继电器的极化电压和补偿电压

各种圆或直线特性的继电器均可用极化电压 $\dot{U}_p$ 与补偿电压 $\dot{U}'$ 进行比相而构成。以图 2.1（a）中的保护 1 的方向阻抗继电器为例，当发生金属性短路时，设电流和电压互感器的变比均为 1，则 $\dot{U}_r = \dot{I}_r Z_K$，$\dot{U}' = I_r(Z_K - Z_{set})$，前已述及，应选择继电器的最大灵敏角 $\varphi_{sen} = \varphi_K$，因此，$Z_{set}$ 与 Z_K 的阻抗角相同。

①当保护范围外部故障时,$Z_K > Z_{set}$,则 $\dot{U}'$ 与 $\dot{U}_r$ 同相位。

②当保护范围末端故障时,$Z_K = Z_{set}$,则 $\dot{U}' = 0$,继电器应处于临界动作的条件。

③当保护范围内部故障时,$Z_K < Z_{set}$,则 $\dot{U}'$ 与 $\dot{U}_r$ 相位差为180°。

由此可见,$\dot{U}'$ 相位的变化实质上反映了短路阻抗 Z_K 与整定阻抗 Z_{set} 的比较。阻抗继电器正是反应于这个电压相位的变化而动作。因此,在任何特性的阻抗继电器中均包含有 $\dot{U}'$ 这个电压。

为了判别 $\dot{U}'$ 相位的变化,必须有一个参考相量作为基准,这就是所采用的极化电压 $\dot{U}_P$。

当 $\arg \dfrac{\dot{U}_P}{\dot{U}'}$ 满足一定的角度范围时,继电器应该启动,而当 $\arg \dfrac{\dot{U}_P}{\dot{U}'} = 180°$ 时,继电器动作最灵敏。

因此,可以认为不同特性的阻抗继电器的区别只是在于所选的极化电压 $\dot{U}_P$ 不同。举例如下:

①当以母线电压 $\dot{U}_r$ 作为极化量时,可得到具有方向性的圆特性(图2.7)阻抗继电器或直线特性的功率方向(图2.9)继电器。当保护安装处出口短路时,$\dot{U}_r = 0$,继电器将因失去极化电压而不能动作,从而出现电压死区。

②当以电流 $\dot{I}_r$ 作为极化量时,可得到动作特性为包括原点在内的各种直线,如图2.10所示,这些直线特性的继电器没有方向性,在反方向短路时均能够动作。

③当以 $\dot{U}_r$ 和 $\dot{I}_r$ 的复合电压(例如 $\dot{U}_r + \alpha \dot{I}_r Z_{set}$)作为极化量时,则得到偏移特性的阻抗继电器,而偏移的程度则取决于 α,即 $\dot{I}_r Z_{set}$ 所占的比重。

最后顺便指出,还可以采用非故障相的电压、其他相的补偿电压、正序电压、零序电流或负序电流等作为极化量来构成其他特性的各种阻抗继电器。

2.2.3 具有四边形特性的阻抗继电器

继电器的动作特性在复数阻抗平面上可以是各种形状的四边形,四边形以内为继电器动作区,四边形以外为不动作区,如图2.12所示。这种继电器的特性曲线通常是由一组折线和两条直线来合成,有时也可由两组折线来合成。

在图2.12中,折线 A—O—C 这段特性广泛采用动作范围小于180°的功率方向继电器来实现,如图2.11(b)所示。直线 AB 是一个电抗型继电器的特性曲线,通常使其特性曲线下倾5°~8°,以防区外故障时出现超越,引起误动,如图2.10(c)所示。直线 BC 属电阻型继电器特性,它与 R 轴的夹角通常取为70°,可参照图2.10(b)的方法构成。将上述3个特性的继电器组成与门输出,即可获得图2.12的

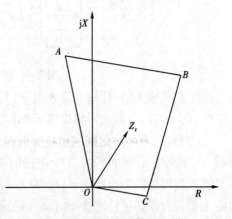

图2.12 四边形阻抗继电器

四边形特性。

下面再讨论折线 $A—B—C$ 段特性的实现方法,如图 2.13(a)所示,设顶点坐标由相量 Z_3 表示,折线方向由 Z_1 和 Z_2 表示。当测量阻抗 Z_r 位于阴影所示的动作范围以内时,如图 2.13(b)所示,在 Z_1、Z_2 和 $(Z_3 - Z_r)$ 这 3 个相量中,任何两个相邻相量之间的夹角都小于 180°,而当测量阻抗 Z_r 位于动作范围以外时,则如图 2.13(c)所示,在上述 3 个相量中,总有一对相邻相量之间的夹角大于 180°。将 Z_1、Z_2 和 $(Z_3 - Z_r)$ 均以电流 $\dot{I}_r$ 乘之,然后利用连续式相位比较回路来比较如下 3 个电压的相位。

$$\dot{U}_1 = \dot{I}_r Z_1$$

$$\dot{U}_2 = \dot{I}_r Z_2$$

$$\dot{U}_3 = \dot{I}_r Z_3 - \dot{U}_r$$

在上述 3 个电压中,当任何两个相邻电压之间的相位差均小于 180°时动作,而大于 180°则不动作,即可满足以上分析的要求。

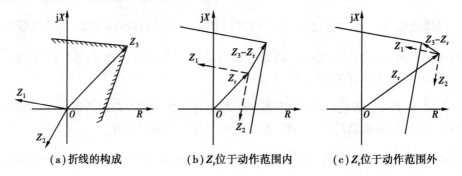

（a）折线的构成　　　　（b）Z_r位于动作范围内　　　　（c）Z_r位于动作范围外

图 2.13　对两个边折线的分析

连续式相位比较回路的接线如图 2.14 所示,其工作原理如下:

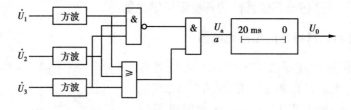

图 2.14　连续式相位比较回路原理框图

①在无输入信号时,三输入与非门输出为高电平,但三输入或门输出为 0,因此与门不能工作,$U_a = 0$,$U_0 = 0$,表示继电器不动作。

②当 U_1、U_2、U_3 之间的相位关系符合继电器应该启动的条件时,如图 2.15(a)所示,在工频一个周期的任何时间内,3 个电压的瞬时值中,至少总有一个是负的,因此,三输入与非门和三输入或门均能输出高电平,经 20 ms 延时后动作,U_0 输出为高电平。在这里,20 ms 延时回路主要是为了保证外部故障时动作的选择性。

③当 U_1、U_2、U_3 之间的相位关系属于继电器不应该动作的条件时,如图 2.15(b)所示,在工频为一个周期的时间里,总有某一段时间 t 使 3 个电压的瞬时值同时为正,也就是电压波形为负

的连续性出现了间断,在此间断时间里,与非门输出低电平,$U_a = 0$,$U_0 = 0$,继电器不动作。

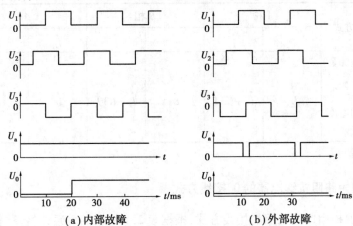

（a）内部故障　　　　　　　（b）外部故障

图 2.15　连续式相位比较回路工作原理的分析

④在正常运行情况下,如果继电器安装在送电侧,Z_K 反应为一个位于第一象限负荷阻抗,矢量关系与图 2.13 相似,继电器不动作。而如果安装在受电侧,则 Z_K 位于第三象限,始终位于折线 $A—B—C$ 的范围以内,因而没有方向性。故构成四边形特性时必须再增加一个具有方向性折线 $A—O—C$,以确保继电器不误动作。

2.3　阻抗继电器的接线方式

2.3.1　对接线方式的基本要求

根据距离保护的工作原理,加入继电器的电压 $\dot{U}_r$ 和电流 $\dot{I}_r$ 应满足以下要求:

①继电器的测量阻抗正比于短路点到保护安装地点之间的距离。

②继电器的测量阻抗与故障类型无关,也就是保护范围不随故障类型而变化。

类似于在功率方向继电器接线方式中的定义,当阻抗继电器加入的电压和电流为 $\dot{U}_{AB}$ 和 $\dot{I}_A - \dot{I}_B$ 时,称为"0°接线";为 $\dot{U}_{AB}$ 和 $\dot{I}_A$ 时,称为" +30°接线";为 $\dot{U}_A$ 和 $\dot{I}_A + 3K\dot{I}_0$ 时称为具有 $\dot{I}_0$ 补偿的"0°接线"。当采用 3 个继电器分别接于三相时,常用的几种接线方式的名称及相应的电压和电流组合见表 2.1。

表 2.1

接线方式	A 相		B 相		C 相	
	$\dot{U}_r$	$\dot{I}_r$	$\dot{U}_r$	$\dot{I}_r$	$\dot{U}_r$	$\dot{I}_r$
0°接线	$\dot{U}_{AB}$	$\dot{I}_A - \dot{I}_B$	$\dot{U}_{BC}$	$\dot{I}_B - \dot{I}_C$	$\dot{U}_{CA}$	$\dot{I}_C - \dot{I}_A$
+30°接线	$\dot{U}_{AB}$	$\dot{I}_A$	$\dot{U}_{BC}$	$\dot{I}_B$	$\dot{U}_{CA}$	$\dot{I}_C$
-30°接线	$\dot{U}_{AB}$	$-\dot{I}_B$	$\dot{U}_{BC}$	$-\dot{I}_C$	$\dot{U}_{CA}$	$-\dot{I}_A$

续表

接线方式	A 相		B 相		C 相	
	$\dot{U}_r$	$\dot{I}_r$	$\dot{U}_r$	$\dot{I}_r$	$\dot{U}_r$	$\dot{I}_r$
相电压和具有 $K3 \dot{I}_0$ 补偿的相电流接线	$\dot{U}_A$	$\dot{I}_A + K3 \dot{I}_0$	$\dot{U}_B$	$\dot{I}_B + K3 \dot{I}_0$	$\dot{U}_C$	$\dot{I}_C + K3 \dot{I}_0$

2.3.2 相间短路阻抗继电器的0°接线方式

这是在距离保护中广泛采用的接线方式,根据表2.1所示的关系,对各种相间短路时继电器的测量阻抗分析。在此,测量阻抗仍用电力系统一次侧阻抗表示,或认为电流和电压互感器的变比为 $n_{TA} = n_{TV} = 1$。

(1)三相短路

如图2.16所示,三相短路时,三相是对称的,3个继电器的工作情况完全相同,故可以 A 相继电器为例分析之。设短路点至保护安装地点之间的距离为 l km,线路每千米的正序阻抗为 Z_1,则保护安装地点的电压 $\dot{U}_{AB}$ 应为:

$$\dot{U}_{AB} = \dot{U}_A - \dot{U}_B = \dot{I}_A Z_1 l - \dot{I}_B Z_1 l = (\dot{I}_A - \dot{I}_B) Z_1 l$$

则在三相短路时,继电器的测量阻抗为:

$$Z_{r_1}^{(3)} = \frac{\dot{U}_{AB}}{\dot{I}_A - \dot{I}_B} = Z_1 l \tag{2.25}$$

在三相短路时,3个继电器的测量阻抗均等于短路点到保护安装地点之间的阻抗,3个继电器均能动作。

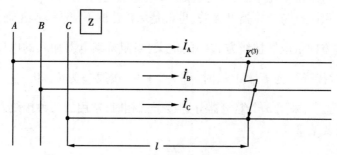

图2.16 三相短路时测量阻抗的分析

(2)两相短路

如图2.17所示,设以 A、B 相间短路为例,则故障环路的电压 $\dot{U}_{AB}$ 为:

$$\dot{U}_{AB} = \dot{I}_A Z_1 l - \dot{I}_B Z_1 l = (\dot{I}_A - \dot{I}_B) Z_1 l$$

则继电器的测量阻抗为:

$$Z_{r_1}^{(2)} = \frac{\dot{U}_{AB}}{\dot{I}_A - \dot{I}_B} = Z_1 l \tag{2.26}$$

与三相短路时的测量阻抗相同,继电器能正确地动作。

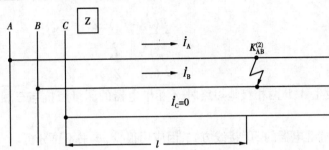

图 2.17　A、B 两相短路时测量阻抗的分析

在 A、B 两相短路的情况下,对 B、C 相继电器而言,由于所加电压为非故障相间的电压,数值较 U_{AB} 为高,而电流又只有一个故障相的电流,数值较($\dot{I}_A - \dot{I}_B$)为小,则其测量阻抗必然大于式(2.25)的数值。也就是说,它们不能正确地测量保护安装地点到短路点的阻抗,所以不能启动。

由此可见,在 A、B 两相短路时,只有 A 相继电器能准确地测量短路阻抗而动作。同理,分析 B、C 和 C、A 两相短路可知,相应地只有 B 相和 C 相继电器能准确地测量到短路点的阻抗而动作。这就是为什么要用 3 个阻抗继电器并分别接于不同相间的原因。

(3)中性点直接接地电网中的两相接地短路

如图 2.18 所示,仍以 A、B 两相故障为例,它与两相短路不同之处是地中有电流流回,因此,$\dot{I}_A \neq -\dot{I}_B$。

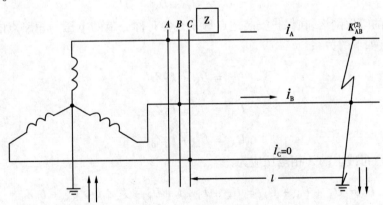

图 2.18　A、B 两相接地短路时测量阻抗的分析

此时,可以把 A 相和 B 相看成两个"导线—地"的送电线路并有互感耦合在一起,设用 Z_1 表示输电线每千米的自感阻抗,Z_M 表示每千米的互感阻抗,则保护安装地点的故障相电压应为:

$$\dot{U}_A = \dot{I}_A Z_1 l + \dot{I}_B Z_M l$$

$$\dot{U}_B = \dot{I}_B Z_1 l + \dot{I}_A Z_M l$$

则 A 相继电器的测量阻抗为:

$$Z_{r_1}^{(1,1)} = \frac{\dot{U}_{AB}}{\dot{I}_A - \dot{I}_B}$$

$$= \frac{(\dot{I}_A - \dot{I}_B)(Z_1 - Z_M)l}{\dot{I}_A - \dot{I}_B}$$

$$= (Z_1 - Z_M)l = Z_1 l \tag{2.27}$$

由此可见,当发生 A、B 两相接地短路时,A 相继电器的测量阻抗与三相短路时相同,保护能够正确地动作。

对相间短路阻抗继电器的 30° 接线方式,因应用很少,本书不再分析。

2.3.3 接地短路阻抗继电器的接线方式

在中性点直接接地的电网中,当零序电流保护不能满足要求时,一般考虑采用接地距离保护,以正确地反映这个电网中的接地短路。为此对阻抗继电器的接线方式进一步讨论。

在单相接地时,只有故障相的电压降低,电流增大,而任何相间电压都是很高的,因此,应该将故障相的电压和电流加入继电器中。例如,对 A 相阻抗继电器采用:

$$\dot{U}_r = \dot{U}_A; \quad \dot{I}_r = \dot{I}_A$$

关于这种接线能否满足要求,现分析如下:将故障点的电压 $\dot{U}_{KA}$ 和电流 $\dot{I}_A$ 分解为对称分量,则

$$\left. \begin{array}{l} \dot{I}_A = \dot{I}_1 + \dot{I}_2 + \dot{I}_0 \\ \dot{U}_{KA} = \dot{U}_{K_1} + \dot{U}_{K_2} + \dot{U}_{K_0} = 0 \end{array} \right\} \tag{2.28}$$

按照各序的等效网络,在保护安装地点母线上各对称分量的电压与短路点的对称分量电压之间,应具有如下的关系:

$$\dot{U}_{A_1} = \dot{U}_{K_1} + \dot{I}_1 Z_1 l$$

$$\dot{U}_{A_2} = \dot{U}_{K_2} + \dot{I}_2 Z_2 l$$

$$\dot{U}_{A_0} = \dot{U}_{K_0} + \dot{I}_0 Z_0 l \tag{2.29}$$

则保护安装地点母线上的 A 相电压应为:

$$\dot{U}_A = \dot{U}_{A_1} + \dot{U}_{A_2} + \dot{U}_{A_0} = \dot{U}_{K_1} + \dot{I}_1 Z_1 l + \dot{U}_{K_2} + \dot{I}_2 Z_2 l + \dot{U}_{K_0} + \dot{I}_0 Z_0 l$$

$$= Z_1 l \left(\dot{I}_1 + \dot{I}_2 + \dot{I}_0 \frac{Z_0}{Z_1} \right)$$

$$= Z_1 l \left(\dot{I}_A - \dot{I}_0 + \dot{I}_0 \frac{Z_0}{Z_1} \right)$$

$$= Z_1 l \left(\dot{I}_A + \dot{I}_0 \frac{Z_0 - Z_1}{Z_1} \right) \tag{2.30}$$

当采用 $\dot{U}_r = \dot{U}_A$ 和 $\dot{I}_r = \dot{I}_A$ 的接线方式时,则继电器的测量阻抗为:

$$Z_r = \frac{\dot{U}_r}{\dot{I}_r} = Z_1 l + \frac{\dot{I}_0}{\dot{I}_A}(Z_0 - Z_1)l \qquad (2.31)$$

此阻抗之值与 $\dot{I}_0 / \dot{I}_A$ 之比值有关,而这个比值因受中性点接地数目与分布的影响,并不等于常数,故继电器就不能准确地测量从短路点到保护安装地点之间的阻抗,因此,不能采用。为了使继电器的测量阻抗在单相接地时不受 $\dot{I}_0$ 的影响,根据以上分析的结果,就应该给阻抗继电器加入如下的电压和电流:

$$\dot{U}_r = \dot{U}_A$$

$$\dot{I}_r = \dot{I}_A + \dot{I}_0 \frac{Z_0 - Z_1}{Z_1} = \dot{I}_A + K3\dot{I}_0 \qquad (2.32)$$

式中,$3K = \dfrac{Z_0 - Z_1}{Z_1}$,一般可近似认为零序阻抗角和正序阻抗角相等,因而 K 是一个实数,继电器的测量阻抗为:

$$Z_r = \frac{\dot{U}_r}{\dot{I}_r} = \frac{Z_1 l(\dot{I}_A + K3\dot{I}_0)}{\dot{I}_A + K3\dot{I}_0} = Z_1 l \qquad (2.33)$$

它能正确地测量从短路点到保护安装地点之间的阻抗,并与相间短路的阻抗继电器所测量的阻抗为同一数值,因此,这种接线得到了广泛应用。

为了反映任一相的单相接地短路,接地距离保护也必须采用 3 个阻抗继电器,其接线方式分别为:$\dot{U}_A$、$\dot{I}_A + K3\dot{I}_0$,$\dot{U}_B$、$\dot{I}_B + K3\dot{I}_0$,$\dot{U}_C$、$\dot{I}_C + K3\dot{I}_0$。

这种接线方式同样能够反映两相接地短路和三相短路,此时,接于故障相的阻抗继电器的测量阻抗也为 $Z_1 l$。

2.4　距离保护的整定计算

2.4.1　距离保护的整定计算原则

在距离保护的整定计算中,假定保护装置具有阶段式的时限特性,并认为保护具有方向性,其原则如下所述。

(1)距离保护第 I 段的整定

一般按躲开下一条线路出口处短路的原则来确定,按式(2.1)和式(2.2)计算,在一般线路上,可靠系数取0.8。

(2)距离保护第 II 段的整定

如图 2.19 所示,应按以下两点原则来确定:

①与相邻线距离保护第 I 段相配合,参照式(2.3)的原则,并考虑分支系数 K_b 的影响,可

采用下式进行计算：

$$Z''_{\text{op.2}} = K_{\text{rel}}(Z_{AB} + K_b Z'_{\text{op.1}})$$ (2.34)

式中，可靠系数 K_{rel} 一般采用 0.8；K_b 应采用当保护 1 第 I 段末端短路时，可能出现的最小数值。

例如，在图 2.19 所示具有助增电流的影响时，在 K 点短路时变电所 A 距离保护 2 的测量阻抗为：

$$Z_2 = \frac{\dot{U}_A}{\dot{I}_{AB}} = \frac{\dot{I}_{AB}Z_{AB} + \dot{I}_{BC}Z_K}{\dot{I}_{AB}}$$

$$= Z_{AB} + \frac{\dot{I}_{BC}}{\dot{I}_{AB}}Z_K$$

$$= Z_{AB} + K_b Z_K$$ (2.35)

此时，$K_b > 1$，由于助增电流的影响，与无分支的情况相比，将使保护 2 处的测量阻抗增大。

若分支电路为一并联线路，由于外汲电流的影响，$K_b < 1$，与无分支的情况相比，将使保护 2 处的测量阻抗减小。因此，为充分保证保护 2 与保护 1 之间的选择性，就应该按 K_b 为最小的运行方式来确定保护 2 距离 II 段的整定值，使之不超出保护 1 距离 I 段的范围。这样整定之后，再遇有 K_b 增大的其他运行方式时，距离保护 II 段的保护范围只会缩小，而不可能失去选择性。

②躲开线路末端变电所变压器低压侧出口处（图 2.19 中 K_1 点）短路时的阻抗值，设变压器的阻抗为 Z_T，则启动阻抗应整定为：

$$Z''_{\text{op.2}} = K_{\text{rel}}(Z_{AB} + K_b Z_T)$$ (2.36)

式中，与变压器配合时的可靠系数，考虑到 Z_T 的误差较大，一般采用 $K_{\text{rel}} = 0.7$；K_b 则应采用当 K 点短路时可能出现的最小数值。

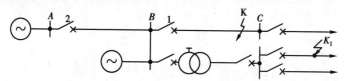

图 2.19　选择整定阻抗的网络接线

计算后，应取以上两式中数值较小的一个。此时，距离 II 段的动作时限应与相邻线路的 I 段相配合，一般取为 0.5 s。

③校验距离 II 段在本线路末端短路时的灵敏系数。由于是反应于数值下降而动作，其灵敏系数为：

$$K_{\text{sen}} = \frac{\text{保护装置的动作阻抗}}{\text{保护范围内发生金属性短路时故障阻抗的计算值}}$$ (2.37)

对于距离 II 段，在本线路末端短路时，其测量阻抗即为 Z_{AB}，因此，灵敏系数为：

$$K_{\text{sen}} = \frac{Z''_{\text{op.2}}}{Z_{AB}}$$ (2.38)

一般要求 $K_{\text{sen}} \geq 1.25$。当校验灵敏系数不能满足要求时，应进一步延伸保护范围，使之与下一条线路的距离 II 段配合，时限整定为 $1 \sim 1.2$ s，考虑原则与限时电流速断保护相同。

(3) 距离保护第Ⅲ段的整定

当第Ⅲ段采用阻抗继电器时,其启动阻抗一般按躲开最小负荷阻抗 $Z_{L \cdot min}$ 来整定,它表示当线路上流过最大负荷电流 $\dot{I}_{L \cdot max}$ 且母线上电压最低时(用 $\dot{U}_{L \cdot min}$ 表示),在线路始端所测量到的阻抗,其值为:

$$Z_{L \cdot min} = \frac{\dot{U}_{L \cdot min}}{\dot{I}_{L \cdot max}} \tag{2.39}$$

参照过电流保护的整定原则,考虑到外部故障切除后,在电动机自启动的条件下,保护第Ⅲ段必须立即返回的要求,应采用:

$$Z'''_{op.2} = \frac{1}{K_{rel} K_{st} K_{re}} Z_{L \cdot min} \tag{2.40}$$

式中,可靠系数 K_{rel}、自启动系数 K_{st} 和返回系数 K_{re} 均为大于 1 的数值。根据式(2.5)的关系,可求得继电器的启动阻抗为:

$$Z'''_{op.r2} = Z'''_{op.2} \frac{n_{TA}}{n_{TV}} \tag{2.41}$$

以输电线路的送电端为例,继电器感受到的负荷阻抗反映在复数阻抗平面上是一个位于第一象限的测量阻抗,如图 2.20 所示。它与 R 轴的夹角(即为负荷的功率因数角 φ_L)一般较小。而当被保护线路短路时,继电器的测量阻抗为短路点到保护安装地点之间的短路阻抗 Z_K,它与 R 轴的夹角即为线路的阻抗角 φ_K,在高压输电线上一般为 $60° \sim 85°$,如图 2.20 所示。

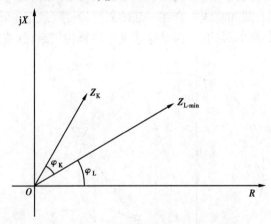

图 2.20　线路始端测量阻抗的相量图

当距离保护第Ⅲ段采用全阻抗继电器时,由于它的启动阻抗与角度 φ_r 无关,因此,以式(2.41)的计算结果为半径作圆,此圆即为它的动作特性,如图 2.21 中的圆 1 所示。

如果保护第Ⅲ段采用方向阻抗继电器,在整定其动作特性圆时,尚需考虑其启动阻抗随角度 φ_r 的变化关系,以及正常运行时负荷潮流和功率因数的变化,以确定适当的数值。例如,选择继电器的 $\varphi_{sen} = \varphi_K$,则圆的直径即Ⅲ段整定阻抗为:

$$Z'''_{set} = \frac{Z'''_{op.r}}{\cos(\varphi_K - \varphi_L)} \tag{2.42}$$

如图 2.21 中的圆 2 所示,采用方向阻抗继电器能有较好的躲负荷性能。因而在长距离重

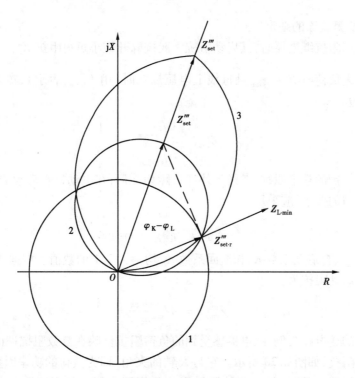

图 2.21　第Ⅲ段启动阻抗的整定

负荷的线路上,如采用方向阻抗继电器仍不能满足灵敏度要求时,可考虑采用透镜型阻抗继电器,四边形阻抗继电器或者圆和直线配合在一起的复合特性阻抗继电器,如图 2.22 所示,利用直线特性来可靠地躲开负荷的影响等,但是这些继电器特性复杂,制造比较困难。

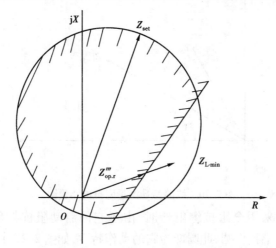

图 2.22　复合特性的阻抗继电器

距离Ⅲ段作为远后备保护时,其灵敏系数应按相邻元件末端短路的条件来校验,并考虑分支系数为最大的运行方式;当作为近后备保护时,则按本线路末端短路的条件来校验。

(4)阻抗继电器的精确工作电流的校验

在距离保护的整定计算中,应分别按各段保护范围末端短路电流校验各段阻抗继电器的精确工作电流,按照要求,此最小短路电流与继电器精确工作电流之比应为 1.5 以上。

2.4.2　对距离保护的评价

从对继电保护所提出的基本要求来评价距离保护,可得如下几个主要的结论:

①可以在多电源的复杂网络中保证动作的选择性。

②距离 I 段是瞬时动作的,但只能保护线路全长 80% ~ 85%。为切除线路末端的 15% ~ 20% 范围内故障,须经 0.5 s 的延时启动距离保护第 II 段予以切除。在 220 kV 及以上电压的网络中,由于距离保护不能满足电力系统稳定运行的要求,因此不能作为主保护来应用。

③由于阻抗继电器同时反应于电压的降低和电流的增大而动作,因此,距离保护较电流、电压保护具有较高的灵敏度。此外,距离 I 段的保护范围不受系统运行方式变化的影响,其他两段受到的影响也比较小,因此,保护范围比较稳定。

④距离保护中采用了复杂的阻抗继电器、辅助继电器,以及各种必要的闭锁装置,其接线复杂,可靠性比电流保护低,是其主要缺点。

2.5　影响距离保护动作的因素

2.5.1　短路点过渡电阻对距离保护的影响

电力系统中的短路一般都不是金属性的,而是在短路点存在过渡电阻。此过渡电阻的存在,将使距离保护的测量阻抗发生变化,一般情况下是使保护范围缩短,但有时候也能引起保护的超范围动作或反方向误动作。现对过渡电阻的性质及其对距离保护工作的影响讨论如下。

(1)短路点过渡电阻的性质

短路点的过渡电阻 R_g 是指当相间短路或接地短路时短路电流从一相流到另一相或从相导线流入地的途径中所通过的物质的电阻(包括电弧、中间物质的电阻、相导线与地之间的接触电阻、金属杆塔的接地电阻等)。实验证明,当故障电流相当大时(数百安以上),电弧上的电压梯度几乎与电流无关,可取为每米弧长上 1.4 ~ 1.5 kV(最大值)。根据这些数据可知电弧实际上呈现有效电阻,其值可按下式决定:

$$R_g \approx 1\,050\,\frac{l_g}{I_g} \tag{2.43}$$

式中　I_g——电弧电流的有效值,A;

　　　l_g——电弧长度,m。

在一般情况下,短路初瞬间电弧电流 I_g 最大,弧长 l_g 最短,弧阻 R_g 最小。几个周期后,在风吹、空气对流和电动力等作用下,电弧逐渐伸长,弧阻 R_g 有急速增大之势,如图2.23(a)所示。图中弧阻较大的曲线属于线路电压较低的情况,弧阻较小的曲线则属于线路电压较高的情况。

在相间短路时,过渡电阻主要由电弧电阻构成,其值可按上述经验公式估计。在导线对铁塔放电的接地短路时,铁塔及其接地电阻构成过渡电阻的主要部分。铁塔的接地电阻与大地导电率有关。对于跨越山区的高压线路,铁塔的接地电阻可达数十欧。此外,当导线通过树木或其他物体对地短路时,过渡电阻更高,难以准确计算。目前我国对 500 kV 线路接地短路的最大过渡电阻按 300 Ω 估计,对于 220 kV 线路,则按 100 Ω 估计。

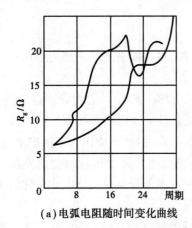
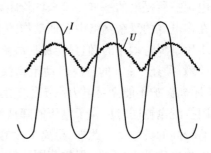

(a)电弧电阻随时间变化曲线　　　(b)经电弧短路时电弧上电流、电压的波形

图 2.23　架空输电线路短路时产生的电弧

（2）单侧电源线路上过渡电阻的影响

如图 2.24 所示,短路点的过渡电阻 R_g 总是使继电器的测量阻抗增大,使保护范围缩短。然而,由于过渡电阻对不同安装地点的保护影响不同,在某种情况下,可能导致保护无选择性动作。例如,当线路 B—C 的始端经 R_g 短路,保护 1 的测量阻抗为 $Z_{r.1} = R_g$,而保护 2 的测量阻抗为 $Z_{r.2} = Z_{AB} + R_g$,由图 2.25 可见,由于 $Z_{r.2}$ 是 Z_{AB} 与 R_g 的相量和,因此,其数值比无 R_g 时增大不多,也就是说测量阻抗受 R_g 的影响较小。当 R_g 较大时,就可能出现 $Z_{r.1}$ 已超出保护 1 第 Ⅰ 段整定的特性圆范围,而 $Z_{r.2}$ 仍位于保护 2 第 Ⅱ 段整定的特性圆范围以内的情况。此时两个保护将同时以第 Ⅱ 段的时限动作,从而失去了选择性。

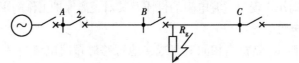

图 2.24　单侧电源线路经过渡电阻 R_g 短路的等效图

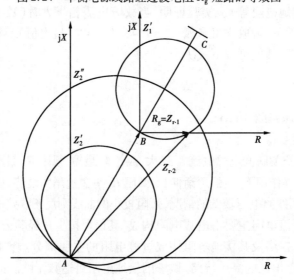

图 2.25　过渡电阻对不同安装地点距离保护影响的分析

由以上分析可见,保护装置距短路点越近时,受过渡电阻的影响越大;同时,保护装置的整定值越小,受过渡电阻的影响也越大。因此,对短线路的距离保护应特别注意过渡电阻的影响。

(3)双侧电源线路上过渡电阻的影响

在如图 2.26 所示的双侧电源线路上,短路点的过渡电阻还可能使某些保护的测量阻抗减小。如在线路 B—C 的始端经过渡电阻 R_g 三相短路时,$\dot{I}'_K$ 和 $\dot{I}''_K$ 分别为两侧电源供给的短路电流,则流经 R_g 的电流为 $\dot{I}_K = \dot{I}'_K + \dot{I}''_K$,此时,变电所 A 和 B 母线上的残余电压为:

$$\dot{U}_B = \dot{I} \cdot R_g \tag{2.44}$$

$$\dot{U}_A = \dot{I}_K R_g + I'_K Z_{AB} \tag{2.45}$$

则保护 1 和 2 的测量阻抗为:

$$Z_{r \cdot 1} = \frac{\dot{U}_B}{\dot{I}'_K} = \frac{\dot{I}_K R_g}{\dot{I}'_K} = \frac{I_K}{I'_K} R_g e^{j\alpha} \tag{2.46}$$

$$Z_{r \cdot 2} = \frac{\dot{U}_A}{\dot{I}'_K} = Z_{AB} + \frac{I_K}{I'_K} R_g e^{j\alpha} \tag{2.47}$$

此处,α 表示 $\dot{I}_K$ 超前于 $\dot{I}'_K$ 的角度。当 α 为正时,测量阻抗的电抗部分增大;而当 α 为负时,测量阻抗的电抗部分减小。在后一种情况下,也可能引起某些保护的无选择性动作。

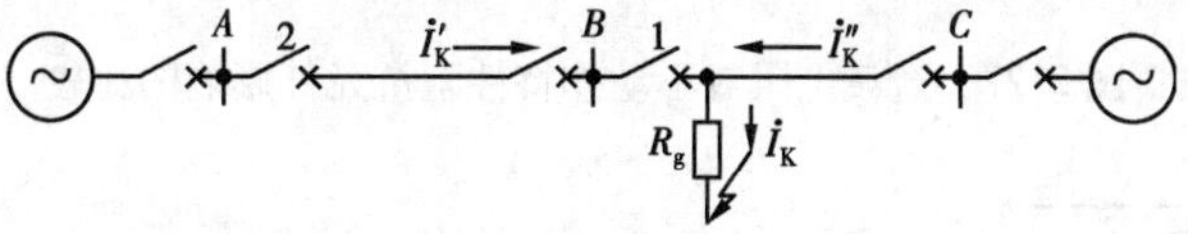

图 2.26 双侧电源通过 R_g 路的接线图

(4)过渡电阻对不同动作特性阻抗元件的影响

在图 2.27(a)所示的网络中,假定保护 2 的距离 Ⅰ 段采用不同特性的阻抗元件,它们的整定值选择得都一样(为 $0.85Z_{AB}$)。如果在距离 Ⅰ 段保护范围内阻抗为 Z_K 处经过渡电阻 R_g 短路,则保护 2 的测量阻抗为 $Z_{r \cdot 2} = Z_K + R_g$。由图 2.27(b)可见,当过渡电阻达 R_{g1} 时,具有透镜型特性的阻抗继电器开始拒动;当达 R_{g2} 时,方向阻抗继电器开始拒动;而达 R_{g3} 时,则全阻抗继电器开始拒动。一般来说,阻抗继电器的动作特性在 $+R$ 轴方向所占的面积越大,则受过渡电阻 R_g 的影响越小。

目前防止过渡电阻影响的方法有:

一种方法是根据图 2.27 分析所得的结论,采用能容许较大的过渡电阻而不致拒动的阻抗继电器,可防止过渡电阻对继电器工作的影响。例如,对于过渡电阻只能使测量阻抗的电阻部分增大的单侧电源线路,可采用如图 2.10(c)所示的不反映有效电阻的电抗型阻抗继电器。在双侧电源线路上,可采用具有如图 2.28 所示可减小过渡电阻影响的动作特性的阻抗继电器。图 2.28(a)所示的多边形动作特性的上边 X_A 向下倾斜一个角度,以防止过渡电阻使测量电抗减小时阻抗继电器的超越。右边 R_A 可以在 R 轴方向独立移动,以适应不同数值的过渡电阻。图 2.28(b)所示的动作特性既容许在接近保护范围末端短路时有较大的过渡电阻,又能防止在正常运行情况下,负荷阻抗较小时阻抗继电器误动作。图2.28(c)所示为圆与四边形组合的动作特性。在相间短路时,过渡电阻较小,应用圆特性;在接地短路时,过渡电阻可能很大,此时,利用接地短路出现的零序电流在圆特性上叠加一个四边形特性,以防止阻抗继电器拒动。

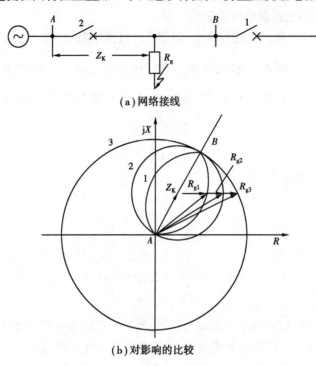

(a)网络接线

(b)对影响的比较

图2.27 过渡电阻对不动作特性阻抗元件影响的比较

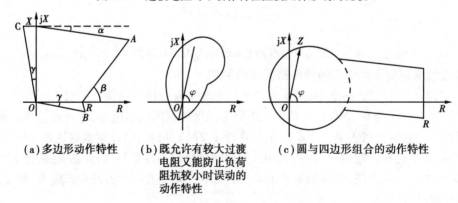

(a)多边形动作特性　(b)既允许有较大过渡　(c)圆与四边形组合的动作特性
　　　　　　　　　　　　电阻又能防止负荷
　　　　　　　　　　　　阻抗较小时误动的
　　　　　　　　　　　　动作特性

图2.28 可减小过渡电阻影响的动作特性

另一种方法是利用所谓瞬时测量装置来固定阻抗继电器的动作。相间短路时,过渡电阻主要是电弧电阻,从图2.23(a)可知,其数值在短路瞬间最小,经过$0.1\sim0.15$ s后就迅速增大。根据R_g的上述特点,通常距离保护的第Ⅱ段可采用瞬时测量装置,以便将短路瞬间的测量阻抗值固定下来,使R_g的影响减至最小。装置的原理接线如图2.29所示,在发生短路瞬间,启动元件1和距离Ⅱ段阻抗元件2动作,因而启动中间继电器3。3启动后即通过1的触点自保持,而与2的触点位置无关。当Ⅱ段的整定时限到达,时间继电器4动作,即通过3的常开触点去跳闸。在此期间,即使由于电弧电阻增大而使第Ⅱ段的阻抗元件返回,保护也能正确地动作。显然,这种方法只能用于反映相间短路的阻抗继电器。在接地短路情况下,电弧电阻只占过渡电阻的很小部分,这种方法不会起很大作用。

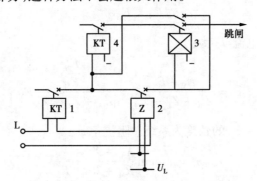

图2.29 瞬时测量装置的原理接线图

注:1—保护装置的启动元件(或第Ⅲ段);2—第Ⅱ段阻抗元件;
3—瞬时测量的中间继电器;4—第Ⅱ段时间元件

2.5.2 电力系统振荡对距离保护的影响及振荡闭锁回路

当电力系统中发生同步振荡或异步运行时,各点的电压、电流和功率的幅值和相位都将发生周期性变化。电压与电流之比所代表的阻抗继电器的测量阻抗也将周期性变化。当测量阻抗进入动作区域时,保护将发生误动作。因此,对于距离保护必须考虑电力系统同步振荡或异步运行(以下简称系统振荡)对其工作的影响。

(1)电力系统振荡时电压电流的分布

电力系统中由于输电线路输送功率过大,超过静稳定极限,由于无功功率不足而引起系统电压降低,或由于短路故障切除缓慢,或由于非同期自动重合闸不成功,这些因素都可能引起系统振荡。

下面以两侧电源辐射型网络(图2.30)为例,说明系统振荡时各种电气量的变化。如在系统全相运行(三相都处于运行状态)时发生系统振荡,此时,三相总是对称的,可以按照单相系统来研究。

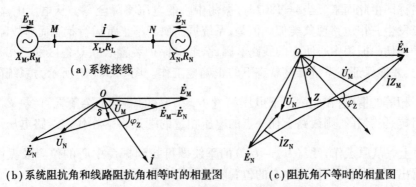

(a)系统接线

(b)系统阻抗角和线路阻抗角相等时的相量图

(c)阻抗角不等时的相量图

图2.30 两侧电源系统中的振荡

图2.30(a)为一两机系统接线图,图上给出系统和线路的参数以及电压电流的假定正方向。如以电势 $\dot{E}_M$ 为参考,使其相位角为零,则 $\dot{E}_M = E_M$。在系统振荡时,可认为 N 侧系统等值

电势 $\dot{E}_N$ 围 $\dot{E}_M$ 旋转或摆动,因而 $\dot{E}_N$ 落后于 $\dot{E}_M$ 之角度 δ 在 $0° \sim 360°$ 变化。

$$\dot{E}_N = E_N e^{-j\delta} \tag{2.48}$$

由 M 侧流向 N 侧的电流 $\dot{I}$ 为:

$$\dot{I} = \frac{\dot{E}_M - \dot{E}_N}{Z_M + Z_L + Z_N} = \frac{1 - \dfrac{E_N}{E_M}e^{-j\delta}}{Z_M + Z_L + Z_N}E_M \tag{2.49}$$

此电流滞后于电势差 $\dot{E}_M - \dot{E}_N$ 的角度为系统总阻抗角 φ_z:

$$\varphi_z = \arctan \frac{X_M + X_L + X_N}{R_M + R_L + R_N} \tag{2.50}$$

在振荡时,系统中性点电位仍保持为零,故线路两侧母线的电压 $\dot{U}_M$ 和 $\dot{U}_N$ 为:

$$\dot{U}_M = \dot{E}_M - \dot{I} Z_M \tag{2.51}$$

$$\dot{U}_N = \dot{E}_N + \dot{I} Z_N \tag{2.52}$$

按照上述关系式可画出相量图如图 2.30(b)所示。以 $\dot{E}_M$ 为实轴,$\dot{E}_N$ 落后于 $\dot{E}_M$ 的角度为 δ,连接 $\dot{E}_M$ 和 $\dot{E}_N$ 相量端点得到电势差 $\dot{E}_M - \dot{E}_N$。$\dot{E}_N$ 加 Z_N 上的电压降 $\dot{I}Z_N$ 得到 N 点电压 $\dot{U}_N$。从 $\dot{E}_M$ 减去 Z_M 上的压降 $\dot{I}Z_M$ 后得到 M 点电压 $\dot{U}_M$。当系统阻抗角等于线路阻抗角,即等于总阻抗的阻抗角,故 $\dot{U}_M$ 和 $\dot{U}_N$ 的端点必然落在直线($\dot{E}_M - \dot{E}_N$)上。相量($\dot{U}_M - \dot{U}_N$)代表输电线上的电压降。如果输电线是均匀的,则输电线上各点电压相量的端点沿着直线($\dot{U}_M - \dot{U}_N$)移动。从原点与此直线上任一点连线所作的相量即代表输电线上该点的电压。从原点作直线($\dot{U}_M - \dot{U}_N$)的垂线所得的相量最短,垂足 Z 所代表的输电线上那一点在振荡角度 δ 下的电压最低,该点称为系统在振荡角度为 δ 时的电气中心或称振荡中心。当系统阻抗角和线路阻抗角相等且两侧电势幅值相等时,电气中心不随 δ 的改变而移动,始终位于系统总阻抗($Z_M + Z_L + Z_N$)的中心,电气中心名称即由此而来。当 $\delta = 180°$ 时,振荡中心的电压将降至零。从电压电流的数值看,这和在此点发生三相短路现象类似。但是,系统振荡属于不正常运行状态而非故障,继电保护装置不应动作切除振荡中心所在的线路。因此,继电保护装置必须具备区别三相短路和系统振荡的能力,才能保证在系统振荡状态下的正确地工作。图 2.30(c)所示为系统阻抗角与线路阻抗角不相等的情况,在此情况下电压相量 $\dot{U}_M$ 和 $\dot{U}_N$ 的端点不会落在直线($\dot{E}_M - \dot{E}_N$)上。如果线路阻抗是均匀的,则线路上任一点的电压相量的端点将落在代表线路电压降落的直线($\dot{U}_M - \dot{U}_N$)上。从原点作直线($\dot{U}_M - \dot{U}_N$)的垂线即可找到振荡中心的位置及振荡中心的电压。不难看出,在此情况下振荡中心的位置随着 δ 的变化而变化。

对于在系统振荡状态下的电流,仍以图 2.30(a)的两机系统为例。式(2.49)为振荡电流随振荡角度 δ 而变化的关系式。

令

$$Y_{11} = \frac{1}{Z_{11}} = \frac{1}{Z_M + Z_L + Z_N} = y_{11} e^{-j\varphi_z} \tag{2.53}$$

$h = E_N/E_M$ 表示两侧系统电势幅值之比,则

$$\dot{I}_M = \frac{\dot{E}_M - \dot{E}_N}{Z_M + Z_L + Z_N} = \dot{E}_M Y_{11}(1 - he^{-j\delta}) \tag{2.54}$$

或

$$\dot{I}_M = \dot{E}_M y_{11}\sqrt{1 + h^2 - 2h\cos\delta}\, e^{j(\theta - \varphi z)} \tag{2.55}$$

设以 $\dot{E}_M$ 为参考相量,$\dot{E}_M = E_M$,则

$$\dot{I}_M = I_M e^{-j(\theta - \varphi z)} \tag{2.56}$$

$$I_M = E_M y_{11}\sqrt{1 + h^2 - 2h\cos\delta} \tag{2.57}$$

$$\theta = \arctan\frac{h\sin\delta}{1 - h\cos\delta} \tag{2.58}$$

由此可知,振荡电流的幅值与相位都与振荡角度 δ 有关。只有当 δ 恒定不变时,I_M 和 θ 为常数,振荡电流才是纯正弦函数。如图 2.31(a)所示为振荡电流幅值随 δ 的变化。当 δ 为 π 的偶数倍时,I_M 最小。当 δ 为 π 的奇数倍时,I_M 最大。

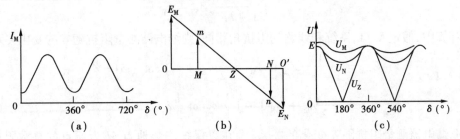

图 2.31　电力系统振荡时电流电压的变化

对于系统各元件的阻抗角皆相同、振荡角度 $\delta = 180°$ 的特殊情况,系统各点的电压值可用图2.31(b)的图解法求出。因阻抗角都相同,任意两点间的电压降正比于两点间阻抗的大小。在图2.31(b)中,使线段 OM、MN 和 NO' 正比于 Z_M、Z_L 和 Z_N。$\dot{E}_M$ 垂直向上,$\dot{E}_N$ 垂直向下,两者相差 $180°$。连接 $\dot{E}_M$ 和 $\dot{E}_N$ 端点的直线即为系统各点的电压分布线。线段 Mm 和 Nn 的长度按电压标尺等于 M 和 N 点的电压 $\dot{U}_M$ 和 $\dot{U}_N$。Z 为 $\delta = 180°$ 时系统的振荡中心,其电压等于零。其他各点的电压也可用同样方法求得。

图 2.31(c)所示为 M、N 和 Z 点电压幅值随 δ 变化的典型曲线。对于系统各部分阻抗角不同的一般情况,也可用类似的图解法进行分析,此处从略。

(2)电力系统振荡对距离保护的影响

如图 2.32 所示,设距离保护安装在变电所 M 的线路上。当系统振荡时,按式(2.49),振荡电流为:

$$I = \frac{\dot{E}_M - \dot{E}_N}{Z_M + Z_L + Z_N} = \frac{\dot{E}_M - \dot{E}_N}{Z_\Sigma}$$

此处,Z_Σ 代表系统总的纵向正序阻抗。

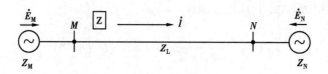

图 2.32 分析系统振荡用的系统接线图

M 点的母线电压为：

$$\dot{U}_{\mathrm{M}} = \dot{E}_{\mathrm{M}} - \dot{I} Z_{\mathrm{M}} \tag{2.59}$$

因此,安装于 M 点阻抗继电器的测量阻抗为：

$$Z_{\mathrm{r \cdot M}} = \frac{\dot{U}_{\mathrm{M}}}{\dot{I}} = \frac{\dot{E}_{\mathrm{M}} - \dot{I} Z_{\mathrm{M}}}{\dot{I}}$$

$$= \frac{\dot{E}_{\mathrm{M}}}{\dot{I}} - Z_{\mathrm{M}} = \frac{\dot{E}_{\mathrm{M}}}{\dot{E}_{\mathrm{M}} - \dot{E}_{\mathrm{N}}} Z_{\Sigma} - Z_{\mathrm{M}}$$

$$= \frac{1}{1 - h e^{-\mathrm{j}\delta}} Z_{\Sigma} - Z_{\mathrm{M}} \tag{2.60}$$

在近似计算中,假定 $h = 1$,系统和线路的阻抗角相同,则继电器测量阻抗随 δ 的变化关系为：

$$Z_{\mathrm{r \cdot M}} = \frac{1}{1 - e^{-\mathrm{j}\delta}} Z_{\Sigma} - Z_{\mathrm{M}} = \frac{1}{2} Z_{\Sigma} \left(1 - \mathrm{j} \cot \frac{1}{2}\delta \right) - Z_{\mathrm{M}}$$

$$= \left(\frac{1}{2} Z_{\Sigma} - Z_{\mathrm{M}} \right) - \mathrm{j} \frac{1}{2} Z_{\Sigma} \cot \frac{1}{2}\delta \tag{2.61}$$

将此继电器测量阻抗随 δ 变化的关系,画在以保护安装地点 M 为原点的复数阻抗平面上,当全系统所有阻抗角相同时,即可由图 2.33 证明 $Z_{\mathrm{r \cdot M}}$ 将在 Z_{Σ} 的垂直平分线 $\overline{OO'}$ 上移动。

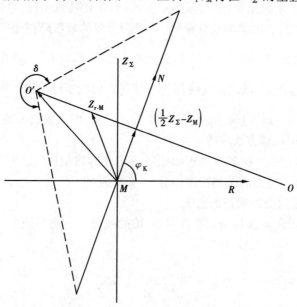

图 2.33 系统振荡时测量阻抗的变化

绘制此轨迹的方法是:先从 M 点沿 MN 方向作出相量 $\left(\frac{1}{2}Z_{\Sigma} - Z_{M}\right)$,然后再从其端点作出相量 $-\mathrm{j}\frac{1}{2}Z_{\Sigma}\cot\frac{\delta}{2}$,在不同的 δ 角度时,此相量可能滞后或超前于相量 $Z_{\Sigma}90°$,其计算结果见表2.2。将后一相量的端点与 M 连接即得 $Z_{r \cdot M}$。

表2.2

δ	$\cot\dfrac{\delta}{2}$	$\mathrm{j}\dfrac{1}{2}Z_{\Sigma}\cot\dfrac{\delta}{2}$
0°	∞	j∞
90°	1	$\mathrm{j}\dfrac{1}{2}Z_{\Sigma}$
180°	0	0
270°	−1	$-\mathrm{j}\dfrac{1}{2}Z_{\Sigma}$
360°	−∞	j∞

由此可见,当 $\delta = 0°$ 时,$Z_{r \cdot M} = \infty$;当 $\delta = 180°$ 时,$Z_{r \cdot M} = \frac{1}{2}Z_{\Sigma} - Z_{M}$,即等于保护安装地点到振荡中心之间的阻抗。此分析结果表明,当 δ 改变时,不仅测量阻抗的数值在变化,而且阻抗角也在变化,其变化的范围为 $(\varphi_{K} - 90°) \sim (\varphi_{K} + 90°)$。

在系统振荡时,为了求出不同安装地点距离保护测量阻抗变化的规律,在式(2.61)中,可令 Z_{X} 代替 Z_{M},并假定 $m = Z_{X}/Z_{\Sigma}$,m 为小于1的变数,则式(2.61)可改写为:

$$Z_{r \cdot M} = \left(\frac{1}{2} - m\right)Z_{\Sigma} - \mathrm{j}\frac{1}{2}Z_{\Sigma}\cot\frac{\delta}{2} \tag{2.62}$$

当 m 为不同数值时,测量阻抗变化的轨迹应是平行于 $\overline{OO'}$ 线的一直线簇,如图2.34所示,当 $m = 1/2$ 时,直线簇与 $+\mathrm{j}X$ 轴相交,相当于图2.34所分析的情况,此时,振荡中心位于保护范围的正方向;而当 $m < 1/2$ 时,直线簇与 $+\mathrm{j}X$ 轴相交,相当于图2.33所分析的情况,此时,振荡中心位于保护范围的正方向;而当 $m > 1/2$ 时,直线簇则与 $-\mathrm{j}X$ 相交,振荡中心将位于保护范围的反方向。

当两侧系统的电势 $E_{M} \neq E_{N}$,即 $h \neq 1$ 时,继电器测量阻抗的变化将具有更复杂的形式。按照式(2.60)进行分析的结果表明,此复杂函数的轨迹应是位于直线 $\overline{OO'}$ 某一侧的一个圆,如图2.35所示。当 $h < 1$ 时,为位于 $\overline{OO'}$ 上面的圆周1;而当 $h > 1$ 时,则为下面的圆周2。在这种情况下,当 $\delta = 0°$ 时,两侧电势不相等而产生一个环流,故测量阻抗不等于 ∞,而是一个位于圆周上的有限数值。

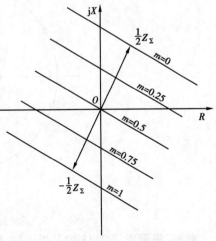

图2.34 系统振荡时,不同安装地点距离保护测量阻抗的变化

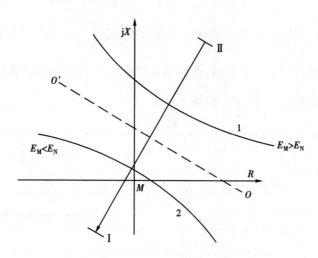

图 2.35 当 $h \neq 1$ 时测量阻抗的变化

引用以上推导结果，可以分析系统振荡时距离保护所受到的影响。如仍以变电所 M 处的距离保护为例，其距离 I 段启动阻抗整定为 $0.85Z_L$，在图 2.36 中以长度 MA 表示，由此可以绘出各种继电器的动作特性曲线，其中曲线 1 为方向透镜电器特性，曲线 2 为方向阻抗继电器特性，曲线 3 为全阻抗继电器特性。当系统振荡时，测量阻抗的变化如图 2.33 所示（采用 $h = 1$ 的情况），找出各种动作特性与直线 $\overline{OO'}$ 的交点，其所对应的角度为 δ' 和 δ''，则在这两个交点的范围以内继电器的测量阻抗均位于动作特性圆内，因此，继电器就要启动，也就是说，在这段范围内，距离保护受振荡的影响可能误动作。由图中可见，在同样整定值的条件下，全阻抗继电器受振荡的影响最大，而透镜型继电器所受的影响最小。一般而言，继电器的动作特性在阻抗平面上沿 $\overline{OO'}$ 方向所占的面积越大，受振荡的影响就越大。

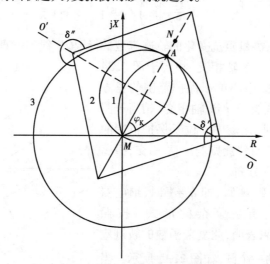

图 2.36 系统振荡时 M 变电所测量阻抗的变化图

此外，根据对图 2.33 的分析可知，距离保护受振荡的影响还与保护的安装地点有关。保护安装地点越靠近于振荡中心，受到的影响就越大，而振荡中心在保护范围以外或位于保护的反方向时，则在振荡的影响下距离保护不会误动作。

当保护的动作带有较大的延时(例如,延时大于 1.5 s)时,如距离Ⅲ段,可利用延时躲开振荡的影响。

(3)振荡闭锁回路

对于在系统振荡时可能误动作的保护装置,应该装设专门的振荡闭锁回路,以防止系统振荡时误动。当系统振荡使两侧电源之间的角度摆到 $\delta = 180°$ 时,保护所受到的影响与在系统振荡中心处三相短路时的效果是一样的,因此,就必须要求振荡闭锁回路能够有效地区分系统振荡和发生三相短路这两种不同情况。

电力系统发生振荡和短路时的主要区别如下:

①振荡时,电流和各点电压的幅值均作周期性变化(图 2.31),只在 $\delta = 180°$ 时才出现最严重的现象;而短路后,短路电流和各点电压的值,当不计其衰减时,是不变的。此外,振荡时电流和各点电压幅值的变化速度$\left(\dfrac{\mathrm{d}i}{\mathrm{d}t} 和 \dfrac{\mathrm{d}u}{\mathrm{d}t}\right)$较慢,而短路时电流是突然增大,电压也突然降低,变化速度很快。

②振荡时,任一点电流与电压之间的相位关系都随 δ 的变化而改变;而短路时,电流和电压之间的相位是不变的。

③振荡时,三相完全对称,电力系统中没有负序分量出现;而当短路时,总要长期(在不对称短路过程中)或瞬间(在三相短路开始时)出现负序分量。

④振荡时,测量阻抗的电阻分量变化较大,变化速率取决于振荡周期;而短路时,测时阻抗的电阻分量虽然因弧光放电而略有变化,但分析计算表明其电弧电阻变化率远小于振荡所对应的电阻的变化率。

根据以上区别,振荡闭锁回路从原理上可分为两种:一种是利用负序分量(或增量)的出现与否来实现,另一种是利用电流、电压或测量阻抗变化速度的不同来实现。

构成振荡闭锁回路时应满足以下基本要求:

①系统发生振荡而没有故障时,应可靠地将保护闭锁,且振荡不停息,闭锁不应解除。

②系统发生各种类型的故障(包括转换性故障),保护应不被闭锁而能可靠地动作。

③在振荡的过程中发生故障时,保护应能正确地动作。

④先故障而后又发生振荡时,保护不致无选择性的动作。

现对两种原理的振荡闭锁回路举例简介如下:

1)利用负序(和零序)分量元件启动的振荡闭锁回路

①负序电压过滤器:用以从三相不对称电压中取出其负序分量的回路称为负序电压过滤器。由两个电阻-电容阻抗臂构成的负序电压过滤器的原理接线如图 2.37 所示。当在其输入端加入三相电压时,应要求在它的输出端只有负序电压输出,为此就必须在考虑过滤器的接线时,使正序和零序电压没有输出。

在三相电压中,零序电压大小相等相位相同,因此,在线电压中没有零序电压分量。在输入端采用线电压,就可以消除零序电压的影响,使它不可能在输出端出现。

正序分量线电压 $\dot{U}_{AB1}$、$\dot{U}_{BC1}$、$\dot{U}_{CA1}$ 是沿着顺时针的方向依次落后 120°。因此,如果能用一个移相电路,例如,使 $\dot{U}_{AB1}$ 向超前方向移动 30°,再使 $\dot{U}_{BC1}$ 向滞后方向移动 30°,然后将两者相加,则输出电压就等于零,也就是用此方法能消除正序电压的影响。

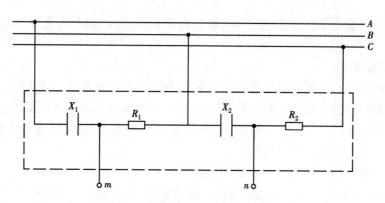

图 2.37　负序电压过滤器原理接线图

基于上述原则,在图 2.37 的接线中,如果选择两臂参数的关系为:

$$
\left.\begin{array}{l}
R_1 = \sqrt{3}\,X_1 \\[4pt]
R_2 = \dfrac{1}{\sqrt{3}}X_2
\end{array}\right\}
\tag{2.63}
$$

则当输入端有正序电压加入时,其相量图如图 2.38(a)所示,在 m—n 端的输出电压为:

$$
\begin{aligned}
\dot U_{mn1} &= \dot U_{R1} + \dot U_{X2} \\[4pt]
&= \frac{\sqrt{3}}{2}\dot U_{AB1}\,e^{j30°} + \frac{\sqrt{3}}{2}\dot U_{BC1}\,e^{-j30°} = 0
\end{aligned}
$$

当输入端有负序电压加入时,其相量图如图 2.38(b)所示,由于负序线电压的相位关系和正序电压相反,因此,在 m—n 端的空载输出电压为:

$$
\begin{aligned}
\dot U_{mn2} &= \dot U_{R1} + \dot U_{X2} \\[4pt]
&= \frac{\sqrt{3}}{2}\dot U_{AB2}\,e^{j30°} + \frac{\sqrt{3}}{2}\dot U_{BC2}\,e^{-j30°} \\[4pt]
&= \frac{3}{2}\dot U_{AB2}\,e^{j60°} = 1.5\sqrt{3}\,\dot U_{A2}\,e^{j30°}
\end{aligned}
\tag{2.64}
$$

此结果表明,过滤器的空载输出电压与输入端的负序相电压成正比,且相位较 $\dot U_{A2}$ 超前 30°。

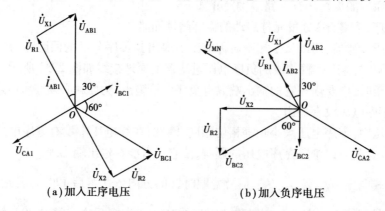

（a）加入正序电压　　　　　　　　（b）加入负序电压

图 2.38　负序电压过滤器相量图

当过滤器输入端加入三相正序电压时,实际上在输出端也会有一个不平衡电压 $\dot{U}_{\text{unb}}$ 的输出,产生 $\dot{U}_{\text{unb}}$ 的原因是各元件的实际阻抗值与计算值有所偏差,因而不能完全消掉正序电压的影响。例如,由于各元件的参数制作不准确,阻抗随着环境温度的变化而改变,阻抗随着外加电压的变化而改变,以及阻抗随着系统频率的变化而改变等,都会使过滤器出现不平衡电压。此外,当系统中出现五次谐波分量的电压时,由于它的相位关系和负序分量相似,因此,也会在输出端有电压输出,可能引起保护装置的误动作。必要时可在输出端加装五次谐波滤波器以消除其影响。顺便指出,根据对称分量的基本原理,只要将引入负序电压过滤器的三相端子中的任意两个调换一下(例如将 A 接 B、B 接 A),即可得到正序电压过滤器。

②负序电流过滤器:用以从三相对称电流中取出其负序分量的回路称为负序电流过滤器。构成负序电流过滤器时,应设法消除正序和零序电流的影响,只输出与负序电流成正比的电压。目前常用的一种负序电流过滤器的原理接线如图 2.39 所示,主要由电抗互感器 TX 和中间变流器 LB 组成。

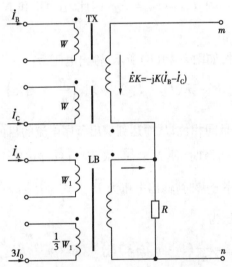

图 2.39　负序电流过滤器原理接线图

TX 的原边有两个匝数相同的绕组,分别加入电流 $\dot{I}_{\text{B}}$ 和 $\dot{I}_{\text{C}}$,副边的开路电压与所加电流成正比,且相位超前电流 $90°$,可用 $jK(\dot{I}_{\text{B}} - \dot{I}_{\text{C}})$ 表示。LB 的原边也有两个绕组,其中 W_1 加入电流 $\dot{I}_{\text{A}}$,另一个 $1/3W_1$ 中加入电流 $(-3\dot{I}_0)$。设 LB 的变比为 n_1,则其副边电流为 $\dfrac{1}{n_1}(\dot{I}_{\text{A}} - \dot{I}_0)$,在 R 上的压降即为 $\dfrac{1}{n_1}(\dot{I}_{\text{A}} - \dot{I}_0)R$。根据图 2.39 的接线,在 m—n 端子上的输出电压可表示为:

$$\dot{U}_{\text{mn}} = \frac{1}{n_1}(\dot{I}_{\text{A}} - \dot{I}_0)R - jK(\dot{I}_{\text{B}} - \dot{I}_{\text{C}}) \tag{2.65}$$

当输入端加入正序电流时,其相量图如图 2.40(a)所示,输出电压为:

$$\dot{U}_{\text{mn1}} = \frac{1}{n_1}\dot{I}_{\text{A1}}R - jK(\dot{I}_{\text{B1}} - \dot{I}_{\text{C1}})$$

$$= \dot{I}_{A1}\left(\frac{R}{n_1} - \sqrt{3}K\right)$$

如果选取参数为 $R = n_1\sqrt{3}K$，则 $\dot{U}_{mn1} = 0$，也就是可以消除正序电流的影响。

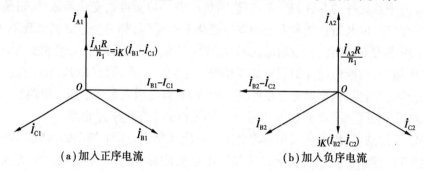

（a）加入正序电流　　　　　　　　（b）加入负序电流

图 2.40　负序电流过滤器的相量图

当只有零序电流输入时，因 $\dot{I}_{A0} = \dot{I}_{B0} = \dot{I}_{C0}$，因此，在 TX 和 LB 原边的安匝互相抵消，即 $\dot{U}_{mn0} = 0$。

如果只输入负序电流时，如图 2.40（b）所示，输出电压为：

$$\dot{U}_{mn2} = \frac{1}{n_1}\dot{I}_{A2}R - jK(\dot{I}_{B2} - \dot{I}_{C2}) = \dot{I}_{A2}\left(\frac{R}{n_1} + \sqrt{3}K\right) = 2\frac{R}{n_1}\dot{I}_{A2} \tag{2.66}$$

即输出电压与 $\dot{I}_{A2}$ 成正比而且同相位，从而达到滤出负序电流的目的。

顺便指出，如果在参数选择时，使 $R > \sqrt{3}n_1K$，则当只有正序分量时，输出电压为 $U_{mn1} = \frac{1}{n_1}(R - n_1\sqrt{3}K)\dot{I}_{A1}$，只有负序分量时，输出电压为 $\dot{U}_{mn2} = \frac{1}{n_1}(R + n_1\sqrt{3}K)\dot{I}_{A2}$。当同时存在有正序和负序分量时，则输出电压为：

$$\dot{U}_{mn} = \frac{1}{n_1}(R - n_1\sqrt{3}K)\dot{I}_{A1} + (R + n_1\sqrt{3}K)\dot{I}_{A2}$$

$$= \frac{1}{n_1}(R - n_1\sqrt{3}K)\left(\dot{I}_{A1} + \frac{R + n_1\sqrt{3}K}{R - n_1\sqrt{3}K}\dot{I}_{A2}\right)$$

$$= K_1(\dot{I}_{A1} + K_2\dot{I}_{A2}) \tag{2.67}$$

就是一个 $(\dot{I}_1 + K_2\dot{I}_2)$ 的复合电流过滤器，式中，K_1、K_2 为比例常数。

③集成电路型对称分量过滤器：上述对称分量过滤器的原理可用各种不同的电子器件实现，目前广泛应用集成电路构成。

④利用负序（或零序）电流增量元件启动的振荡闭锁回路：可以利用短路时出现的负序或零序电流分量启动振荡闭锁回路，也可以利用这些分量的增量或突变量来完成这一任务。

产生负序（零序）电流增量的原理接线如图 2.41 所示。由中间变流器 LB$_A$、电阻 R_1、R_2 和电抗互感器 TX$_{BC}$ 组成了一个负序电流过滤器，其输出电压经调节定值电阻 R_4、R_5 后，接入全波整流器 1BZ，整流后的输出电压经微分电容 C_1 接入启动元件 QD$_r$ 的一组线圈。反映零序电流增量的回路由中间变流器 LB_0 及电阻 R_3 组成,当有零序电流出现时,在 R_3 上即可获得一个与 $3I_0$ 成正比的输出电压,此电压经调节定值电阻 R_6、R_7 和 2BZ 整流后与 1BZ 并联,也接于 C_1 和 QD_r 上。R_8 和 R_9 作为整流回路的负载,并为电容器 C_1 提供放电回路。L 和 C_2 用以滤去整流后的二次谐波。

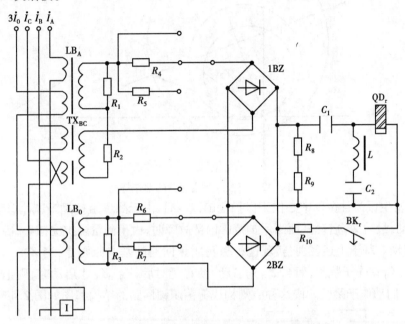

图 2.41 产生负序和零序电流增量原理图

在上述接线中,当 I_2 或 $3I_0$ 突然增加时,1BZ 或 2BZ 两端的输出电压也突然增大,此时,电压经 QD_r 的线圈对 C_1 充电,QD_r 即反应于这个充电电流而动作,当 C_1 充满电以后,QD_r 中的电流即行消失,而 QD_r 可利用另一个自保持线圈而保持在动作状态。如果 I_2 或 $3I_0$ 是平缓增大,则整流后的输出电压也随之成正比地缓慢增大,此时,经 C_1 的充电电流很小,QD_r 不能动作。对于数值平稳的 I_2 或 $3I_0$,其整流后的输出电压不变,因而不能通过 C_1 而产生电流,故这个回路只能反应于 I_2 或 $3I_0$ 的数量突增而使 QD_r 动作。

在系统发生振荡而无短路时,没有负序和零序电流增量,图 2.41 中的 QD_r 继电器不动作。而由于振荡时电流增大,电压减小,使一过流继电器或距离Ⅲ段的阻抗继电器动作,立即启动振荡闭锁执行继电器,断开距离保护Ⅰ段和Ⅱ段的跳闸回路,将保护闭锁。但是,当发生短路时,产生的负序电流增量使 QD_r 短时动作,使振荡闭锁执行继电器的动作延缓 $0.2 \sim 0.3$ s。在此时间内,距离保护的Ⅰ段和Ⅱ段可以动作于跳闸。如距离Ⅱ段动作范围外短路,其Ⅰ、Ⅱ段均不动作,则在 $0.2 \sim 0.3$ s 后,振荡闭锁执行继电器动作,将距离Ⅰ、Ⅱ段闭锁。距离Ⅲ段的延时一般大于振荡周期,不会受振荡的影响而误动,故不需要闭锁。

2)反映测量阻抗变化速度的振荡闭锁回路

在三段式距离保护中,当其Ⅰ、Ⅱ段采用方向阻抗继电器,其Ⅲ段采用偏移特性阻抗继电器时,如图 2.42 所示,根据其定值的配合,必然存在着 $Z_Ⅰ < Z_Ⅱ < Z_Ⅲ$ 的关系。可利用振荡时各段动作时间不同的特点构成振荡闭锁。

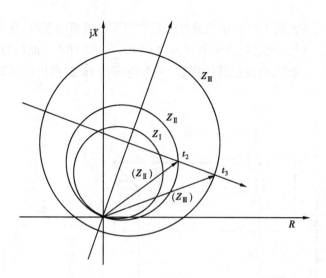

图 2.42　三段式距离保护的动作特性

当系统发生振荡且振荡中心位于保护范围以内时,由于测量阻抗逐渐减小,因此,$Z_Ⅲ$先启动,$Z_Ⅱ$再启动,最后 $Z_Ⅰ$ 启动。而当保护范围内部故障时,由于测量阻抗突减小,因此,$Z_Ⅰ$、$Z_Ⅱ$、$Z_Ⅲ$将同时启动。基于上述区别,实现这种振荡闭锁回路的基本原则是:当 $Z_Ⅰ \sim Z_Ⅲ$ 同时启动时,允许 $Z_Ⅰ$、$Z_Ⅱ$动作于跳闸,而当 $Z_Ⅲ$ 先启动,经 t_0 延时后,$Z_Ⅱ$、$Z_Ⅰ$ 才启动时,则把 $Z_Ⅰ$ 和 $Z_Ⅱ$ 闭锁,不允许它们动作于跳闸。按这种原则构成振荡闭锁回路的结构框图如图 2.43 所示。

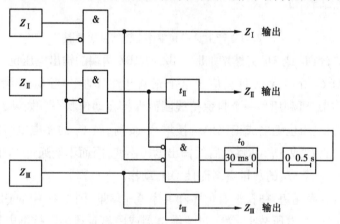

图 2.43　反映测量阻抗变化速度的振荡闭锁回路结构框图

※(4)新型振荡闭锁工作原理

1)启动元件动作 160 ms 以内开放保护的条件

当距离保护的启动元件是一种反映正负序综合电流工频变化量的过电流元件,在单纯系统振荡而无故障时,启动元件初期不动作,其后因电流互感器的饱和而可能动作;所以按躲过最大负荷电流整定的正序过电流元件先于启动元件动作,否门闭锁了"保护开放"的逻辑;在线路故障同时伴有振荡时,启动元件和正序过电流元件同时动作,但由于正序过电流元件经延时 10 ms 输出,启动元件先于正序过电流元件动作,结果否门闭锁解除,由启动元件开放保护160 ms,即开放条件是:启动元件动作瞬间,若按躲过最大负荷整定的正序过电流元件不动作或动作时间不足 10 ms,则将保护开放 160 ms,其原理逻辑框图如图 2.44 所示。

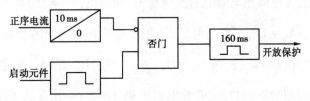

图 2.44 振荡闭锁原理逻辑框图

2)系统振荡中不对称故障时开放条件

在系统振荡中发生不对称短路故障时,振荡闭锁分量元件开放保护的动作条件为:

$$|I_0| + |I_2| > mI_1 \tag{2.68}$$

根据振荡对称的特征,所以正序电流幅值很大,而零序和负序电流较小,式(2.68)不满足要求,将保护闭锁。

系统振荡时又发生区内不对称短路,将有较大的负序电流分量或零序电流分量,此时,式(2.68)是否成立,取决于短路时刻两侧系统电势角摆开程度。如果系统电势角不够大,振荡电流数值较小,而不对称短路时序分量电流的数值很大,则式(2.68)成立;保护装置立即开放,短路时刻若系统两侧电势角已摆开较大,此时系统电压低,正序分量电流足够大,使式(2.68)暂时不成立;保护装置暂时被闭锁,但系统电势角还会变化,则装置将在系统电势角逐步减小时开放,在不利的情况下,可能由一侧瞬时开放保护跳闸后,另一侧相继跳闸。

系统振荡中,若又发生区外不对称故障,这时,相间、接地距离元件将可能误动,但是,可以通过正确地设置制动系数 m,使式(2.68)在此情况下可靠不成立,以确保振荡闭锁序分量元件不开放保护。装置中的 m 值就是根据最不利情况下以振荡闭锁序分量元件不开放保护为原则,并有一定裕度。

3)系统振荡中发生对称性故障时保护开放的条件

①振荡中心电压 $\dot{U}_{os}$。在启动元件开放 160 ms 以后或系统振荡过程中,如果又发生了三相短路故障,则上述两个开放保护的条件均不成立,不能开放保护。因此,还必须设置专门的振荡判别条件。

系统振荡时,振荡中心的电压可以由保护装置算得:

$$\dot{U}_{os} = U_1 \cos \varphi_1$$

式中 U_1——母线正序电压;

φ_1——正序电压、电流夹角。

系统振荡时,振荡周期在 180° 左右,振荡中心电压 U_{os} 在 $0.05U_N$ 左右,三相短路故障电阻就是弧光电阻,该电阻上压降的幅值也在 $0.05U_N$ 左右。

②振荡中心电压 $\dot{U}_{os}$ 与三相短路弧光电阻上的压降 IR_g 的关系。若系统阻抗角为 90°,振荡电流 I_{swi} 垂直于相量 $\dot{E}_M - \dot{E}_N$,并与振荡中心电压 $\dot{U}_{os}$ 同相位。

假设线路为感抗,在系统中发生三相短路故障时,短路电流 $\dot{I}_K$ 也与 $\dot{E}_M - \dot{E}_N$ 垂直,而且三相短路时,过渡电阻凡即弧光电阻上的压降与$\dot{U}_{os}$同相位,并等于$\dot{I}R_{g}$。如图2.45(a)所示,母线正序电压$\dot{U}_{M1} = j\dot{I}X_{L} + \dot{I}R_{g}$。由此可见,三相短路弧光电阻上的压降虽然不能测到,但可以由振荡中心电压$\dot{U}_{os}$代替$\dot{I}R_{g}$,说明$\dot{U}_{os}$反映了弧光电阻上的压降。但是,系统实际阻抗角不等于90°,振荡中心电压仍然可以反映弧光电阻压降$\dot{I}R_{g}$,这可由图2.45(b)得到证明。通过d点做补偿角$\theta = 90° - \varphi_{L}$。相量$j\dot{I}X_{L}$为线路电感分量上的电压,$\dot{I}R_{L}$为线路电阻分量上的电压,则线路上的电压降$\dot{U}_{L} = j\dot{I}X_{L} + \dot{I}R_{L}$。因为三相短路时母线上的电压$\dot{U}_{M1}$等于线路压降与弧光电阻压降之和,因此,$\dot{U}_{os}$电压相量就是三相短路时弧光$\theta$电阻压降。由于超高压线路$\theta$角很小,所以,$oa = oc = U_{os} = U_{M1}\cos(\varphi_{1} + \theta)$,则$oa \approx U_{M1}\cos\varphi_{1}$,这说明振荡中心电压仍可以反映弧光电阻压降$\dot{I}R_{g}$。

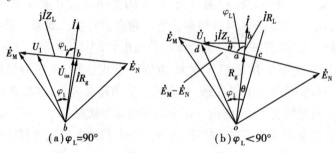

图2.45　系统振荡中心电压$\dot{U}_{os}$相量图

③系统振荡中发生对称性短路故障的判据。三相短路时弧光电阻上的压降约5% U_{N},而系统振荡时振荡中心电压U_{os},在振荡周期的180°左右一段时间内降到最低点也约为5% U_{N}。所以,振荡中心电压在式(2.69)表示的范围内以三相短路弧光电阻压降相近,很难区分振荡还是三相短路。

$$0.03U_{N} < \dot{U}_{os} < 0.08U_{N} \tag{2.69}$$

实际上,振荡中心电压在(0.03~0.08)U_{N}范围内,是指两侧系统E,势角摆开范围为171°~183.5°,如果按最大振荡周期3 s计算从171°~183.5°需要104 ms,其后振荡中心电压值就偏离式(2.69)的范围。所以,在满足判据式(2.69)后,经过150 ms延时可以有效地区分三相短路与振荡。延时后式(2.69)仍能成立,判为三相短路,立即开放保护,否则就是系统振荡,闭锁保护。

④振荡中三相短路后备保护动作判据。为了保证三相短路故障时,保护可靠不被闭锁,装置可设置如下后备动作判据,并延时500 ms后开放保护。

$$0.1U_{N} < \dot{U}_{os} < 0.25U_{N} \tag{2.70}$$

该段振荡中心电压范围对应系统电势角为151°~191.5°,按最大振荡周期3 s计算,振荡中心在该区域停留时间为373 ms,所以,装置对应的延时取500 ms已有足够裕度。

※2.6　多相式补偿阻抗继电器

故障相的接地阻抗继电器仅能正确测量接地故障点到保护安装处的线路阻抗,反映故障的类型是单相接地、两相短路接地和三相短路故障;继电器不能正确测量间间短路故障点到保护安装处的线路阻抗。故障相的相间阻抗继电器能正确测量相间故障点到保护安装处的线路阻抗,反映故障的类型是相间短路、两相短路接地和三相短路故障;不能正确测量单相接地故障点到保护安装处的线路阻抗。因此,作为距离保护,为反映输电线路的接地短路故障,应设置接地距离保护(当接地故障的过渡电阻过大时,为防止接地阻抗继电保护器的拒动,同时还需设零序电流保护);为反映输电线路的相间短路故障,应设置相间距离保护。这样,当保护装置是电子型时,输电线路的距离保护装置显得相当复杂。当然,若保护装置是微机型,则不会增加保护装置硬件的复杂性,但软件相对要复杂一些。

利用单一继电器来反映不同相别的短路故障或者反映多种类型的短路故障,可以实现距离保护的简化。通常这种类型的继电器称为多相阻抗补偿器。例如,可以采用一个单系统的多相补偿阻抗补偿器,来反映不同相别(AB、BC、CA)的相间短路故障,或反映所有相别的接地短路故障,或反映所有不对称短路故障。有时为了减少复杂性,可将一个多相补偿阻抗继电器分解成 3 个单相补偿阻抗继电器,而每个单相补偿阻抗继电器可反映包括该相在内的所有短路故障。

此外,多相补偿阻抗继电器具有不反映系统全相振荡对称过负荷的特点,同时还具有躲负荷阻抗能力好,与一般圆特性方向阻抗继电器相比还具有允许故障点过渡阻抗较大的优点。

2.6.1　继电器的极化电压和补偿电压

在距离保护中,阻抗继电器(或称阻抗元件)是一个核心元件,它能测量保护安装点到线路故障点间的阻抗,而方向阻抗继电器不仅能测量阻抗还能测出故障点的方向。因输电线阻抗大小即反映线路的长度,故继电器测量到的阻抗也反映了故障点离保护安装点的距离。

在图 2.46(a)中,设阻抗继电器安装在线路 MN 的 M 侧,继电器安装处母线上的测量电压为 $\dot{U}_k$,由母线流向被保护线路的测量电流为 $\dot{I}_k$,显然 $\dot{U}_{rm}$、$\dot{I}_{rm}$ 即为接入继电器的电压、电流。

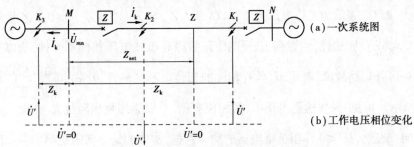

图 2.46　距离保护基本原理说明

当被保护线路上发生短路故障时,阻抗继电器的测量阻抗(继电器端子上阻抗)Z_k 为

$$Z_k = \frac{\dot{U}_k}{\dot{I}_k} \tag{2.71}$$

为使 Z_k 等于故障点到母线 M 侧的线路阻抗(正序阻抗),显然对于三相短路或相间短路, $\dot{U}_k = \dot{U}_{\varphi\varphi}(\varphi\varphi = AB、BC 或 CA)$,即相间电压; $\dot{I}_k = \dot{I}_{\varphi\varphi}$,即为同名相的两相电流之差。对于接地短路故障, $\dot{U}_k = \dot{U}_{\varphi\varphi} = A、B 或 C$,即为相电压; $\dot{I}_k = \dot{I}_\varphi + \dot{K}3\dot{I}_0$,即为带有零序电流补偿的同名相电流,其中零序电流补偿系数 $\dot{K} = \frac{Z_0 - Z_1}{3Z_1}$,而 Z_0、Z_1 是被保护线路单位长度的零序阻抗、正序阻抗。

设阻抗继电器的工作电压为 $\dot{U}'$(也称补偿电压)为:

$$\dot{U}' = \dot{U}_k - \dot{I}_k Z_{set} \tag{2.72}$$

式中 Z_{set}——阻抗继电器的整定阻抗,整定阻抗角等于被保护线路阻抗角。

由图 2.46(a)明显可见, $\dot{U}'$ 即为 Z 点的电压。当 Z 点发生短路故障时,有 $\dot{U}_k / \dot{I}_k = Z_{set}$,故 Z_{set} 即为 MZ 线路段的正序阻抗。这样, $\dot{U}'$ 是整定阻抗末端的电压,当整定阻抗确定后, $\dot{U}'$ 就可在保护安装处测量到。显然,反映接地短路故障的阻抗继电器,工作电压为:

$$\dot{U}'_\varphi = \dot{U}_\varphi - (\dot{I}_\varphi + \dot{K}3\dot{I}_0)Z_{set} \tag{2.73}$$

反映相间短路故障的阻抗继电器,工作电压为:

$$\dot{U}'_{\varphi\varphi} = \dot{U}_{\varphi\varphi} - \dot{I}_{\varphi\varphi}Z_{set} \tag{2.74}$$

保护区末端 Z 点短路故障时有 $Z_k = Z_{set}$, $\dot{U}' = \dot{I}_k Z_k - \dot{I}_k Z_{set} = 0$;正向保护区外 K_1 点短路故障时有 $Z_k > Z_{set}$,注意到 Z_k 与 Z_{set} 有相同的阻抗角, $\dot{U}' = \dot{I}_k(Z_k - Z_{set}) > 0$,在这里 $\dot{U}' > 0$ 的含义是 $\dot{U}'$ 与 $\dot{I}_k Z_k(\dot{U}_m)$ 同相位;正向保护区 K_2 点短路故障时,有 $Z_k < Z_{set}$, $\dot{U}' = \dot{I}_k(Z_k - Z_{set}) < 0$;反向 K_3 点短路故障时,由于此时流经保护的电流 $\dot{I}_k$ 与规定正方向相反,有 $\dot{U}_k = \dot{I}_k Z_k$, $\dot{I}_k Z_{set} = -\dot{I}_k Z_{set}$,故式(2.72)表示的工作电压为 $\dot{U}' = \dot{U}_k - \dot{I}_k Z_{set} = \dot{I}_k(Z_k + Z_{set}) > 0$。这里 $\dot{U}' > 0$ 的含义是 $\dot{U}'$ 与 $\dot{I}_k Z_k(\dot{U}_k)$ 同相位,注意到正、反向短路故障时母线电压相位不变换,所以反向短路故障与正向保护区外短路故障,电压 $\dot{U}'$ 具有相同的相位。不同地点短路故障时 $\dot{U}'$ 的相位变换如图 2.46(b)所示。可见,只要检测电压 $\dot{U}'$ 的相位变化,不仅能测量出阻抗大小,而且还能检测出短路故障方向。显然, $\dot{U}' \leq 0$ 作阻抗继电器的动作判据,构成的是方向阻抗继电器。同时也可看出,阻抗继电器是其端子上测量阻抗下降到一定值(Z_{set})而动作的一种继电器, Z_{set} 一经整定,保护区也随之确定,如图 2.46(a)中的 MZ 线路长度,当然保护区原则上不受系统运行方式变换的影响。

为了要实现 $\dot{U}' \leq 0$ 为动作判断的阻抗继电器,通常可用两种方法来实现。第一种方法是

设置极化电压 $\dot{U}_\mathrm{p}$，一般与 $\dot{U}_\mathrm{k}$ 同相位，当以 $\dot{U}_\mathrm{p}$ 作为参考向量时，做出区内、外短路故障时 $\dot{U}'$ 与 $\dot{U}_\mathrm{p}$ 的相位关系如图 2.47 所示。由图 2.47 所示，可见 $\dot{U}'$ 与 $\dot{U}_\mathrm{p}$ 反相位时，判断为区内故障；$\dot{U}'$ 与 $\dot{U}_\mathrm{p}$ 同相位时，判断为区外故障（包括反方向故障）。在这里 $\dot{U}_\mathrm{p}$ 只起相位参考作用，并不参与阻抗测量，可称为阻抗继电器的极化电压。显然，$\dot{U}_\mathrm{p}$ 是继电器正确工作所必需的，任何时候其值不能为零。因继电器比较的是 $\dot{U}'$ 与 $\dot{U}_\mathrm{p}$ 的相位，与 $\dot{U}'$、$\dot{U}_\mathrm{p}$ 的大小无关，故以这种原理工作的阻抗继电器可称为按相位比较方式工作的阻抗继电器。由图 2.47 可写出相位比较方式工作的阻抗继电器的动作判断为：

$$90° \leqslant \arg \frac{\dot{U}'}{\dot{U}_\mathrm{p}} \leqslant 270° \tag{2.75}$$

$\dot{U}'$ 相位的变换实质上反映了短路阻抗 Z_k 与整定阻抗 Z_set 的比较。阻抗继电器正是反应于这个电压相位变化而动作。因此在任何特性的阻抗继电器中均含有 $\dot{U}'$ 这个电压。

为了判别 $\dot{U}'$ 相位的变化，必须有一个参考矢量作为基准，这就是所采用的极化电压 $\dot{U}_\mathrm{p}$。当 $\arg \dot{U}_\mathrm{p}/\dot{U}'$ 满足一定的角度时，继电器应启动，而当 $\arg \dot{U}_\mathrm{p}/\dot{U}' = 180°$ 时，继电器动作最灵敏。从这一观点出发，可以认为不同特性的阻抗继电器的区别只是在于所选的极化电压 $\dot{U}_\mathrm{p}$ 不同。一个阻抗继电器的极化电压，可以选取另一个阻抗继电器的补偿电压为之，这称为交叉极化。

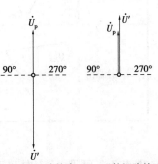

(a)区内短路故障　(b)区外短路故障

图 2.47　区内、外短路故障时 $\dot{U}'$ 与 $\dot{U}_\mathrm{p}$ 相位关系

2.6.2　反映相间短路故障的多相补偿阻抗继电器

设 AB 相、BC 相、CA 相继电器的工作电压（补偿电压）分别为：

$$\left.\begin{aligned}
\dot{U}'_\mathrm{AB} &= \dot{U}_\mathrm{AB} - \dot{I}_\mathrm{AB} Z_\mathrm{set} \\
\dot{U}'_\mathrm{BC} &= \dot{U}_\mathrm{BC} - \dot{I}_\mathrm{BC} Z_\mathrm{set} \\
\dot{U}'_\mathrm{CA} &= \dot{U}_\mathrm{CA} - \dot{I}_\mathrm{CA} Z_\mathrm{set}
\end{aligned}\right\}$$

由表 2.3 可知：保护区内发生不同相别的相间短路故障时，$\dot{U}'_\mathrm{AB}$ 滞后 $\dot{U}'_\mathrm{BC}$，$\dot{U}'_\mathrm{BC}$ 滞后 $\dot{U}'_\mathrm{CA}$，$\dot{U}'_\mathrm{CA}$ 滞后 $\dot{U}'_\mathrm{AB}$ 的相位关系，正向保护区外和反方向上发生不同相别的相间短路故障时，不具有上述相位关系。因此，可用式（2.76）示出的任一动作方程构成反映相间短路故障的多相补偿阻抗继电器。

表 2.3　不同位置相间短路故障时 $\dot{U}'_{AB}$、$\dot{U}'_{BC}$、$\dot{U}'_{CA}$ 间的相位关系

	反方向	保护区内	正向保护区外
AB 相短路			
BC 相短路			
CA 相短路			

由表 2.3 可见,反方向和正方向区外相间短路故障时,不管相间短路故障相别如何,$\dot{U}'_{AB}$、$\dot{U}'_{BC}$、$\dot{U}'_{CA}$ 总是呈正相序关系,保护区内不同相别相间短路故障时,$\dot{U}'_{AB}$、$\dot{U}'_{BC}$、$\dot{U}'_{CA}$ 呈反相序关系。

此外,保护区内 AB 相短路故障时,有 $\dot{U}'_{AB}$ 滞后 $\dot{U}'_{BC}$、$\dot{U}'_{BC}$ 滞后 $\dot{U}'_{CA}$ 的相位关系。这种相位关系是正向保护区外和反方向上两相短路故障时所不具备的。因此,可设置继电器 1、继电器 2、继电器 3,它们的动作方程为:

$$
\left.
\begin{aligned}
180° \leqslant \arg \frac{\dot{U}'_{AB} - \dot{I}_{AB}Z_{set}}{\dot{U}'_{BC} - \dot{I}_{BC}Z_{set}} \leqslant 360° \\[2mm]
180° \leqslant \arg \frac{\dot{U}'_{BC} - \dot{I}_{BC}Z_{set}}{\dot{U}'_{CA} - \dot{I}_{CA}Z_{set}} \leqslant 360° \\[2mm]
180° \leqslant \arg \frac{\dot{U}'_{CA} - \dot{I}'_{CA}Z_{set}}{\dot{U}'_{AB} - \dot{I}_{AB}Z_{set}} \leqslant 360°
\end{aligned}
\right\}
\tag{2.76}
$$

这样,保护区内发生相间短路故障时,至少有两个继电器动作,即至少有两个继电器动作时,可判断保护区内发生了相间短路。

由式(2.76)可见,一个继电器的极化电压是另一个继电器的补偿电压,构成了交叉极化的关系。

因 $\dot{U}'_{AB}$、$\dot{U}'_{BC}$、$\dot{U}'_{CA}$ 不反映零序分量,故继电器同样反映两相接地短路故障。继电器不反映三相短路故障。

2.6.3　反映接地短路故障的多相补偿阻抗继电器

(1)构成原理

设 A 相、B 相、C 相的工作电压(补偿电压)如式(2.77)所示,即

$$\left.\begin{aligned}
\dot{U}'_A &= \dot{U}_A - (\dot{I}_A + 3\dot{I}_0 k)Z_{set} \\
\dot{U}'_B &= \dot{U}_B - (\dot{I}_B + 3\dot{I}_0 k)Z_{set} \\
\dot{U}'_C &= \dot{U}_C - (\dot{I}_C + 3\dot{I}_0 k)Z_{set}
\end{aligned}\right\} \tag{2.77}$$

不同的位置单相接地短路故障时 $\dot{U}'_A$、$\dot{U}'_B$、$\dot{U}'_C$ 的相位关系见表2.4。

表 2.4　不同位置单相接地时 $\dot{U}'_A$、$\dot{U}'_B$、$\dot{U}'_C$ 的相位关系

其动作判据为:

$$\left.\begin{aligned}
0° \leqslant \arg \frac{\dot{U}'_A}{\dot{U}'_C} \leqslant 180° \\
0° \leqslant \arg \frac{\dot{U}'_B}{\dot{U}'_A} \leqslant 180° \\
0° \leqslant \arg \frac{\dot{U}'_C}{\dot{U}'_B} \leqslant 180°
\end{aligned}\right\} \tag{2.78}$$

不同的位置不同相别两相接地短路故障时 $\dot{U}'_A$、$\dot{U}'_B$、$\dot{U}'_C$ 的相位关系见表2.5。

表2.5 不同位置两相接地短路时 $\dot{U}'_A$、$\dot{U}'_B$、$\dot{U}'_C$的相位关系

	反方向	保护区内	正向保护区外
AB 相接地			
BC 相接地			
CA 相接地			

由表2.4,表2.5可知,保护区内接地故障时,$\dot{U}'_A$、$\dot{U}'_B$、$\dot{U}'_C$出现逆相序,而正向区外、反方向接地故障时,$\dot{U}'_A$、$\dot{U}'_B$、$\dot{U}'_C$呈正相序。因此 $\dot{U}'_A$、$\dot{U}'_B$、$\dot{U}'_C$为逆相序反映接地短路故障,构成继电器的保护区为 Z_{set}决定的线路长度并具有方向性。

此外,只有在保护区内接地时,$\dot{U}'_A$、$\dot{U}'_B$、$\dot{U}'_C$三相量才处在半个平面内,而正向区外、反向接地故障时,$\dot{U}'_A$、$\dot{U}'_B$、$\dot{U}'_C$三相量不可能处在平面内。因此可用 $\dot{U}'_A$、$\dot{U}'_B$、$\dot{U}'_C$三相量处在半个平面内来反映接地短路故障。实际上,当 $\dot{U}'_A$、$\dot{U}'_B$、$\dot{U}'_C$三相量处在半个平面内时,就使一个相量超前另两个向量的相角小于180°,如图2.48所示。显然,在图2.48中,$\dot{U}'_A$与 $\dot{U}'_C$的同极性角度为 γ_1,$\dot{U}'_C$与 $\dot{U}'_B$同极性角度为 γ_2,$\dot{U}'_A$与 $\dot{U}'_B$的同极性角度为 γ,所以 $\dot{U}'_A$、$\dot{U}'_B$、$\dot{U}'_C$出现同极性的角度为 γ,其同极性的时间 t_γ 为

$$t_\gamma = \frac{\gamma}{360°} \times 20 = \frac{\gamma}{18}(\mathrm{ms}) \tag{2.79}$$

因而,若继电器在 $\dot{U}'_A$、$\dot{U}'_B$、$\dot{U}'_C$出现同极性时动作,则继电器的保护区为整定阻抗 Z_{set}所决定的线路长度,并具有方向性。

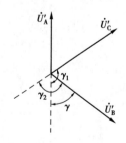

图2.48 $\dot{U}'_A$、$\dot{U}'_B$、$\dot{U}'_C$三相量同极性说明

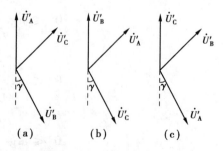

图2.49 $\dot{U}'_A$、$\dot{U}'_B$、$\dot{U}'_C$同极性时的相量组合

由上分析可见,判别 $\dot{U}'_A$、$\dot{U}'_B$、$\dot{U}'_C$出现同极性,或判别 $\dot{U}'_A$、$\dot{U}'_B$、$\dot{U}'_C$为逆相序作为继电器的动

作条件,构成反映接地短路故障的多相补偿阻抗继电器。

应当指出,为提高继电器的暂态技术指标,在构成继电器时,$\dot{U}'_A$、$\dot{U}'_B$、$\dot{U}'_C$同极性时间大于或等于t_Δ时继电器才能动作,即动作条件为$t_\gamma \geqslant t_\Delta$,应用式(2.79)可写为:

$$\gamma \geqslant 18t_\Delta \tag{2.80}$$

如取$t_\Delta = 0.8$ ms,则$\gamma = 18 \times 0.8 \approx 15°$。

(2)动作特性分析

图2.49示出了$\dot{U}'_A$、$\dot{U}'_B$、$\dot{U}'_C$三相量有同极性时所有相量关系的组合。若同极性的角度为γ,则在图2.49(a)中,$\dot{U}'_A$超前$\dot{U}'_B$、$\dot{U}'_C$,所以相量关系可用下列两式表示,即

$$\left.\begin{array}{l} 0° \leqslant \arg \dfrac{\dot{U}'_A}{\dot{U}'_B} \leqslant 180° - \gamma \\[3mm] 0° \leqslant \arg \dfrac{\dot{U}'_A}{\dot{U}'_C} \leqslant 180° - \gamma \end{array}\right\} \tag{2.81}$$

在图2.49(b)中,$\dot{U}'_B$超前$\dot{U}'_A$、$\dot{U}'_C$相量关系可用下列两式表示,即

$$\left.\begin{array}{l} 0° \leqslant \arg \dfrac{\dot{U}'_B}{\dot{U}'_A} \leqslant 180° - \gamma \\[3mm] 0° \leqslant \arg \dfrac{\dot{U}'_B}{\dot{U}'_C} \leqslant 180° - \gamma \end{array}\right\} \tag{2.82}$$

在图2.49(c)中,$\dot{U}'_C$超前$\dot{U}'_B$、$\dot{U}'_A$相量关系可用下列两式表示,即

$$\left.\begin{array}{l} 0° \leqslant \arg \dfrac{\dot{U}'_C}{\dot{U}'_A} \leqslant 180° - \gamma \\[3mm] 0° \leqslant \arg \dfrac{\dot{U}'_C}{\dot{U}'_B} \leqslant 180° - \gamma \end{array}\right\} \tag{2.83}$$

根据分析,继电器克服了接地故障时由于过渡电阻引起的保护区伸长,同时具有不反映系统全相振荡、保护区内接地时允许过渡电阻较大、出口故障无死区、灵敏度较高的特点。继电器虽可反映不同相别不同类型的接地故障(三相同时接地除外),并具有方向性,但在短路上使用时,若整定阻抗Z_{set}比外侧电源阻抗小很多,则反向出口经$R_g^{(1\cdot1)}$两相接地短路故障时继电器可能失去方向。为此,可采用零序功率方向继电器闭锁。

2.6.4　反映所有不对称短路故障的多相补偿阻抗继电器

(1)构成原理

表2.4示出了不同位置单相接地时$\dot{U}'_A$、$\dot{U}'_B$、$\dot{U}'_C$的相位关系,表2.5示出了不同位置两相

接地短路时 $\dot{U}'_A$、$\dot{U}'_B$、$\dot{U}'_C$ 的相位关系,对于相间短路故障,因无零序电流,保护安装处母线电压 $\dot{U}_A$、$\dot{U}_B$、$\dot{U}_C$ 分别为:

$$\left.\begin{aligned} \dot{U}_A &= \dot{U}^{(2)}_{KA} + \dot{I}_A Z_K \\ \dot{U}_B &= \dot{U}^{(2)}_{KB} + \dot{I}_B Z_K \\ \dot{U}_C &= \dot{U}^{(2)}_{KC} + \dot{I}_C Z_K \end{aligned}\right\} \tag{2.84}$$

其中 $\dot{U}^{(2)}_{KA}$、$\dot{U}^{(2)}_{KB}$、$\dot{U}^{(2)}_{KC}$ 是故障点的线电压,$\dot{I}_A$、$\dot{I}_B$、$\dot{I}_C$ 是保护安装处母线流向被保护线路的三相电流,Z_K 是故障点到保护安装处的线路正序阻抗,则

$$\left.\begin{aligned} \dot{U}'_A &= \dot{U}^{(2)}_{KA} + \dot{I}_A(Z_K - Z_{set}) \\ \dot{U}'_B &= \dot{U}^{(2)}_{KB} + \dot{I}_B(Z_K - Z_{set}) \\ \dot{U}'_C &= \dot{U}^{(2)}_{KC} + \dot{I}_C(Z_K - Z_{set}) \end{aligned}\right\} \tag{2.85}$$

表 2.6 示出了不同位置相间短路故障时 $\dot{U}'_A$、$\dot{U}'_B$、$\dot{U}'_C$ 的相位关系。

表 2.6　不同位置相间短路故障时 $\dot{U}'_A$、$\dot{U}'_B$、$\dot{U}'_C$ 的相位关系

短路相位	反方向	保护区内	正向保护区外
AB 相短路			
BC 相短路			
CA 相短路			

观察表 2.3、表 2.4、表 2.6 中三相量 $\dot{U}'_A$、$\dot{U}'_B$、$\dot{U}'_C$ 的相位关系,为反映所有不对称短路故障,其共同特点可归纳如下。

①在保护区内发生接地和相间故障时,$\dot{U}'_A$、$\dot{U}'_B$、$\dot{U}'_C$ 为逆相序(或逆时序),即 $A \rightarrow C \rightarrow B \rightarrow A$;保护区末端故障时,$\dot{U}'_A$、$\dot{U}'_B$、$\dot{U}'_C$ 中有一个或两个相量为零值(接地故障时),或 3 个相量在一条直线上,一个相量与另外两个相量反相(相间故障时),表现为临界状态;正向保护区外和反方向上短路故障时,$\dot{U}'_A$、$\dot{U}'_B$、$\dot{U}'_C$ 为正相序(或正时序),即 $A \rightarrow B \rightarrow C \rightarrow A$。

②保护区内短路故障时,若 A 相故障和 BC 相故障(包括接地),则 $\dot{U}'_{BC}$(即 $\dot{U}'_B - \dot{U}'_C$,以下

类同)超前 $\dot{U}_{\mathrm{A}}'$ 的相角为 $0°\sim180°$;保护区末端故障时,$\dot{U}_{\mathrm{A}}'$ 或 $\dot{U}_{\mathrm{BC}}'$ 为零值,表现为临界状态;正向保护区外和反方向上短路故障时,$\dot{U}_{\mathrm{BC}}'$ 滞后 $\dot{U}_{\mathrm{A}}'$ 的相角为 $0°\sim180°$。同样情况,区内 B 相故障和 CA 相故障(包括接地)时,$\dot{U}_{\mathrm{CA}}'$ 超前 $\dot{U}_{\mathrm{B}}'$ 的相角为 $0°\sim180°$,正向保护区外和反方向上短路故障时,$\dot{U}_{\mathrm{CA}}'$ 超前 $\dot{U}_{\mathrm{B}}'$ 的相角为 $0°\sim180°$;区内 C 相故障和 AB 相故障(包括接地)时,$\dot{U}_{\mathrm{AB}}'$ 超前 $\dot{U}_{\mathrm{C}}'$ 的相角为 $0°\sim180°$,正向保护区外和反方向上短路故障时,$\dot{U}_{\mathrm{AB}}'$ 滞后 $\dot{U}_{\mathrm{C}}'$ 的相角为 $0°\sim180°$。

③保护区内相间短路故障(AB、BC、CA)时,两相故障中滞后相的 $\dot{U}_{\varphi}'$ 超前越前相的 $\dot{U}_{\varphi}'$(AB 相短路故障时,$\dot{U}_{\mathrm{B}}'$ 超前 $\dot{U}_{\mathrm{A}}'$;BC 相短路故障时,$\dot{U}_{\mathrm{C}}'$ 超前 $\dot{U}_{\mathrm{B}}'$;CA 相短路故障时,$\dot{U}_{\mathrm{A}}'$ 超前 $\dot{U}_{\mathrm{C}}'$)的相角为 $0°\sim180°$;保护区内接地短路故障时,故障相和非故障相的补偿电压间,滞后相的 $\dot{U}_{\varphi}'$ 超前越前相的 $\dot{U}_{\varphi}'$ 的相角为 $0°\sim180°$,如 A 相或 BC 相接地故障,$\dot{U}_{\mathrm{B}}'$ 超前 $\dot{U}_{\mathrm{A}}'$、$\dot{U}_{\mathrm{A}}'$ 超前 $\dot{U}_{\mathrm{C}}'$ 的相角为 $0°\sim180°$。正向保护区外和反方向上短路故障时,均不满足上述情况。归纳这个情况,滞后相工作电压超前越前相工作电压的相角为 $0°\sim180°$ 时,所反映的故障类型见表2.7。

表2.7　$0°\leqslant\arg\dfrac{\dot{U}_{\mathrm{B}}'}{\dot{U}_{\mathrm{A}}'}\leqslant180°$、$0°\leqslant\arg\dfrac{\dot{U}_{\mathrm{C}}'}{\dot{U}_{\mathrm{B}}'}\leqslant180°$、$0°\leqslant\arg\dfrac{\dot{U}_{\mathrm{A}}'}{\dot{U}_{\mathrm{C}}'}\leqslant180°$ 反应的故障类型

故障类型	$0°\leqslant\arg\dfrac{\dot{U}_{\mathrm{B}}'}{\dot{U}_{\mathrm{A}}'}\leqslant180°$	$0°\leqslant\arg\dfrac{\dot{U}_{\mathrm{C}}'}{\dot{U}_{\mathrm{B}}'}\leqslant180°$	$0°\leqslant\arg\dfrac{\dot{U}_{\mathrm{A}}'}{\dot{U}_{\mathrm{C}}'}\leqslant180°$
单相接地故障	A 相、B 相	B 相、C 相	C 相、A 相
两相相间故障	AB 相、BC 相、CA 相	AB 相、BC 相、CA 相	AB 相、BC 相、CA 相
两相接地故障	BC 相、CA 相	AB 相、CA 相	AB 相、BC 相

综上所述,为反映所有不对称短路故障,可以判定 $\dot{U}_{\mathrm{A}}'$、$\dot{U}_{\mathrm{B}}'$、$\dot{U}_{\mathrm{C}}'$ 的时序,当出现逆时序时动作;也可以判定 $\dot{U}_{\mathrm{BC}}'$ 和 $\dot{U}_{\mathrm{A}}'$、$\dot{U}_{\mathrm{CA}}'$ 和 $\dot{U}_{\mathrm{B}}'$、$\dot{U}_{\mathrm{AB}}'$ 和 $\dot{U}_{\mathrm{C}}'$ 的相位关系,$0°\leqslant\arg\dfrac{\dot{U}_{\mathrm{BC}}'}{\dot{U}_{\mathrm{A}}'}\leqslant180°$ 可以用来反映 A 相故障和 BC 相的故障,$0°\leqslant\arg\dfrac{\dot{U}_{\mathrm{CA}}'}{\dot{U}_{\mathrm{B}}'}\leqslant180°$ 可以用来反映 B 相故障和 CA 相故障,$0°\leqslant\arg\dfrac{\dot{U}_{\mathrm{AB}}'}{\dot{U}_{\mathrm{C}}'}\leqslant180°$ 可以用来反映 C 相故障和 AB 相故障;还可以比较 $\dot{U}_{\mathrm{B}}'$ 和 $\dot{U}_{\mathrm{A}}'$、$\dot{U}_{\mathrm{C}}'$ 和 $\dot{U}_{\mathrm{B}}'$、$\dot{U}_{\mathrm{A}}'$ 和 $\dot{U}_{\mathrm{C}}'$ 的相位,见表2.7,3 个比相条件的简单组合,即 $0°\leqslant\arg\dfrac{\dot{U}_{\mathrm{B}}'}{\dot{U}_{\mathrm{A}}'}\leqslant180°$、$0°\leqslant\arg\dfrac{\dot{U}_{\mathrm{C}}'}{\dot{U}_{\mathrm{B}}'}\leqslant180°$、$0°\leqslant\arg\dfrac{\dot{U}_{\mathrm{A}}'}{\dot{U}_{\mathrm{C}}'}\leqslant180°$ 可以反映所有不对称短路故障。显然,以上述原理构成的多相补偿阻抗继电器不反映三相短路故障。

应当指出,还可以应用 $\dot{U}'_A$、$\dot{U}'_B$、$\dot{U}'_C$ 与 $\dot{U}_B$、$\dot{U}_C$、$\dot{U}_A$(或 $\dot{U}_C$、$\dot{U}_A$、$\dot{U}_B$)在保护区内和区外故障有不同的相位关系,构成反映所有短路故障的单相补偿阻抗继电器。

(2)$\dot{U}'_A$、$\dot{U}'_B$、$\dot{U}'_C$ 呈逆时序动作的多相补偿阻抗继电器

为求得继电器在 $\dot{U}'_A$、$\dot{U}'_B$、$\dot{U}'_C$ 呈逆时序时的动作条件,需求出 $\dot{U}'_A$、$\dot{U}'_B$、$\dot{U}'_C$ 构成逆时序时的所有相量组合。为此,在 $\dot{U}'_A$、$\dot{U}'_B$、$\dot{U}'_C$ 三相量中,先取两两组合,最多可构成 6 种不同的相位关系,即 $\dot{U}'_A$ 超前 $\dot{U}'_B$、$\dot{U}'_A$ 超前 $\dot{U}'_C$、$\dot{U}'_B$ 超前 $\dot{U}'_C$、$\dot{U}'_B$ 超前 $\dot{U}'_A$、$\dot{U}'_C$ 超前 $\dot{U}'_A$、$\dot{U}'_C$ 超前 $\dot{U}'_B$,如图 2.49(a)—(f)中实线相量所示。当然,这里指的超前是在 180°相角范围内。而后置入第三相量,使之构成逆时序系统,满足继电器的动作条件,如图 2.50 中虚线相量所示。

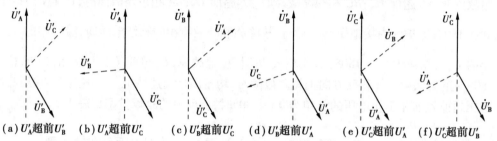

(a)U'_A超前U'_B (b)U'_A超前U'_C (c)U'_B超前U'_C (d)U'_B超前U'_A (e)U'_C超前U'_A (f)U'_C超前U'_B

图 2.50 $\dot{U}'_A$、$\dot{U}'_B$、$\dot{U}'_C$ 呈逆时序的所有相量组合

在获取了 $\dot{U}'_A$、$\dot{U}'_B$、$\dot{U}'_C$ 构成逆时序的所有相量组合后,可以归纳为如下 3 种情况:第一种情况,在图 2.50(a)、(b)中,$\dot{U}'_C$ 总是滞后 $\dot{U}'_A$,而 $\dot{U}'_B$ 不是滞后 $\dot{U}'_C$ 就是超前 $\dot{U}'_A$,相量关系如图 2.51(a)所示。第二种情况,在图 2.50(c)、(d)中,$\dot{U}'_A$ 总是滞后 $\dot{U}'_B$,而 $\dot{U}'_C$ 不是滞后 $\dot{U}'_A$ 就是超前 $\dot{U}'_B$,相量关系如图 2.51(b)所示。第三种情况,在图 2.50(e)、(f)中,$\dot{U}'_B$ 总是滞后 $\dot{U}'_C$,而 $\dot{U}'_A$ 不是滞后 $\dot{U}'_B$ 就是超前 $\dot{U}'_C$,相量关系如图 2.51(c)所示。

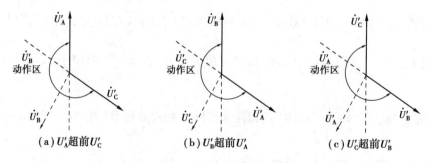

(a)U'_A超前U'_C (b)U'_B超前U'_A (c)U'_C超前U'_B

图 2.51 相量关系的归纳

在归纳了 $\dot{U}'_A$、$\dot{U}'_B$、$\dot{U}'_C$ 逆时序相量关系后,就可写出继电器的动作条件。对于图 2.51(a)的情况,即是在 $0° \leqslant \arg \dfrac{\dot{U}'_A}{\dot{U}'_C} \leqslant 180°$ 条件下,继电器的动作条件是 $0° \leqslant \arg \dfrac{\dot{U}'_C}{\dot{U}'_B} \leqslant 180°$ 或是 $0° \leqslant$

$\arg \dfrac{\dot{U}'_{B}}{\dot{U}'_{A}} \leqslant 180°$。

（3）分相多项补偿阻抗继电器

由表 2.7 可见，继电器的比相判据为：

$$
\left.
\begin{aligned}
0° &\leqslant \arg \frac{\dot{U}'_{B}}{\dot{U}'_{A}} \leqslant 180° \\[2mm]
0° &\leqslant \arg \frac{\dot{U}'_{C}}{\dot{U}'_{B}} \leqslant 180° \\[2mm]
0° &\leqslant \arg \frac{\dot{U}'_{A}}{\dot{U}'_{C}} \leqslant 180°
\end{aligned}
\right\}
\tag{2.86}
$$

只要将其简单组合就可反映所有不对称短路故障，并有方向性。

第 **3** 章
输电线路的高频保护

继电保护和安全自动化装置技术规程要求,在 110 ~ 220 kV 中性点直接接地电网的线路保护中,应装设全线速动的保护装置,由其在 220 kV 及以上线路中应设置两套完整、独立的全线速动主保护。纵联保护是目前在电网中广泛使用的全线速动主保护。

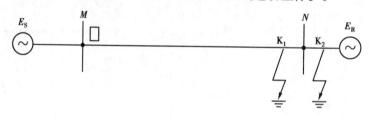

图 3.1 线路保护故障示意图

首先,反映一侧电气量变化的保护存在一个致命的缺陷,系统 M 侧的只反映 M 侧电气量变化的线路保护(如距离保护、零序保护等),无法区分本线路末端 K_1 和下一线路首端 K_2(或 N 侧母线)的故障。另外,对于多段式的单侧电气量保护,其瞬时第 Ⅰ 段为保证保护动作的选择性,通常整定都要避开本线路末端故障,无法做到瞬时切除本线路全长范围内的故障。

因此,仅反映线路一侧的电气量不可能区分本线末端和对侧母线(或相邻线始端)故障,只有反映线路两侧的电气量才可能区分上述两点故障,达到有选择性地快速切除全线故障的目的。为此,需要将线路一侧电气量的信息传输到另一侧去,也就是说,在线路两侧之间发生纵向联系。这种保护,称为输电线的纵联保护。

要在线路两侧发生纵向的联系,即需要线路两侧交换各自的信息,在中间就存在交换信息的通道问题。目前,在电网中纵联保护所选用的通道类型有导引线通道、载波通道、微波通道和光纤通道。

(1)导引线通道

导引线通道需要铺设电缆,其投资随线路长度增加。当线路较长(超过 10 km)时就不经济了。导引线越长,安全性越低。导线中传输的是电信号。在中性点接地系统中,除了雷击外,在接地故障时地中电流会引起地电位升高,也会产生感应电压,将威胁保护装置和人身安全,也会造成保护不正确动作。所以,导引线的电缆必须有足够的绝缘水平,如 15 kV 的绝缘水平,从而使投资增大。导引线直接传输交流电量,故导引线保护采用差动保护原理,其导引线参数(如电阻和分布电容)直接影响保护性能,从而在技术上也限制了导引线保护用于较长的线路。

(2)**电力线载波通道**

电力线载波通道在保护中应用最广。载波保护是纵联保护中应用较广的一种。载波通道由高压输电线及其加工和连接设备(如阻波器、结合电容器和高频收发信机)等组成。高压输电线机械强度大,十分安全可靠。但正是在线路发生故障时通道可能遭到破坏(高频通道衰减增大),为此需考虑在此情况下高频信号是否能有效传输的问题。当载波通道采用"相—地"制,在线路中发生单相短路接地故障时衰减与正常时基本相同,但在线路两端故障时衰减显著增大。当载波通道采用"相—相"制,和发生单相短路接地故障时能够传输高频信号,但在三相短路时不能。为此,载波保护在利用高频信号时应使保护在本线路故障信号中断的情况下仍能正确动作。

(3)**微波通道**

微波通道与输电线没有直接的联系,输电线发生故障时不会对微波通信系统产生任何影响,因而利用微波保护的方式不受限制。微波通信是一种多路通信系统,可以提供足够的通道,彻底解决了通道拥挤的问题。微波通道具有很宽的频带,线路故障时信号不会中断,可以传输交流电的波形。采用脉冲编码调制(PCM)方式可以进一步扩大信息传送量,提高抗干扰能力,也更适合于数字保护。微波通信是理想的通信系统,但是保护专用微波通信设备是不经济的,应当与通信、远动等共用,这就要求在设计时把这两方面兼顾起来,同时还要考虑信号衰减的问题。

(4)**光纤通道**

光纤通道与微波通道有相同的优点。光纤通信广泛采用 PCM 调制方式。当被保护线路很短时,可以通过光缆直接将光信号送到对侧和在每半套保护装置中将电信号变成光信号送出,又将所接收的光信号变为电信号供保护使用。因光与电之间互不干扰,所以光纤保护没有导引线保护的问题,在经济上也可与导引线保护竞争。在架空输电线的接地线中铺设光纤的方法(OPGW),既经济又安全,很有发展前途,当其被保护线路很长时,应与通信等复用。

对应的纵联保护按照所利用通道的不同类型可以分为以下 4 种:

①导引线纵联保护(简称导引线保护)。

②电力线载波纵联保护(简称载波保护),习惯上也称为高频保护。

③微波纵联保护(简称微波保护)。

④光纤纵联保护(简称光纤保护)。

其中,导引线保护已被光纤保护所取代。随着光纤通信技术的发展,光纤保护也成为输电线路最主要的保护方式。

从保护原理考虑,最重要的是在被保护线路发生故障时通道是否畅通,即通道与电力线是否相互独立的问题。电力线载波通道在电力线路发生故障时通道也可能遭到破坏,使高频信号的衰减将增大。当载波通道采用"相—地"制并在线路中点发生单相短路接地故障时,衰减与正常时基本相同,但在线路两端故障时衰减将显著增大。当载波通道采用"相—相"制并在发生单相短路接地故障时,高频电流能够传输,但在三相短路时仍然不能传输。微波通道和光纤通道均独立于电力线路,在本线路故障时信号的传输不会受到影响。因此,微波保护和光纤保护在本线路故障时,不论要求传输信号或不要求传输信号都能满足要求。

讨论完纵联保护的通道类型,接下来就是讨论纵联保护的两侧所交换的各自信息内容,按照其内容可以分为下述3种。

（1）**闭锁信号**

顾名思义,闭锁信号是阻止保护动作于跳闸的信号。换言之,无闭锁信号是保护作用于跳闸的必要条件。只有同时满足本端保护元件动作和无闭锁信号两个条件时,保护能作用于跳闸,其逻辑框图如图3.2(a)所示。从保护逻辑框图中可以看出,收不到高频信号是保护动作的必要条件,另外闭锁信号通常在非故障线路上传输。

（2）**允许信号**

顾名思义,允许信号是允许保护动作于跳闸的信号。换言之,有允许信号是保护动作于跳闸的必要条件。只有同时满足本端保护元件动作和有允许信号两个条件时,保护才动作于跳闸,其逻辑框图如图3.2(b)所示。从保护逻辑框图中可以看出,收到高频信号是保护动作的必要条件,允许信号通常在故障线路上传输。

（3）**跳闸信号**

跳闸信号是直接引起跳闸的信号。此时与保护元件是否动作无关,只要收到跳闸信号,保护就作用于跳闸,如图3.2(c)所示。远方跳闸式保护就是利用跳闸信号。其中,收到高频信号是保护跳闸的必要且充分条件。另外,在载波或微波纵联保护的实际应用中,为降低由于通道干扰引起的误跳闸信号,往往增加就地判别回路。

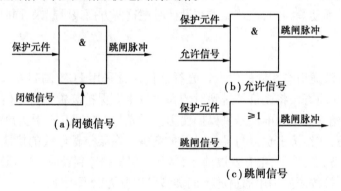

图3.2　纵联差动保护信号逻辑框图

按照保护的动作原理,电力线路纵联保护可分为下述3类。

①纵联方向保护。

②纵联距离保护。

③纵联差动保护。

两侧保护继电器仅反映本侧的电气量,利用通道将继电器对故障方向判别的结果传送到对侧,每侧保护根据两侧保护继电器的动作经过逻辑判断区分是区内故障还是区外故障。可见,这类保护是间接比较线路两侧的电气量,在通道中传送的是逻辑信号。按照保护判别方向所用的继电器又可分为纵联方向保护与纵联距离保护两种。

电力线路这类保护利用通道将本侧电流的波形或代表电流相位的信号传送到对侧,每侧保护根据对两侧电流的幅值和相位比较的结果来区分是区内故障还是区外故障。可见,这类保护在每一侧都直接比较两侧的电气量,类似于差动保护,因此成为纵联差动保护。

本章从(纵联差动保护入手)重点讨论闭锁式纵联方向保护的原理,并对允许式纵联方向保护、纵联距离保护作一简单介绍,同时对纵联保护中较常使用的高频(载波)通道部分也予以简要说明。然后,结合目前电网中使用较多的两套利用高频(载波)作为通道的纵联保护,也就是高频保护进行介绍。

3.1　导引线纵联差动保护的基本原理

在图 3.3 中被保护线路 M—N 末端 K_1 点和下一线路始端 K_2 点短路时,通过线路 M—N 末端的短路电流(图 3.3 中的 I_{N_1} 与 I_{N_2})不仅大小不同,而且方向相反。如果 M 侧保护的测量元件能同时反映线路 M—N 两侧的电量(电流的大小和相位或功率的方向),则保护就能正确地判断线路 M—N 末端(内部)和下一线路始端(外部)的短路。因此,就可以保证无延时地切除被保护线路任何点的故障。

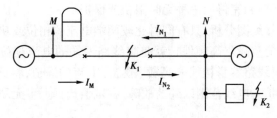

图 3.3　输电线路内外短路示意图

实现这种保护的最简单方法如图 3.4 所示。当被保护线路 M—N 外部短路或正常运行时[图 3.4(a)],$I_M = I_N$,流入继电器的电流为:

$$I_r = I'_M - I'_N = \frac{1}{n_{TA}}(I_M - I_N) = 0 \qquad (3.1)$$

式中　n_{TA}——电流互感器的变化。

继电器不会动作跳 1QF 和 2QF。而当被保护线路 M—N 内部短路时[图 3.4(b)],I_N 反向,流入继电器的电流为:

$$I_r = I'_M + I'_N = \frac{1}{n_{TA}}(I_M + I_N) = I'_K \qquad (3.2)$$

式中　I'_K——归算到电流互感器 TA 副方的总短路电流。

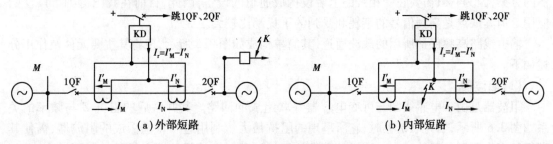

(a)外部短路　　　　　　　　　　　(b)内部短路

图 3.4　电流纵差动保护的示意图

如果 $I'_K > I_{OP}$（继电器的动作电流），则保护能无延时地跳 1QF 和 2QF，由于引入继电器的电流是被保护线路两端电流之差，这种保护称为纵联差动保护。它虽有无延时切除被保护线路任何点故障的优点，但由于它需要用与输电线路同样长的辅助导线来传送电流 I'_M 和 I'_N，因此，用于长线路在经济上是不合算的，在技术上也有一定的困难。一般只应用在 7 km 以下的线路上。国外有用于长达 30 km 线路上的此种保护方式。但将它用于电机、变压器及母线却是相当方便的。

3.2　输电线路高频保护

3.2.1　高频保护通道的组成

高频保护是以输电线载波通道作为通信通道的纵联保护。高频保护广泛应用于高压和超高压输电线路，是比较成熟和完善的一种无时限快速保护。

根据双侧电源网络接线图分析，只有同时比较两端电流的相位或功率方向，才能有效地区分保护范围内部和外部的故障。高频保护就是将线路两端的电流相位（或功率方向）转化为高频信号，然后利用输电线路本身构成一高频（载波）电流的通道，将此信号送至对端进行比较。因为它不反映被保护输电线范围以外的故障，在定值选择上也无须与下一条线路相配合，故可不带动作延时。

目前广泛采用的高频保护，按其工作原理的不同可以分为两大类，即方向高频保护和相差高频保护。方向高频保护的基本原理是比较被保护线路两端的功率方向，而相差高频保护的基本原理是比较两端电流的相位。在实现以上两类保护的过程中，都需要解决一个如何将功率方向或电流相位转化为高频信号，以及如何进行比较的问题。

为了实现高频保护，必须解决利用输电线路作为高频通道的问题。

输电线路的高频通道有两种方式，如下所述。

①相-相制通道。利用两相输电线路作为高频通道，其优点是高频电流衰耗小。采用这种通道方式需要两套设备，因而投资大，经济性差，主要用于 500 kV 及以上电压等级的输电线路保护中。

②相-地制通道。在同相线路两端装设高频设备。利用"导线-大地"作为高频通道是最经济的方案，因为它只需要在一相线路上装设构成通道的设备，因此，目前在我国得到了广泛的应用。但其缺点是高频信号的衰耗和受到的干扰都比较大。

输电线路高频保护所用的载波通道，其简单构成如图 3.5 所示，现将其主要元件及作用分述如下。

（1）阻波器

阻波器是由一电感线圈与可变电容器并联组成的回路。其并联后的阻抗 Z 与频率的关系如图 3.6 所示，当并联谐振时，它所呈现的阻抗最大。利用这一特性做成的阻波器，需使其谐振频率为所用的载波频率。这样的高频信号就被限制在被保护输电线路的范围以内，而不能穿越到相邻线路上去。但对 50 Hz 的工频电流而言，阻波器仅呈现电感线圈的阻抗，数值很小（约为 0.04 Ω），并不影响它的传输。

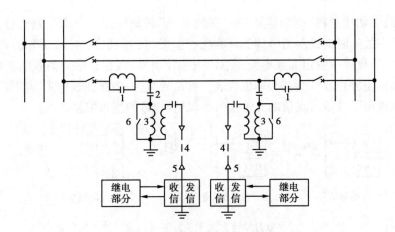

图 3.5　高频通道构成示意图

1—阻波器;2—结合电容器;3—连接滤波器;4—电缆;5—高频收、发信机;6—刀闸

(2)结合电容器

结合电容器的电容量很小,对工频电流呈现很大的阻抗,对高频电流呈现很小阻抗。结合电容器与连接滤波器共同配合,将载波信号传递至输电线路,同时使高频收发信机与工频高压线路绝缘。结合电容器对于工频电流呈现极大的阻抗,由其导致的工频泄漏电流极小。

(3)连接滤波器

连接滤波器由一个可调节的空心变压器及连接至高频电缆一侧的电容器组成。

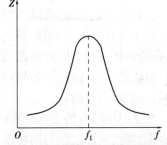

图 3.6　阻波器阻抗与频率的关系

结合电容器与连接滤波器共同组成一个四端网络的"带通滤波器",使所需频带的高频电流能够通过。带通滤波器从线路一侧看入的阻抗与输电线路的波阻抗(约为 400 Ω)相匹配,而从电缆一侧看入的阻抗,则应与高频电缆的波阻抗(约为 100 Ω)相匹配。这样就可以避免电磁波在传送过程中发生反射,因而减小高频能量的附加衰耗。对于并联在连接滤波器两侧的接地刀闸 6,当检修连接滤波器时,作为结合电容器的下面一极接地之用。

(4)高频收、发信机

发信机部分是由继电保护来控制,通常都是在电力系统发生故障时,保护部分启动之后它才发出信号,但有时也可以采用长期发信、故障时停信或改变信号频率的方式。由发信机发出的信号,通过高频通道送到对端的收信机中,也可为自己的收信机所接收,高频收信机接收由本端和对端所发送的高频信号,经过比较判断之后,再动作于继电保护,使之跳闸或将它闭锁。

3.2.2　高频通道的工作方式和高频信号的作用

高频通道的工作方式可以分为经常无高频电流(即所谓的故障时发信)和经常有高频电流(即所谓的长期发信)两种方式。在这两种工作方式中,以其传送的信号性质为准,又可以分为传送闭锁信号、允许信号和跳闸信号 3 种类型。

应该指出,必须注意将"高频信号"和"高频电流"区别开来。所谓高频信号,是指线路一端的高频保护在故障时向线路另一端的高频保护所发出的信息或命令。因此,在经常无高频电流的通道中,当故障时发出高频电流固然代表一种信号,但在经常有高频电流的通道中,当故障时将高频电流停止或改变其频率也代表一种信号,这一情况就表明了"信号"和"电流"的区别。图3.7列出了故障时发信的3种信号与保护(PH)的逻辑关系。

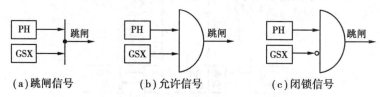

(a)跳闸信号　　　　(b)允许信号　　　　(c)闭锁信号

图3.7　在故障时发信方式下3种信号与保护的逻辑关系

所谓闭锁信号,是指收不到这种信号是高频保护动作跳闸的必要条件。根据高频保护的工作原理,当外部故障时,由一端的保护发出高频闭锁信号,将两端的保护闭锁;而当内部故障时,两端均不发信因而也收不到闭锁信号,保护即可动作于跳闸。

所谓允许信号,是指收到这种信号是高频保护动作跳闸的必要条件。因此,当内部故障时,两端保护应同时向对端发出允许信号,使保护装置能够动作于跳闸;而当外部故障时,则因近故障点端不发允许信号,故对端保护不能跳闸。近故障点的一端则因判别故障方向的元件不动作,也不能跳闸。

传送跳闸信号的方式,是指收到这种信号是保护动作于跳闸的充分而必要的条件。实现这种保护时,实际上是利用装设在每一端的电流速断、距离1段或零序1段等保护,当其保护范围内部故障而动作于跳闸的同时,还向对端发出跳闸信号,可以不经过其他控制元件而直接使对端的断路器跳闸。采用这种工作方式时,两端保护的构成比较简单,无须互相配合。但是,必须要求每端发送跳闸信号保护的动作范围小于线路的全长,而两端保护动作范围之和应大于线路的全长。前者是为了保证动作的选择性,而后者则是为了保证全线上任一点故障的快速切除。

对于长期发信方式下3种信号与保护的逻辑关系如图3.8所示。3种信号的作用情况与图3.7一样,读者可自行分析,分析时应注意的是收信机收不到高频信号为动作信号。

被保护线路故障时,高频通道可能遭到破坏。因此,对于短路时发信的方式,常利用高频电流的出现作为闭锁信号。在外部短路时,要求靠近短路点一侧的发信机启动并发出高频闭锁信号,经输电线路传送至线路对侧,使该侧保护不跳闸(闭锁)。内部短路时,线路两侧发信机均不启动,不发高频闭锁信号,输电线路不传送高频信号,保护可以跳闸。这是符合电力线载波通道的要求的。

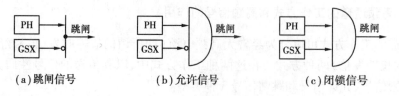

(a)跳闸信号　　　　(b)允许信号　　　　(c)闭锁信号

图3.8　长期发信方式下3种信号与保护的逻辑关系

3.3　高频闭锁方向保护

3.3.1　工作原理

目前广泛应用的高频闭锁方向保护,是以高频通道经常无电流而在外部故障时发出闭锁信号的方式构成的。此闭锁信号由短路功率方向为负的一端发出,这个信号被两端的收信机所接收,而把保护闭锁,故称为高频闭锁方向保护。

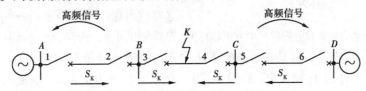

图 3.9　高频闭锁方向保护的作用原理

现利用图 3.9 所示的故障情况来说明保护装置的作用原理。设故障发生于线路 B—C 的范围,则短路功率 S_K 的方向如图 3.9 所示。此时,安装在线路 B—C 两端的方向高频保护 3 和 4 的功率方向为正,保护应动作于跳闸。故保护 3、4 都不发出高频闭锁信号,因而,在保护启动后,即可瞬时动作,跳开两端的断路器。但对非故障线路 A—B 和 C—D,其靠近故障点一端的功率方向为由线路流向母线,即功率方向为负,则该端的保护 2 和 5 发出高频闭锁信号。此信号一方面被自己的收信机接收,同时,经过高频通道把信号送到对端的保护 1 和 6,使得保护装置 1、2 和 5、6 都被高频信号闭锁,保护不会将线路 A—B 和 C—D 错误地切除。

这种保护的工作原理是利用非故障线路的一端发出闭锁该线路两端保护的高频信号,而对于故障线路两端则不需要发出高频信号使保护动作于跳闸,这样就可以保证在内部故障并伴随有通道的破坏时(例如,通道所在的一相接地或是断线)保护装置仍然能够正确地动作,这是它的主要优点,也是这种高频信号工作方式得到广泛应用的主要原因之一。

3.3.2　高频闭锁方向保护的启动方式

高频发信机采用短路时发信方式的高频闭锁方向保护的常用启动方式有下述几种。

（1）电流启动方式

图 3.10(a)所示为电流启动高频闭锁方向保护的方框原理图,图 3.10(b)所示为功率方向元件 S_+ 的保护区。图中的 I 和 I′为电流启动元件。I 较 I′灵敏,即 I 的动作电流较小,I 动作后,经 t_1、否 4 去启动发信机。S_+ 为短路功率为正时动作的功率方向元件。I′、S_+ 动作后,经与 2、t_3 准备跳闸,并将否 4 闭锁,使发信机停信;内部短路时,被保护线路两侧的 I、I′和 S_+ 均动作,发信机开始发信;经 t_3 延时后,又将发信机停信。两侧收信机均收不到高频闭锁信号,于是,否 5 开放,两侧断路器跳闸。外部短路时,近短路侧的 S_+ 不动作,与 2、t_3 不开放,否 4 不闭锁,发信机一直发信。两侧收信机收到高频信号,否 5 不开放,两侧的断路器均不会跳闸。

采用两个灵敏度不同的电流启动元件的原因,是由于被保护线路两侧的 TA 有误差(最大达 10%)和两侧电流启动元件的动作电流可能有 ±5% 的误差。如果只用一个电流启动元件,

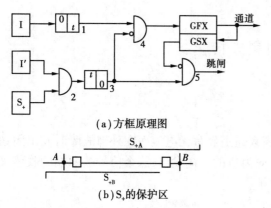

（a）方框原理图

（b）S_+ 的保护区

图 3.10　电流启动高频闭锁方向保护的方框原理图

则在外部短路时,可能出现近短路侧的电流元件拒动,而远离短路侧的启动元件动作的情况。于是,近短路侧的发信机不发信,远离短路侧的发信机仅 t_3 时间内发信,t_3 延时后,收信机收不到高频闭锁信号。远离短路侧的 S_K 为正方向,S_+ 动作,从而会使该侧断路器误跳闸。为了解决这一问题,可采用两个动作电流 I_{op} 不等的电流启动元件;用 I_{op} 较小的电流启动元件 I 去启动发信机,I_{op} 较大的 I′ 准备跳闸。这样就可保证在外部短路一侧的 I′ 动作时,近短路侧的 I 也一定动作,从而可保证发信机发信,避免上述的误动作。I 和 I′ 的动作电流比的选择按最不利情况进行,即按线路一侧 TA 无误差,电流启动元件的 I_{op} 有 +5% 的误差;另一侧 TA 有 −10% 误差,电流启动元件的 I_{op} 有 −5% 的误差。因而两个电流启动元件的动作电流比为:

$$\frac{I'_{op}}{I_{op}} = \frac{(1+0)(1+0.05)}{(1-0.1)(1-0.05)} = 1.23 \tag{3.3}$$

实用上采用:

$$I'_{op} = (1.5 \sim 2)I_{op} \tag{3.4}$$

如果采用接相电流的启动元件,则 I_{op} 按躲过最大负荷电流 $I_{L \cdot max}$ 整定,即

$$I_{op} = \frac{K_{rel}}{K_{re}}I_{L \cdot max} \tag{3.5}$$

式中　K_{rel}——可靠系数,取 1.1 ~ 1.2;

　　　K_{re}——返回系数,取 0.85。

在远距离重负荷的输电线路上,这种电流启动元件往往不能满足灵敏度的要求,在此情况下应采用负序电流元件。较灵敏的负序电流元件的动作电流 $I_{op \cdot 2}$ 按躲过最大负荷情况下的最大不平衡电流 $I_{unb \cdot max}$ 整定,即

$$I_{op \cdot 2} = \frac{K_{rel}}{K_{re}}I_{unb \cdot max} \approx 0.1\ I_{L \cdot max} \tag{3.6}$$

通常两侧电流启动元件的动作电流选为同一数值,故式(3.4)即为同一侧两个电流启动元件动作电流的关系式。

t_3 延时动作的原因是由于外部短路时,远离短路侧的发信机能在 t_3 时间内发信,否5 闭锁使保护不误跳闸。如 t_3 不延时动作,则本侧的收信机将来不及收到对侧送来的高频闭锁信号,保护就会误动作跳闸,所以 t_3 的延时动作是必要的。t_3 的大小按下式计算:

$$t_3 = t_p + t_d + t_y \quad (t_3 \text{ 取 } 4 \sim 16\ \text{ms}) \tag{3.7}$$

式中　t_p——高频信号沿通道传送的时间;

　　　t_d——两侧保护和高频发信机动作时间之差值;

　　　t_y——裕度时间。

t_1 延时返回的原因是在外部短路切除后,线路两侧的 I、I′ 和 S_+ 均返回,近短路侧延时 t_1 返回,发信机在 t_1 时间内继续发信。从而保证了远离故障侧的发信机能继续收到高频闭锁信号,使否5 不开放,保护不致误跳闸。否则,当近短路侧的 I 先返回而远离短路侧的 I′、S_+ 后返

回时,该侧否 5 可能开放使断路器误跳闸。通常取 $t_1 = 0.05$ s。

功率换向时,保护的工作情况说明如下:在环形网络或双回线的某一线路(如图 3.11 中的线路 I)高频保护退出工作时,如果在该线路的相继动作区内发生故障(K 点故障),1QF 跳闸前,线路 II 的短路功率 S_K 是从变电站 B 流向变电站 A。1QF 跳闸后,2QF 跳闸前,S_K 将反向,从变电站 A 流向变电站 B。在此功率换向过程中,线路 II 的高频闭锁方向保护是不会误动作的。因为 3QF 侧的保护在 1QF 跳闸后,S_+ 才动作,与 2 开放,经 t_3 延时后,才能停信,在 t_3 时间内将保护闭锁。4QF 侧的发信机在 1QF 跳闸后,立即发信,在 t_3 延时之内能将高频闭锁信号送至 3QF 侧使其保护闭锁,所以 3QF 侧保护不会误跳闸。至于 4QF 侧的保护,由于 S_K 为负,不会误跳闸就更为明显。

当外部故障时,如果近故障侧的起信元件因故而拒动,发信机不能送出高频闭锁信号,远离故障侧的保护将误动作。为了解决这个问题,可采用远方启动方式。

(2)远方启动方式

图 3.11 所示为通常采用的远方启动高频闭锁方向保护的方框原理图。图中 t_1 为定时开放时间电路。此启动方式只用一个电流启动元件 I。I 启动后,启动本侧的发信机。发信机发出的高频信号传送到对侧经 t_1,或 2 远方启动对侧的发信机。

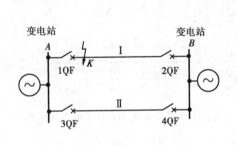

图 3.11 短路功率换向的说明图

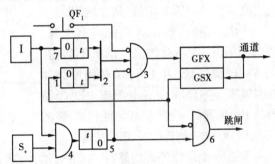

图 3.12 远方启动高频闭锁方向保护方框原理图

内部短路时,保护的工作分下述几种情况来说明。

①两端电源供电。两端电源供电网络内部短路时,线路两侧保护的 I 和 S_+ 均动作,经否 3 启动发信机。延时 t_5 后,否 3 被闭锁,发信机停信。收信机收不到高频闭锁信号,否 6 开放,两侧断路器同时跳闸。

②单端电源供电。单端电源供电网络内部短路时,电源侧发信机起信,将高频信号传送到对侧,并启动其发信机,电源侧否 6 连续收到高频闭锁信号,保护不能跳闸。这是此种启动方式的主要缺点。

③一侧断路器跳开。内部短路且一侧断路器跳开时,由该侧断路器常闭辅助接点 QF_1 将否 3 长期闭锁,发信机不能远方启动。电源侧保护在 t_5 延时后跳闸。

外部短路时,保护的工作分下述几种情况来说明。

①近短路侧的电流启动元件 I 动作。外部短路时,由于近短路侧保护的 S_+ 不会动作,与 4 不开放,否 3 不会闭锁,发信机发信,向对侧传送高频闭锁信号。对侧收信机收到高频信号,否 6 不会开放,故不会误跳闸。

②近短路侧 I 不动作,远离短路侧的 I 及 S_+ 动作,此时,在 t_5 延时内,若收不到近短路侧发回的高频闭锁信号,则 t_5 延时后,否 3 闭锁,发信机停信,否 6 开放,将误跳闸。为了避免这

种误跳闸，在t_5延时内，一定要收到对侧发回的高频信号，以使否6能连续闭锁。因此，t_5的延时应大于高频信号在高频通道上往返一次所需的时间。即比前述启动方式t_3的延时要大一些，一般取$t_5 = 20$ ms。

③外部故障切除后，远离短路侧的S_+及两侧的I均返回。开放t_1发信机停信，保护恢复正常运行。为了避免误动作，t_1的延时应大于外部短路最大可能的持续时间，即大于后备保护的动作时间。一般t_1取$0.5 \sim 0.7$ s。

④被保护线路保护相继动作。S_K改变方向时(图3.11)，被保护线路保护相继动作，S_K改变方向时，1QF跳闸后，4QF侧发信机即发信，3QF侧收信机在$t_5 = 20$ ms时间内能收到高频闭锁信号，3QF不会误跳闸。

由于采用了远方启动，只用了一个电流启动元件，因此，灵敏度比前者更高。

(3)功率方向元件启动方式

图3.13(a)为方向元件启动的高频闭锁向保护的方框原理图。图3.13(b)为S_+和S_-的动作区。从图中可知，当功率由母线流向线路时，S_+有输出，准备跳闸。当功率由线路流向母线时，S_-有输出，启动发信机，送出高频信号使否3闭锁，防止跳闸。

内部短路时，如A,B两侧均有电源，则两侧的S_-均不动作。发信机不启信，无高频闭锁信号，否3开放，两侧断路器同时跳闸。如仅A侧有电源或B侧断路器断开，两侧的4个方向元件仅A侧的S_+动作，可由A侧延时t_2切除故障。

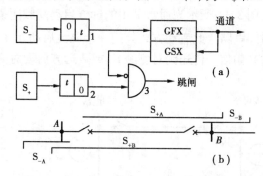

图3.13 方向元件启动的高频闭锁向保护的方框原理图

靠近B侧母线外部短路时，A侧S_+动作，准备跳闸，但B侧S_-动作，使该侧发信机启信，送高频闭锁信号至A侧，将A侧否3闭锁，A侧断路器不会误跳闸。t_1、t_2的作用和整定分别与图3.10保护的t_1、t_3相同。必须注意B侧S_-的保护区必须大于A侧S_+的保护区。这样可以保证S_{+A}动作时，S_{-B}也一定动作，以防保护误动。否则，A侧保护将会误动作跳闸。

这种保护方式的逻辑回路简单。由于没有其他的启动元件，所以S_+的动作功率必须按躲开最大负荷功率整定，以避免线路输送负荷时，保护误动。S_-的动作功率应小于S_+的动作功率。如果采用负序功率方向元件，则保护就更加完善。高频闭锁方向保护在我国的电力系统中应用广泛。

3.4 高频闭锁负序方向保护

目前在我国电力系统的220 kV及以上输电线路上，广泛采用高频闭锁负序方向保护，其方框原理图举例如图3.14所示。为了提高保护的可靠性，加装了负序电流元件。为了能与单相自动重合闸装置配合运行，增设了否11和t_{12}元件。功率方向元件采用的是负序相敏功率方向元件。保护装置是利用比较被保护线路两侧的负序功率方向的方法来判别内部和外部故障。保护的工作情况简述如下：

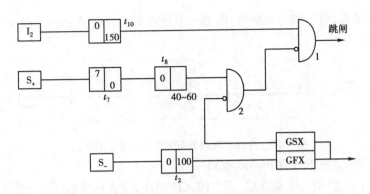

图 3.14　高频闭锁方向保护的方框原理图

（1）正常运行、过负荷、系统振荡、电压回路断线或电流回路断线时

当在正常运行、过负荷、系统振荡、电压回路断线或电流回路断线时，被保护线路两侧的负序相敏功率方向元件 S_- 和 S_+ 均无输出，保护不会跳闸。

（2）线路内部不对称短路时

当线路内部不对称短路时，两侧的 S_- 无输出，发信机不发信。否 6 无闭锁信号。两侧的 S_+ 和 I_2 有输出，与 5 开放，经否 6，$t_7 = 7$ m/s 延时、t_8 和与 9 发出跳闸信号，使断路器跳闸。

（3）线路内部三相对称短路时

当线路内部三相对称短路时，如果正向负序功率出现的时间超过 20 ms，由 t_8 带延时返回，因而可保证跳闸（回路的工作情况与不对称短路相同）。t_8 的延时返回时间应按保证断路器可靠跳闸的原则来确定。当保护装置经具有电流保持线圈的跳闸继电器作用跳闸时，此延时可采用 40 ~ 60 ms，因为保护只要可靠地将它启动即可保证跳闸。当保护直接动作于断路器跳闸时，此延时要采用 200 ms，这是因为 220 kV 断路器的跳闸时间一般均小于 100 ms。

（4）线路外部不对称短路时

当线路发生外部不对称短路时，近故障侧的保护的 S_- 有输出，经 t_2 启动发信机，它即向本侧和对侧送出高频信号。本侧收信机立即收到高频闭锁信号，随即将否 6 闭锁，不会跳闸。远离故障侧的 S_+ 和 I_2 同时有输出，与 5 开放，但需经 t_2 的 7 ms 延时（考虑到高频收发信机的动作时间 1.5 ~ 2.5 ms、高频通道传送时间 1 ms 及裕度时间），才能发出跳闸脉冲。此时，该侧的收信机已收到对侧发来的高频闭锁信号将与 2 闭锁，因而不会跳闸。外部故障切除后，近故障侧的保护 S_- 及 I_2 均返回，但要等 t_2 在 100 ms 延时返回后，发信机才停信。远离故障侧的保护的 S_+ 及 I_2 返回，但收信机在 100 ms 内仍能收到对侧发来的高频闭锁信号，使与 2 闭锁，保护不会误跳闸。

3.5　允许式高频方向保护

（1）允许式纵联方向保护基本原理

如图 3.15 所示，在功率方向为正的一端向对端发送允许信号，此时每端的收信机只能接收对端的信号而不能接收自身的信号。每端的保护必须在方向元件动作，同时在收到对端的允许信号后，才能动作于跳闸，显然只有故障线路的保护符合这个条件。对非故障线路而言，一端是方向元件动作,收不到允许信号,而另一端是收到了允许信号但方向元件不动作,因此都不能跳闸。

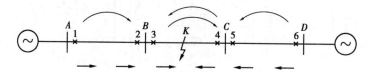

图3.15　允许式高频方向保护允许信号的传递

（2）构成允许式高频方向保护基本框图

如图3.16所示,启动元件动作后,正方向元件动作,反方向元件不动作,与门2启动发信机,向对端发允许信号,同时准备启动与门3。当收到对端发来的允许信号时,与门3即可经抗干扰延时动作于跳闸。用距离继电器作方向元件时,一般无反方向元件,距离元件的方向性必须可靠。

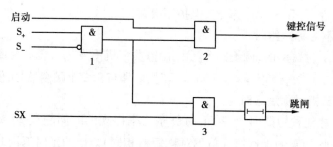

图3.16　允许式纵联方向保护基本原理

闭锁式高频方向保护通常采用单频率,收信机可接受两侧发信机发出的闭锁信号。超范围允许式保护必须采用双频率,收信机可接收对侧发信机发出的允许信号。通常采用复用载波机构成允许式保护,允许式一般都采用键控移频的方式。正常运行时,收信机经常收到对端发送的频率为 f_{G} 的监频信号,其功率较小,用以监视高频通道的完好性。当正方向区内发生故障时,对端方向元件动作,键控发信机停发 f_{G} 的信号而改发频率为 f_{T} 的跳频（或称移频）信号,其功率提升,收信机收到此信号后立即允许本端保护跳闸。

允许式高频方向保护在区内发生故障时,必须要求收到对端的信号才能动作,因此就会遇到高频信号通过故障点时衰耗增大的问题,是其主要缺点。最严重的情况是区内故障伴随有通道破坏,如发生三相接地短路等,造成允许信号衰减过大甚至完全送不过去,它将引起保护的拒动。通常通道按相—相耦合方式,对于不对称短路,一般信号都可通过,但只有三相接地短路时,难于通过。

（3）欠范围允许式（PUTT）和超范围允许式（POTT）

当方向元件由距离元件承担时,其构成方式有两种:①由距离保护Ⅰ段动作键控发信的称为欠范围允许式（PUTT）;②由距离保护Ⅱ或Ⅲ段键控发信的称为超范围允许式（POTT）。这两种原理示意图如图3.17所示。

在图3.17中, Z_{I} 为距离Ⅰ段, Z_{II} 、 Z_{III} 为距离Ⅱ、Ⅲ段,当POTT连接片合上和PUTT连接片打开时,由 Z_{II} （或 Z_{III} ）通过或门5键控发信,称为POTT方式。当PUTT连接片合上和POTT连接片打开时,由 Z_{I} 通过或门3或门5键控发信,称为PUTT方式。

PUTT方式: Z_{I} 动作,通过或门2、或门3、与门4无时限直接跳本侧,通过或门3、或门5键

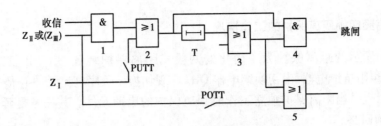

图 3.17　PUTT、POTT 原理示意图

控发信。在跳闸的同时启动 T_1,在本端跳闸,Z_I 返回后,T_1 延时 50 ms 返回,即继续键控 50 ms,保证对侧能可靠跳闸。

对侧收到允许信号后,与 Z_{II}(或 Z_{III})启动与门 1,经过抗通道干扰时间 Z_I 的 1~8 ms 后,对侧跳闸。

POTT 方式:由 Z_{II}(或 Z_{III})键控发信,收到允许信号后,与 Z_{II}(或 Z_{III})启动与门 1,经或门 2、或门 3,与门 4 跳闸。

PUTT 方式:只在区内故障 Z_I 动作才键控,加速对侧 Z_{II}(或 Z_{III}),具有很高的安全性。应当特别指出,以往的成套距离保护,附加适当的逻辑就构成纵联差动保护,在微机保护中,由单独的 CPU 构成独立的、完整的纵联差动保护。

欠范围(PUTT)允许式多用于长线。

超范围(POTT)允许式多用于短线。

3.6　高频闭锁距离保护和零序保护

3.6.1　高频闭锁距离保护的构成

高频闭锁距离保护主要由启动元件、距离元件和高频收、发信机等构成。图 3.18 所示为短时发信、单频率高频闭锁距离保护的方框原理图,现将各部分的作用分述如下。

(1)启动元件

启动元件的主要作用是在故障时启动发信机。它由距离保护本身的启动元件起作用。在二段式距离保护中,通常是采用负序电流元件、负序电压元件来作启动元件;而在三段式距离保护中,则采用第 III 段距离元件来作启动元件,启动元件一般都是无方向性的。在图 3.18 中,采用负序电流 I_2 启动。

(2)距离元件

距离元件的作用是判断故障的方向,以控制发信机是否停止发信。因此,距离元件必须有方向性,并能保护线路全长,通常采用第 II 段方向距离元件作为高频闭锁距离保护的距离元件。在距离保护中,广泛采用一个距离继电器,通过切换的方式来作为保护的第 I 段和第 II 段的距离元件。用这种方式构成高频闭锁距离保护时,必须将距离元件切换到第 II 段。当高频部分退出工作时,应将距离元件再切换到第 I 段,以便恢复距离保护第 I 段的正常运行。

(3)高频收、发信机

高频收、发信机部分与高频闭锁方向保护相同,此外,其他元件的作用,将在下面再作介绍。

3.6.2　高频闭锁距离保护的工作情况

图 3.18 中所示的距离保护为一简化的两段式距离保护装置。Ⅰ、Ⅱ段距离测量元件 $Z_Ⅰ/Z_Ⅱ$ 合用一组阻抗继电器,由切换继电器 QHJ 实现切换。负序电流元件 I_2 既是振荡闭锁回路的启动元件,也是当距离保护独立工作时距离保护的启动元件。其任务是延时(由 t_4 提供延时)启动跳闸回路。

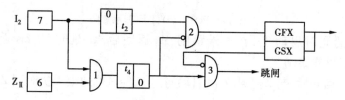

图 3.18　高频闭锁距离保护方框原理图

（1）内部故障时

当被保护线路内部发生故障时,两侧负序电流元件 I_2 启动。一方面经时间元件 t_2 及与门 2,启动发信机向对侧保护发出高频闭锁信号;另一方面经与 1、t_4 为与门 3 动作准备条件。与此同时,阻抗继电器 $Z_Ⅱ$ 动作。阻抗继电器 $Z_Ⅱ$ 动作后,与门 3 开放,一方面准备发保护跳闸信号,一方面闭锁与门 2,使本侧发信机停止发信。同样,对侧阻抗测量元件 $Z_Ⅱ$ 也动作,使对侧也停止发信,于是,收信机收不到闭锁信号,与门 3 开放,保护瞬时动作跳闸。时间元件 t_4 延时 7 ms 返回,即高频信号只允许发 7 ms 的时间。

（2）外部故障时

当故障发生在本侧阻抗继电器 $Z_Ⅱ$ 保护范围以外时,两侧的负序电流元件 I_2 均动作,分别启动本侧发信机,发出高频闭锁信号,两侧阻抗继电器 $Z_Ⅱ$ 均不动作,与门 3、与门 1 均不开放,保护装置不会误跳闸。

当故障发生在本侧阻抗继电器 $Z_Ⅱ$ 的保护范围以内时,两侧负序电流元件 I_2 均动作,分别启动该侧发信机发出高频信号,并开放振荡闭锁回路。本侧阻抗继电器 $Z_Ⅱ$ 也动作,与门 3 开放,准备跳闸和通过与门 2 停止本侧发信机;但对侧阻抗继电器 $Z_Ⅱ$ 不动作,对侧发信机仍继续发出高频信号,所以本侧与门 3 被闭锁,两侧断路器不会误跳闸。若下一条线路的保护或断路器拒绝动作时,本侧保护按 $t_Ⅱ$ 时限跳闸,一般而言,$t_Ⅱ = 0.5$ s。

（3）系统振荡时

系统振荡时,由于无负序电流,因此,负序电流启动元件 I_2 不会动作,距离元件虽然会误动,但与门 1 不开放,断路器不会误跳闸。

由以上的分析可知,高频闭锁距离保护是将距离保护和高频保护发动机结合为一体的保护装置。当输电线路内部发生故障时,它能瞬时地从被保护线路两端切除故障;当输电线路外部出现故障时,其距离Ⅲ段仍然能起后备保护的作用。因此,它保留了高频保护和距离保护各自的优点,并大大地简化了保护装置。但由于这两种保护的接线互相连接在一起,当距离保护检修时,高频保护也必须退出工作是其主要缺点。

这里需要说明的是,经过详细且复杂的分析,高频距离保护不宜采用允许式。

3.7　高频相差动保护

3.7.1　工作原理

高频相差动保护的基本原理在于比较被保护线路两端短路电流的相位。在此仍采用电流的给定正方向是由母线流向线路。因此,装于线路两端的电流互感器的极性应如图 3.19(a)所示,当保护范围内部(K_1 点)故障时,在理想情况下,两端电流相位相同,如图 3.19(b)所示,两端保护装置应动作,使两端的断路器跳闸,而当保护范围外部(K_2 点)故障时,两端电流相位相差 180°,如图 3.19(c)所示,保护装置则不应动作。

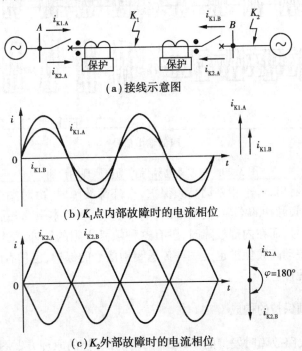

(a)接线示意图

(b) K_1 点内部故障时的电流相位

(c) K_2 外部故障时的电流相位

图 3.19　相差动高频保护工作的基本原理

为了满足以上要求,当采用高频通道经常无电流,而故障时发出高频电流(即闭锁信号)的方式来构成保护时,实际上可以做成当短路电流为正半周,使它操作高频发信机发出高频电流,而在负半周则不发,如此不断地交替进行。

当保护范围内部故障时,由于两端的电流同相位,如图 3.20 中的(a′)和(b′),它们将同时发出闭锁信号,也同时停止闭锁信号,如图 3.20(c′)和(d′)所示。因此,从两端收信机所收到的高频电流就是间断的,如图 3.20(e′)所示。

当保护范围外部故障时,由于两端电流的相位相反,如图 3.20 中的(a)和(b),两个电流仍然在它自己的正半周发出高频信号。因此,两个高频电流发出的时间在相位上就相差 180°,如图 3.20(c)和(d)所示。这样从两端收信机中所收到的总信号就是一个连续不断的高频电流,如图 3.20(e)所示。由于信号在传输中有衰耗,因此,送到对端的信号幅值要小一些。

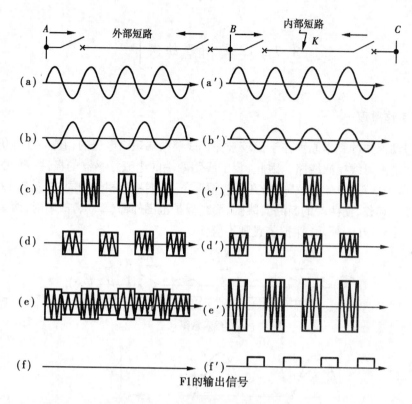

图 3.20　相差动高频保护动作原理的说明

由以上分析可以看出,对于相差动高频保护,在外部故障时,由对端送来的高频脉冲电流信号正好填满本端高频脉冲的空隙,使本端的保护闭锁。填满本端高频脉冲空隙的对端高频脉冲就是一种闭锁信号,而在内部故障时,没有这种填满空隙的脉冲,就构成保护动作跳闸的必要条件。因此,相差动高频保护也是一种传送闭锁信号的保护,也具有闭锁式保护所具有的缺点,需要两套启动元件。

3.7.2　相差高频保护的构成

图 3.21 所示为线路故障时发信的单频率相差高频保护的原理方框图。由图可见,其主要由高频收、发信机、操作元件、启动元件、比相元件等组成,现分别说明如下。

（1）高频收、发信机

相差高频保护的发信机输出功率为 20～50 W,为了抑制谐波以减少对相邻通道的影响,发信机回路中有多级与载频谐振的谐振回路。

相差高频保护中的收信机在保护投入运行后一直是工作的。其任务是将从高频通道接收过来的高频信号中反映两侧电流相位的矩形波检出,送入比相元件中比相。对收信机的主要要求是能较准确地反映出矩形波的宽度,要求矩形波的波形不要失真。在收信机中,滤波回路是关键部分。此外,为了提高收信机的抗干扰能力,除滤波回路应具有良好的特性外,对接收到的高频信号还要进行限幅整形。

（2）操作元件

操作元件的作用是将输电线路上的 50 Hz 电流转变为一个 50 Hz 的方波电流,然后,以此

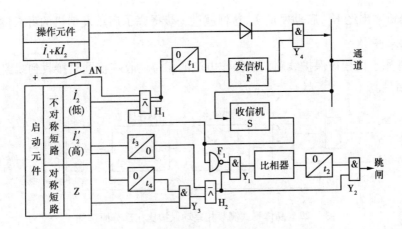

图 3.21　相差高频保护原理方框图

工频方波电流对发信机中的高频电流进行调制(继电保护称为操作)。此工频方波电流称为操作电流。

对操作电流的要求是:首先,能反映所有类型的故障;其次,当线路内部发生故障时,两侧操作电流的相位差为0°或接近0°;当线路外部故障时,两侧电流的相位差为180°或接近180°。

经过理论上的论证,认为采用 $\dot{I}_1 + K\dot{I}_2$ 作为操作电流基本上可以满足上述要求。目前,比较广泛采用的操作电流是 $\dot{I} + K\dot{I}_2$,其中 K 取 6~8。

在图 3.21 中,当 $\dot{I}_1 + K\dot{I}_2$ 为正半周时,允许发高频信号,而负半周时不发高频信号。

(3)**启动元件**

相差高频保护中的启动元件的任务是故障时启动发信机和开放比相回路,而且要求启动发信机要比开放比相回路更为灵敏,动作更为迅速。所以,相差高频保护采用两个灵敏度不同的过量电流继电器作为不对称故障时的启动元件。

低定值电流启动元件 I_2 (低)动作后,经 H_1 启动发信机并通过延时返回的时间元件 t_1,保证在 t_1 时间内发信机一直发信。一般 t_1 的时间值为 5~7 ms。

启动比相回路由两部分构成,即高定值负序电流元件和阻抗元件。高定值负序电流元件 $\dot{I}'_2$(高)作为不对称故障的启动元件,阻抗元件作为对称故障时的启动元件。阻抗启动元件应具有偏移特性,以消除出口三相故障时的动作死区。由于偏移特性方向阻抗继电器在电压回路断线时要误动,故由高定值负序电流元件通过 Y_3 实现断线闭锁。当电压回路断线时,阻抗元件虽误动,但负序电流元件不动作,因而实现了闭锁。在三相对称故障情况下,负序电流在滤过器暂态不平衡电压下短时动作,这一动作状态由瞬时动作延时返回的时间元件 t_4 记忆一段时间,这一段时间为 10 ms 左右,从而保证了比相回路可靠动作。

在相差高频保护中,比相回路正常工作时,不但要等待本侧发信机先发信,而且还要等待对侧所发出的信号。故比相回路要有一定的延时。在不对称故障时,这一延时由时间元件 t_3 提供。t_3 值一般取为 10 ms 左右,完全能满足要求。在对称故障时,因阻抗元件动作较慢,故不需要延时量。

为了防止外部故障时,有一侧发信机不发信而造成保护装置误跳闸,所以,在实际保护装置中,除利用高、低值的差别优先启动发信机外,还可以采用远方启动方式启动发信机。在图

113

3.21 中,收信机输出经 H_1,启动发信机,这样就进一步提高了启动发信机的可靠性。

（4）比相元件

比相元件用于比较被保护线路两侧操作电流的相位。收信机同时接收到线路两侧发信机发出的高频信号。

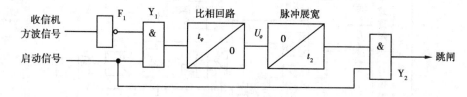

图 3.22　晶体管式高频相差动保护比相部分原理图

比相一般是用积分时间元件构成的。图 3.22 是相差高频保护比相元件的原理方框图,图中延时动作瞬时返回的时间元件 t_φ,即为图 3.21 中的比相器。t_φ 是用于比相的,若 Y_1 门有输出且持续时间大于或等于 t_φ,则比相回路输出 U_φ,U_φ 为一矩形波。它经瞬时动作延时返回的时间元件门加以展宽;若 t_2 略大于工频周期（20 ms）,则只要 U_φ 有短暂输出就可以取得可靠的连续输出信号。总之,当内部故障时,收信机收到两侧的高频方波信号是同相位的间断方波信号,非门 F_1 的输出就是间断的方波信号,而此时启动信号总是有输入的,于是,Y_1 便有输出。该输出经比相回路、脉冲展宽回路后,其输出也是连续的,加上启动信号一直有输入,因此,Y_2 动作,发跳闸信号。当外部故障时,收信机收到的方波信号是连续的,因此,非门 F_1 的输出为零,虽然启动信号一直有输入,但 Y_1 闭锁,Y_2 也闭锁,故不会发出跳闸信号。

在比相输入回路和输出回路中（图 3.22）,分别设有由保护启动元件来启动的 Y_1 和 Y_2。这个逻辑安排是十分必要的,当系统正常运行时,保护不启动,两侧发信机不发信,此时,收信机收不到高频信号,如不对比相输入回路进行闭锁,则比相回路将进行错误比相而错误地发动作信号,Y_1 在逻辑上实现了这个闭锁。

当合上直流电源时,脉冲展宽回路要发一次展宽脉冲,如不加闭锁,则会导致保护误跳闸,为此,在比相回路出口装设由启动元件启动的 Y_2。由于合上直流时,保护启动元件不会启动,Y_2 也就不会开放,因此,可以达到闭锁的目的。

应该指出,上面的分析是在理想条件下进行的,实际上,输电线路两侧的电势绝大多数是不同相的,系统中各元件的阻抗角不可能完全相同,高频信号在传输过程中是需要时间的;另外,两侧电流互感器、滤过器、继电器等都有误差。因此,在外部故障时,两侧电流的相位差不可能恰好为 180°,在内部故障时,两侧电流的相位差也不可能恰好为 0°,这种情况将在下面进行讨论。

3.7.3　高频相差动保护的相位特性和相继动作区

在电力系统的运行中,由于线路两侧电势的相位差、系统阻抗角的不同、电流互感器和保护装置的误差以及高频信号从一端送到对端的时间延迟等因素的影响,在内部故障时,收信机所收到的两个高频信号并不能完全重叠,而在外部故障时,也不会正好互相填满。因此,需要从下述几个方面作进一步的分析。

（1）在最不利的情况下保护范围内部故障

在内部对称短路时,复合过滤器输出的只有正序电流 I_1,即三相短路电流。如图 3.23 所示,在短路前两侧电势 $\dot{E}_{\mathrm{M}}$ 和 $\dot{E}_{\mathrm{N}}$ 具有相角差 δ。根据系统稳定运行的要求,δ 一般不超过 70°。在此,取 $\dot{E}_{\mathrm{N}}$ 滞后于 $\dot{E}_{\mathrm{M}}$ 的角度 $\delta=70°$。设短路点靠近于 N 侧,则电流 I_{M} 滞后于 $\dot{E}_{\mathrm{M}}$ 的角度由发电机、变压器以及线路的总阻抗决定,一般取阻抗角 $\varphi_{\mathrm{K}}=60°$。在 N 侧,电流 $\dot{I}_{\mathrm{N}}$ 的角度则决定于发电机和变压器的阻抗,一般由于它们的电阻很小,故取阻抗角 $\varphi'_{\mathrm{K}}=90°$;这样两侧电流 $\dot{I}_{\mathrm{M}}$ 和 $\dot{I}_{\mathrm{N}}$ 相差的角度总共可达到 100°。

当一次侧电流经过电流互感器转换到二次侧时还可能产生角度误差,如果互感器的负载是按照 10% 误差曲线选择的,则最大的误差角是 $\delta_{\mathrm{TA}}=7°$;此外,根据试验结果,现有常用保护装置本身的误差角可达 $\delta_{\mathrm{bh}}=15°$。考虑到上述各个因素的影响,则 M 侧和 N 侧高频信号之间的相位差最大可达 $100°+7°+15°=122°$。此外,对 M 侧而言,N 侧发出的信号经输电线路传送时,还要有一个时间的延迟。如以 50 Hz 交流为基准,则每 100 千米的延时等于 6°,如果线路长度为 1 km,则总的延迟角为 $\delta_{\mathrm{l}}=1/100\times6°$,从 M 侧高频收信机中所收到的信号就可能具有($122°+\delta_{\mathrm{l}}$)的相位差;但 N 侧而言,由于它本身滞后于 M 侧,因此,这个传送信号的延迟,反而能使收信机所收高频信号的相位差变小,其值最大可能($122°-\delta_{\mathrm{l}}$)。

在上述诸因素影响下,收信机中高频信号间断的时间将要缩短,这对保护的工作是不利的,而以电势超前的 M 侧保护工作的情况最为严重。由于故障是在保护范围以内,因此,希望保护装置即使在两端高频信号不完全重叠,而是具有($122°+\delta_{\mathrm{l}}$)的相位差时,也应该正确地动作。

在内部不对称短路时,利用 K 倍 $\dot{I}_2$ 分量,只要 K 取得足够大,就可以保证两端电流的相位接近于同相。这是因为两端的 $\dot{I}_2$ 是由短路点的同一负序电压所产生,除了电流互感器和保护装置本身的相位误差外,其相位的差别就仅由两侧阻抗角的不同所引起。故当内部不对称短路时,由于利用了负序分量的电流,就可以大大改善保护的工作条件,提高保护的灵敏性。因此,在选择系数 K

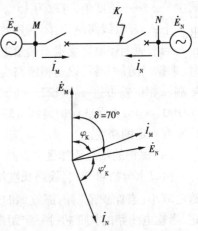

图 3.23　电力系统短路的相量图

时,应使 I_2 分量在过滤器输出中占主要地位,一般取为 6~8。由于在高压网络中发生三相短路的可能性是很少的,因此,实际上保护工作的条件要比上述最不利的情况好得多。

(2)保护范围外部的故障

当保护范围外部故障时,从一次侧来看,如果暂不考虑线路分布电容电流所引起的两端电流的相位差,则电流 I_{M} 和 I_{N} 相差 180°。同于以上的分析,考虑到电流互感器和保护装置的误差 δ_{TA} 以及传送信号的时间延迟,则两侧高频信号也不会相差正好 180°,在最不利的情况下可能达到 $180°\pm(37°+\delta_{\mathrm{l}})$。因此,收信机所收到的高频信号就不是连续的,在相位比较回路中将有短时间的输出,由于是保护范围外部的故障,因此,在此最不利情况下也要求保护装置可靠地不动作。

(3)闭锁角的整定

综上所述,在内部故障时,由于各种原因使两端高频信号的相位差增大时,则使相位比较元件的输出脉冲变窄。一般而言,这将使保护装置动作的灵敏度降低。在外部故障时,高频信号的相位偏移出现间断,可能引起保护误动作。为了使保护装置在这两种故障情况下都能可靠地工作,并首先保证外部故障时的选择性,必须对相位比较回路进行合理整定。

设在最不利情况下的外部故障时,两侧高频信号的相位偏移可能产生的最大间断角为 φ_{idmax},选取这个角度为保护的闭锁角。$\varphi_b = \varphi_{idmax}$。

此时,两侧高频信号的相位差为 $\varphi = 180° \pm \varphi_b$ 即 $180° - \varphi_b < \varphi < 180° + \varphi_b$ 时,保护不应动作,此范围之外,保护可以动作。动作范围为 $\varphi \geq 180° + \varphi_b$ 或 $\varphi \leq 180° - \varphi_b$,这样就可以保证外部故障时不会误动作。而在内部故障时,保护易于满足 $\varphi \geq 180° + \varphi_b$ 或 $\varphi \leq 180° - \varphi_b$ 的动作条件。φ_b 一般在 60° 左右。

由于间断角 φ_{id} 随输电线的长度而变化,所以闭锁角也应随之变化。

确定保护闭锁角的原则是必须在外部故障时保证保护动作的选择性。因此,当外部故障时,须将一切不利因素考虑在内,此时两端高频信号的相位差可达:

$$\varphi = 180° \pm (\delta_{TA} + \delta_{bh} + \delta_1) = 180° \pm (l/100 \times 6° + 22°)$$

因为此时保护不应动作,所以必须选择保护的闭锁角 $\varphi_b > 22° + (l/100) \times 6°$,即

$$\varphi_b = 22° + (l/100) \times 6° + \varphi_y$$

式中 φ_y——裕度角,可取为 15°。

上式表明,线路越长,闭锁角的整定值就越大。

当按照上述原则确定闭锁角之后,还需要校验保护装置在内部故障时动作的灵敏性。此时,根据以前的分析,以三相短路为例,在最不利的情况下,对位于电势相位超前的一端(例如 M 端),相位差可达 $\varphi_M = 122° + (l/100) \times 6°$;对位于落后的一端(例如 N 端),则 $\varphi_N = 122° - (l/100) \times 6°$,为保证保护装置可靠动作,则要求 φ_M 和 φ_N 均应小于保护装置的动作角 φ_{op},并且要有一定的裕度。

(4)保护的相继动作区

由以上分析可知,当线路长度增加以后,闭锁角的整定值必然加大,因此,动作角 φ_{op} 就要随之减小;当保护范围内部故障时,M 端高频信号的相位差 φ_M 也要随线路长度而增大。因此,当输电线路的长度超过一定距离以后,就可能出现 $\varphi_M > \varphi_{op}$ 的情况,此时,M 端的保护将不能动作。

但在上述情况下,由于 N 端所收到的相位差 φ_N 是随着线路长度的增加而减小的,因此,N 端的相位差必然小于 φ_{op},N 端的保护仍然能够可靠动作。

为了解决 M 端保护在内部故障时不能跳闸的问题,在保护的接线中采用了当 N 端保护动作跳闸的同时,也使它停止了自己发信机所发送的高频信号,在 N 端停信以后,M 端的收信机就只收到它自己所发的信号。由于这个信号是间断的,间断角接近 180°,因此,M 端的保护即可立即动作跳闸。保护装置的这种工作情况——必须一端的保护先动作跳闸以后,另一端的保护才能再动作跳闸,称之为"相继动作"。

第 **4** 章
※反映故障分量的线路保护

4.1 反映故障分量的继电保护基本原理

传统的继电保护原理是建立在工频电气量的基础上,故障暂态过程所产生的有用信息被视为干扰而被滤掉。差动继电器就是利用速饱和变流器抑制暂态非周期分量,获取稳态的短路故障信息。要取得快速动作的特性,必须利用故障发生瞬间的故障暂态信息,还必须正确地区分内部和外部故障信息,才能获得可靠、快速且有选择性的保护特性。近年来,对继电保护影响最大的是反映故障分量的高速继电保护原理。

4.1.1 故障信息

(1)故障状态的叠加原理

由电工学知识可知,在线性电路的假设的前提下,可用叠加原理来研究故障的特性。因为故障信息在非故障状态下不存在,仅在电力系统发生故障时才出现,所以可以将电力网络内发生的故障视为非故障状态与故障附加状态的叠加。

发生短路故障时,可在短路复合序网的故障支路中引入幅值和相位相等但反向串联连接的两个电压源。两个电压源在数值上等于短路前 K_1 点的开路电压 $\dot{U}_{F0}$,根据叠加原理可将图 4.1(a)分解为图 4.1(b)和图 4.1(c)两个状态的叠加。附加状态中的附加电势又可称为故障点的工频电压变化量;由附加电势产生的电流,称为工频电流变化量。附加电势 $\dot{U}_{F0}$ 和工频电流 $\dot{I}_{f1}$ 就是故障点的故障信息。

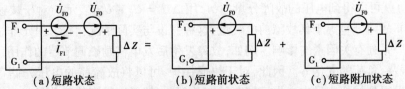

图 4.1 不对称短路复合序网分解图

（2）附加状态的故障信息

以中性点直接接地系统线路为例,如图 4.2(a)所示,为一双电源输电线路在 K_1 点短路的示意图,图 4.2(b)是该系统在短路前的状态图,图 4.2(c)是在 K_1 点发生故障时的故障附加状态网络图。

故障点的附加电势为 $\Delta \dot{E}_{F1} = -\dot{U}_{F0}$,由故障点 K_1 看进去,内部的电势均为零。所以,在正向短路时,附加电势 $\Delta \dot{E}_{F1}$ 是加在 M 端系统阻抗 Z_M 和线路阻抗 Z_K 上,在 M 端母线上产生一个附加电压 $\Delta \dot{U}$,$\Delta \dot{U} = \dfrac{\Delta \dot{E}_{f1} Z_m}{Z_m + Z_K}$,并在线路上产生了相应的工频电流变化量 $\Delta \dot{I}$。附加电压 $\Delta \dot{U}$ 和工频电流变化量 $\Delta \dot{I}$ 就是 M 点保护安装处的故障信息。显然,故障附加状态中所出现的 $\Delta \dot{U}$ 和 $\Delta \dot{I}$ 只包含故障信息,它们与故障前的负荷状态的电压、电流无关。

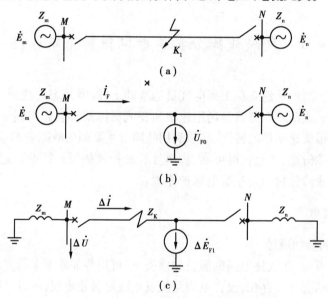

图 4.2　双电源线路短路时网络状态图

4.1.2　故障信息的提取

（1）消除非故障分量法

根据叠加原理,电力系统网络故障可以看作故障前的非故障状态与故障瞬时的附加状态叠加。从原理上看,在发生短路时,由保护装置的实测故障时的电压($\dot{U}_K$)减去非故障状态下的电压($\dot{U}_{unk}$)就可以得到电压的故障分量 $\Delta \dot{U}$,用 $\Delta \dot{U} = \dot{U}_K - \dot{U}_{unk}$ 表示。对于快速保护,可以认为电压中非故障分量等于其故障前电气量,这种假设与实际情况相符。对于非快速保护,就要考虑其他一系列有关因素的影响。例如,故障发生后发电机励磁调节器的作用、发电机的干扰、系统的振荡、负荷的变化等。因此,对于快速保护,可以将故障前的电压先储存起来,然后从故障时测量得到的相应量中减去已储存的有关部分,就可以得到故障分量。

（2）**故障特征检出法**

从对称分量法的基本原理可知,在正常工作状态下的电压和电流特征是正序分量的电压和电流;接地短路时会出现零序分量的电压、电流;不对称短路时会出现负序电压、电流。因此,负序分量包含有故障信息,它可用于检出故障。但是,在各种类型故障中都包含有正序分量,因此,正序分量中也包含有故障信息,这一特殊的性质也应当用于检出故障。负序分量和零序分量虽然包含有故障信息,可用于判别故障,在保护技术中得到了广泛应用,但其缺点是不能反映三相短路。各种对称和不对称短路时都会出现正序分量,而在消除正常运行分量后,正序分量就成为—个比负序、零序分量更为完善的新的故障特征,即正序分量中包含有更丰富的故障信息。当然,故障信息中除了工频分量信息外,还有高频分量信息。如图 4.2(c)中的 $\Delta \dot{U}$、$\Delta \dot{i}$ 就是故障时的工频分量正序故障信息。通常用零序分量反映接地短路的故障分量,用正序和负序分量的电压或电流的综合分量反映相间短路的故障分量。在用正序、负序综合分量表示时,可写成 $\Delta \dot{U}_{12}$ 和 $\Delta \dot{i}_{12}$。工频变化量方向保护的电压、电流综合故障分量就是用 $\Delta \dot{U}_1 + M\Delta \dot{U}_2$ 和 $\Delta \dot{i}_1 + M\Delta \dot{i}_2$ 综合方式表示的,其目的是提高不对称短路的灵敏度。

（3）**门槛法和浮动门槛法**

门槛法是以同一种电气量的某定值为门槛检出故障的,当电流增大、电压降低或阻抗降低而越过固定门槛值时,即判断为发生故障。此方法简单易行,但会因灵敏度不满足要求而得不到足够的故障信息。

浮动门槛法是定值不固定,是随着非故障因素引起的故障分量不平衡输出的大小定值而浮动变化的。在正常运行的情况下,理论的不平衡输出为零,而实际上输出回路不可能为零。在一般情况下,输出的不平衡量较小;在特殊情况下,如频率偏离额定值较大,或者电力系统发生振荡时就有较大的不平衡输出。为此,可以设置一个浮动门槛值,它随着非故障因素引起的不平衡大小而自动改变输出。

浮动门槛设计的优劣是构成实用保护的技术关键。微机继电保护往往设置了自适应的浮动门槛,根据短路引起的不平衡瞬间变化,而非故障因素产生的不平衡是缓慢变化的特点。利用此规律可实测出非故障分量产生的不平衡输出值,设置门槛值。

4.1.3　利用故障分量的方向元件

利用故障分量构成方向元件,只要它具有明确的方向性,就可以利用故障分量实现保护方向的判断。图 4.3 所示为双端电源输电线路在正反方向故障时的附加状态网络。

假设电流的正方向由母线指向线路,在正方向 F_1 点短路时故障分量电压为:

$$\Delta \dot{U} = - Z_\mathrm{m}\Delta \dot{i} \tag{4.1}$$

在反方向 F_2 点短路时的故障电压为:

$$\Delta \dot{U} = (Z_\mathrm{N} + Z_\mathrm{L})\Delta \dot{i} \tag{4.2}$$

由式(4.1)和式(4.2)可知,在正向故障时,$\Delta \dot{U}$ 滞后 $\Delta \dot{i}$ 100°,在反向故障时,$\Delta \dot{U}$ 超前 $\Delta \dot{i}$ 80°,按故障分量 $\Delta \dot{U}$ 和 $\Delta \dot{i}$ 比相原理构成的方向元件具有明确的方向性。

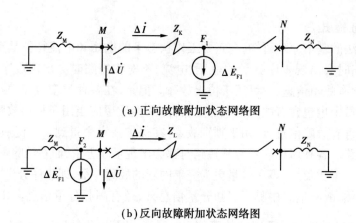

(a)正向故障附加状态网络图

(b)反向故障附加状态网络图

图4.3　线路正反方向短路时附加状态网络图

4.1.4　故障分量的特征

故障分量具有下述4个特征。

①故障分量可由附加状态网络计算获取,相当于在短路点加上一个与该点非故障状态下大小相等、方向相反的电势 $\Delta \dot{E}_F$,并在网络内所有电动势为零的条件下得到。

②非故障状态下不存在故障分量的电压和电流,故障分量只有在故障状态下才会出现,并与负荷状态无关。但是,故障分量仍受系统运行方式的影响。

③故障点的电压故障分量最大,系统中性点为零。由故障分量构成的方向元件可以消除电压死区。

④保护安装处的电压故障分量与故障分量间的相位关系由保护至反方向侧系统中性点间的阻抗所决定,不受系统电动势和短路点电阻的影响,按其原理构成的方向元件方向性明确。

4.1.5　死区问题

如图4.3所示,当被保护线路正序阻抗较大,且 M 端的电源阻抗较小(即 M 端为大电源),则离 M 端正方向保护区末端发生短路故障时,保护安装处的故障分量正序电压 $\Delta \dot{U}_{1m}$ 的数值可能很小,正序分量方向元件可能出现拒动。

为了保证在上述情况下方向元件动作的灵敏度,可以利用一补偿阻抗 Z_{com} 进行电压补偿,由于 Z_{com} 大小不能任意选取,必须考虑引入 Z_{com} 后不会引起方向性的破坏。根据既要保证方向元件在正向故障时电压有足够的灵敏度,又要满足保证反方向判据正确动作的条件, Z_{com} 的大小应选取适中,实际应用可以按 $Z_{com}=0.5Z_L$ 选取(Z_L 为被保护线路正序阻抗)。在实际应用中,应根据系统和线路实际情况来确定是否需要进行电压补偿,只有在故障后,检测到故障电压分量很小,不能满足灵敏度要求时,才加入补偿电压。

从分析中可知,为了提高正序故障分量方向元件的灵敏度,可以采用补偿电压的方法来解决。但是,补偿阻抗的选取还有待于进一步的探讨,若补偿选取的不正确,将造成正序故障分量方向元件方向性的破坏,保护可能出现拒动或误动。

实际上,微机线路保护正序方向元件是通过比较工频正序分量的电压与电流的相位实现比相的。先分析图4.4所示的网络,对于多端电源的输电线路,不论在线路 L_1 或线路 L_2 发生

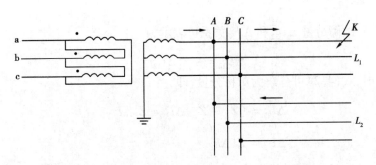

图 4.4　被保护线路 L_1 故障时故障分量正序电流示意图

短路故障,流过变压器高压侧的故障正序分量电流方向不变,始终是从变压器指向母线,而故障线路的正序分量电流的方向是由母线指向线路,非故障线路的故障正序分量电流的方向是由线路指向母线。显然,故障线路与非故障线路故障正序分量电流方向不同。用母线所接变压器高压侧故障正序电流与线路故障分量正序电流进行比相,可以达到比相的目的。这样,可以解决因由于保护侧电源阻抗较小、被保护线路阻抗较大,且在保护区末端发生故障时,故障分量正序电压过低,造成保护的拒动。对于微机保护,引入被保护线路所接母线侧变压器的电流,是比较容易实现的。虽然故障正序分量电流的大小也会随着短路点的位置而变,但用两故障正序分量电流进行比相,要比用故障正序分量电压与电流比相优越。因此,采用两故障正序分量电流比相不失为一种较好的办法。

4.2　工频变化量方向元件

利用 $\Delta \dot{U}$ 和 $\Delta \dot{I}$ 构成的工频变化量方向元件通常在灵敏度不满足要求时,也可以采用综合的故障分量来提高灵敏度。

4.2.1　综合工频变化量 $\Delta \dot{U}_{12}$ 和 $\Delta \dot{I}_{12}$

如图 4.3 所示,假设该系统的正序阻抗与负序阻抗 $Z_S(Z_M = Z_S)$ 相等(线路保护这样假设是允许的),正方向故障时,可以将式(4.1)分解成对称分量,则正序和负序电压工频变化量关系式为:

$$\Delta \dot{U}_1 = - Z_S \Delta \dot{I}_1 \tag{4.3}$$

$$\Delta \dot{U}_2 = - Z_S \Delta \dot{I}_2 \tag{4.4}$$

为了提高不对称短路故障的灵敏度,可以根据不同的短路类型,选择不同的转换因子 M。

于是正序、负序综合工频变化量 $\Delta \dot{U}_{12}$ 和 $\Delta \dot{I}_{12}$ 分别表示为:

$$\left.\begin{array}{l} \Delta \dot{U}_{12} = \Delta \dot{U}_1 + M\Delta \dot{U}_2 \\ \Delta \dot{I}_{12} = \Delta \dot{I}_1 + M\Delta \dot{I}_2 \end{array}\right\} \tag{4.5}$$

将式(4.3)和式(4.4)代入式(4.5)可得:

$$\Delta \dot{U}_{12} = - Z_S (\Delta \dot{I}_1 + M\Delta \dot{I}_2)$$

正方向故障时,故障分量 $\Delta \dot{U}_{12}$ 和 $\Delta \dot{I}_{12}$ 关系可表示为:

$$\Delta \dot{U}_{12} = - Z_S \Delta \dot{I}_{12} \tag{4.6}$$

反方向故障时,式(4.2)可分解为对称分量,即

$$\Delta \dot{U}_1 = (Z_N + Z_L) \Delta \dot{I}_1 = Z'_S \Delta \dot{I}_1$$

$$\Delta \dot{U}_2 = Z'_S \Delta \dot{I}_2$$

$$\Delta \dot{U}_{12} = \Delta \dot{U}_1 + M \Delta \dot{U}_2 = Z'_S \Delta \dot{I}_{12} \tag{4.7}$$

$$Z'_S = Z_N + Z_L$$

4.2.2 工频变化量方向元件的判据

若工频变化量方向元件直接比较故障分量 $\Delta \dot{U}_{12}$ 和 $\Delta \dot{I}_{12}$ 之间的相位,则可从式(4.6)和式(4.7)得正反方向动作判据。

正方向动作判据为:

$$180° < \arg\left(\frac{\Delta \dot{U}_{12}}{\Delta \dot{I}_{12}}\right) < 360° \tag{4.8}$$

反方向动作判据为:

$$0° < \arg\left(\frac{\Delta \dot{U}_{12}}{\Delta \dot{I}_{12}}\right) < 180° \tag{4.9}$$

实际上的工频分量方向元件是比较 $\Delta \dot{U}_{12}$ 和 $\Delta \dot{I}_{12}$ 在模拟阻抗 Z_d 上的电压相位值。取模拟阻抗角 $\varphi_d = 90°$,则

$$\arg\left(\frac{\Delta \dot{U}_{12}}{\Delta \dot{I}_{12}}\right) = \arg\left(\frac{\Delta \dot{U}_{12}}{\Delta \dot{I}_{12} Z_d}\right) + \varphi_d$$

将上式代入式(4.8)和式(4.9)得正反方向动作判据分别为:

$$90° < \arg\left(\frac{\Delta \dot{U}_{12}}{\Delta \dot{I}_{12} Z_d}\right) < 270° \tag{4.10}$$

$$-90° < \arg\left(\frac{\Delta \dot{U}_{12}}{\Delta \dot{I}_{12} Z_d}\right) < 90° \tag{4.11}$$

4.2.3 工频变化量正方向元件在大电源侧的灵敏度问题

利用式(4.10)和式(4.11)就可以判断正反方向故障,但对正方向故障 M 端是一个大系统,而且线路 M—N 较长,并在线路对侧发生故障,如图4.5所示,M 端的附加电压为:

$$\Delta \dot{U}_{12} = \frac{Z_S \Delta \dot{E}_F}{Z_S + Z_L} \tag{4.12}$$

由于 M 端为大系统, $Z_S \approx 0$, 且 $Z_S \ll Z_L$ 时, 从式 (4.12) 可知, $\Delta \dot{U}_{12}$ 会变得很小, 正方向元件会出现电压灵敏度不满足的困难, 并无法确定其幅角。

为了解决在上述情况下的灵敏度问题, 通常保护采用补偿阻抗的方法。设 Z_{com} 为补偿阻抗, 并取 Z_{com} 幅值足够大, 且其阻抗角与 Z_S 的阻抗角相同, 此时正方向故障分量电压为:

$$\Delta \dot{U}'_{12} = \Delta \dot{U}_{12} - Z_{com} \Delta \dot{I}_{12} = (Z_S + Z_{com}) \Delta \dot{I}_{12} \tag{4.13}$$

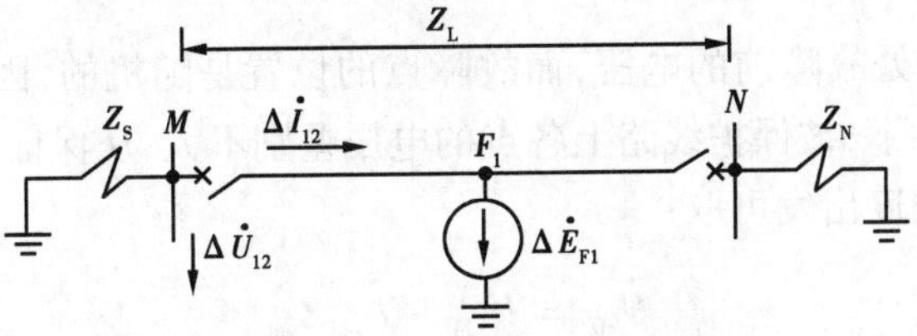

图 4.5　M 端为大电源侧正方向灵敏度问题

由式 (4.13) 可知, 当正方向侧系统为大电源、长线路的情况下, 故障发生在正方向对侧附近时, 虽然 $\Delta \dot{U}_{12}$ 很小, 但 $\Delta \dot{U}'_{12}$ 仍有足够大的数值且保持 $\Delta \dot{I}_{12}$ 的幅角。只要补偿阻抗 Z_{com} 选择得比较合适, 并不会影响工频变化量下方向元件的比相。由于反方向元件不存在灵敏度的问题, 不需要考虑阻抗补偿。

4.3　工频变化量距离保护

4.3.1　工频变化量距离元件的基本原理

电力系统短路时如图 4.6 所示, 相当于在故障点引入与故障前电压幅值相等、相位相反的附加电动势 $\Delta \dot{E}_F$, 而且在故障点的附加电势 $\Delta \dot{E}_F$ 最大, 保护安装点为 $\Delta \dot{U}$, 电网中性点为零。图 4.6 中 F_1 为正方向故障点, F_2 为反方向故障点。整定阻抗 Z_{set}, 一般取线路阻抗的 $0.8 \sim 0.9$。由图 4.6 可得:

$$\Delta \dot{E}_{F1} = \Delta \dot{U} - \Delta \dot{I} Z_K \tag{4.14}$$

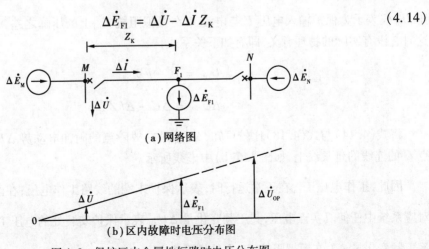

(a) 网络图

(b) 区内故障时电压分布图

图 4.6　保护区内金属性短路时电压分布图

而 $\Delta\dot{E}_{F1} = -\dot{U}_{F0}$，所以保护安装点到故障点的阻抗 Z_K 可表示为：

$$Z_K = \Delta\dot{U} + \frac{\dot{U}_{F0}}{\Delta\dot{I}} \tag{4.15}$$

式中　$\Delta\dot{U}$、$\Delta\dot{I}$——故障时保护计算出的电压、电流故障分量。

由于 $\dot{U}_{F0}$ 是故障点处故障前的电压，而故障点的位置是随机的，因此，$\dot{U}_{F0}$ 不能预先测到。实际上在正常负荷条件下，被保护线路上各点的电压差别不大，从保证距离保护的保护范围末端故障时的测量阻抗精度出发可取：

$$\dot{U}_{F0} = \dot{U}_{LM} - \dot{I}_{LM}Z_{set} \tag{4.16}$$

式中　$\dot{U}_{LM}$、$\dot{I}_{LM}$——正常负荷条件下，保护装置处的电压、电流。

式(4.16)就是故障点处故障前工作电压的表达式，可以通过电流、电压的故障前记忆算得。显然，通过式(4.15)可以求出 Z_K 值，当满足下式时，即区内故障保护动作为：

$$|Z_K| \leqslant |Z_{set}| \tag{4.17}$$

当反方向故障时，由于 $\Delta\dot{I}$ 改变了符号，根据式(4.15)计算出的 Z_K 也改变了符号，因此，工频变化量的距离元件具有明确的方向性。

4.3.2　工频变化量距离元件的动作特性

实际上距离元件是通过比较两个电压量 $\Delta\dot{U}_{OP}$ 和 $\Delta\dot{E}_{F1}$ 的幅值大小来实现的，并不计算 Z_K 值。

(1)工作电压 $\dot{U}_{OP}$ 的概念

工作电压 $\dot{U}_{OP}$ 就是距离保护范围末端(整定值)在正常运行的工作电压。在区内故障时，由电源 $\dot{E}_M$ 供给流经保护安装处的电流。区内故障时 $\dot{U}_{OP}$ 不对应于整定点电压，此时，工作电压 $\dot{U}_{OP}$ 仅表示为保护输入电压 $\dot{U}$ 与电流 $\dot{I}$ 在模拟阻抗 Z_{set} 上的压降之差，是一个虚拟的概念，这时它没有实际的物理意义，即有如下关系式：

$$\dot{U}_{OP} = \dot{U} - \dot{I}Z_{set}$$

$$\Delta\dot{U}_{OP} = \Delta\dot{U} - \Delta\dot{I}Z_{set} \tag{4.18}$$

将式(4.14)与式(4.18)比较可知，$\Delta\dot{U}_{OP}$ 是在故障点的附加电动势 $\Delta\dot{E}_{F1}$ 终端和系统中性点 O 的连线的延长线上，如图4.6(b)中虚线所示。

因此，工作电压 $\dot{U}_{OP}$ 在正常运行时，表示保护末端的线路工作电压；在区内故障时，它并不对应系统中任何真实点电压，其工频变化量 $\Delta\dot{U}_{OP}$ 表示保护安装处的电压工频变化量 $\Delta\dot{U}$ 与电流工频变化量 $\Delta\dot{I}$ 在模拟阻抗 Z_{set} 上的压降之差。

(2)工频变化量距离元件的电压动作特性方程式

由图4.6(b)可知,在正方向的区内故障时,有如下的 F 电压动作特征方程式:

$$| \Delta \dot{U}_{\text{OP}} | > | \Delta \dot{E}_{\text{F1}} | \tag{4.19}$$

式中, $| \Delta \dot{E}_{\text{F1}} | = | \Delta \dot{U}_{\text{F0}} |$,按式(4.16)取故障前的工作电压,实际上取其记忆值作比较。因此, $| \Delta \dot{E}_{\text{F1}} |$ 是距离保护的门槛值,记作 $\dot{U}_{\text{Z}}$,即 $| \Delta \dot{U}_{\text{F0}} | > \dot{U}_{\text{Z}}$ 为区内故障保护动作条件。

将式(4.14)和式(4.18)代入式(4.19)可得:

$$| \Delta \dot{U} - \Delta \dot{I} Z_{\text{set}} | > | \Delta \dot{U} - \Delta \dot{I} Z_{\text{K}} |$$

上式两边除以 $-\Delta \dot{I}$,得阻抗元件动作特征方程式:

$$| Z_{\text{S}} + Z_{\text{set}} | \geqslant | Z_{\text{S}} + Z_{\text{K}} | \tag{4.20}$$

式中, $Z_{\text{S}} = \Delta \dot{U} / -\Delta \dot{I}$,具有的物理意义可从图4.7清楚地看出。

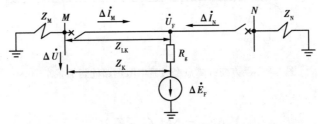

图4.7 正方向故障点经过渡电阻短路的附加状态图

将式(4.20)与式(4.17)相比较,可见这两个不等式是等价的。因此,工频变化量距离元件实际上是通过式(4.19)两个电压幅值的比较来实现式(4.17)或式(4.20)的距离元件的阻抗比较。

在正常情况下, $\Delta \dot{U}_{\text{OP}} = 0$,而 $\dot{U}_{\text{Z}}$ 是整定门槛值,取保护范围的工作电压,因此,保护不会误动。显然,当整定末端发生金属性短路故障时,工作电压变化量 $\Delta \dot{U}_{\text{OP}} = \Delta \dot{E}_{\text{F1}}$,距离保护处于动作边界。

4.3.3 经过渡电阻故障时工频变化量距离元件动作特性

(1)正方向故障动作特性

在正方向故障时,当故障点经过电阻短路,可由图4.7分析距离元件的动作特性。这时故障点处电压故障分量 $\dot{U}_{\text{F}}$ 为:

$$\Delta \dot{U}_{\text{F}} = \Delta \dot{E}_{\text{F}} + \dot{I}_{\text{K}} R_{\text{g}} = \Delta \dot{U} - \Delta \dot{I}_{\text{M}} Z_{\text{LK}}$$

$$Z_{\text{LK}} = (\Delta \dot{U} - \Delta \dot{E}_{\text{F}}) / \Delta \dot{I}_{\text{M}} - \dot{I}_{\text{K}} R_{\text{g}} / \Delta \dot{I}_{\text{M}}$$

$$Z_{\text{LK}} = Z_{\text{K}} - \dot{I}_{\text{K}} R_{\text{g}} / \Delta \dot{I}_{\text{M}}$$

式中 Z_{K}——保护安装处 M 经过渡电阻短路时的测量阻抗。

$$\dot{I}_{\text{K}} = \Delta \dot{I}_{\text{M}} + \Delta \dot{I}_{\text{N}}$$

$$Z_K = Z_{LK} + (\Delta \dot{I}_M + \Delta \dot{I}_N) R_g / \Delta \dot{I}_M$$

由上式可知,在经过电阻 R_g 短路时,距离元件测量阻抗 Z_K 多了一项与 R_g 有关的阻抗 $(\Delta \dot{I}_M + \Delta \dot{I}_N) R_g / \Delta \dot{I}_M$,使得距离元件的保护范围减少,而且所增加阻抗是纯电阻性。因为电流工频变化量 $\Delta \dot{I}_M$ 和 $\Delta \dot{I}_N$ 的相位几乎总是相同的,所以不会因对侧的助增电流引起超越现象。这是工频变化量距离元件的一大优点。同时,工频变化量距离元件允许有较大的过渡电阻的能力,反方向出口故障时不会因过渡电阻影响而误动作。

（2）**反方向故障动作特性**

对于反方向故障,故障点经过渡电阻短路时,可从图4.8分析距离元件的阻抗动作特性。

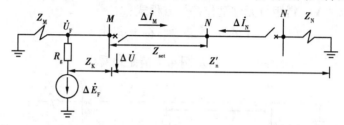

图4.8　反方向故障点经过渡电阻短路的附加状态图

由图4.8可得:

$$\Delta \dot{E}_F = \Delta \dot{i}(Z_K + Z_S)$$

$$\Delta \dot{U}_{OP} = \Delta \dot{U} - \Delta \dot{i} Z_{set}$$

将上面两式分别代入距离元件电压动作特征方程式（4.19）,检验反方向故障时,距离元件的方向性及过渡电阻对其影响,得:

$$| \Delta \dot{U} - \Delta \dot{i} Z_{set} | > | \Delta \dot{i}(Z_K + Z'_S) |$$

不等式两边均除以 $\Delta \dot{i}$,得:

$$| Z'_S - Z_{set} | > | Z'_S + Z_K |$$

上式中,反方向故障地点是随机的,因此,Z_K 是变量,如设 $Z_r = - Z_K$,则上式就可改写为:

$$| Z'_S - Z_{set} | > | Z_r - Z'_S |$$

所以,反方向故障时,变量 Z_r 的动作轨迹在阻抗平面上是以相量 Z_S 末端为圆心,以 $| Z'_S - Z_{set} |$ 为半径的上抛阻抗圆。实际上,Z_K 总是电感性的,因此,$- Z_K$ 总是在第三象限,不可能落到位于第一象限的阻抗圆内,所以距离元件不可能动作,而且工频变化量距离元件具有明确的方向性。同时,工频变化量距离元件在反方向故障时具有很大的克服过渡电阻的能力。

第**5**章
自动重合闸

运行经验表明,在电力系统中发生的故障很多都属于暂时性的,如雷击过电压引起的绝缘子表面闪络、大风时的短时碰线、通过鸟类身体的放电、风筝绳索或树枝落在导线上引起的短路等。对于这些故障,当被继电保护迅速断开电源后,电弧即可熄灭,故障点的绝缘可恢复,故障随即自行消除。这时,若重新合上断路器,往往能恢复供电,因而减小停电的时间,提高供电的可靠性。当然,重新合上断路器的工作可由运行人员手动操作进行,但手动操作时,停电时间太长,用户电动机多数可能停转,重新合闸取得的效果并不显著。为此,在电力系统中,通常用自动重合闸装置(简称 AR)代替运行人员的手动合闸。

在电力系统中,输电线路是发生故障最多的元件,并且它的故障大都属于暂时性的,因此,自动重合闸在高压输电线路中得到了极其广泛的应用。

5.1 三相自动重合闸

5.1.1 自动重合闸的作用及其基本要求

在高压输电线路上装设 AR,对于提高供电的可靠性无疑会带来极大的好处。但由于 AR本身不能判断故障的性质是暂时性的,还是永久性的,因此,在重合之后,可能成功(恢复供电),也可能不成功。根据运行资料统计,输电线路 AR 的动作成功率(重合闸成功的次数/总的重合次数)相当高,为 60% ~ 90%。可见,采用 AR 的效益是比较可观的。

一般说来,在输电线路上,采用 AR 的作用可归纳如下:

①在线路上发生暂时性故障时,迅速恢复供电,从而可提高供电的可靠性。

②对于有双侧电源的高压输电线路,可以提高系统并列运行的稳定性,从而提高线路的输送容量。

③可以纠正由于断路器机构不良或继电保护误动作引起的误跳闸。

由于 AR 本身的投资低、工作可靠,采用 AR 后可避免因暂时性故障停电而造成的损失。因此,规程规定:在 1 kV 及以上电压的架空线路或电缆与架空线的混合线路上,只要装有断路器,一般都应装设自动重合闸装置。但是,采用 AR 后,当重合于永久性故障时,系统将再次受到短路电流的冲击,可能引起电力系统振荡,继电保护应加速使断路器断开。断路器在短时间内连续两次切断故障电流,这就恶化了断路器的工作条件。因此,对于油断路器而言,其实际能切断的短路容量应比正常的额定切断容量有所降低。

根据生产的需要和运行经验,对输电线路的自动重合闸装置提出了下述的基本要求。

（1）**动作迅速**

在满足故障点去游离（即介质恢复绝缘能力）所需的时间以及断路器消弧室和断路器的传动机构准备好再次动作所需的时间的条件下,AR 装置的动作时间应尽可能短。因为从断路器断开到 AR 发出合闸脉冲的时间越短,用户的停电的时间就可以相应缩短,从而减轻故障对用户和系统带来的不良影响。

对于重合闸动作的时间,一般采用 0.5～1.5 s。

（2）**不允许任意多次重合**

AR 动作次数应符合预先的规定。如一次重合闸就只应重合一次,当重合于永久性故障而断路器再次跳闸时,就不应再重合。在任何情况下,例如装置本身的元件损坏,继电器拒动等,都不应把断路器错误地多次重合到永久性故障上去。如果 AR 多次重合于永久性故障,将使系统多次遭受冲击,还可能使断路器损坏,从而扩大事故。

（3）**动作后应能自动复归**

当 AR 成功动作一次后,应能自动复归,准备好再次动作。对于雷击机会较多的线路,为了发挥 AR 的效果,这一要求更是必要的。

（4）**手动跳闸时不应重合**

当运行人员手动操作或遥控操作使断路器断开时,装置不应自动重合。

（5）**手动合闸于故障线路不重合**

当手动合闸于故障线路时,继电保护动作使断路器跳闸后,装置不应重合。因为在手动合闸前,线路上还没有电压,如合闸后即存在故障,则故障多属永久性故障。

5.1.2　单侧电源线路的三相一次自动重合闸

在电力系统中,三相一次重合闸方式的应用十分广泛。所谓三相一次自动重合闸方式,就是不论在输电线路上发生单相接地短路还是相间短路,继电保护装置均将线路三相断路器一起断开,然后重合闸装置启动,将三相断路器一起合上。若故障为暂时性的,则重合成功,若故障为永久性的,则继电保护将再次将断路器三相一起断开,而不再重合。

三相一次自动重合闸装置通常由启动元件、延时元件、一次合闸脉冲元件和执行元件 4 部分组成。启动元件的作用是当断路器跳闸之后,使重合闸的延时元件启动;延时元件是为了保证断路器跳开之后,在故障点有足够的去游离时间和断路器及传动机构能准备再次动作的时间;一次合闸脉冲元件用于保证重合闸装置只能重合一次;执行元件则是将重合闸动作信号送至合闸电路和信号回路,使断路器重新合闸,让值班人员知道重合闸已动作。

现以图 5.1 所示电磁式三相一次自动重合闸装置为例说明其工作情况。图中虚线方框内为重合闸继电器的内部接线,其主体部分包括电容 C、充电电阻 1R,放电电阻 2R,时间继电器 1KT 和带有电流自保持串联线圈的中间继电器 ZJ。

TWJ 是断路器跳闸位置继电器,当断路器处于断开位置时,TWJ 通过断路器辅助常闭接点 QF_1 和合闸线圈 HC 而动作（回路 10、11）。此时,由于 5R 的限流作用,使流过 HC 中的电流较小,而不可能使断路器合闸。TBJ 是断路器防跳继电器,它用于防止断路器多次重合于故障线路。JSJ 是加速保护动作的中间继电器。接点 BH_1 和时间继电器 2KT,表示线路上所装设的是带时限的保护。SA 为手动操作的控制开关,对应于图 5.1,SA 接点通断情况见表 5.1。

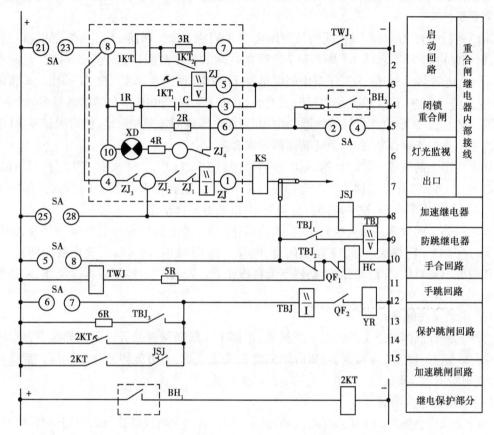

图 5.1　电磁式三相一次自动重合闸原理接线图

图中虚线小方框的 BH_2 接点,代表需要闭锁重合闸的保护装置。

分析这种重合闸接线的工作情况,如下所述。

(1)正常情况下

线路处在正常工作情况下,断路器处在合闸状态,其辅助常开接点 QF_2 闭合,常闭接点 QF_1 打开,控制开关 SA 的接点 21、23 接通,重合闸继电器中的电容器 C 经 1R 而充满电,电容器两端的电压等于电源电压。用于监视中间继电器 ZJ 接点是否完好的灯光监视回路 6 接通,XD 亮。

表 5.1　对应于图 5.1SA 接点的通断情况

操作状态		手动合闸时	合闸后	手动跳闸时	跳闸后
接点通断情况	2~4	—	—	—	×
	5~8	×	—	—	—
	6~7	—	—	×	—
	21~23	×	×	—	—
	25~28	×	—	—	—

（2）线路短路保护动作时

当线路发生短路,保护动作时 BH$_1$ 闭合,2KT 启动。经预定延时后,送出跳闸信号,使防跳继电器 TBJ$_{(I)}$ 启动（回路 12）,断路器跳开后,接点 QF$_2$ 打开,QF$_1$ 闭合,TBJ$_{(I)}$ 因断电失磁而恢复原来状态。

当断路器跳开,QF$_1$ 闭合后,跳闸位置继电器 TWJ 被启动（回路 11）,其接点 TWJ$_1$ 闭合。于是,时间继电器 1KT 启动（回路 1 和 2）,经重合闸的整定时间（0.5 ~ 1.5 s）后,延时接点 1KT$_1$ 闭合,电容器 C 即通过 1KT$_1$ 对中间继电器 ZJ 放电（回路 3 和 4）,使 ZJ 动作。其常闭接点 ZJ$_4$ 打开,灯光熄;其常开接点 ZJ$_3$ 闭合,直流电源经回路 7 和 10 使合闸接触器 HC 励磁,使断路器合闸。由于 ZJ 电流自保持线圈的作用,只要电压线圈被短时启动,便可保证使 ZJ 于合闸过程中一直处于动作状态,从而使断路器可靠合闸。

如果线路上的故障是暂时性的,则断路器合闸后 QF$_1$ 打开,TWJ 失磁,TWJ$_1$ 打开,1KT 返回。ZJ 也因 QF$_1$ 打开而返回。1KT 返回后,1KT$_1$ 断开,电容 C 开始经 1R 充电,经 10 ~ 15 s 后,电容 C 两端充满电压,这一电路就自动复归,准备好再次动作。

如果线路上的故障是永久性的,则在断路器合闸后,继电保护将再次动作,而使断路器重新跳开,这时 1KT 将再次启动,1KT$_1$ 又闭合,电容 C 向 ZJ 放电,因电容 C 充电的时间短,其两端电压较低不足以使 ZJ 启动,故断路器不能再次重合。ZJ 也就永远不能再次动作,从而保证了重合闸只动作一次。

（3）手动操作跳闸时

当手动操作跳闸时,SA 的接点 6、7 接通,回路 12 通,断路器跳开。断路器跳开后,SA 的接点 21、23 断开,接点 2、4 接通,使重合闸回路失去正电源,不可能再动作于合闸。而 2、4 接通后,使电容 C 经 2R 放电,电容 C 上的电压迅速降低。

（4）手动操作合闸时

当手动操作合闸时,SA 接点 5、8 接通,经回路 10 启动合闸接触器 HC,断路器合闸,同时,SA 的接点 21,23,25,28 接通,接点 2、4 断开,重合闸回路获得正电源,正电源经 1R 向电容 C 充电,但需经 10 ~ 15 s 才能充到操作电源电压。接点 25、28 接通后,使加速继电器 JSJ 动作,JSJ 接点闭合。如线路上有故障,则断路器合闸后,继电保护随即动作,经 JSJ 接点使断路器无延时跳开。这时,电容器 C 两端电压还比较低,不足以使 ZJ 启动,故重合闸不可能动作。

（5）防止断路器多次重合于永久性故障的措施

在原理接线图中,若 ZJ 动作后,它的常开接点 ZJ$_1$、ZJ$_2$、ZJ$_3$ 被粘住时,线路发生永久性故障,则当第一次重合闸后,保护再次动作,使断路器断开,断路器跳开后,由于 QF$_1$ 又处于闭合状态,若无防跳继电器 TBJ,则 ZJ 被粘住的接点又会立即启动 HC,发出合闸脉冲,形成多次重合。为此,在原理图中装设了防跳继电器 TBJ。

有了 TBJ 之后,当第一次重合于永久性故障时,保护将再次动作,发出跳闸脉冲,此时,TBJ 启动（回路 12）,其常闭接点 TBJ$_2$（回路 10）断开,常开接点 TBJ$_1$（回路 9）接通。于是,TBJ 的电压线圈,经被粘住的 ZJ$_1$、ZJ$_2$、ZJ$_3$ 接点和 TBJ$_1$ 接点而自保持（回路 7 和 9）,使 TBJ$_2$ 一直处于断开状态,切断了合闸回路的通路,从而消除了再一次重合的可能性。同时,ZJ 常开接点粘住后,ZJ 的常闭接点 ZJ$_4$ 断开,信号灯 XD 熄灭,给出了重合闸故障的信号,运行人员可及时进行处理。

（6）重合闸的闭锁回路

在某些情况下，例如在母线上发生故障，母线差动保护动作，使线路断路器跳闸时，不允许实现自动重合闸。在这种情况下，应将重合闸闭锁，使之退出工作，为此，可将母线差动保护的出口继电器常开接点 BH₂ 与 SA 的接点 2、4 并联（见图中虚线小方框），当母线差动保护动作后，BH₂ 闭合，电容 C 即经 2R 放电，就不能再使 ZJ 动作，从而达到了闭锁重合闸的目的。

5.1.3　双侧电源线路的三相一次自动重合闸

两端均有电源的输电线路采用自动重合闸装置时，应考虑下述两个问题。

（1）时间的配合

由于线路两侧的继电保护，在输电线路上发生故障时，可能以不同的时限断开两侧断路器。例如，在靠近线路一侧发生短路时，本侧继电保护属于第Ⅰ段动作范围，而另一侧为第Ⅱ段动作范围。因此，当本侧断路器断开后，在进行重合前，必须保证在对侧的断路器确已断开，故障点有足够的去游离时间的情况下，才能将本侧断路器首先合上。

（2）同期问题

在某些情况下，当线路断路器断开之后，线路两侧电源之间的电势角摆开，有可能失去同步。这时，后合闸一侧的断路器在进行重合闸时，应考虑是否同步的问题，以及是否允许非同步合闸的问题。

因此，在两侧电源线路上，应根据电网的接线方式和具体的运行情况，采用不同的重合闸方式。在我国的电力系统中，在两端电源线路上采用的三相一次重合闸方式主要有下述几种。

1）快速自动重合闸方式

在现代高压输电线路上，采用快速自动重合闸装置是提高系统并列运行稳定性和提高供电可靠性的有效措施。所谓快速重合闸，就是当输电线路上发生故障时，继电保护很快使线路两侧的断路器断开并接着进行重合。由于从短路开始到重新合上的整个间隔为 0.5～0.6 s，在这样短的时间内，两侧电源的电势角摆开不大，系统还不可能失步。即使两侧电源电势角摆得很大，由于重合的周期很短，断路器重合后，系统也会很快拉入同步。这种重合闸方式的最大特点是快速。采用快速自动重合闸方式必须具有下述一些条件。

①线路两侧的断路器都装有能瞬时动作的保护整条线路的继电保护装置，如高频闭锁距离保护等。

②线路两端必须采用可以进行快速重合闸的断路器，如快速空气断路器。

③在两侧断路器重新合闸的瞬间，输电线路上所出现的冲击电流对电力系统各元件的冲击均未超过其允许值。

输电线路的冲击电流，可根据两侧电势可能摆开的最大角度 δ 来计算。

当两侧电源电势绝对值相等时，则有：

$$I = \frac{2E}{Z_\Sigma} \sin \frac{\delta}{2} \tag{5.1}$$

式中　Z_Σ——系统的总阻抗；

　　　δ——考虑最严重情况时 $\delta = 180°$；

　　　E——发电机电势，对所有同步电机的电势，E 取 $1.05U_N$。

按规定，由式（5.1）计算得出的冲击电流不应超过下列规定数值：

a. 对于汽轮发电机
$$I \leqslant \frac{0.65}{x''_d} I_N \tag{5.2}$$

b. 对丁有纵横阻尼同路的水轮发电机
$$I \leqslant \frac{0.60}{x''_d} I_N \tag{5.3}$$

c. 对无阻尼回路或阻尼回路不全的水轮发电机
$$I \leqslant \frac{0.61}{x'_d} I_N \tag{5.4}$$

d. 对同步调相机
$$I \leqslant \frac{0.84}{x_d} I_N \tag{5.5}$$

e. 对电力变压器
$$I \leqslant \frac{100}{U_K\%} I_N \tag{5.6}$$

式中　I——通过发电机、变压器的最大冲击电流的周期分量;

$\quad\quad I_N$——各元件的额定电流;

$\quad\quad x''_d$——发电机的纵轴次暂态电抗标幺值;

$\quad\quad x'_d$——发电机纵轴暂态电抗标幺值;

$\quad\quad U_K\%$——电力变压器短路电压的百分值。

2)非同期重合闸方式

在电力系统中,当没有快速动作的继电保护和快速动作的断路器时,可以考虑采用非同期重合闸方式。非同期重合闸就是采取不考虑系统是否同步而进行自动重合闸的方式。当线路断路器断开后,即使两侧电源已失去同步,也自动重新合上断路器并期待由系统自动拉入同步。

显然,采用非同期重合闸方式时,系统中的元件都将受到冲击电流的考验。因此,按照自动重合闸瞬间产生的电磁力矩不超过机端三相短路时电磁力矩的条件,在最严重的情况下($\delta = 180°$时),按式(5.1)算出的最大周期分量的冲击电流不超过式(5.2)~式(5.6)所规定的数值时,就可以采用非同期重合闸方式。

采用非同期重合闸后,在两侧电源由非同步运行拉入同步的过程中,系统处在振荡状态,系统中各点电压将在不同范围内波动,因此,必然产生甩负荷的后果。同时,非同步重合必然对继电保护产生影响。例如,非同期重合过程中系统振荡,可能引起电流、电压和阻抗保护误动作。在非同期重合闸过程中,由于断路器三相触头不同时闭合,可能短时出现零序分量,从而引起零序Ⅰ段保护误动。为此,在采用非同期重合闸方式时,应根据情况,或者在继电保护的整定值上,或者在振荡闭锁的复归时间上,或者在其他回路上采取措施,以躲过非同步合闸对继电保护产生的影响。

3)检查另一回路电流的重合闸和自动解列重合闸方式

在没有其他旁路联系的双回线上(图5.2),当不能采用非同期重合闸时,可采用检查另一回路上有电流的重合闸。因为,当另一回路上有电流,即表示两侧电源仍然是同步的,所以,可以进行重合。

在两侧电源的单回线上,当不能采用非同期重合闸时,一般可采用解列重合闸方式,其工作原理如图5.3所示。在正常时,由系统向小电源侧输送功率,当线路在K点发生故障后,系统侧的保护动作,使断路器1QF跳闸,小电源侧的保护动作则使解列点断路器3QF跳闸,而不跳线路的断路器2QF。小电源与系统解列后,其容量应基本上与所带的重要负荷相平衡,这样就可保证对地区重要负荷连续供电,并保证电能的质量。在断路器1QF、3QF跳闸后,断路器

1QF 的重合闸装置检查线路无电压(断定断路器 3QF 确已跳开)而重合。如重合成功,则由系统恢复对地区非重要负荷供电,然后在解列点实行同步并列恢复正常供电;如重合不成功,则断路器 1QF 再次跳开,地区的非重要负荷将被迫中断供电。

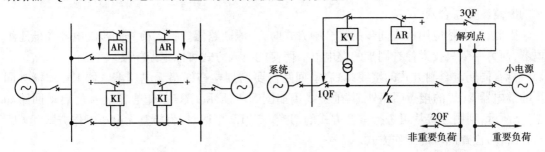

图 5.2　双回线采用检查另一回路　　　　图 5.3　单回线上采用解列重合闸
　　　　有电流的重合闸示意图　　　　　　　　　　的示意图

如何选择解列点和尽量使发电厂的容量与其所带的负荷接近平衡,是这种重合闸方式所必须考虑和加以解决的问题。

4)检查同期重合闸方式

当在两侧电源的线路上既没有条件实现快速重合闸,又不可能采用非同期重合闸时,应该采用检查同期重合闸。

检查同期重合闸的特点是,当线路短路,两侧断路器跳开后,先让一侧的断路器合上,另一侧断路器在重合时,应进行同步条件的检查,只有在断路器两侧电源满足同步条件时,才允许进行重合。这种重合闸方式不会产生很大的冲击电流,合闸后也能很快拉入同步。

这种检查同期的重合闸方式,是在单端供电线路重合闸接线的基础上增加附加条件来实现的。如图 5.4 所示,在两侧的断路器上,除装设单端电源线路的 AR 外,在线路的一侧(M 侧)还装设低电压继电器,用以检查线路有无电压。此电压继电器的整定值,通常取 $0.5U_N$。另一侧(N 侧)则装设检查同步的继电器 KCY。

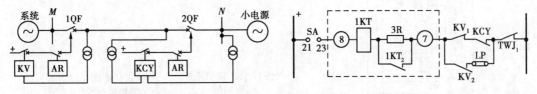

图 5.4　检查同期重合闸方式的示意图　　　图 5.5　检查同期重合闸的启动回路

当线路发生故障两侧断路器跳开后,线路失去电压。这时,M 侧的断路器 1QF 在检查线路无电压后,先进行重合。如果重合至永久性故障,则继电保护再次跳开断路器 1QF,而后两端不再重合;如果重合至暂时性故障,则 M 侧重合成功,N 侧在检查两端电源符合同步条件后再进行重合,于是线路便恢复正常供电。

由此可见,线路 M 侧的断路器 1QF,如重合于永久性故障,就将连续两次切断短路电流,所以它的工作条件就比 N 侧断路器严重。为了解决这个问题,通常是每侧都装设低电压继电器和检查同步的继电器,利用连接片定期切换其工作方式,使两侧断路器工作条件接近相同,另外,在正常运行情况下,由于某种原因(如保护误动作、误碰跳闸机构等),使检查线路无电压的一侧(如 M 侧)误跳闸时,由于对侧(如 N 侧)并未动作跳闸,因此,线路上仍有电压,M 侧的断路器就无法进行重合。重合闸装置不能纠正这种情况下的误跳闸,这是一个很大的缺陷。为了解决这个问题,通常是在检查无电压的一侧也同时投入检查同步的继电器,使两者的接点并联工作(图 5.5)。当线路有电压时,KV_1 闭合,检查同步继电器仍能工作,这样即可将误跳闸的断路器重新合闸。

因此,在实际应用检查同步的重合闸方式时,一侧断路器应投入检查同步继电器和低压继电器,而另一侧只投入检查同步的继电器。两侧的投入方式可以定期轮换。

检查同期重合闸方式的接线,除启动回路需要增加检查线路无电压继电器 KV 和检查同步的继电器 KCY 的接点回路外,其他接线仍如图 5.1 所示。这时,重合闸装置的启动回路如图 5.5 所示,利用连接片可进行重合方式的切换。当 LP 接通时,为检查无电压工作方式;当 LP 断开时,为检查同步的工作方式。

在实现检查同期重合闸方式时,检查同步继电器是一个很重要的元件。因为检查两侧电源满足同步条件,实质上就是要求两侧电源的电压差,频率差和相位差都在一定的允许范围内才允许重合闸。当其中一个条件不满足时,则不允许重合闸。这个任务是由检查同步继电器来完成的。检查同步继电器可用一种有两个电压线圈的电磁型电压继电器来实现,其内部接线如图 5.6 所示。它的两组线圈分别经电压互感器接入母线电压 U_B 和线路电压 U_L(图 5.6),两组线圈在铁芯中所产生的磁通 Φ_B、Φ_L 方向相反。因此,铁芯中的总磁通 Φ_Σ 为两电压所产生的磁通之差,也就是反映两侧电源的电压差 ΔU。

当 $\Delta\dot{U}=0$ 时,$\Phi_\Sigma=0$,继电器的常闭接点 KCY 是闭合的,它将允许重合闸启动;当 $\Delta\dot{U}\neq0$ 时,$\Phi_\Sigma\neq0$;当 Φ_Σ 到达一定值后,它产生的电磁力矩使常闭接点断开,重合闸不能启动。而两侧电源的电压差 $\Delta\dot{U}$ 的大小受到两侧电源电压的幅值、频率和相位的直接影响,如图 5.7 所示。

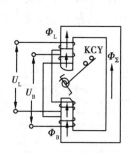

图 5.6 检查同步继电器 KCY
的内部接线图

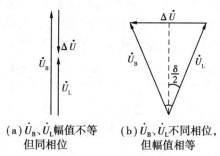

(a) $\dot{U}_B$、$\dot{U}_L$ 幅值不等 (b) $\dot{U}_B$、$\dot{U}_L$ 不同相位,
但同相位 但幅值相等

图 5.7 加于同步检查继电器上的电压
ΔU 与幅值和相位的关系

当两侧电源电压 $\dot{U}_B$、$\dot{U}_L$ 的相位、频率都相同,而幅值不同时,$\Delta\dot{U}\neq0$;当两侧电源电压 $\dot{U}_B$、$\dot{U}_L$ 幅值相同,而相位不同时,$\Delta\dot{U}\neq0$;当两侧电源电压 $\dot{U}_B$、$\dot{U}_L$ 幅值相同,而频率不同时,$\Delta\dot{U}$ 有时不等于零。

$\Delta\dot{U}$ 的大小与相位(或频率)的关系为:

$$\Delta\dot{U}=2\dot{U}_m\sin\frac{\delta}{2}=2\dot{U}\sin\frac{\omega_S t}{2} \tag{5.7}$$

可见,$\Delta\dot{U}$将随着δ(角频率ω_s)的增大而增大。

因此,只有当两端电源电压的幅值差、频率差和相位差3个条件都在一定的允许值范围内时,检查同步继电器KCY的常闭接点才是闭合的,才允许重合闸启动。若3个条件不能在一定的允许值范围内或者有一个条件不能满足时,KCY的常闭接点断开,使重合闸无法启动。

5.1.4　自动重合闸与继电保护的配合

电力系统中重合闸与继电保护的关系极为密切。如果自动重合闸与继电保护能很好配合工作,在许多情况下,可以较迅速地切除故障,提高供电的可靠性,对保证系统安全运行有很重要的作用。

目前在系统中,自动重合闸与继电保护配合的方式主要有两种:即自动重合闸前加速保护动作和自动重合闸后加速保护动作。

（1）**自动重合闸前加速保护动作**

自动重合闸前加速保护动作简称为"前加速"。其意义可用图5.8所示单电源辐射网络来解释。图中每一条线路上均装有过流保护$\boxed{\frac{KI}{t}}$,当其动作时限按阶梯形选择时,断路器1QF处的继电保护时限最长。为了加速切除故障,在1QF处可采用自动重合闸前加速保护动作方式。即在1QF处不仅有过流保护,还装设有能保护到L_3的电流速断保护和自动重合闸装置AR。这时,不论是在线路L_1、L_2或L_3上发生故障,1QF处的电流速断保护都无延时地断开断路器1QF,然后自动重合闸装置将断路器重合一次。如果是暂时性故障,则重合成功,恢复正常供电;如果是永久性故障,则在1QF重合之后,过流保护将按时限有选择地将相应的断路器跳开。即当K_3点故障时,由3QF处的保护跳开断路器3QF,若3QF保护拒动,则由2QF处保护跳开断路器2QF。

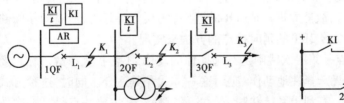
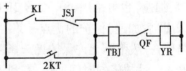

图5.8　重合闸前加速保护动作
的原理说明图

图5.9　重合闸前加速保护
动作的接点电路

实现自动重合闸"前加速"保护的方法,是将重合闸装置中加速继电器JSJ的常闭接点串联接于电流速断保护跳闸出口回路中(图5.9),其动作过程可参见图5.1。当线路上发生故障时,电流速断保护的电流继电器KI的接点瞬时闭合,正电源经加速继电器的常闭接点JSJ启动YR而跳闸。随后,自动重合闸装置启动,当AR的中间继电器ZJ动作,常开接点$ZJ_1\sim ZJ_3$闭合而发出合闸脉冲时,其中的一对常开接点ZJ_3也同时启动加速继电器JSJ,使JSJ的常闭接点打开。如果重合于永久性故障,则电流速断保护的电流继电器KI虽启动,但不能经JSJ的常闭接点去瞬时跳闸,而是要等过流保护的延时接点2KI闭合后,才能去跳闸。这样,在重合闸后,保护就带时限跳闸。

采用"前加速"方式的优点在于能快速地切除故障,使暂时性故障来不及发展成为永久性故障,而且设备少,只需一套 AR 装置。缺点是重合于永久性故障时,再次切除故障的时间可能很长,装有重合闸装置的断路器的动作次数很多,若此断路器或重合闸拒动,则停电的范围将扩大,甚至在最末一级线路上故障,也可能造成全部停电。因此,实际上"前加速"方式主要用于 35 kV 以下的网络。

(2)自动重合闸后加速保护动作

自动重合闸后加速保护动作简称为"后加速"。这种方式就是第一次故障时,保护按有选择性的方式动作跳闸。如果重合于永久性故障,则加速保护动作,瞬时切除故障。采用"后加速"方式时,必须在每条线路上都装设有选择性保护和自动重合闸装置(图 5.10)。当任一线路上发生故障时,首先由故障线的选择性保护动作将故障切除,然后由故障线路的 AR 进行重合,同时将选择性保护的延时部分退出工作。如果是暂时性故障,则重合成功,恢复正常供电;如果是永久性故障,故障线的保护便瞬时将故障再次切除。

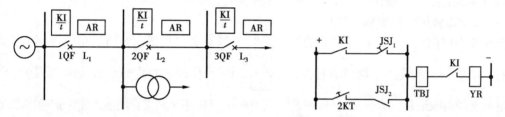

图 5.10　重合闸后加速保护动作的原理说明图　　图 5.11　重合闸后加速保护动作的接点电路

重合闸后加速保护动作的接点电路如图 5.11 所示。加速继电器的常开接点 JSJ$_1$ 与保护的瞬时接点 KI 串联,而加速继电器的常闭接点 JSJ$_2$ 与保护的延时接点 2KT 串联。当故障时,KI 虽然动作,但 JSJ$_1$ 是断开的,不能瞬时跳闸;只有当按照选择性原则动作的保护接点 2SJ 闭合时,才能接通 TQ,使断路器跳闸。随后,AR 动作,发出合闸脉冲,并启动加速继电器 JSJ(见前面分析),使常开接点 JSJ$_1$ 闭合,常闭接点 JSJ$_2$ 打开。若重合在永久性故障上,则 KI 将瞬时再次动作,这时,因 JSJ$_1$ 已闭合,故能立即形成 YR 的通路,无须等待延时,而立即使断路器跳闸。"后加速"也可采用 JSJ$_1$ 短接 2KT 的延时接点的方法来实现。

采用"后加速"保护的优点是第一次跳闸是有选择性的动作,不会扩大事故。在重要的高压网络中,一般都不允许保护无选择性地动作,应用这一方式尤其适合。同时,这种方式使再次断开永久性故障的时间加快,有利于系统并联运行的稳定性。其主要缺点是第一次故障可能带时限,当主保护拒动,而由后备保护来跳闸时,时间可能比较长。

在 35 kV 以上的高压网络中,由于通常都装有性能较好的保护(如距离保护等),所以第一次有选择性动作的时限不会很长(瞬动或延时 0.5 s),故"后加速"方式在这种网络中广泛采用。

5.2　综合自动重合闸

5.2.1　概述

在 220 kV 及以上的大电流接地系统中,由于架空线路的线间距离较大,相间故障的机会比较少,而单相接地短路的机会却比较多。多年统计表明:在短路故障中,单相接地故障占

87%,并且从录波照片的分析中还发现,在发生的相间故障中,相当一部分也是由单相接地故障发展而成的。如果能在线路上装设3个单相的断路器,当发生单相接地故障时,只把故障相的断路器断开,而未发生故障的其余两相仍继续运行。这样,不但可以提高供电的可靠性和提高系统并联运行的稳定性,而且可以减少相间故障的发生。因此,在输电线路上,若不允许进行快速非同期三相重合闸,而采用检查同期重合闸,又因恢复供电的时间太长,满足不了系统稳定运行的要求时,可以采用单相重合闸方式。

所谓"单相重合闸",就是指线路上发生单相接地故障时,保护动作只跳开故障相的断路器,然后进行单相重合。如果故障是暂时性的,则重合闸后,便恢复三相供电,如果故障是永久性的,而系统又不允许长期非全相运行时,则重合后,保护动作跳开三相断路器,不再进行重合。能够采用单相重合闸的线路其必要条件是断路器必须能分相操作。

当采用单相重合闸时,如果发生相间短路,一般都跳开三相断路器,并不进行三相重合闸;如果因任何其他原因断开三相断路器时,也不进行重合闸。

但是,实际在线路上设计重合闸装置时,单相重合闸和三相重合闸都是综合在一起进行考虑的。即当发生单相接地故障时,采用单相重合闸方式;当发生相间短路时,采用三相重合闸方式。综合考虑这两种重合闸方式的装置称为综合重合闸装置。

由于综合重合闸装置经过转换开关的切换,一般都具有单相重合闸,三相重合闸,综合重合闸和直跳(即线路上发生任何类型的故障,保护可通过重合闸装置的出口,断开三相,不进行重合)等4种运行方式。因此,在220 kV及以上的高压电力系统中,综合重合闸得到了广泛应用。

5.2.2 单相自动重合闸的特点

综合重合闸与一般三相重合闸相比,只是多了一个单相重合闸的性能,其他与三相重合闸基本相同,因此,在综合重闸中,需要考虑单相重合闸的特点,这些特点如下所述。

(1)需要装设故障判别元件和故障选相元件

采用一般三相重合闸装置时,线路的故障直接由继电保护作用于断路器的跳闸机构使三相断路器跳开。然后,重合闸装置进行三相重合,其任务比较单一。而采用综合重闸时,要求单相接地短路只跳开故障相断路器,并进行单相重合;相间故障时,应跳开三相断路器,并进行三相重合。这样,在线路故障时,除了首先要求判断是区内还是区外故障外,还必须判别应跳三相还是跳单相,当确定应跳单相后,还要进一步判别应该跳哪一相。因此,综合重合闸的任务是较为复杂的。通常继电保护装置只判断故障的范围,决定该不该跳闸,而决定跳三相还是跳单相,以及确定应跳哪一相断路器,是由重合闸装置内的故障判别元件(简称判别元件)和故障选相的元件(简称选相元件)来完成的。

由于某些线路保护(例如相差高频保护)在单相接地故障时也会出现动作跳三相,如果综合重合闸内不装判别元件,就会出现单相短路跳三相的后果。

我国采用的故障判别元件一般是由零序电流继电器或零序电压继电器构成。线路内部相间短路时,零序继电器不动作,继电保护直接跳三相断路器。接地短路时,零序继电器动作,继电保护经选相元件再次判别是单相接地还是两相接地后,再决定是跳单相或跳三相,其原理如图5.12所示。图中1ZKJ~3ZKJ是3只反映接地短路的选相元件。Y_0J是判别是否发生接地短路的零序电压元件。相间短路时,Y_0J不动作,保护直跳三相。接地短路时,Y_0J动作闭锁三

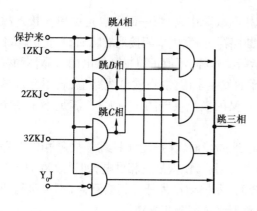

图 5.12 选相元件和判别元件的逻辑图

相跳闸回路。如果只一个选相元件动作,则说明发生单相接地短路,保护动作只将该故障相跳开;如果有两个选相元件动作,则说明是两相接地短路,保护应将三相断路器跳开。

选相元件是实现单相重合闸的重要元件,其任务是在发生单相接地时选出故障相。对选相元件的基本要求如下所述。

①线路单相接地故障时,故障相的选相元件应可靠动作,非故障相的选相元件应可靠不动作,即保证选择性和可靠性。

②选相元件不应影响主保护的性能,即对故障相末端发生的接地短路时,接于该相的选相元件应比该线保护更灵敏。选相元件的动作速度也要比保护更迅速,即保证足够的灵敏度和速动性。

③多相短路(包括两相接地短路)时,应可靠跳三相。

④选相元件拒动时,应经延时跳三相。

(2)应考虑潜供电流的影响

当线路故障相的两侧断开后,由于非故障相与断开相之间存在着通过电容和互感的联系,虽然短路电流已被切断,但故障点弧光通道中仍会有一定数值的电流流过,此电流即称为潜供电流。

例如,在图 5.13 所示的输电线路上,当 C 相发生暂时性接地故障时,C 相线路两侧的断路器跳开,这时短路电流虽被切断,但 A、B 两相仍处在工作状态。由于各相之间存在着电容 C,所以 A、B 两相将通过电容 C 向 K 点提供电流。同时,由于各相之间存在互感 M,所以 A、B 两相的负荷电流也将通过互感 M 的电磁耦合,在 C 相中感应

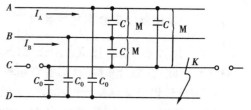

图 5.13 潜供电流说明图

电势,此感应电势也向短路点提供电流。这两部分电流的总和构成潜供电流。

由于潜供电流的存在,将维持故障点 K 点处的电弧,使之不易熄灭。当潜供电流熄灭瞬间,断开相的电压立即上升。此电压也由两部分组成:一是 A、B 相电压通过电容耦合过来,另一是 A、B 相负荷电流通过互感产生的互感电势。由于这两部分电压的存在,故障相短路点的对地电压可能升得较高,并使弧光复燃,因而再次出现弧光接地。此电压为持续弧光的电压,简称恢复电压。

可见,由于潜供电流和恢复电压的影响,短路处的电弧不能很快熄灭。弧光通道的去游离受到严重的阻碍。自动重合闸只有在故障点电弧熄灭,绝缘强度恢复以后才有可能成功。因此,单相重合闸的动作时间必须充分考虑它们的影响,否则,将造成单相重合闸的失败。

潜供电流的大小与线路的参数有关。一般线路电压越高,负荷电流越大,则潜供电流越大,单相重合闸受到的影响也越大,单相重合闸的动作时间也就随之增长。为了保证单相重合闸有良好的效果,正确选择单相重合闸的动作时间是很重要的。对于单相重合闸的动作时间,

国内外许多电力系统都是由实测试验确定的。此时间一般都应比三相重合闸的时间长。

（3）**应考虑非全相运行状态的各种影响**

采用综合重合闸后,在发生单相接地短路时,由于只跳开故障相的断路器,因而会出现只有两相运行的非全相状态。在非全相状态下,将要出现负序和零序分量的电流和电压,这将带来一些不良影响。

1）负序电流的影响

由于负序电流将在发电机转子中产生二倍频率的交流分量,引起转子的附加发热;而转子中的偶次谐波也将在定子线圈中感应出偶次谐波,谐波分量与基波分量叠加,就有可能产生危险的过电压。因此,对于允许长期非全相运行的系统必须充分考虑它的影响。

2）零序电流的影响

非全相运行时,会出现零序电流。因此,它会对附近的通信线路直接产生干扰,并可能造成通信设备的过电压。对铁路闭塞信号也会产生影响。在长期非全相运行时,必须考虑零序电流的这种影响。

3）非全相运行状态对继电保护的影响

对继电保护的影响在前面的讨论中已知,非全相运行将使继电保护的性能变坏,甚至使继电保护不能正确工作。因此,在非全相运行期间,必须对保护采取必要的措施。另外,在非全相运行状态下,由于一些保护装置必须退出工作;如再发生故障(即发生断线加短路的复杂故障)时,未退出工作的继电保护还能否正确动作,这也是采用单相重合闸后应考虑的问题。

5.2.3　选相元件的基本原理

选相元件是实现单相重合闸的关键元件。选相元件是否能正确动作,将决定单相重合闸的成败。因此,在综合重合闸装置中,选相元件的选用需要认真考虑。

一般说来,选相元件只担负选择故障相的任务,而不要求同时担负区别故障范围的任务。所以,在保证选相元件基本要求的前提下,它可以是具有方向性的元件,也可以是不具方向性的元件。

在我国电力系统中,常用的选相元件有下述几种。

（1）**相电流选相元件**

在每相各装一个过流继电器作为相电流选相元件,其动作电流按躲开最大负荷电流和单相接地时非故障相电流整定。该选相元件适合于装在电源端,并仅在短路电流较大的线路上采用;而长距离、重负荷线路不能采用。因此,这种原理的选相元件目前仅作为消除阻抗选相元件出口短路死区的辅助元件。

（2）**相电压选相元件**

在每相均装设一个低电压继电器作为相电压选相元件,其动作电压按小于正常运行以及非全相运行时可能出现的最低电压整定。这种选相元件的特点是:单相接地时,只有接地相电压较低,故障相选相元件才会动作;而非故障相选相元件一般都不会动作。它适用于电源较小的受电侧或线路很短的送电侧。同时,由于低电压继电器经常处在全电压下工作,运行时间长,接点经常抖动,可靠性也比较差。因而,这种原理的选相元件应用不多,通常也只作为辅助选相元件。

（3）阻抗选相元件

从前面已知，采用 $\dfrac{\dot{U}_Y}{\dot{I}_Y + K3\dot{I}_0}$ 接线的阻抗继电器，能正确地反映单相接地短路，故可以在每相装设一个这种接线方式的阻抗继电器作为选相元件。这些阻抗继电器作为选相元件时，应满足下述要求。

①单相和两相接地短路时，故障相元件的灵敏度要求比较高，一般灵敏系数应为 1.5。为满足这一要求，采用全阻抗继电器显然是不合适的，因为全阻抗继电器的整定值要躲过最小负荷阻抗，灵敏度很难满足要求。

②单相接地短路时，非故障相选相元件应不动。当采用偏移特性的阻抗继电器时，在接地电阻的作用下，出口单相接地时，非故障相的测量阻抗是可能进入继电器的动作范围的。也就是说，如果选相元件用带偏移特性的阻抗元件，就可能引起非故障相元件误动。

因此，当采用阻抗继电器作为选相元件时，为了满足选相元件的基本要求，阻抗元件应该采用有记忆作用的方向阻抗继电器。利用故障相阻抗元件的动作特性，不仅可以保护出口回路的短路，还可以提高耐弧光电阻的能力。

由于采用 $\dfrac{\dot{U}_Y}{\dot{I}_Y + K3\dot{I}_0}$ 接线的阻抗选相元件，在线路两相短路时，故障相阻抗继电器不能准确地反映保护安装处至故障点的距离，此时，选相元件的动作将不确切。因此，必须装设零序元件才能明确判别出接地故障，因而增加了综合重合闸装置的复杂性。在单相经过渡电阻接地短路时，由于接地电阻及对侧零序电流助增作用，线路两侧的阻抗选相元件可能出现相继动作现象。而且在两相接地短路时，同一侧相应的两个选相元件也可能发生相继动作。

因此，阻抗选相元件虽然在电力系统中得到广泛应用，但它仍然不是理想的选相元件。

（4）反映二相电流差突变量的选相元件

这种选相元件是利用短路时电气量发生突变这一特点构成的。在我国电力系统中，最初用它作为非全相运行时的振荡闭锁元件。近年来，在超高压网络中已推荐作为综合重合闸装置的选相元件。它要求在三相上各装设一个反映电流突变量的电流继电器。这 3 个电流继电器所反映的电流为：

$$\mathrm{d}\dot{I}_{BC} = \mathrm{d}(\dot{I}_B - \dot{I}_C) \tag{5.8}$$

$$\mathrm{d}\dot{I}_{CA} = \mathrm{d}(\dot{I}_C - \dot{I}_A) \tag{5.9}$$

$$\mathrm{d}\dot{I}_{AB} = \mathrm{d}(\dot{I}_A - \dot{I}_B) \tag{5.10}$$

反映两相电流差突变量的电流继电器的原理接线如图 5.14 所示，由 R、L、C 组成的突变量电桥是其重要组成部分，在此桥的 4 个臂中，两个由纯电阻 R 组成，另两个由 LC 谐振电路组成。在工频下谐振时，它们也为纯电阻。在设计时应使这 4 个臂的电阻都相等。

在正常情况或短路后的稳态情况下，由于四臂电阻相等，其分压也相等，故突变量电桥的输出端的电压 $U_{mn} = 0$。

短路初瞬间，在突变量电桥中，电容器两端的电压不能突变，但 R 上的电压会升高，从而破坏了电桥的平衡，使 U_{mn} 增大。

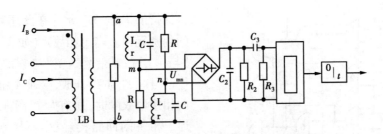

图 5.14　二相电流差突变量电流继电器原理接线图

由于突变量电桥是按工频调谐的，因此，如实际频率与工频不等，在稳态时，电桥有不平衡输出。为此，在整流滤波后，再经微分电路 C 后才加于继电触发器。突变量继电器在动作时，输出的脉冲很短，故触发器后应加展宽回路。

与增量继电器相比，突变量电流继电器是比较灵敏的。例如，对于远距离输电线路，若受电端电源的容量很小，当线路的始端短路时，由受电端供给的短路电流可能很小，甚至小于短路前的负荷电流，此时，电流增量继电器是无法工作的；而采用突变量继电器时，继电器反映的是短路前后电流相量差，所以尽管受电端供给的短路电流的绝对值小于短路前的负荷电流，但因每相电流的相位变化大，继电器感受到的突变量很大，故仍能很灵敏地动作。如图 5.15 所示，短路前的电流为 $\dot{I}_L$，短路（例如三相短路）后的电流为 I_K，尽管 $|I_L| > |I_K|$，但因其相位不同，继电器感受到的突变量 $d(\dot{I}_K - \dot{I}_L)$ 仍很大，因而 $d\dot{I}_{BC}$、$d\dot{I}_{CA}$ 和

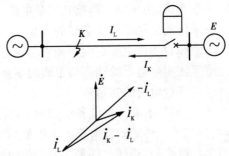

图 5.15　突变电量继电器输入量说明图

$d\dot{I}_{AB}$ 也很大，所以反映电流突变量的继电器能灵敏地动作。

将各种短路时二相电流差突变量继电器的动作情况列入表 5.2 中。由表可见，在 $K^{(1)}$ 时，反映非故障相电流差的突变量继电器不动作；而对于其余短路情况，所有各相继电器都动作。这就是突变量继电器可以作为故障选相元件的原因所在。

表 5.2　短路时二相电流差突变量继电器的动作情况

	$K^{(1)}$			$K^{(2)}, K^{(2.0)}$			$K^{(3)}$	注:"+"表示动作;"−"表示不动作
	K_A	K_B	K_C	K_{AB}	K_{BC}	K_{CA}		
$d\dot{I}_{BC}$	−	+	+	+	+	+	+	
$d\dot{I}_{CA}$	+	−	+	+	+	+	+	
$d\dot{I}_{AB}$	+	+	−	+	+	+	+	

图 5.16 所示为采用二相电流差突变量继电器构成的选相元件的逻辑方框图。当发生 $K_A^{(1)}$ 时，只有"与 1"开放。而在其他相间短路时，"与 1""与 2""与 3"都开放。利用这一特点可以不必装设判别单相故障还是相间故障的判别元件；但是，由于突变量继电器只在暂态过程中启动，而在短路未切除但又进入稳态时，可能返回。为了保证保护能可靠跳闸，图中采用了

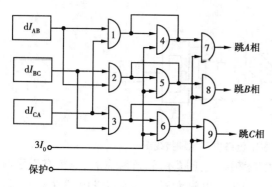

图 5.16　用二相电流差突变量继电器
组成的选相元件方框图

自保持的措施,$3I_0$ 元件在此还兼做接地故障的判别元件。当单相故障(如 $K_{(1)}^A$)时,"与1""与4"开放其信号送至"与7",在保护送来动作信号时,"与7"开放,接通 A 相跳闸回路;当两相接地故障时,所有"与"门元件都开放,接通三相跳闸回路;当发生不接地的相间故障时,因无 $3I_0$,"与4""与5""与6"不开放,保护不经选相元件而直接接通三相跳闸回路(图中未示出)。

当采用突变量继电器作为选相元件时,在全相正常状态、非全相负荷状态和系统振荡情况下,选相元件都不会动作。因此,它可以作为非全相运行发生故障时的保护加速启动元件。

必须指出,由于继电器反映的是电流突变量,其动作电流和动作时间都与下述因素有关。

①故障前的稳态负荷电流的大小。

②故障时短路电流的大小和它与稳态负荷电流之间的相位。

③系统实际运行的频率与工频的偏差。

④突变量电流的初始角。

因此,元件的动作电流和动作时间都不会是一个固定值,它具有一定的分散性。在整定计算时,应该用元件的动作电流的下限值(即元件可靠不动作的电流值)来校验其选择性,而要用其动作电流的上限值(即最大的动作电流)来校验元件的灵敏度。

另外,还必须注意,由于继电器只反映电流的突变量,在短路初瞬继电器会动作,在短路切除瞬间也会动作。因此,在设计时必须采取相应的措施。

※(5)对称分量选相元件

对称分量选相元件是利用各种不对称短路时各对称分量间相位差有所不同的特点构成的。图 5.17 所示为各种不对称短路时各序电流之间的相位关系。可见,$K_A^{(1)}$ 时,A 相的正序电流 $\dot{I}_{A1}$、负序电流 $\dot{I}_{A2}$ 和零序电流 $\dot{I}_{A0}$ 同相位,而 B、C 相的正序电流 $\dot{I}_{B1}$、$\dot{I}_{C1}$ 与负序电流 $\dot{I}_{B2}$、$\dot{I}_{C2}$ 以及零序电流 $\dot{I}_{B0}$、$\dot{I}_{C0}$ 相差 120°,如图 5.17(a)所示;$K_{(B,C,0)}^{(2,0)}$ 时,所有各相的正序电流与零序电流的相位都不同;如图 5.17(b)所示 $K^{(2)}$ 时,正序电流与负序电流不同相,如图 5.17(c)所示。根据这一特点可以拟制出各种仅反映单相接地短路的选相元件。

①同时比较 $\dot{I}_1$、$\dot{I}_2$、$\dot{I}_0$ 极性的方法构成选相元件,其原理方框图如图 5.18 所示。装置的动作条件是:同相的各序电流 $\dot{I}_1$、$\dot{I}_2$、$\dot{I}_0$ 在 5 ms 内都出现。从图 5.17 可知,只有当 $K_A^{(1)}$ 时,A 相的各序电流才满足装置动作条件,装置发出 A 相接地信号。

②采用两个相位比较元件构成,原理方框图如图 5.19 所示。当条件 $90° > \arg \dfrac{\dot{I}_1}{\dot{I}_0} > -90°$

和 $90° > \arg \dfrac{\dot{I}_2}{\dot{I}_0} > -90°$ 都同时满足时,选相元件动作。

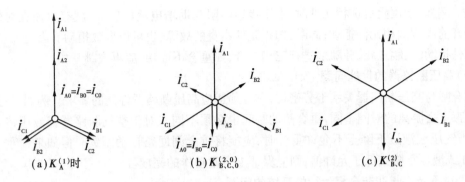

图 5.17　各种不对称短路时各序电流的相位关系

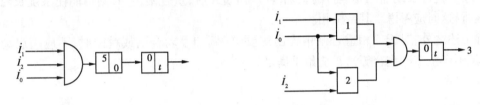

图 5.18　同时比较 $\dot{I}_1$、$\dot{I}_2$、$\dot{I}_0$ 极性的选　　图 5.19　同时比较 $\dot{I}_1$ 与 $\dot{I}_0$、$\dot{I}_2$ 与 $\dot{I}_0$ 相

相元件框图　　　　　　　　　　　　　　位的选相元件方框图

5.2.4　综合自动重合闸装置的构成原则及其要求

由前述可知,在线路故障时,保护动作信号都要经过重合闸装置再去跳闸。如果合闸装置的构成不当,或重合闸选相元件选择不当,或装置出现故障等,都可能导致断路器拒动或误动。因此,正确设计重合闸装置,对发挥重合闸的作用具有相当重要的意义。

构成综合重合闸装置时应考虑的主要问题如下所述。

(1)重合闸启动的方式问题

目前重合闸启动主要采用保护和控制开关与断路器位置不对应共同作用的启动方式,即当控制开关在合闸位置而断路器在实际断开位置时,由保护启动重合闸的方式。

(2)与各种保护互相配合的问题

在非全相运行时,距离保护Ⅰ、Ⅱ段和零序电流保护Ⅰ、Ⅱ段可能误动。因此,当不采用其他措施时,应将它闭锁,这就要求在重合闸装置中设有将这些保护闭锁的接线端子 M,对在非全相运行中不会误动的保护(如相差高频保护等)须另设接线端子 N。当差动保护动作时,应使其跳三相断路器,然后进行三相重合。为此,应设接线端子 Q,而对一些只要求跳三相断路器,而不再进行重合的保护,应设接线端子 R。将各类保护接在相应的端子上。

(3)单相接地故障时只跳故障相断路器

单相接地故障时应跳故障相断路器,然后进行单相重合,重合不成功时,跳三相,不再进行重合。

(4)相间故障时跳三相断路器

相间故障时,跳三相断路器,并进行三相重合,重合不成功,跳三相,不再进行重合。

(5)选相元件可能拒动的问题

在重合闸中采用了选相元件之后,不论这种元件是用什么原理实现的,都不应排除拒动的可能性。例如,使用阻抗选相元件时,由于接地电阻与助增电流的影响,就有可能在对侧断路器未断开前本侧选相元件拒动;同时,选相元件本身的故障,也可以导致拒动。因此,应考虑当选相元件拒动时,跳三相,并随之进行三相重合,如重合不成功,应再次跳三相。

(6)**高压断路器的性能问题**

重合闸与高压断路器关系十分密切,它必须适应高压断路器性能的要求。例如,不同的断路器消弧室去游离的时间不同,重合闸的时间也必须不同。对于空气断路器或液压传动的断路器,当气压或液压下降至不允许重合时,应能将重合闸回路自动闭锁。但如果在重合过程中,气压或液压下降到低于允许值,则应保证重合闸动作的完成。

(7)**对不允许长期非全相运行的系统的问题**

对于不允许长期非全相运行的系统,若一相断开后,重合闸拒动,则可能使系统长时间非全相运行,这时应考虑跳其余两相。

除上述之外,对于三相重合闸中提出的要求(例如手动合闸或跳闸时,不应当启动重合闸,保证不产生多次重合等),都应给予满足。

第**6**章
发电机的保护

6.1 发电机的故障和不正常运行状态及其保护方式

发电机由于结构复杂,在运行中可能发生故障和异常运行状态,这样会对发电机造成危害。同时,由于系统故障也可能损伤发电机,特别是现代大中型发电机的单机容量大,对系统影响大,出了故障维修困难。因此,要对发电机可能发生的故障类型及不正常运行状态进行分析,并有针对性地设置相应的保护。

发电机可能发生的故障和相应的保护装置,综述如下。

①定子绕组相间短路。定子绕组相间短路会引起巨大的短路电流,严重烧坏发电机,需装设瞬时动作的纵联差动保护。

②定子绕组的匝间短路。定子绕组的匝间短路分为:同相同分支绕组的匝间短路和同相异分支的匝间短路,同样会产生巨大的短路电流而烧坏发电机,需装设瞬时动作的专用的匝间短路保护。

③定子绕组的单相接地。定子绕组的单相接地是发电机易发生的一种故障。通常是因绝缘破坏使其绕组对铁芯短接,虽然此种故障瞬时电流不大,但接地电流会引起电弧灼伤铁芯,同时破坏绕组的绝缘,有可能发展为匝间短路或相间短路。因此,应装设灵敏的反映全部绕组任一点接地故障的 100% 定子绕组接地保护。

④发电机转子绕组一点接地和两点接地。转子绕组一点接地后虽对发电机运行无影响,但若再发生另一点接地,则转子绕组一部分被短接造成磁势不平衡而引起机组剧烈振动,产生严重后果。因此,需同时装设转子绕组一点接地保护和两点接地保护。

⑤发电机失磁。发电机失磁分为:完全失磁和部分失磁,它是发电机的常见故障之一。失磁故障不仅会对发电机造成危害,而且也会对系统安全造成严重影响,需装设失磁保护。

发电机的异常运行状态的危害不如发电机故障严重,但危及发电机的正常运行,特别是随着时间的增长,可能会发展成故障。为防患于未然,也需装设相应的保护。

①定子绕组负荷不对称运行,会出现负序电流可能引起发电机转子表层过热,需装设定子绕组不对称过负荷保护(转子表层过热保护)。

②定子绕组对称过负荷,装设对称过负荷保护(一般采用反时限特性)。

③转子绕组过负荷,装设转子绕组过负荷保护。

④并列运行的发电机可能因机炉的保护动作等原因将主气阀关闭,从而导致逆功率运行,使汽轮机叶片与残留尾气剧烈摩擦过热,而损坏汽轮机,因此,需装设逆功率保护。

⑤为防止过激磁引起发热而烧坏铁芯,应装设过激磁保护。

⑥因系统振荡而引起发电机失步异常运行,危及发电机和系统运行安全,需装设失步保护。

⑦其他保护:定子绕组过电压、低频运行、非全相运行及与发电机运行直接有关的热工方面的保护,对水内冷发电机还应装设断水保护等。

另外,还应装设发电机的后备保护,如电流、电压保护、阻抗保护等。

6.2　发电机相间短路的纵联差动保护

6.2.1　基本原理

发电机纵联差动保护的基本原理是比较发电机两侧电流的大小和相位,以反映发电机及其引出线的相间短路故障。发电机纵联差动保护的构成如图6.1所示,将发电机两侧变比和型号相同的电流互感器二次侧图示极性端纵向连接起来,差动继电器 KD 接于其差回路中,当正常运行或外部故障时,$\dot{I}_1$ 与 $\dot{I}_2$ 反向流入,KD 的电流为: $\dfrac{\dot{I}_1}{n_{TA1}} - \dfrac{\dot{I}_2}{n_{TA2}} = \dot{I}_1' - \dot{I}_2' \approx 0$,故 KD 不会动作。当在保护区内 K_2 点故障瞬时,$\dot{I}_1$ 与 $\dot{I}_2$ 同向流入,KD 的电流为:

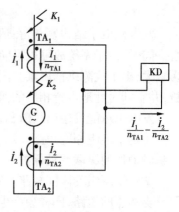

图 6.1　纵差保护原理示意图

$$\frac{\dot{I}_1}{n_{TA1}} + \frac{\dot{I}_2}{n_{TA2}} = \dot{I}_1' + \dot{I}_2' = \frac{\dot{I}_{K2}}{n_{TA}}$$

当 $\dfrac{\dot{I}_{K2}}{n_{TA}}$ 大于 KD 的整定值时,即 $\dfrac{\dot{I}_{K2}}{n_{TA}} \geqslant \dot{I}_{set}$,KD 动作。这里需要指出的是:上面的讨论是在理想情况下进行的,实际上两侧的电流互感器的特性(励磁特性、饱和特性)不可能完全一致,误差也不一样,即 $n_{TA1} \neq n_{TA2}$,正常运行及外部故障时,$I_1' - I_2' \neq 0$,总有一定量值的电流流入 KD,此电流称为不平衡电流,用 I_{unb} 表示。通常,在发电机正常运行时,此电流很小,当外部故障时,由于短路电流的作用,TA 的误差增大,再加上短路电流中非周期分量的影响,I_{unb} 增大,一般外部短路电流越大,I_{unb} 就可能越大,其最大值可达:

$$I_{unb.\,max} = K_{ss}K_{aper}f_i I_{Kmax}^{(3)}/n_{TA}$$

式中　K_{ss}——同型系数,取 0.5;

　　　K_{aper}——非周期性分量影响系数,取为 1~1.5;

　　　f_i——TA 的最大数值误差,取 0.1。

为使 KD 在发电机正常运行及外部故障时不发生误动作,KD 的动作值必须大于最大平衡电流 $I_{unb.max}$,即 $I_{op} = K_{rel}I_{unb.max}$($K_{rel}$ 为可靠系数,取 1.3)。$I_{unb.max}$ 越大,动作值 I_{op} 就越大,这样就会使保护在发电机内部故障的灵敏度降低。此时,若出现较轻微的内部故障,或内部经比较大的过渡电阻 R_g 短路时,保护不能动作。对于大、中型发电机,即使轻微故障也会造成严重后果。为了提高保护的灵敏系数,有必要将差动保护的动作电流减小,要求最小动作电流 $I_{op.min} = (0.1 - 0.3)I_N$($I_N$ 为发电机额定电流),而在任何外部故障时不误动作。显然,图 6.1 所示的差动保护整定的动作电流已大于额定电流,无法满足这种要求。

目前广泛采用的具有折线比率制动特性的纵联差动保护,可以大大提高内部故障的灵敏系数,而在外部故障利用其保护的制动特性,使保护制动而不误动作。

6.2.2 具有比率制动特性的差动保护

(1)保护的作用原理

保护的作用原理是基于保护的动作电流 I_{op} 随着外部故障的短路电流而产生的 I_{unb} 的增大而按比例的线性增大,且比 I_{unb} 增大得更快,使在任何情况下的外部故障时,保护不会误动作。这是把外部故障的短路电流作为制动电流 I_{brk},而把实际流入差动回路的电流用 I_D 表示。其比率制动特性折线如图 6.2 所示。

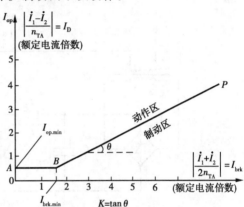

图 6.2 折线比率制动特性

动作条件:分两段

$$\left.\begin{array}{ll} I_{op} = I_{op.min} & I_{brk} \leqslant I_{brk.min} \\ I_{op} = K(I_{brk} - I_{brk.min}) + I_{op.min} & I_{brk} > I_{brk.min} \end{array}\right\} \tag{6.1}$$

式中,K 为制动特性曲线的斜率(也称为制动系数)。当 $I_D \geqslant I_{op}$ 时,保护动作。

下面结合接线图说明其作用原理:

在图 6.3(a)中,选取:$W_1 = W_2 = \dfrac{1}{2}W_3$,$TX_1$、$TX_2$ 二次绕组匝数相同。

制动电流:
$$\dot{I}_{brk} = \frac{1}{2}(\dot{I}'_1 + \dot{I}'_2) \tag{6.2}$$

差动回路的电流:
$$I_D = \dot{I}'_1 - \dot{I}'_2 \tag{6.3}$$

当外部短路时,$\dot{I}'_1 = \dot{I}'_2 = \dfrac{I_K}{n_{TA}}$,制动电流为 $\dot{I}_{brk} = \dfrac{1}{2}(\dot{I}'_1 + \dot{I}'_2) = \dfrac{I_K}{n_{TA}}$ 大,动作电流为 $I_D = \dot{I}'_1 - \dot{I}'_2$ 小,保护不动作。

当正常运行时,则

$$\dot{I}'_1 = \dot{I}'_2 = \frac{I_N}{n_{TA}} \tag{6.4}$$

$$\dot{I}_{brk} = \frac{1}{2}(\dot{I}'_1 + \dot{I}'_2) = \frac{I_N}{n_{TA}} = I_{brk.min} \tag{6.5}$$

147

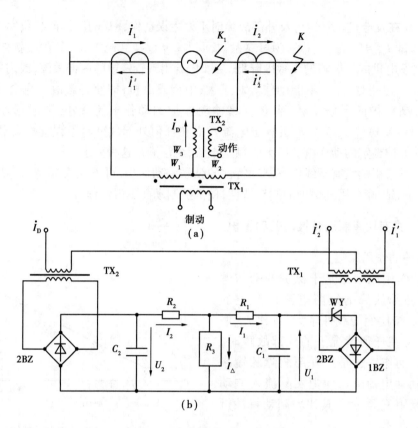

图 6.3 比率制动式纵差保护继电器原理图

当 $I_{brk} \leqslant I_{brk.min}$，可以认为无制动作用，在此范围内有最小动作电流为 $I_{op.min}$，而此时 $\dot{I}_d = \dot{I}'_1 - \dot{I}'_2 \approx 0$，保护不动作。

当内部故障时，$\dot{I}'_2$ 反向且 $\dot{I}'_1 \neq \dot{I}'_2$，则 $I_{brk} = \dfrac{1}{2}(\dot{I}'_1 + \dot{I}'_2)$ 为两侧短路电流之差，数值小，而 $\dot{I}_D = \dot{I}'_1 - \dot{I}'_2 = \dfrac{1}{n_{TA}}\dot{I}_{KI}$ 大，保护能动作。

特别是当 $\dot{I}'_1 = \dot{I}'_2$ 时，$I_{brk} = 0$，此时，只需 $I_{op.min}$（$I_{op.min}$ 取 $0.2\sim0.3$）保护就能动作，保护灵敏度大大提高了。

当 $\dot{I}'_2 = 0$，$I_{brk} = \dfrac{1}{2}\dot{I}'_1$，$I_D = \dot{I}'_1$，保护也能动作。

（2）制动特性的实现方法

在图 6.3(b) 中，制动电压 $\dot{U}_1 \propto \dot{I}'_1 + \dot{I}'_2$，并由 U_1 产生 I_1（制动电流）；动作电压 $U_2 \propto \dot{I}'_1 - \dot{I}'_2$，并由 U_2 产生 I_1（动作电流）；R_3 表示为保护执行元件的输入电阻（如触发器），设 R_3 的动作电流为 $I_\triangle$，则 $I_1 - I_2 = I_\triangle$ 时，保护执行元件动作条件为：$I_2 - I_1 \geqslant I_\triangle$。从图中可得到制动电压与动作电压的关系（暂不考虑 W_y），即

制动电压： $\qquad\qquad\qquad U_1 = I_1 R_1 - I_\triangle R_3$ $\qquad\qquad$ (6.6)

动作电压： $\qquad\qquad\qquad U_2 = I_2 R_2 + I_\triangle R_3$ $\qquad\qquad$ (6.7)

用式(6.7)乘 R_1,减去式(6.6)乘 R_2 得:

$$U_2 = \frac{R_1R_2 + R_2R_3 + R_1R_3}{R_1}I_\triangle + \frac{R_2}{R_1}U_1 \qquad (6.8)$$

当 $U_1 = 0$ 时,得 $U_2 = U_{20} = \dfrac{R_1R_2 + R_2R_3 + R_3R_1}{R_1}I_\triangle$ 为最
小动作电压;当 $U_1 \neq 0$ 时,U_2 则随着 U_1 的增加而以 R_2/R_1
为斜率的直线的方向增加,从而改变 R_1 或 R_2,可改变直线
的斜率(直线的斜率应根据最大外部故障的短路电流所产
生的最大不平衡电流来确定直线的一点);同理,改变执行
元件的电阻,可改变 ΔI,即可改变 U_{20},即图 6.4 中 a 点的
位置,由于 V_{WY} 存在,当 $\dot{I}'_1 + \dot{I}'_2$ 即 I_{brk} 较小时,如小于负荷
电流,则 $U_1 < V_{WY}$(击穿电压)制动回路不通,$I_1 = 0$,无制动
作用,动作特性只由最小动作电压 U_{20} 决定。

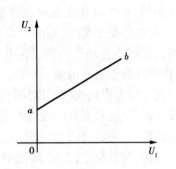

图 6.4　制动特性(不考虑 V_{WY} 时)

V_{WY} 的击穿电压越高,制动特性的水平部分越长,如图 6.4 所示,一般 V_{WY} 的击穿电压取对
应于 I_N 的那个电压。

6.3　发电机定子绕组匝间短路保护

由于纵差保护不能反映发电机定子绕组同一相的匝间短路,当出现同一相匝间短路后,如
不及时处理,有可能发展成相间故障,造成发电机严重损坏,因此,在发电机上应装设定子绕组
的匝间短路保护。

6.3.1　发电机定子绕组的横联差动电流保护

对于定子绕组为双"Y"或多"Y"型接线的发电机,广泛采用横联差动保护。横联差动保
护的原理可用图 6.5 来说明。

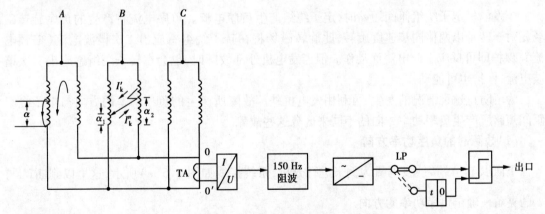

图 6.5　横联差动保护原理图

图中画出了各种匝间短路时电流的方向,即当发生任何一种定子绕组的匝间短路时,有一

149

短路电流流进两中性点连线 OO' 上,这是由于 A、B、C 三相对中性点之间的电势平衡被破坏,则两中性的点位不等之缘故。这里要指出的是,流入两中性点连线的电流是零序电流。利用这一点,就可以构成单继电器式横联差动保护。即在两分支绕组的中性点的连线上装一只电流互感器,保护就装在此电流互感器的二次侧。当正常运行时,每个并联分支的电势是相等的,三相电势是平衡的,则两中性点无电压差,连线上无电流流过(或只有数值较小的不平衡电流),保护不会动作。当发生任何一种类型的匝间短路时,两中性点的连线有零序电流通过,保护反应于这一电流而动作。这就是发电机横联差动保护的原理。

由于发电机电流波形即使是在正常运行时也不是纯粹的正弦波,尤其是当外部故障时,波形畸变较严重,从而在中性点的连线上出现以三次谐波为主的高次谐波分量,给保护的正常工作造成影响,为此,保护装设了三次谐波滤过器,消除其影响,从而提高保护的灵敏度。

在转子回路发生两点接地故障时,转子回路的磁势平衡被破坏,则在定子绕组并联分支中所感应的电势不同,三相电势平衡被破坏,从而使并联分支中性点连线上通过较大的电流,造成横差动保护误动作。若此两点接地故障是永久性的,则这种动作是允许的(最好是由转子两点接地保护切除故障,这有利于查找故障),但若两点接地故障是瞬时性的,则这种动作瞬时切除发电机是不允许的。因此,需增设 $0.5 \sim 1 \text{ s}$ 的延时,以躲过瞬时两点接地故障。也就是当出现转子一点接地时,即将切换至延时回路,为转子永久性两点接地故障做好动作准备。

根据运行经验,保护的动作电流为:

$$I_{op} = \frac{(0.2 \sim 0.3)I_N}{n_{TA}}$$

式中 I_N ——发电机的额定电流。

可见,这种保护的灵敏度是较高的。当然,这种保护在切除故障时有一定的死区,即

①单相分支匝间短路的 α 较小时,即短接的匝数较少时;

②同相两分支间匝间短路,且 $\alpha_1 = \alpha_2$,或 α_1 与 α_2 差别较小时。

对于单"Y"接线的发电机,宜采用下列保护。

6.3.2　负序功率方向闭锁的转子二次谐波电流匝间短路保护

当发电机定子绕组匝间短路时,定子绕组产生负序电流。负序电流将产生的负序旋转磁场相对于转子以两倍同步速度旋转,此旋转磁场将在转子绕组感应出二次谐波电流(倍频电流),保护即可反应此电流而动作。但当发电机外部故障时,也会在转子绕组感应出二次谐波电流,保护也可能动作。

为了防止这种情况的发生,可利用发电机外部故障所产生的负序功率的方向与定子绕组匝间短路所产生负序功率方向的不同来区分这些故障。

(1)故障时的负序功率方向

下面以单"Y"接线发电机为例来进行分析,系统接线如图 6.6(a)所示,这里以判断 $\dot{U}_2$ 与 $\dot{I}_2$ 的夹角来确定负序功率的方向。

①发电机外部横向不对称短路时(如发电机出口处),负序网络如图 6.6(b)所示,发电机外部 K_1 点发生两相短路,$\dot{U}_2$ 与 $\dot{I}_2$ 的夹角大于 $0°$ 而小于 $90°$,这时负序功率方向为正。

②发电机内部两相短路时,图6.6(c)中表示发电机内部 K_2 点发生两相短路,因为,$\varphi_{G2} \leqslant$ 90°,则 $\dot{U}_2$ 与 $\dot{I}'_2$ 间夹角必大于180°,所以这时的负序功率方向为负。

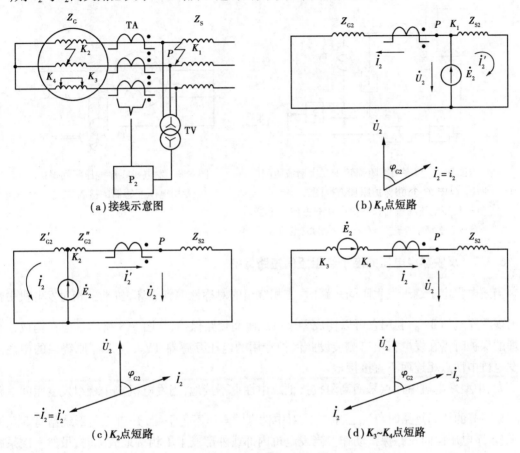

图 6.6　电流互感器在机端时的负序功率方向分析

③发电机定子绕组一相匝间短路时,图6.6(d)表示 $K_3 \sim K_4$ 点发生匝间短路,在纵向负序电势 $\dot{E}_2$ 作用下,$\dot{U}_2$ 超前 $\dot{I}_2$ 的夹角大于180°,所以,这时的负序功率亦为负。

由以上可以看出,发电机匝间短路时和发电机内部两相短路时的负序功率方向是相同的,此时则无法区分这两种故障,但都是动作于跳闸,这是允许的,而外部不对称故障时,负序功率方向则相反。

(2)保护的构成和工作原理

保护的构成如图6.7所示。当发电机定子绕组匝间短路时,短路电流中出现负序电流分量,它所产生的反向旋转磁场在转子回路中感应出以二次谐波为主的高次谐波电流,经二次谐波滤过器3,再经二次谐波电流元件 I_{2n},同时,负序功率方向元件2不动作,即不送出闭锁信号,从而保护无延时地出口送出跳闸脉冲。

当发电机外部不对称短路时,发电机转子回路虽然也出现二次谐波电流,I_{2n} 动作,但此时2因短路功率方向与定子绕组匝间短路时负序功率方向相反而动作,即2送出闭锁信号,保护不跳闸。

二次谐波电流启动元件只需按正常工作最大不对称度考虑,一般不对称度取8%,因此,保护的灵敏度很高。由于 2 从发电机出口侧电流互感器取负序电流,则从前面的分析可知它还能反映发电机内部两相短路故障。

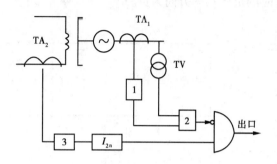

图 6.7　负序功率闭锁转子二次谐波匝间
短路保护原理方框图
1—负序电流滤过器;2—负序功率方向继电器;
3—二次谐波滤过器;I_{2n}—二次谐波电流元件

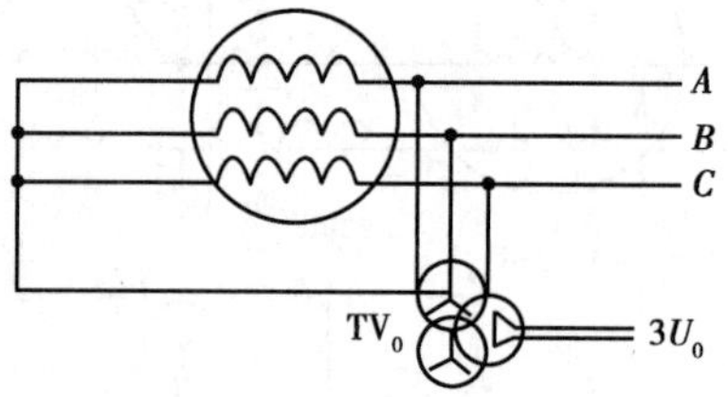

图 6.8　发电机零序电压匝间保护
专用电压互感器的接入方式

6.3.3　反映零序电压的定子绕组匝间短路保护

当发电机定子绕组发生匝间短路时,三相绕组的对称性遭到破坏,机端三相对发电机中性点出现零序电压 $3\dot{U}_0$,利用它可以构成零序电压匝间短路保护,如图 6.8 所示。但在构成这种原理的保护时需在发电机出口侧装设此保护专用的电压互感器 TV_0,且 TV_0 原绕组的中性点与发电机中性点相连而不直接接地。

大、中型发电机中性点采用高阻抗接地或中性点不接地,当发电机定子绕组发生匝间短路或匝数不等的相间短路时,TV_0 三相一次对中性点的电压不再平衡,开口三角形绕组有 $3\dot{U}_0$ 输出,使零序电压匝间短路保护动作。当发电机内部或外部发生单相接地故障时,虽然一次系统出现了零序电压,即一次侧三相对地电压不再平衡,中性点电位升高 $3U_0$,但由于 TV_0 一侧中性点并不接地,所以即使它的中性点电位升高,而三相对中性点的电压仍然是对称的,第三绕组输出电压为零。如果保护不采用专用的 TV_0,而采用通常一次绕组中性点接地的 TV,则就不能区分发电机定子绕组匝间短路内外部单相接地故障。

同理,当发电机出现外部相间短路或内部匝数相等的相间短路时,则 TV_0 开口三角形绕组也不会出现零序电压,保护不会动作。

在实际应用中,由于发电机制造上的原因,在正常运行和外部故障时,TV_0 的开口三角形绕组存在不平衡电压,根据对许多正常运行的发电机的实测和分析,这个不平衡电压主要是三次谐波电压,其最大值可达 20 V 左右,为了提高保护的灵敏度,需装设良好的三次谐波滤过器,以降低不平衡电压的数值。这里还需要指出的是:当发电机外部短路电流太大时,波形畸变得非常严重,所出现的三次谐波通过三次谐波滤过器后还会有相当高的数值。为此,可采用负序功率方向闭锁的方式。

为了防止专用 TV_0 断线在开口三角形出口侧出现较大的零序电压使保护误动作,还需装设断线闭锁元件。

整定原则:动作电压需躲过外部严重故障时的最大不平衡基波零序电压和三次谐波零序

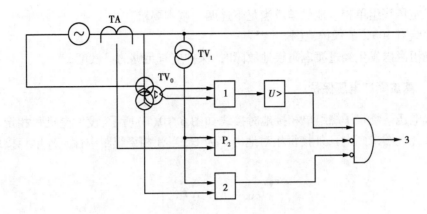

图 6.9　负序功率闭锁零序电压匝间保护的方框原理图
1—三次谐波滤过器;2—断线闭锁保护;3—出口

电压,即

$$U_{oop} = K_{rel} U_{01max} \qquad (6.9)$$

$$U_{oop} = \frac{K_{rel}}{K_{fl.3}} U_{03max} \qquad (6.10)$$

式中　U_{01max}——最大基波零序电压,一般取 $0.4 \sim 0.5$ V;

　　　U_{03max}——最大三次谐波零序电压,一般取 40 V;

　　　K_{rel}——可靠系数,取 1.5;

　　　$K_{fl.3}$——基波对三次谐波滤过比,取 50。

6.4　发电机定子绕组的单相接地保护

发电机定子绕组的单相接地故障是发电机的常见故障之一,这是因为发电机外壳及铁芯均是接地的(保护要求),所以只要发电机定子绕组与铁芯间绝缘在某一点上遭到破坏,就可能发生单相接地故障。

长期运行的实践表明,发生定子绕组单相接地故障的主要原因是,高速旋转的发电机,特别是大型发电机(轴向增长)的振动,造成机械损伤而接地;对于水内冷的发电机(大型机组均是采用这种冷却方式),由于漏水致使定子绕组接地。

发电机定子绕组单相接地故障时的主要危害有下述两点。

①接地电流会产生电弧烧伤铁芯,使定子绕组铁芯叠片烧结在一起,造成检修困难。

②接地电流会破坏绕组绝缘,扩大事故。若一点接地而未及时发现,很有可能发展成绕组的匝间或相间短路故障,严重损伤发电机。

发电机定子绕组单相接地时,易造成发电机的损伤,其损伤程度主要决定于接地电流的大小和故障持续时间。因为造成发电机损伤主要是电弧,所以把不产生电弧的单相接地电流称为安全电流,其大小与发电机额定电压有关(具体见规程)。额定电压越高,安全电流越小,反之亦然。对接地电流小于安全电流的要求保护只动作于信号,或经转移负荷后平稳停机以避免对系统的冲击。反之,当接地电流不小于安全电流时,要求保护立即动作于跳闸停机。对大中型发电机定子绕组单相接地保护应满足下述两个基本要求。

①对绕组有 100% 的保护范围。

②在绕组匝内发生经过渡电阻接地故障时,保护应有足够的灵敏度。

6.4.1 基波零序电压保护

发电机电压系统定子绕组单相接地时接线如图 6.10(a)所示,设发电机每相定子绕组对地电容为 C_M(此图未画出),外接每相对地电容为 C_t,当 A 相绕组距中性点外单相接地时:

$$\left.\begin{array}{l} \dot{U}_{AK} = \dot{E}_A - \alpha\dot{E}_A \\[2mm] \dot{U}_{BK} = \dot{E}_B - \alpha\dot{E}_A \\[2mm] \dot{U}_{CK} = \dot{E}_C - \alpha\dot{E}_A \end{array}\right\} \tag{6.11}$$

$$3\dot{U}_0 = \dot{U}_{AK} + \dot{U}_{BK} + \dot{U}_{CK} = -3\alpha\dot{E}_A \tag{6.12}$$

$$U_0 = -\alpha\dot{E}_A \tag{6.13}$$

$$U_0 = \alpha U_\varphi \tag{6.14}$$

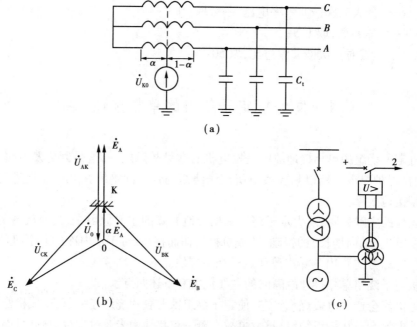

(a)

(b)　　　　　　　　　　(c)

图 6.10　发电机零序电压保护原理图

1—三次谐波滤过器;2—到信号

其各相量如图 6.10(b)所示,保护的原理接线如图 6.10(c)所示,即零序过电压元件接于发电机出口端的电压互感器开口三角形绕组上,这种接线简单可靠。由于电压互感器二次开口三角形绕组的输出电压 U_{mn} 在正常运行时近似为零,而在发电机出口端(机端)单相接地时为 $U_{mn} = 100$ V。因此,当故障发生在 $0 \leqslant \alpha < 1$ 的位置时,$U_{mn} = \alpha \cdot 100$ V。上式所表示的关系,在

图 6.11 中为一直线,零序电压保护继电器的动作电压应躲开正常运行时的不平衡电压(主要是三次谐波电压),其值为 15～30 V,考虑采用滤过比高的性能良好的三次谐波滤过器后,其动作值可降至 5～10 V,则保护的死区为 $\alpha = 0.05～0.1$。若定子绕组是经过渡电阻 R_g 单相接地时,则死区更大,这对于大、中型发电机是不能允许的,因此,在大、中型发电机上应装设能反映 100% 定子绕组单相接地保护。

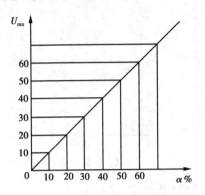

图 6.11 发电机 $U_{mn}=f(\alpha)$ 的关系图

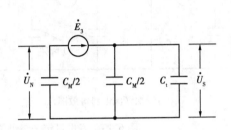

图 6.12 正常运行时三次谐波电势等效图

6.4.2 三次谐波零序电压保护

机端及中性点侧的三次谐波电压 $\dot{U}_S$ 和 $\dot{U}_N$:

1)正常运行时的三次谐波电压

正常运行时相电势中会有三次谐波波电势 $\dot{E}_3$,其等效图如图 6.12 所示。

机端:
$$\dot{U}_S = \dot{E}_S \frac{\dfrac{C_M}{2}}{C_M + C_t} \tag{6.15}$$

中性点端:
$$\dot{U}_N = \dot{E}_S \frac{\dfrac{C_M}{2} + C_t}{C_M + C_t} \tag{6.16}$$

所以,$|\dot{U}_N| > |\dot{U}_S|$ $\tag{6.17}$

当发电机中性点经高阻抗接地时,上式仍然成立。

2)当定子绕组单相接地时的三次谐波电压

当定子绕组单相接地时也会有三次谐波电压,其等效图如图 6.13(a)所示。

$$\dot{U}_S = (1 - \alpha)\dot{E}_3 \tag{6.18}$$

$$\dot{U}_N = \alpha \dot{E}_3 \tag{6.19}$$

$$\frac{|\dot{U}_S|}{|\dot{U}_N|} = \frac{1-\alpha}{\alpha} \tag{6.20}$$

当 $\alpha > 50\%$
$$|\dot{U}_S| < |\dot{U}_N| \tag{6.21}$$

当 $\alpha \leqslant 50\%$ $\qquad$ $|\dot{U}_S| \geqslant |\dot{U}_N|$ $\qquad$ (6.22)

其关系如图 6.13(b)所示。如果以此作为动作条件,则这种原理的保护的"死区"为 $\alpha >$ 50%,但若将这种保护与基波零序电压保护共同组合起来,就可以构成保护区为 100%的定子绕组单相接地保护。事实上,只要动作量选择合适,单独的三次谐波电压保护有可能具有100%保护范围。

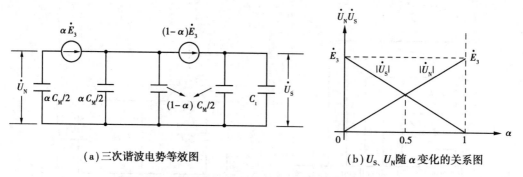

（a）三次谐波电势等效图　　　　　（b）U_S、U_N 随 α 变化的关系图

图 6.13　发电机定子绕组单相接地时三次谐波零序电压

6.4.3　三次谐波零序电压保护装置原理

为提高三次谐波零序电压保护的灵敏度(减小死区),实际上保护装置的动作条件是按下式构成:

$$| \dot{K}_N \dot{U}_N - \dot{K}_S \dot{U}_S | \geqslant \beta | \dot{K}_N \dot{U}_N | \qquad (6.23)$$

或 $\qquad | \dot{U}_N - \dot{K}_P \dot{U}_S | \geqslant K_{brk} | \dot{U}_N | \qquad (6.24)$

上式中的 K_P 为复数,相当于可对 $\dot{U}_S$ 的幅值与相位进行调整,当发电机正常运行条件下,调整 $\dot{K}_P \dot{U}_S \approx \dot{U}_N$,则动作量 $| \dot{U}_N - \dot{K}_P \dot{U}_S | \approx 0$。这样,制动量 $K_{brk} | \dot{U}_N |$ 就可以定得非常小(即 K_{brk} 通常取 0.1~0.2)。另一方面,由上式可知,制动量与 $\dot{U}_N$ 有关,当发生中性点附近的定子接地时,$| \dot{U}_N |$ 减小,保护灵敏度进一步改善;同样可以看出,即使是机端接地故障,由于 K_{brk} 很小,保护仍有较高的灵敏度。当绕组中部附近发生单相接地故障时,其灵敏度较低,因为此时的 $| \dot{U}_N |$ 与 $| \dot{K}_P \dot{U}_S |$ 可能与正常运行的情况接近,使动作量大大减少,而制动量相对来说又较大的缘故,为了补偿这种缺陷,在保护装置中需增加比相元件。因为此时的 $\dot{U}_N$ 与 $\dot{K}_P \dot{U}_S$ 的相位差是存在的(实测表明,发电机运行工况变化时,$\dot{U}_N$ 与 $\dot{U}_S$ 的相位差变化较大),故仍然有一定的灵敏性。

比相元件的动作条件为:

$$\arg \left(\frac{\dot{K}_N \dot{U}_N}{\dot{K}_S \dot{U}_S} \right) > \varphi_{set} (15° \sim 30°) \qquad (6.25)$$

保护装置的原理方框图如图 6.14 所示。

$\dot{U}_N$ 和 $\dot{U}_S$ 分别取自发电机中性点电压变换器和机端 TV 开口三角形绕组的输出电压,零序

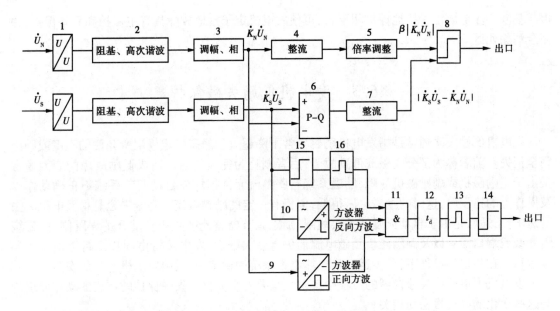

图6.14　三次谐波电压定子接地保护原理方框图

电压输入后,先经电压变换器1,然后通过阻波器2滤波,分别去掉基波和高次谐波成分,得到只含有三次谐波成分的$\dot{U}_N$和$\dot{U}_S$,通过幅值调整器和相位调整器3,可调整$\dot{K}_N$和$\dot{K}_S$的大小和相位。

其中一路经4整流和经5按β做倍率调整后得到制动量$\beta|\dot{K}_N\dot{U}_N|$加于比较器,另一路直接加在减法器6的反相端,同时,$\dot{K}_S\dot{U}_S$则加至减法器的同相输入端,与$\dot{K}_N\dot{U}_N$相减后,再经7整流得到动作量$|\dot{K}_S\dot{U}_S - \dot{K}_N\dot{U}_N|$,引至比较器8,当动作量大于制动量,动作出口。

同时,$\dot{K}_N\dot{U}_N$送至方波器9的正向输入端形成正相方波,$\dot{K}_S\dot{U}_S$则送到方波器10的反相输入端得反相方波,然后经与门11产生一个"与"方波。利用"与"方波来反映两个方波的同极性的持续时间的长短,就可以间接反映$\dot{K}_S\dot{U}_S$与$\dot{K}_N\dot{U}_N$的相位差。发电机正常运行时,经调整后的$\dot{K}_S\dot{U}_S$与$\dot{K}_N\dot{U}_N$相位接近相等,相应的两个方波发生器的输出接近反相,"与"方波同相持续时间t很短(接近于0);当发生定子绕组接地故障时,$\dot{K}_S\dot{U}_S$与$\dot{K}_N\dot{U}_N$间出现较大的相位差,"与"方波同相重叠时间t明显增大,"与"门在波形重叠时间里便有输出,输出也为一方波,$\dot{U}_N$与$\dot{U}_S$相位差越大,两方波重叠时间越长。若超过定值t_d,便通过脉冲展宽电路,出口动作。

在"与"门输入信号中,还有一个由机端三次谐波$\dot{K}_S\dot{U}_S$经比较器15和电平展宽16得到输出信号。因为发电机三次谐波电压与发电机的输出的有功和无功功率有关,当输出功率很小时,$\dot{U}_N$与$\dot{U}_S$的相位关系并不确定,同时,当三次谐波电压很小时,比相电路也不能正确工作。为此设计了一个电平检测"门槛",当发电机输出功率达到某一值时,$\dot{K}_S\dot{U}_S$超过"门槛",由电平展宽电路16输出一个高电平信号,使"与"门开放,比相电路才开始工作。由此可知,零序三次谐波电压定子绕组单相接地保护本身就具有100%定子绕组单相接地故障保护功能,它再与基波零序电压定子接地保护相配合,可使发电机定子接地故障具有主保护和后备保护,并完全消除死区。

※6.5 发电机低励失磁保护

发电机低励失磁通常是指发电机励磁异常下降超过了静态稳定极限所允许的程度或励磁完全消失。前者称为部分失磁或低励故障,后者则称为完全失磁。造成低励故障的原因通常是由于主励磁机或副励磁机故障,励磁系统有些整流元件损坏或自动调节系统不正确动作以及操作上的错误等,这时的励磁电压很低,但仍有一定的励磁电流。完全失磁是指发电机失去励磁电流,通常是由于自动灭磁开关误跳闸,励磁调节器整流装置中自动开关误跳闸,励磁绕组断线或端口短路以及副励磁机励磁电源消失等。失磁后,发电机将由同步运行逐渐转入异步运行。在一定的条件下,异步运行将破坏电力系统的稳定,并威胁发电机本身的安全。

发电机失磁后或失磁发展的过程中各电气量要发生变化。失磁保护的构成的动作原理均与这些变化的电气量密切相关。

6.5.1 失磁过程中各主要电气量的变化情况

在如图 6.15 所示的系统图中,同步发电机同步运行时,若忽略电阻分量,则同步发电机的功角特性为:

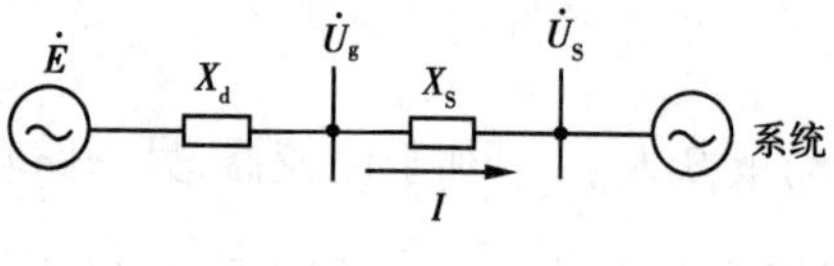

图 6.15 发电机与系统的简化网络

$$P = \frac{E\,\dot{U}_{S}}{X_{d} + X_{S}} \sin \delta \qquad (6.26)$$

$$Q = \frac{E\,\dot{U}_{S}}{X_{d} + X_{S}} \cos \delta - \frac{U_{S}^{2}}{X_{d} + X_{S}} \qquad (6.27)$$

式中 P、Q——发电机送至系统的有功功率、无功功率;

$\dot{U}_{S}$、$\dot{E}$ ——系统电压、发电机电势;

X_{S}、X_{d}——系统联系电抗、发电机电抗(纵轴);

δ——$\dot{E}$ 与 $\dot{U}$ 的角度,称为功角。

相应的描述同步发电机变化规律的转子运动方程式为:

$$T_{J} \frac{\mathrm{d}^{2}\delta}{\mathrm{d}t^{2}} = P_{T} - P - P_{as} \qquad (6.28)$$

式中 P_{T}、P、P_{as}——输入的机械功率、发电机输出的同步电磁功率、发电机异步功率,正常运行时 $P_{as} = 0$;

T_{J}——转子惯性时间常数;

$\frac{\mathrm{d}^{2}\delta}{\mathrm{d}t^{2}}$——电气角加速度。

式(6.26)对应的功角特性曲线如图 6.16 所示。正常运行时,发电机输入机械功率 P_{T} 与电磁功率相平衡,以 δ_{1} 功角稳定运行在图中的 a 点。这时,发电机通常向系统送出有功功率和无功功率,故定子电流滞后于定子电压,称为滞后运行。下面分 3 个阶段进行分析,并设完全失磁。

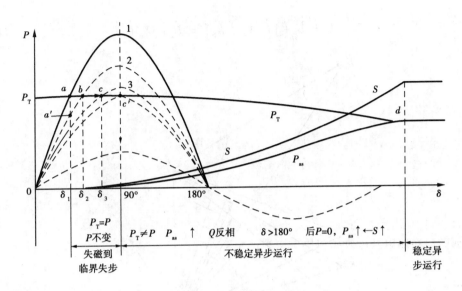

图 6.16　调速的开始反应

（1）失磁到临界失步阶段（$\delta \leqslant 90°$）

在失磁开始初瞬，$P_{as}=0$，随着失磁时间的增长，励磁电流逐渐减少，发电机电势 E 随之按指数规律减小，电磁功率 $P(E、\delta)$ 曲线逐渐变低。为了维持 P_T 与 P 之间的功率平衡，运行点发生改变（$a \rightarrow b \rightarrow c$），功角 δ 则逐渐增加（$\delta_1 \rightarrow \delta_2 \rightarrow \delta_3$），使发电机输出的有功功率基本保持不变，所以，这个阶段称为"等有功过程"。此过程一直持续到临界失步点（c'）$\delta =90°$，这一阶段所经历的时间与励磁电流（即电势 E）的衰减时间常数成正比。失磁故障的方式不同，这一阶段的时间就不同；此外，发电机正常运行时的系统储备系数越大（失磁发电机就带负荷越轻），该时间越长。此阶段因滑差 S 很小，异步功率极小，可忽略不计。对于无功功率 Q，随着 δ 的增大而将缓慢减小，当 $Q=0$ 时，无功功率开始反向，当 $\delta =90°$，$Q=-\dfrac{U_S^2}{X_d+X_S}$，这说明发电机完全从系统吸收无功功率。

当 $\delta \leqslant 90°$ 时，电势 E 在失磁后衰减可表示为 $E=E_0 e^{-\frac{1}{T_d}}$，该无功功率开始减少，以 $Q=0$ 为临界点，机端无功功率开始反向，机端无功功率电流随之开始反向，机端电流相量 $\dot{I}$ 由原来滞后机端电压 $\dot{U}_g$ 转为超前机端电压 $\dot{U}_g$，发电机变为进相运行。开始从系统吸收无功功率，在这个过程中，由于 E 不断下降，U_g 也呈不断下降趋势。所不同点是 $\dot{I}$ 从机端无功功率 Q_g 过零点之前到 $Q_g=0$，无功电流不断减少，而有功电流基本不变。所以，$\dot{I}$ 逐渐略有减少，Q_g 过零点之后，反向无功电流不断增大，机端电流 $\dot{I}$ 将不断增大，这阶段各量变化的相量图，如图 6.17 所示，图中假设的系统电压 $\dot{U}_S$ 作参考相量（即保持不变）失磁发生后，$\dot{E}$ 不断减小（$\dot{E}_1 \rightarrow \dot{E}_2 \rightarrow \dot{E}_3$），$\dot{U}_g$ 不断减少（$\dot{U}_{g1} \rightarrow \dot{U}_{g2} \rightarrow \dot{U}_{g3}$），$\dot{I}$ 则由最初的滞后于 $\dot{U}_g$，逐渐变到与 $\dot{U}_g$ 同相，此时，$\dot{I}$ 达到最小，然后，$\dot{I}$ 逐渐增大（$\dot{I}_1 \rightarrow \dot{I}_2 \rightarrow \dot{I}_3$），并超前于 $\dot{U}_g$，变为进相运行。这期间因发电机仍然同步运行，X_d 保持不变，故为：

$$\dot{E} = \dot{U} + j\dot{I}(X_d + X_S) = \dot{U}_g + jX_d\dot{I} \qquad (6.29)$$

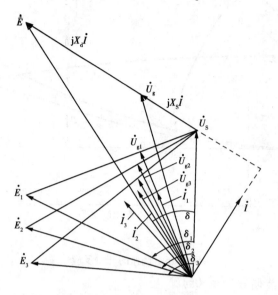

图 6.17 失磁后有关相量的变化

由此可以得到失磁后的有功过程中 $\dot{E}$ 和 $\dot{I}$ 的变化规律,即 $\dot{E}$ 不断减小,而 $\dot{I}$ 则在短时略为减小,在 $\dot{I}$ 超前于 $\dot{U}$ 后,则一直维持不断增大的趋势。

(2)不稳定运行阶段($\delta > 90°$)

当 $\delta > 90°$ 时,不可能出现 $P_T = P$,随着 δ 的增大,$P_T - P$ 的值越大。于是,转子加速,滑差 S 不断增大,转子回路中感应的差频电流不断增大,异步功率(转矩)P_{as} 也随之增大。特别是当 $\delta > 180°$ 后,随着励磁电流和 P 的完全衰减,S 和 P_{as} 增大得更快;另一方面,调速器也开始反应,作用于减少 P_T 使转速减慢,这一阶段 P、P_{as}、S、P_T 是变化的。

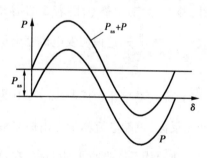

图 6.18 异步状态时发电机输出功率的变化情况

若发电机为完全失磁,当 $\delta \geqslant 180°$ 时,同步有功功率为零,靠异步功率向系统输出有功;若为部分失磁,则在此时期内励磁电流并不会衰减至 0,尚有剩余的带振荡的同步功率。当它与异步功率叠加后,会使发电机输出的有功功率时大时小地摆动,这对发电机非常不利,如图 6.18 所示。

(3)稳定的异步运行阶段

当滑差 S 达到一定数值,使 P_{as} 达到能与减少了的 P_T 相平衡,即图 6.16 中的 d 点,转子停止加速,S 不再增大(这里是指 S 的平均值),发电机便转入稳定的异步运行阶段。

由上面的分析可知:

①发电机失磁后到失步前,输出有功功率基本不变,无功功率的减少和 δ 的增大都比较缓慢。

②失磁发电机由失磁前向系统送出无功功率 Q_1,转为从系统吸收无功功率 Q_2,则系统将出

现 $Q_1 + Q_2$ 的无功缺额,尤其是满负荷运行的大型机组 Q 较大,会引起系统无功功率大量缺额,若系统无功容量储备不足,将会引起系统电压严重下降,甚至导致系统电压崩溃。对于同容量水轮发电机,由于它的同步电抗较小,较汽轮发电机而易吸收的无功就更多,造成的影响更严重。

③失磁引起的系统的电压下降会使发电机增加其无功输出,引起有关发电机、变压器或线路过流,甚至使后备保护动作,扩大故障范围。

④失磁引起有功功率摆动和励磁电压的下降,可能导致电力系统某些部分之间失步,使系统发生振荡,甩掉大量负荷。

⑤由于出现转差,在转子回路出现的差频电流产生的附加损耗,可能使转子过热而损坏。

⑥失磁发电机进入异步运行后,等效阻抗降低,定子电流增大而使定子过热。失磁失步后转差越大,等效电抗越小,过电流越严重。

⑦失磁失步后发电机有功功率剧烈的周期性摆动,变化的电磁转矩周期性的作用到轴系上,并通过定子传给机座,引起剧烈振动。

⑧失磁运行时,发电机定子端部漏磁增加,将使端部的部件和边段铁芯过热。

由于低励失磁故障会引起上述危害,因此,在发电机上(特别是大型发电机上)须装设性能完善的失磁保护。

6.5.2 失磁发电机机端测量阻抗的变化特性

测量阻抗定义为从发电机端向系统方向所看到的阻抗。

(1)等有功阻抗图($\delta < 90°$)

如上所述,发电机由失磁开始至临界失步是一个等有功过程,即 P 为恒定,则机端测量阻抗为:

$$Z = \frac{\dot{U}_g}{\dot{I}} = \frac{\dot{U}_S + j\dot{I}X_S}{\dot{I}} = \frac{\dot{U}_S}{\dot{I}} + jX_S = \frac{U_S^2}{P - jQ} + jX_S$$

$$= \frac{U_S^2 \times 2P}{2P(P - jQ)} + jX_S = \frac{U_S^2}{2P} \times \frac{(P - jQ) + (P + jQ)}{P - jQ} + jX_S$$

$$= \frac{U_S^2}{2P}\left(1 + \frac{P + jQ}{P - jQ}\right) + jX_S = \frac{U_S^2}{2P}(1 + e^{j\theta}) + jX_S = \left(\frac{U_S^2}{2P} + jX_S\right) + \frac{U_S^2}{2P}e^{j\theta} \qquad (6.30)$$

式中,$\theta = 2\arctan\dfrac{Q}{P}$。

因为 P 不变,再假设 X_S、U_S 均为恒定,只有角度 θ 为变数,故式(6.30)在阻抗复平面上的轨迹为一圆,其圆心坐标为 $\left(\dfrac{U_S^2}{2P}, X_S\right)$,半径为 $\dfrac{U_S^2}{2P}$,如图 6.19 所示。此圆称为等效有功阻抗圆。分析式(6.30),可以得出以下结论:

①一定的等有功阻抗圆与某一确定的 P 相对应,其圆半径与 P 成反比(圆周上各点 P 为恒量而 θ 为变量),即发电机失磁前带的有功负荷 P 越大,相应的圆越小。

②发电机正常运行时,向系统送出有功功率和无功功率,θ 角为正,测量阻抗在第一象限。发电机失磁后无功功率由正变负,θ 角逐渐由正值向负值

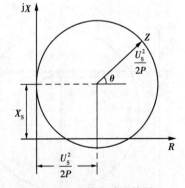

图 6.19 等有功阻抗圆

变化,测量阻抗也逐渐向第四象限过渡。失磁前,发电机送出的有功功率越大(圆越小),测量阻抗进入第四象限的时间就越短。

③等有功阻抗圆的圆心坐标与联系电抗 X_S 有关,在同一功率下,不同的 X_S,对应着个同的轨迹圆。如 $X_S = 0$,则圆心坐标在 R 轴上,测量阻抗很易进入第四象限,X_S 较大(即机组离系统较远),圆心坐标上移,则其测量阻抗不易进入第四象限。可以看到,失磁发电机的机端测量阻抗的轨迹最终都是向第四象限移动。

(2)**等无功阻抗圆**($\delta = 90°$)

这时的 $Q = -\dfrac{U_S^2}{X_d + X_S}$,即发电机从系统吸收无功功率,发电机机端测量阻抗为:

$$
\begin{aligned}
Z = \frac{\dot{U}_g}{\dot{I}} &= \frac{U_S^2}{P - jQ} + jX_S = -\frac{U_S^2}{2jQ} \times \frac{-2jQ}{P - jQ} + jX_S \\
&= j\frac{U_S^2}{2Q} \times \frac{P - jQ - jQ - P}{P - jQ} + jX_S \\
&= j\frac{U_S^2}{2Q}\left(1 - \frac{P + jQ}{P - jQ}\right) + jX_S = j\frac{U_S^2}{2Q}(1 - e^{j\theta}) + jX_S
\end{aligned}
\tag{6.31}
$$

将 $Q = -\dfrac{U_S^2}{X_d + X_S}$ 代入上式得:

$$
\left.
\begin{aligned}
Z &= -j\frac{X_d - X_S}{2} + j\frac{X_d + X_S}{2}e^{j\theta} \\
\theta &= 2\arctan\frac{Q}{P}
\end{aligned}
\right\}
\tag{6.32}
$$

式中,U_S、X_S 和 Q 为常数时,式(6.32)是一个圆的方程。

圆心坐标为 $\left[0, -j\dfrac{1}{2}(X_d - X_S)\right]$,半径为 $\dfrac{X_d + X_S}{2}$,如图 6.20 所示。此圆称为等无功阻抗圆,也称临界失步阻抗圆或静稳极限阻抗圆,圆外为稳定工作区,圆内为失步区,圆上为临界失步。该圆的大小与 X_d、X_S 有关系。X_S 越大,圆的直径越大,且在第一、二象限部分增加,但无论 X_d、X_S 为何值,该圆都与点 $(0, -jX_d)$ 相交。

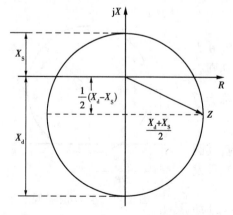

图 6.20　临界失步(或静稳极限阻抗圆)

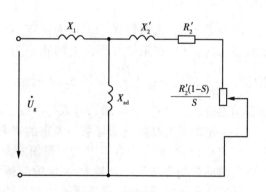

图 6.21　发电机异步运行等值电路

（3）稳态异步运行阻抗圆

失步后的阻抗轨迹，最终将稳定在第四象限，这是因为进入稳态异步运行后，同步发电机成为异步发电机，其等效电路与异步电动机类似。如图 6.21 所示，圆中的 X_1 为定子绕组漏抗，X_2' 为转子绕组的归算电抗，X_{ad} 为定子、转子绕组间的互感电抗（即电枢反应电抗），R_2' 为转子绕组的计算电阻，S 为转差率 $\left(S = \dfrac{\omega_0 - \omega}{\omega_0}\right)$，$\dfrac{R_2'(1-S)}{S}$ 则表示发电机功率大小的等效电阻。

由图 6.21 可得，此时发电机的测量阻抗为：

$$Z = \frac{\dot{U}_g}{\dot{I}} = -\left[-jX_1 + \frac{jX_{ad}\left(\dfrac{R_2'}{S} + jX_2'\right)}{\dfrac{R_2'}{S} + j(X_{ad} + X_S')} \right] \tag{6.33}$$

上式表明，此时发电机的测量阻抗与转差率 S 有关。

考虑两种极端情况：

①发电机空载运行失磁时，$S \to 0$，$\dfrac{R_2'}{S} \to \infty$，此时测量阻抗最大，即

$$Z = -(jX_1 + jX_{ad}) = -jX_d$$

②发电机在其他运行方式失磁时，取极限情况，即 $S \to \infty$，$\dfrac{R_2'}{S} \to 0$，此时测量阻抗最小，即

$$Z = -j\left(X_1 + \frac{X_{ad}X_2'}{X_{ad} + X_2'}\right) = -jX_d' \tag{6.34}$$

以 $-jX_d$ 和 $-jX_d'$ 为两个端点，并取 $X_d - X_d'$ 为直径，也可以构成一个圆，如图 6.22 所示。它反映稳态异步运行时 $Z = f(S)$ 的特性，简称异步运行阻抗圆，也称抛球式阻抗特性圆。发电机在异步运行阶段，机端测量阻抗进入临界失步阻抗圆内，并最终落在 $-jX_d' \sim -jX_d$ 的范围内。

（4）临界电压阻抗圆

为了保证在失磁后系统稳定及厂用电安全，要求机端电压 U_g 不得低于某一定值，这一电压定值称临界电压值。在临界电压为一定的条件下，机端测量阻抗的轨迹，同样可用阻抗圆描述。

在如图 6.23 所示的简化网络图中，当发电机失

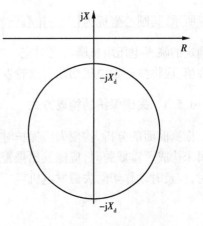

图 6.22　异步运行阻抗圆

磁后，若 $\dot{U}_h$ 下降到小于等于系统电压为 $\dot{U}$ 的 K 倍，即 $U_h \leq KU(K < 1)$，则会危及系统及厂用电的安全。

从网络图中可得：

$$\dot{U}_h = U_g - j\dot{I}X_{st} \tag{6.35}$$

$$\dot{U} = \dot{U}_g - j\dot{I}(X_{st} + X_{s1}) \tag{6.36}$$

上两式两端同除以 $\dot{I}$，得：

$$Z_h = Z - jX_{st} \tag{6.37}$$

$$Z_S = Z - j(X_{st} + X_{s1}) \tag{6.38}$$

两电压大小的比值等于两阻抗比值的绝对值,即

$$\frac{U_h}{U} = \left| \frac{Z_h}{Z_S} \right| = \frac{|Z - jX_{st}|}{|Z - j(X_{st} + X_{s1})|} = K \tag{6.39}$$

将 $Z = R + jX$ 代入上式得:

$$R^2 + \left[X - \left(X_{st} - \frac{K^2}{1 - K^2} X_{s1} \right) \right]^2 = \left(\frac{K}{1 - K^2} X_{s1} \right)^2 \tag{6.40}$$

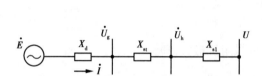

图 6.23 发电机与系统的简化网络

X_{st}—主变电抗;X_{s1}—主变以外的系统电抗;

U_h—主变高压侧电压

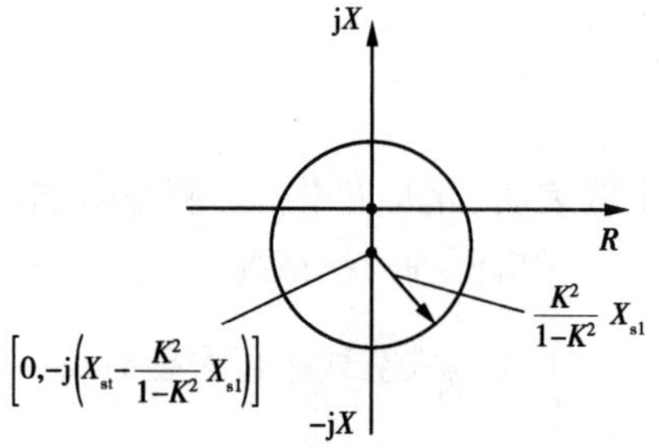

图 6.24 临界电压阻抗圆

式中,X_{s1}、X_{st}、K 均为已知系数。机端测量阻抗的轨迹为一圆,称临界电压阻抗圆,如图 6.24所示,其圆心坐标为 $\left[0, -j\left(X_{st} - \frac{K^2}{1 - K^2} X_{s1} \right) \right]$,半径为 $\frac{K}{1 - K^2} X_{s1}$;对于确定的 R 值,均有一个确定的临界电压阻抗圆与之对应。当机端测量阻抗进入该圆时,说明主变高压侧电压低于允许值,应将失磁发电机切除。汽轮发电机通常可用此圆来确定跳闸动作区。

6.5.3 失磁保护的构成方式

根据前面的分析,构成失磁保护时,应考虑两种功能:一是发电机虽失磁,但对发电机和系统尚未构成严重威胁时,应能发出报警或减负荷信号;二是当其后果危及发电机或系统安全运行时,应及时动作切除失磁发电机。

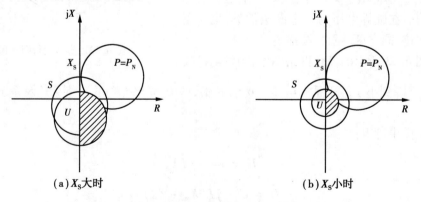

(a)X_S大时   (b)X_S小时

图 6.25 允许无励磁运行发电机失磁保护的动作区

　　对于汽轮发电机,如果系统无功足够,失磁后将允许无励磁运行,这时,失磁保护应瞬时或经短延时动作报警信号和减负荷,或切换至备用励磁系统,并以发电机允许无励磁运行时限切除发电机,其动作区如图6.25(a)所示。如果系统无功不足,电压严重下降,失磁后保护应立即动作于报警信号,而在临近失磁或机端电压下降到临界值附近时,保护应使失磁发电机与系统解列,其动作区如图6.25(b)所示。

　　对于水轮发电机,由于它的同步电抗较汽轮发电机小,失磁失步后,定子绕组过电流和转子发热就比较厉害,同时,水轮发电机要在滑差相对较大时,才能有较大的异步功率,因而其机组振动程度较汽轮发电机厉害。所以,不管系统的条件如何,失磁时应瞬时发报警信号,而在临近失步或电压降低到临界值附近时,保护动作应切除发电机,其动作区如图6.26所示。

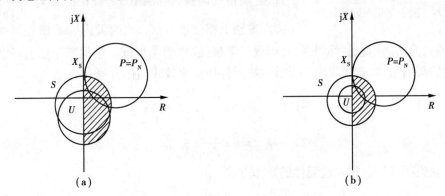

图6.26　水轮发电机失磁保护的动作区

P_N—额定有功功率的等有功阻抗圆;U—临界电压阻抗圆;S—临界失步阻抗圆

6.5.4　失磁保护的构成原理

下面以汽轮发电机失磁保护为例来进行说明。

(1)反映机端阻抗变化的测量元件

阻抗元件可采用临界失步阻抗圆或异步运行阻抗圆特性来作为动作边界以实现动作判据。

1)反映临界失步阻抗元件的动作方程

反映静稳边界的阻抗元件的动作方程应与发电机的静稳边界相符合。其动作方程:

$$Z = -j\frac{X_d - X_S}{2} + j\frac{X_S + X_d}{2}e^{j\theta} \tag{6.41}$$

幅值比较式:
$$\left| Z + j\frac{1}{2}(X_d - X_S) \right| \leqslant \left| j\frac{1}{2}(X_d + X_S) \right| \tag{6.42}$$

相位比较式:
$$90° \leqslant \arg\frac{Z - jX_S}{Z + jX_d} \leqslant 270° \tag{6.43}$$

若取$\delta_g = 90°$,作为静稳极限,则

幅值比较式:
$$\left| Z + j\frac{1}{2}X_d \right| \leqslant \left| j\frac{1}{2}X_d \right| \tag{6.44}$$

相位比较式:
$$90° \leqslant \arg\frac{Z}{Z + jX_d} \leqslant 270° \tag{6.45}$$

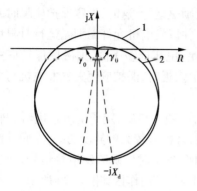

图 6.27　圆及苹果圆阻抗特性

或
$$90° \leqslant \arg \frac{Z + jX_d}{Z} \leqslant 270° \qquad (6.46)$$

$\delta = 90°$ 时的阻抗圆如图 6.27 所示的圆 1,圆 1 不能避开外部短路以及进相运行振荡的影响,以 $\delta_g = 90°$ 所作出的圆虽然能避开其影响,但动作区缩小了,实用中常采用苹果圆特性的阻抗元件,使其特性逼近静稳边界,且减去 R 轴以上的动作区,圆 2 实际上是将以 $\delta_g = 90°$ 所作出的圆,并以原点为轴心分别顺时针和反时针旋转 γ_0 角度位置,分别得到两圆,再将两圆的直径扩大至 $\frac{X_d}{\sin \gamma_0}$,使两圆周在虚轴上相交于 $-jX_d$。取两圆内区域相并可得到新的动作区,该区为两圆相连的外周线,其形状似苹果,故称为苹果圆。根据苹果圆上任意一点与割线相对的圆周角,可直接写出苹果圆阻抗元件相位比较式动作方程:

$$2\pi - \gamma_0 \geqslant \arg \frac{Z + jX_d}{Z} \geqslant \gamma_0 \qquad (6.47)$$

或
$$2\pi - \gamma_0 \geqslant \arg \frac{Z}{Z + jX_d} \geqslant \gamma_0 \qquad (6.48)$$

2)反映失磁异步运行阻抗元件的动作方程

其动作特性如图 6.22 所示,但实用中考虑阻尼回路的影响,取圆的上半周过 $-j\frac{X_d'}{2}$,则圆的动作方程:

幅值比较式:
$$\left| Z + \frac{1}{2}\left(X_d + \frac{1}{2}X_d'\right) \right| \leqslant \left| j\frac{1}{2}\left(X_d - \frac{1}{2}X_d'\right) \right| \qquad (6.49)$$

相位比较式:
$$90° \leqslant \arg \frac{Z + jX_d}{Z + j\frac{1}{2}X_d'} \leqslant 270° \qquad (6.50)$$

这种阻抗特性元件比反映静稳边界圆特性阻抗元件受振荡及外部短路的影响要小,但对失磁反应却要迟缓一些(圆相对较小),即保护在失步时不能动作,只有在失步后一段时间才能动作,不能在失步前及时进行处理。因此,这种方式仅适用于系统很大(X_s 小),失磁机组容量相对不大的场合。

(2)反映 $\dot{E}$ 和 $\dot{I}$ 随时间变化率的测量元件

根据前面的分析,在失磁后的等有功过程中,发电机电势 $\dot{E}$ 随时间不断减少,而定子电流 $\dot{I}$ 则在短暂下降后持续上升。这个规律是发电机失磁等有功过程中所特有的,利用这种原理来构成失磁保护的另一个测量元件。

由于在定子侧直接测量发电机电势 $\dot{E}$ 有一定困难,需要找一个与 $\dot{E}$ 有相同变化规律的模拟电势 $\dot{E}_m$。考虑式(6.29),在失步前 X_d 保持不变,选择一个不变的模拟电抗 X_m 来取代 X_d,就可保证新产生的电势与 $\dot{E}$ 变化规律相同,故令

$$\dot{E}_{m} = \dot{U}_{g} + j \dot{I} X_{m} \tag{6.51}$$

$$\Delta IX_{m} = | \dot{I}(t + \Delta t) X_{m} | - | \dot{I}(t) X_{m} | = | I(t + \Delta t) | - | I(t) | X_{m} \tag{6.52}$$

$$\Delta E_{m} = | \dot{E}_{m}(t + \Delta t) | - | \dot{E}_{m}(t) | \tag{6.53}$$

测量元件的动作判据为：

$$\frac{-\Delta E_{m}}{\Delta t} \geqslant C_{1} \tag{6.54}$$

$$\frac{\Delta IX_{m}}{\Delta t} \geqslant C_{2} \tag{6.55}$$

式中，C_1、C_2 皆为常数门槛值。系统短路时，发电机可用暂态电抗 $\dot{X}_d$ 和该电抗后的电势 $\dot{E}'$ 来表示，即 $\dot{E}' = \dot{U}_g + j \dot{I} X'_d$，并将此式代入式（6.51）得：

$$\dot{E}_{m} = \dot{U}_{g} + j \dot{I} X_{m} = \dot{E}' + j \dot{I}(X_{m} - X'_{d}) \tag{6.56}$$

短路期间，$\dot{E}'$ 基本保持不变，故只要取 $X_m > X'_d$，就可保证 E_m 与 ΔI_m 与时间同时增大同时减少。这样，上面的判据在系统短路时就不会误动作。

（3）保护的工作原理

在图 6.28 中，符号 K_1 为低电压元件，按临界电压阻抗圆整定；K_2 为阻抗元件，可按静稳边界整定，一般为苹果特性；K_3 为反映 E 和 I 随时间变化率的测量元件。对于发电机转子电压易于测量的场合，也可用转子低电压元件或基于与发电机输出功率相关的转子电压原理的测量元件代替。这个保护方案的特点只需用到发电机定子侧电量，因此，也可以用于无刷励磁的发电机。

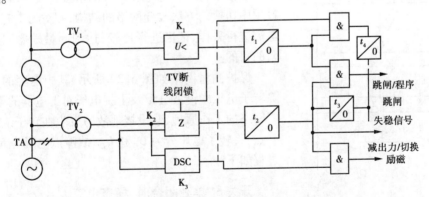

图 6.28　失磁保护构成方案

汽轮发电机的特点是失磁后转差小，平均异步转矩较大，异步运行时振动较轻。发生失磁故障后，测量阻抗进入动作边界，但只要未达到低电压元件的定值，则失磁保护只动作于减出力，通常减到额定功率的 40% ~ 50%，其平均滑差随之减少，这种情况一般可允许发电机短时运行 2 ~ 15 min。若在失磁后母线电压低于允许值，则应迅速动作于跳闸。

定子阻抗判据作为失磁后的主要判据。在系统振荡时，阻抗轨迹可能进入保护动作区，但是断续的，持续时间一般在 1 s 以内，故设置 t_2 为 1 ~ 1.5 s 的延时躲开振荡，当然，也可避开外部短路可能引起的误动作。

若阻抗元件动作特性通过原点,TV 回路断线会导致误动作,在这设置 TV 回路断线闭锁。低电压元件动作后,需经 $t_1 = 0.25$ s 延时再作用于跳闸。其原因是部分失磁且失步后,由于仍有同步功率,故有功功率周期性波动较大,引起 U_h 周期性波动,低于低电压元件整定值,但此时的电压并未真正降到崩溃电压,不应跳闸,增加 t_1 后就可满足这种要求。阻抗元件还可经 t_3 (2~15 min)长延时直接跳闸,其作用有两个:一是如果低电压元件拒动,阻抗元件经 t_3 直接跳闸,以避免损坏发电机;二是阻抗元件动作后,经 t_2 发出失磁稳信号,操作人员可采取必要措施,若措施无效,为保证发电机本身安全,在达到 t_3 长延时后,切除发电机。

K_3 因其动作灵敏性较高,反应较快,能在测量阻抗进入静稳边界之前就检测到失磁故障,故在发电机失磁而未失去静稳之前直接作用于减出力。不过它不能反映失磁对系统或发电机安全的威胁程度,故仅用作辅助判据,而不直接作用于跳闸。

6.6　发电机励磁回路一点接地保护

发电机正常运转时,励磁回路对地之间有一定的绝缘电阻和分布电容。当励磁绕组绝缘严重下降或损坏时,会引起励磁回路的接地故障,最常见的是励磁回路一点接地故障。发生一点接地故障时,由于没有形成电流回路,对发电机运行没有直接影响,但一点接地以后,励磁回路对地电压升高,在某些条件下会诱发第二点接地,而两点接地故障将严重损坏发电机。因此,有关规程要求发电机必须装有灵敏的励磁回路一点接地故障保护,保护作用于信号,以便通知值班人员采取措施。

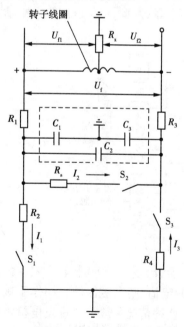

图 6.29　转子一点接地保护测量网络

这类保护原理有多种,现介绍切换测量原理保护方案。该方案将一个电阻和电容网络接在转子绕组两端,通过顺序切换的方法改变网络的结构,并对 3 个有关的支路电流进行采样、记忆进行比较,达到测量励磁回路对地电阻的目的。

保护测量网络如图 6.29 所示,其中电容的作用是消除转子电压中谐波分量及干扰电压对继电器的影响,为说明网络的工作原理,假设接地故障发生在转子绕组中部任一点,将转子电压分为 U_{f1} 和 U_{f2},故障点电阻为 R_x,其稳态过程如下。

开关 S_1 单独闭合时,稳态电流 $I_1 = \dfrac{U_{f1}}{R_1 + R_2 + R_x}$ 经采样保持和整理后在装置内得到与 I_1 成正比的电压 U_1:

$$U_1 = K_1 I_1 = \frac{K_1 U_{f1}}{R_1 + R_2 + R_x} \tag{6.57}$$

同理,开关 S_2 与 S_3 分别单独闭合时,相应的有:

$$U_2 = K_2 I_2 = \frac{K_2 U_f}{R_1 + R_2 + R_s} \tag{6.58}$$

$$U_3 = K_3 I_3 = \frac{K_3 U_{f2}}{R_3 + R_4 + R_x} \tag{6.59}$$

为简化起见，取 $R_1 = R_3 = R_a, R_2 = R_4 = R_b$（$R_a$、$R_b$ 皆为选定的参数），$K_1 = K_3 = K$，则上述 3 式可改写为：

$$U_1 = \frac{K U_{f1}}{R_a + R_b + R_x} = K I_1 \tag{6.60}$$

$$U_2 = \frac{K_2 U_f}{2R_a + R_S} \tag{6.61}$$

$$U_3 = \frac{K U_{f2}}{R_a + R_b + R_x} = K I_3 \tag{6.62}$$

显然，正常运行时，R_x 为对地绝缘等值电阻，数值很大，故 I_1 和 I_2，即 U_1 和 U_3 很小；发生接地故障时，R_x 变小，U_1 和 U_3 增大。但无论正常运行还是发生接地故障，I_2 和 U_2 都基本保持不变。故可选择保护的动作判据为：

$$U_1 + U_3 \geqslant U_2 \tag{6.63}$$

由式（6.60）～式（6.63），并考虑到 $U_{f1} + U_{f2} = U_f$，可得到装置动作时对应的 R_x 为：

$$R_x \leqslant \frac{K}{K_2}(2R_a + R_s) - (R_a + R_b) \tag{6.64}$$

对于给定的 R_a、R_b、R_x、K_2 及 K，当上式等号成立时，R_x 便为检测到的最大接地电阻 $R_{x \cdot max}$，若 K_2 取固定值，则改变 K 可以调整灵敏性。K_2 值可根据灵敏性要求（即要求检测 $R_{x \cdot max}$ 的值），由式（6.64）取等号求出，即

$$K_2 = \frac{K(2R_a + R_s)}{R_a + R_b + R_{x \cdot max}} \tag{6.65}$$

6.7　发电机励磁回路两点接地保护

当转子绕组发生两点接地故障，由于故障点流过相当大的短路电流，因而会烧伤转子；由于部分绕组被短接，励磁绕组电流增加，转子可能因过热而损伤；同时，气隙磁通失去平衡，会引起机组剧烈振动，可能因此而造成灾难性破坏。此外，汽轮发电机转子绕组两点接地故障，还可能使轴系和汽机磁化。因此，两点接地故障的后果是严重的，必须装设有效的励磁回路两点接地保护，立即跳闸。励磁回路两点接地继电器可由电桥原理构成，其原理接线及装置方框图如图 6.30 所示。这种原理的励磁回路两点接地保护装置在励磁绕组发生一点接地后投入，这时，接地点把转子绕组分为两部分构成电桥的两臂，继电器内部的电阻和电位构成电桥的另外两臂。两点接地保护投入后即通过电位器调整电桥至平衡状态，电桥输出为零。当励磁回路再发生第二点接地时，电桥平衡遭到破坏，产生不平衡差压使保护动作。

由电桥平衡原理构成的励磁回路两点接地保护有两个缺点：①由于两点接地保护只能在转子绕组一点接地后投入，所以，对于发生两点同时接地，或者第一点接地后紧接着发生第二点接地的故障，保护装置均不能反映。②若第一个接地点发生在转子绕组的正极或负极端，则因电桥失去作用，不论第二点接地发生在何处，保护装置将拒动。

二极汽轮发电机还可以利用定子侧二次谐波电压来构成转子绕组两点接地保护。

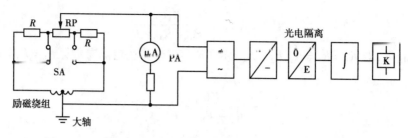

图6.30　电桥原理转子两点接地继电器电路原理接线及方框图

6.8　发电机转子表层过热(负序电流)保护

发电机在不对称负荷状态下运行,外部不对称短路或内部故障时,定子绕组将流过负序电流,它所产生的负序旋转磁场的方向与转子运动方向相反,以两倍同步转速切割转子,在转子本体、槽楔及励磁绕组中感生倍频电流,引起额外的损耗和发热;另一方面,由负序磁场产生的两倍频交变电磁转矩,使机组产生100 Hz振动,引起金属疲劳和机械损伤。

汽轮发电机转子由整块钢锻压而成,绕组置于槽中。倍频电流主要部分在转子表层沿轴向流动,这个电流可达到极大数值,会在转子表面某些接触部位引起高温,发生严重电灼伤,同时,局部高温还有使护环松脱的危险。机组承受负序电流的能力主要由转子表层发热情况来确定,特别是大型发电机,设计的热容量裕度较低,对承受负序电流能力的限制更为突出,必须装设与其承受负序电流能力相匹配的负序电流保护,又称为转子表层过热保护。

转子表层过热(负序电流)保护基本原理分两部分介绍如下所述。

(1)转子发热特点及负序电流反时限动作判据

大型发电机要求转子表层过热保护与发电机承受负序电流的能力相适应,因此在选择负序电流保护判据时需要首先了解由转子表层发热状况所规定的发电机承受负序电流的能力,这个能力通常按时间长短进行划分,即短期和长期承受负序电流的能力。

1)发电机长期承受负序电流的能力

发电机正常运行时,由于输电线路及负荷不可能三相完全对称,因此,总存在一定的负序电流I_2,但数值较小,通常不超过2%～3%额定电流。发电机带不对称负荷运行时,转子虽有发热,但如果负序电流不大,由于转子的散热效应,其温升不会超过允许值,即发电机可以承受一定数值的负序电流长期运行。发电机长期承受负序电流的能力与发电机结构有关,应根据具体发电机确定。我国有关规程规定为:在额定负荷下,汽轮发电机持续负序电流$I_2 \leqslant (6\% ～8\%) I_N$,对于大型直接冷却式发电机相应值更低一些。

负序电流保护通常依据发电机长期允许承受的负序电流值来确定启动门槛值,当负序电流超过长期允许承受的负序电流值后,保护延时发出报警信号。

2)发电机短时承受负序电流的能力

在异常运行或系统发生不对称故障时,I_2将大大超过允许的持续负序电流值,这段时间通常不会太长,但因I_2较大,更需考虑防止对发电机可能造成的损伤。发电机短时间内允许负序电流值I_2的大小与电流持续时间有关。发电机发热量的大小通常与流经发电机的负序电流I_2'的平方及所持续的时间t成正比。若假定发电机转子为绝热体(即短时内不考虑向周围

散热的情况),则发电机允许负序电流与允许持续时间的关系可用下式来表示:

$$I_{*.2}^2 t = A \tag{6.66}$$

式中　$I_{*.2}$——以发电机额定电流 I_N 为基准的负序电流标么值;

　　　A——与发电机型式及冷却方式有关的常数;

　　　t——允许时间。

A 值反映发电机承受负序电流的能力,A 越大,说明发电机承受负序电流能力越强。一般地,发电机容量越大,相对裕度越小,A 值也越小。对发电机 A 值的规定并不统一,对于300 MW直接冷却式大型汽轮发电机 A 值大致范围是 $A \leq (6 \sim 8)$。

A 值通常是按绝热过程设计计算的,但在有些情况下,可能偏于保守。因为一般只在很短时间内可不计及散热作用。当 I_2 较小,而允许持续时间较长时,转子表面向本体内部和周围介质散热就不能再予以忽略。因此,在确定转子表面过热保护的负序电流能力判据时,再引入一个修正系数 K_2,即有下述判据:

$$(I_{*.2}^2 - K_2^2)t \geq A \tag{6.67}$$

修正系数 K_2 与发电机允许长期负序电流 $I_{*.2}^\infty$ 有关,为了将温升限制在一定范围内要求 $K_2^2 \leq I_{*.2}^\infty$,即

$$K_2^2 = K_0 I_{*.2}^{2\infty} \tag{6.68}$$

式中　K_0——安全系数,一般为0.6。

将式(6.68)代入式(6.67)得到在负序电流 $I_{*.2}^2$ 条件下,允许运行时间的动作判据为:

$$t \geq \frac{A}{I_{*.2}^2 - K_0 I_{*.2}^{2\infty}} \tag{6.69}$$

这就是在负序电流保护中所采用的反时限动作判据。

还应注意,当负序电流较大而持续时间较短(如小于5 s)时,还需考虑定子电流中衰减的非周期分量的不利影响。发生不对称短路时,可能伴随着较大的非周期分量,衰减的非周期分量在转子中感应出衰减的基波电流,增加转子的损耗和温升。非周期分量一般衰减较快,需在较短的时间内予以考虑,而这时转子发热可视为绝热过程。计入非周期分量对转子的附加发热后,保护动作判据为:

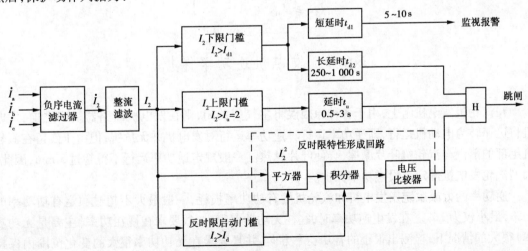

图6.31　转子表层过热保护方案原理方框图

$$I^2_{*.2}t + K_{dc}\int_0^t i^{dc}\,dt \geqslant \Lambda \qquad (6.70)$$

式中 $\dot{I}^{dc}$——非周期分量标幺值；

K_{dc}——与计算发热量有关的系数。

(2)转子表层过热保护方案

保护方案原理方框图如图 6.31 所示。在图中,有两个定时限部分和一个反时限部分,其动作特性如图 6.32 所示。上限定时限特性应与发变组(发电机变压器组的简称)高压侧两相短路相配合,上限门槛电流可取 $I_{u*}=2$,即 $I_{u*}>2$ 动作,其动作时间 t_u 按与高压出线快速保护相配合,可在 0.3~0.5 s 范围内整定。保护作用于跳闸解列。

下限定时限特性则按发电机持续允许负序电流整定,并应在外部不对称短路切除后返回,故动作电流门槛值整定为:

$$I_{d1*} = \frac{K_{rel}}{K_{re}}I^{2\infty}_* \qquad (6.71)$$

式中,K_{rel} 及 K_{re} 分别为可靠系数与返回系数。动作时间分为两个:一个短延时 t_{d1} 作用于告警信号,以便运行人员采取措施,t_{d1} 一般整定为 5~10 s;另一个是长延时 t_{d2} 作用于跳闸解列,其动作时间在 250~1 000 s 范围内整定。

反时限特性必须按式(6.69)作用于跳闸解列,反时限元件的启动门槛 I_d 需要与长延时综合考虑,为了保证长延时精度,往往对最大延时有一定限制,一般取为 1 000 s,也可按下限动作特性的延时 t_{d1} 选取(但不超过 1 000 s),然后按式(6.69)倒算出 I_d 即可。最后还需要校验 I_d 应不小于 I_{d1},由此得整定计算式:

$$\left.\begin{aligned} I_{d*} &= \sqrt{\frac{A}{t_{d1}} + K_0 I^{2\infty}_{*.2}} \\ I_{d*} &\geqslant I_{d1*} \end{aligned}\right\} \qquad (6.72)$$

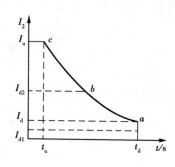

图 6.32 负序反时限过电流
继电器反时限特性

※6.9 发电机逆功率保护

在汽轮机发电机组上,由于各种原因误将主气门关闭,则在发电机断路器跳闸之前,发电机将迅速转为电动机运行,即逆功率运行。逆功率运行对发电机并无危害,但由于残留在汽轮机尾部的蒸汽与汽轮机叶片摩擦,会使叶片过热。一般规定逆功率运行不得超过 3 min,因此,大型汽轮发电机规定装设逆功率保护。

逆功率的大小决定于发电机和汽轮机的有功功率损耗,一般最大不超过额定有功功率的10%,最小仅为1%。在发生逆功率时,往往无功功率很大,故要求在视在功率(主要是无功功率)很大的情况下,检测出很小的有功功率方向,并且要求在无功功率很大的变化范围内保持继电器的有功功率动作值基本稳定不变,因此,需要专门设计逆功率继电器来满足上述要求。

为了检测有功功率方向,需要比较机端电压相量$\dot{U}$与电流相量$\dot{I}$的相位。实现相位比较(简称比相)方法很多,关键是找到一种灵敏的且尽量不受无功功率大小与方向影响的比相方法,可行的方法之一是采用以电压量作为参考量,计算机端电流半周平均值的方法。设机端电压瞬时值表达为$u = U\sin\omega t$,当以$\dot{U}$为参考相量时,同名相电流瞬时值则可表为:

$$i = I\sin(\omega t - \varphi) \tag{6.73}$$

式中,φ是功率因数角,即设定$-90° \leq \varphi \leq 90°$时,有功功率由发电机送至系统,当$0 \leq \varphi \leq 90°$时为滞相运行,$-90° \leq \varphi \leq 0$为进相运行;而当$90° < \varphi < 270°$时,发电机呈逆功率运行状态。注意:这里是以电压$u$为参考量,求取$i$的半周平均值,即按$u$的相邻过0点作为区间,求取$i$的半周平均值。当$0 \leq \omega t \leq \varphi$时,$u$为正,而当$\pi \leq \omega t \leq 2\pi$时,$u$为负,在半周波内$i$的平均值$\bar{I}$可表示为下述积分:

$$\bar{I} = \frac{1}{\pi}\int_0^\pi I\sin(\omega t - \varphi)\mathrm{d}(\omega t) = \frac{1}{\pi}\int_\pi^{2\pi} - I\sin(\omega t - \varphi)\mathrm{d}(\omega t) = \frac{2}{\pi}I\cos\varphi \tag{6.74}$$

因为$P = 3U_\varphi \bar{I}\cos\varphi$,所以$\bar{I} \propto P$,且$\bar{I}$能反映$P$的方向。实际上,$\bar{I}$所反映的正是有功电流。显然,当$90° < \varphi < 270°$时,$\bar{I}$与$P$为负,表示逆功率运行状态,于是建立判据:

$$\bar{I} \geq 0 \quad 正常运行$$
$$\bar{I} < 0 \quad 逆功率运行$$

最大灵敏系数为$180°$。

※6.10　发电机失步运行保护

有各种原因可引起运行中的发电机与系统发生失步。当出现小的扰动和调节失误使发电机与系统间的功角δ大于静稳极限角时,发电机将因静稳破坏而发生失步;当出现某些大的扰动(如短路故障)处理不当,此时,若发电机与系统间的功角δ大于动稳极限角时,发电机将因不能保持动态稳定而失步。发生失步时,伴随着出现发电机的机械量和电气量与系统之间的振荡。这种持续的振荡将对发电机组和电力系统产生下述具有破坏性的影响。

①单元接线的大型发变组的电抗较大,而系统规模的增大使系统等效电抗减小,因此,振荡中心往往落在发电机附近或升压变压器内,使振荡过程对机组的影响大为加重。由于机端电压周期性的严重下降,使厂用辅机工作稳定性遭到破坏,甚至导致停机、停炉和全厂停电这样的重大事故。

②失步运行时,电机电势与系统等效电势的相位差为$180°$的瞬间,振荡电流的幅值将接近机端三相短路时流经发电机的电流值。对于三相短路故障均有快速保护切除,而振荡电流则要在较长的时间内反复出现,若无相应保护会使定子绕组遭受热损伤或端部遭受机械损伤。

③振荡过程中产生对轴系的周期性扭力,可能造成大轴严重机械损伤。

④振荡过程中,周期性转差变化使转子绕组中感生电流,引起转子绕组发热。

⑤大型机组与系统失去同步,还可能导致电力系统解列甚至崩溃事故。

由于上述原因,大型发电机组需要装设失步异常运行保护(简称失步保护),以保障机组和电力系统的安全。

对于失步保护的基本要求为：失步保护应能鉴别短路故障、稳定振荡和非稳定振荡，且只在发生非稳定振荡时可靠动作，而在发生短路故障和稳定振荡情况下，不应当误动作。另外，失步保护动作于跳闸时，如在 $\delta = 180°$ 时使断路器断开，则会因遮断电流最大而对断路器熄弧最为不利，因此失步保护应尽量躲过这种情况。

失步保护基本的原理之一是以机端测量阻抗运行轨迹及其随时间的变化特征来构成失步保护判据。下面通过分析发生振荡时机端测量阻抗变化的特点来说明失步保护基本原理。

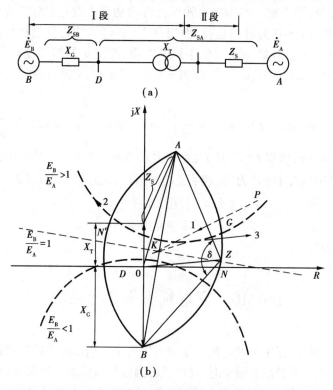

图 6.33　两机系统失步阻抗振荡轨迹

发电机与系统等值电路图以及失步时机端测量阻抗的轨迹如图 6.33(a)、(b)所示。图中 $\dot{E}_B$ 和 $\dot{E}_A$ 分别表示发电机电势与系统等效电势，X_G 为发电机电抗，X_T 为变压器电抗，Z_S 为系统等值阻抗，$\dot{U}$ 和 $\dot{I}$ 分别为机端测量电压和电流，假定正向如箭头所示，令

$$Z_{SB} = jX_G = \overline{BO}, Z_{SA} = jX_T + Z_S = \overline{OA}, Z_\Sigma = Z_{SB} + Z_{SA} = \overline{BA}$$

若假设 $\dot{E}_B$ 超前 $\dot{E}_A$ 的功角为 δ，则有：

$$\left.\begin{array}{l} \dot{U} = \dot{E}_B - \dot{I}Z_{SB} = \dot{E}_A + \dot{I}Z_{SA} \\ \dot{I} = \dfrac{1}{Z_\Sigma}(\dot{E}_B - \dot{E}_A) \end{array}\right\} \tag{6.75}$$

机端测量阻抗 Z 可表示为：

$$Z = \frac{\dot{U}}{\dot{I}} + Z_{SA} = \frac{-Z_\Sigma}{1 - \dfrac{E_B}{E_A}e^{j\delta}} + Z_{SA}$$

$$Z = \frac{\dot{U}}{\dot{I}} = \frac{\dot{E}_B}{\dot{I}} - Z_{SB} = \frac{\dot{E}_B Z_\Sigma}{\dot{E}_B - \dot{E}_A} - Z_{SB} = \frac{Z_\Sigma}{1 - \frac{\dot{E}_A}{\dot{E}_B}e^{j\delta}} - Z_{SB} \tag{6.76}$$

当发生振荡时,电势夹角 δ 不断增大。若假设 E_B/E_A 不变,仅 δ 发生变化,式(6.76)所示的测量阻抗 Z 的轨迹在复平面上为一圆,指向圆心的相量 Z_C 及圆半径 R 分别为:

$$\left.\begin{array}{l} Z_C = \dfrac{Z_\Sigma}{\left(\dfrac{E_B}{E_A}\right)^2 - 1} + Z_{SA} \\[4mm] R = \mid Z_\Sigma \mid \dfrac{E_B}{E_A} \Big/ \left[\left(\dfrac{E_B}{E_A}\right)^2 - 1\right] \end{array}\right\} \tag{6.77}$$

测量阻抗振荡轨迹的一部分如图 6.33(b)虚弧线所示。当 $E_B/E_A > 1$ 时,为上面那条虚弧线;$E_B/E_A < 1$ 为下面那条虚弧线。发生振荡时,测量阻抗 Z 即为从原点 O 指向圆弧的相量。

发电机正常运行时,送出有功功率和无功功率,测量阻抗 Z 在第一象限。设正常运行时 Z 的终端为 P 点。发生短路故障时,Z 的终端由 P 点突变到 K 点;当故障切除后,Z 的终端则由 K 点突变到 G 点,然后随功角 δ 的增大,Z 的终端沿圆弧从右向左运行。如果不能保持稳定振荡,δ 角将逐渐大于 $180°$,即 Z 的终端沿圆弧越过 $\overline{BA}$ 连线继续向左运动,如图中箭头 2 所示;如果能保持稳定(稳定振荡),δ 角不大于 $180°$,Z 的终点运行到某点 S 后,将向反方向摆动,如箭头 3 所示,可能经多次摆动后,最终达到新的稳定运行点。对于不稳定振荡,在 $\dot{E}_B$ 与 $\dot{E}_A$ 反相 ($\delta = 180°$)的瞬间,测量阻抗 Z 的终端轨迹通过 $\overline{BA}$ 连线,意味着失步已发生。因此,可以把 $\overline{BA}$ 连线作为一个判据(称为阻挡器);不过,当系统发生短路(不管后果是否发生失步)时,Z 的终端也会瞬时越过阻挡器;但发生不稳定振荡时,Z 的终端越过阻挡器则需一定时间。

实际上,正常运行发电机的电势与系统等效电势间的功角 δ 也是随着运动点的变化而不断变化的,启动计时的时刻必须按躲开正常运行时可能的最大功角 δ 确定,并保证一定的安全裕度,设满足此条件的功角 $\delta = \delta_0$,为了使此比值 E_B/E_A 为任何值时,阻挡器都在 $\arg(\dot{E}_B/\dot{E}_A) = \delta_0$ 时启动,动作边界必然是过 $\overline{AB}$ 连线的一段圆弧,这是因为圆弧上任一点分别与 B 及 A 点连线间的夹角保持为 δ_0,如图 6.33(b)中圆弧 $\overparen{BNA}$ 所示。在实际中,还在 $\overline{AB}$ 连线上的左侧再构造与右边圆弧 $\overparen{BNA}$ 完全对称的圆弧 $\overparen{BN'A}$,形成了一个透镜形状的动作区。由这两个圆弧和阻挡器以及在复平面上 Z 由右到左穿过这两个半透镜所需的时间,共同构成了失步保护的动作特性。

如果测量阻抗 Z 由右到左穿过透镜,并且由右圆弧进入阻挡器的历时不小于给定的 t_2,则判断为失步,否则均不认为是失步。

下面说明如何利用可测量的量来实现上述透镜形阻抗特性。根据最初的定义,应有:

$$360° - \delta_0 \geqslant \arg(\dot{E}_B/\dot{E}_A) \geqslant \delta_0 \tag{6.78}$$

由图 6.33 中的系统等效电路不难确定:

$$\dot{E}_B = \dot{U} + \dot{I}Z_{SB}, \dot{E}_A = \dot{U} - \dot{I}Z_{SA} \tag{6.79}$$

于是,式(6.78)可改写为:

$$360° - \delta_0 \geqslant \arg\left[\frac{\dot{U} + \dot{I}Z_{SB}}{\dot{U} - \dot{I}Z_{SA}}\right] \geqslant \delta_0 \tag{6.80}$$

或

$$360° - \delta_0 \geqslant \arg\left[\frac{Z + Z_{SB}}{Z - Z_{SA}}\right] \geqslant \delta_0 \qquad (6.81)$$

通常使用判据式(6.80),而式(6.81)则说明了动作方程所反映的阻抗之间的关系。保护装置用可以整定的模拟阻抗 Z_{mB} 和 Z_{mA} 来取代 Z_{SA} 和 Z_{SB}。另外,δ_0 也是可整定的,它将决定透镜的宽度。

发生失步振荡时,功角 δ 的变化是周期性的,测量阻抗 Z 在复平面上从右至左穿过透镜之后,还将继续沿圆弧运动,若不采取任何措施,Z 的终端轨迹将再次从右至左穿过透镜,周而复始。Z 的轨迹每穿过一次透镜表示失步发电机的转子磁极相对系统同步旋转磁场的磁极运动 $360°$ 电角度,称为一次滑极。在实际运行中,有时为了使发电机能在采取某些措施(如通过调节调速器和励磁装置)后重新拉入同步,并不是发生一次滑极后就动作跳闸,而往往根据发电机与系统具体情况允许几次滑极。因此,保护要求能记录滑极次数,以在达到规定值时才动作跳闸。

在振荡过程中,电势源 $\dot{E}_B$ 和 $\dot{E}_A$ 的联系阻抗上电压幅值最低的一点称为振荡中心。振荡中心的电压与其他各点的电压一样,其幅值随功角 δ 而变,通常在 $\delta = 180°$ 时达到最低点。振荡中心的位置与比值 $\dot{E}_B / \dot{E}_A$ 有关,当 $\dot{E}_B / \dot{E}_A = 1$ 时,振荡中心固定在系统等效阻抗 Z_Σ 的中点[即图 6.33(b)中 $\overline{AB}$ 连线的中点],并不随角 δ 而变;若 $\dot{E}_B / \dot{E}_A \neq 1$,振荡中心是变动的,其位置与比值 $\dot{E}_B / \dot{E}_A$ 及功角 δ 均有关,但进一步分析表明,通常 $\dot{E}_B / \dot{E}_A$ 比较接近于1,而在所检测的 δ 变化范围内($90° < \delta < 270°$),振荡中心位置变动不大。前面已介绍振荡中心落在发电机端附近,对

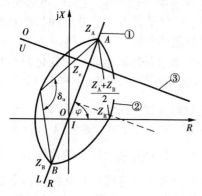

图 6.34　失步继电器特性

发电机及其辅机稳定工作影响最大,需要失步保护尽快动作。反之,若振荡中心落在机端以外较远的地方(这种情况与运行方式有关,有些时候是可能发生的),则可根据系统稳定要求适当延缓跳闸,以便采取措施恢复同步运行,因此要检测振荡中心位置。可以证明,测量阻抗 Z 在系统综合联系阻抗 Z_Σ,即图 6.33(b)中 $\overline{AB}$ 连线上的投影即为振荡中心位置(用阻抗表示),于是,可在 $\overline{AB}$ 连线上选择某点把透镜分作上下两个区域,若测量阻抗 Z 仅穿过上部区域,即振荡中心落在机端以外较远的地方,则可适当放宽动作的滑极次数;若 Z 穿过下部区域,则以较小的允许滑极次数动作。

发生失磁故障时也会引起发电机失步,对于这种特殊的失步现象,已有完善的失磁保护。为明确职责,便于分析事故,故不希望由失步保护动作,为此,失步保护还需引入失磁闭锁信号,即当失磁保护动作时闭锁失步保护。

另外,因为在 $\delta = 180°$ 时,振荡电流最大,所以保护动作于跳闸的时机应避开 $\delta = 180°$ 附近的一段时间,最简单的方法是采用低电流动作元件或过电流闭锁元件,当失步保护已判断为必须跳闸之后,若电流过大,则由电流元件闭锁,直到电流值低于某定值时,开放出口跳闸。

综合以上各点,就构成了较为完善的失步保护。

6.11　发电机定子绕组对称过负荷保护

发电机对称过负荷通常是由系统中切除电源,生产过程出现短时冲击性负荷,大型电动机自启动,发电机强行大励磁、失磁运行,同期操作,以及振荡等原因引起的。对于大型机组,由于其线负荷大、材料利用率高、绕组热容量与铜损比值减小,因而发热时间常数较低。为了避免绕组温升过高,必须装设较完善的定子绕组对称过负荷保护。

定子绕组对称过负荷保护原理如下所述。

定子过负荷保护的设计取决于发电机在一定过负荷倍数下允许过负荷时间,而这一点是与具体发电机的结构及冷却方式有关的。汽轮发电机的允许过负荷倍数与允许时间关系见表 6.1,其中过负荷倍数用过电流倍数表示。

表 6.1　发电机过电流倍数与允许时间

过电流倍数 I_*	1.5	1.3	1.15
允许时间/s	30	60	120

由表 6.1 可见,允许时间随过电流倍数呈反时限特性。当发生过负荷时,应根据表中值让发电机运行一段时间,以便在系统中进行按频率减负荷,投入备用容量,以及对发电机进行减出力等操作,若仍不能消除发电机过负荷,并超过了允许时间,才能将发电机切除。

定时限元件通常按较小的过电流倍数整定,动作于减出力,如按在允许的长期持续电流下可靠返回整定。

反时限元件在启动后即报警,然后按反时特性动作于跳闸。

分析表明,若不考虑散热过程,定子对称过负荷反时限动作特性为:

$$t = \frac{K}{I_*^2 - 1} \tag{6.82}$$

式中,$I_* = I/I_N$ 为用标么值表示的过电流倍数,K 对于具体发电机为一常数。

见表 6.1,当 $I_*^2 = 1.5$ 时,允许持续时间为 $t = 30$ s,按此计算 K 值得:

$$K = (I_*^2 - 1)t = (1.5^2 - 1) \times 30 = 37.5$$

在实际计算时,应考虑过负荷过程绕组散热效应,尤其对于长延时更应加以考虑。为此,在保证发电机安全的前提下,对式(6.82)进行适当修改为:

$$t = \frac{K}{I_*^2 - \alpha} \tag{6.83}$$

式中　α——修正系数,可近似取为 1.02。

当电流 I_* 较大时,α 的影响很小;I_* 较小时,α 的修正使允许过负荷时间显著增大,这正符合散热影响的实际情况。

在反时限动作特性中,保护动作时限的上限(即最大跳闸时间)一般按过负荷 10% 考虑,即 $I_* = 1.1$,将前述 K 值及 I_* 代入式(6.83),最大动作时限:

$$t_{max} = \frac{37.5}{(1.1)^2 - 1.02} \text{ s} = 197.2 \text{ s}$$

另外,在反时限元件中,通常还包括一个报警信号门槛,在过负荷 5% 时经短延时(10 s)动作于报警信号,以便动作人员采取措施。

第7章

电力变压器的保护

7.1 概 述

为了防止变压器发生各类故障和不正常运行造成的不应有的损失,以及保证电力系统安全连续运行,根据有关技术规程的规定,大中型发电机变压器组(简称发变组)的变压器应针对下述故障和不正常运行状态设置相应的保护。

①防止变压器绕组和引出线相间短路,直接接地系统侧绕组和引出线的单相接地短路以及绕组匝间短路的(纵联)差动保护。

②防止变压器油箱内部各种短路或断线故障以及油面降低的瓦斯保护。

③防止直接接地系统中变压器外部接地短路并作为瓦斯保护和差动保护后备的零序电流保护、零序电压保护以及变压器接地中性点有放电间隙的零序电流保护。

④防止变压器过励磁保护。

⑤防止变压器外部相间短路并作为瓦斯保护和差动保护后备的过电流保护或阻抗保护。

⑥防止变压器对称过负荷的过负荷保护。

⑦反映变压器温度及油箱内压力升高和冷却系统故障的相应保护。

对于发变组,主变压器的过励磁保护、后备阻抗保护、过负荷保护均为发电机保护公用的。本章只介绍单用于变压器的主要保护。

7.2 变压器内部故障纵联差动保护

大中型变压器必须装设单独的变压器纵联差动保护。变压器纵联差动保护通常为三侧电流差动,即高压侧电流引自高压断路器处的电流互感器。而中低压侧电流分别引自变压器中压侧电流互感器和低压侧电流互感器。差动保护范围为三组电流互感器所限定的区域(即变压器本体、高压侧的引线以及中低压侧的引线),可以反映在这些区域内相间短路、高压侧接地短路以及主变绕组匝间短路故障。因此,变压器差动保护是重要的保护之一。

7.2.1 变压器纵联差动保护基本原理

变压器纵联差动保护的基本原理与发电机纵联差动保护相同。但由于变压器内部结构、运行方式、电量特征均各有其特点,产生了一系列特有的技术问题,因此,其差动保护在构成上与发电机纵差保护有较大的不同。例如,需要根据变压器各侧绕组连接组别的不同来确定多侧差动接线方式,又如必须妥善处理大励磁涌流引起差动保护误动的问题等,下面分别加以介绍。

首先,为了保证差动保护的正确工作,就必须选择变压器各侧保护用的电流互感器的变比,使得正常运行或外部短路时,流过保护装置的电流 $\dot{I}$ ≈0 或很小,保护不会误动作。以图

7.1 所示双圈变压器为例,图中 $\dot{I}_{\mathrm{I}}' = \dot{I}_{\mathrm{II}}'$ 或 $\dfrac{\dot{I}_{\mathrm{I}}}{n_{\mathrm{TA1}}} = \dfrac{\dot{I}_{\mathrm{II}}}{n_{\mathrm{TA2}}}$,则 $\dfrac{\dot{I}_{\mathrm{I}}}{\dot{I}_{\mathrm{II}}} = \dfrac{n_{\mathrm{TA1}}}{n_{\mathrm{TA2}}} = n_{\mathrm{T}}$,下面说明 $\dfrac{n_{\mathrm{TA1}}}{n_{\mathrm{TA2}}} = n_{\mathrm{T}}$ 为变

压器各侧 TA 变比的选择条件。

(1)接线方式及比率制动判据

三相变压器高、低压侧(有时还有中压侧)绕组接线方式(即连接组别)通常不同,例如,常见的主变具有高、低压双侧绕组,采用 Y、d11(即 Y/△—11)型接线方式,因此,变压器两侧同名相电流的相位不一致。在正常运行工况下,一方面变压器三角形侧的线电流比星形侧对应的线电流超前30°;另一方面因变压器变比 K 的影响,高、低压侧额定电流也不相同。为了保证正常运行时在变压器差动保护的二次回路中原、副方电流的幅值与相位基本一致,在选取电流互感器的二次接线方式与变比时需考虑进行相位与幅值校正。图 7.2 示出了 Y,d11 双绕组变压器

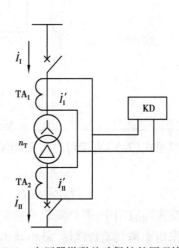

图 7.1 变压器纵联差动保护的原理接线

原、副方电流互感器二次侧的接法。图中变压器星形侧的电流互感器副方采用三角形接线,而变压器三角侧的电流互感器副方采用星形接线,这样变压器两侧电流互感器二次回路同名相电流 $\dot{I}_{\mathrm{a\,I}}$、$\dot{I}_{\mathrm{b\,I}}$、$\dot{I}_{\mathrm{c\,I}}$ 分别与 $\dot{I}_{\mathrm{a\,II}}$、$\dot{I}_{\mathrm{b\,II}}$、$\dot{I}_{\mathrm{c\,II}}$(以及 $\dot{I}_{\mathrm{a\,III}}$、$\dot{I}_{\mathrm{b\,III}}$、$\dot{I}_{\mathrm{c\,III}}$)的相位一致,实现了相位校正。

由于变压器高压侧(星形侧)电流互感器副方采用三角形接线,使差动保护输入电流较之每相电流互感器副方电流幅值扩大 $\sqrt{3}$ 倍,因此,该侧电流互感器变比的选择也需要在副方按额定电流考虑的基础上相应地扩大 $\sqrt{3}$ 倍(幅值校正),以保证正常运行时输入差动保护的电流为最小电流。

变压器差动保护通常采用发电机纵差保护类似的折线比率制动特性(见图 7.2)。根据图 7.1 假定了正方向,并以 a 相电流为例,流过差动保护的电流 I_{D}:

$$I_{\mathrm{D}} = |\,\dot{I}_{\mathrm{a\,I}} + \dot{I}_{\mathrm{a\,II}} + \dot{I}_{\mathrm{a\,III}}\,| \tag{7.1}$$

选择三侧电流中最大一相电量为制动量 I_{brk},即

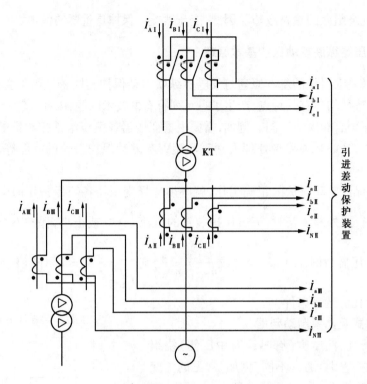

图 7.2 变压器差动保护的电流互感器接线

$$I_{brk} = MAX[\,|\,\dot{I}_{a\,I}\,|\,,\,|\,\dot{I}_{a\,II}\,|\,,\,|\,\dot{I}_{a\,III}\,|\,]$$

参照式(7.1)直接可写出差动保护动作方程为:

$$\left.\begin{array}{ll} I_D > I_{op.min} & I_{brk} \leqslant I_{brk.min} \\ I_D > K(I_{brk} - I_{brk.min}) + I_{brk.min} & I_{brk} > I_{brk.min} \end{array}\right\} \tag{7.2}$$

在实际应用中,需要安装三相差动元件,经"或"门出口。

采用比率制动特性后,最小动作电流 $I_{op.min}$ 只需躲过正常运行时最大不平衡电流,不平衡电流主要有:

①由于变压器高、低压侧电流互感器变比不能完全满足要求而产生不平衡电流。因电流互感器变比按标准变比设计,难于恰好与变压器变比相匹配,因而有可能产生不平衡电流。此不平衡电流通常是在保护装置中的 I—U 变换部分通过调整负载电阻来实现,可以做到较精细的调节,基本上能够消除此种不平衡电流影响。

②带负荷调压而产生的不平衡电流。在改变带负荷调压变压器的分接头位置时,实际上变比已发生改变,产生不平衡电流 $I_{unb.T}$ 与调压范围 ΔU 有关,其最大值可用下式计算:

$$I_{unb.T.max} = \pm \frac{\Delta U}{n_{TA.Y}}\sqrt{3}I_Y \tag{7.3}$$

式中 $n_{TA.Y}$——变压器星形侧电流互感器变比;

ΔU——变压器调压范围;

I_Y——流过变压器星形侧的最大电流。

当 $I_Y = I_N$(额定电流), $I_{unb.T.max}$ 即为正常运行工况下最大不平衡电流;当 I_Y 取为主变星形侧最大短路电流时,则 $I_{unb.T.max}$ 为所有工况下最大不平衡电流(带负荷调压引起)。

③变压器两侧电流互感器误差不同产生的不平衡电流。主要通过尽量选择同型同特性的差动保护专用电流互感器,以及减小电流互感器二次负荷等措施来减小此种不平衡电流。

④励磁涌流。这是变压器差动保护必须专门解决的,下面详细说明。

(2)励磁涌流及其制动措施

变压器在正常运行工况下的励磁电流很小,一般不超过额定电流的 3% ~ 6%。当变压器外部发生短路故障时,由于系统电压降低,致使励磁电流减小,可以不予考虑。当变压器空载投入或者外部故障切除电压恢复时,励磁电流突然大大增加,其值可达变压器额定电流的 6 ~ 8 倍,该电流称为励磁涌流。由于励磁涌流是单侧注入性电流,其幅值又很大,因此会造成比率制动判据误判。变压器差动保护需要解决的突出问题就是,既能可靠地躲过励磁涌流,又能正确地反映内部故障。

为了使差动保护躲过励磁涌流,需要在实际运行条件下对励磁电流波形特征进行分析。励磁电流分析和计算比较复杂,与很多因素(如变压器的结构形式、接线方式、电压突变初相角、电流、电压、阻抗角、铁芯饱和磁通和剩磁通等)密切相关。

当空投变压器到电压 u 为恒定的无穷大系统的母线上,设 $u = U_m \sin \omega t$ 忽略变压器漏抗,变压器一次匝数 $N = 1$,则有:

$$\frac{\mathrm{d}\phi}{\mathrm{d}t} = U_m \sin \omega t$$

$$\phi = -\frac{U_m}{\omega} \cos \omega t + C \tag{7.4}$$

在 $t = 0$ 合闸瞬间,ϕ 不能突变,只有剩磁 ϕ_r,即

$$\phi_{t=0} = \phi_r = -\frac{U_m}{\omega} + C = -\phi_m + C \tag{7.5}$$

$$C = \phi_r + \frac{U_m}{\omega} = \phi_r + \phi_m \tag{7.6}$$

变压器的空载合闸的总磁通为:

$$\phi = -\phi_m \cos \omega t + \phi_m + \phi_r \tag{7.7}$$

经半个周期($\omega t = 180°$)时:

$$\phi = 2\phi_m + \phi_r \tag{7.8}$$

若 $\phi_r = 0.9\Phi_m$,作 u 和 ϕ 的波形如图 7.3 所示,这样大的磁通会产生很大的励磁电流,称为励磁涌流,此励磁涌流可由 $\phi(t)$ 直接从铁芯曲线作出来。

图形的画法:过 S 点作水平线交 $\phi(t)$ 于 $S'S''$(S 点为开始饱和的磁通),再作 $S'S''$ 垂线交横轴于 θ_1,θ_2,对应于某 ϕ_x,由磁化曲线得 i_x,通过 ϕ_x 作水平线交 $\phi(t)$ 于 N 点,过 N 点作垂线 $MT = i_x$,连接 $\theta_1 T$ 得 $i(t)$ 的一部分。用这种方法可以求出空合变压器励磁涌流的变化曲线,如图 7.4 所示,可以看出,励磁涌流有如下特点:

①变压器每相绕组励磁涌流中含有较大的二次谐波分量,其含量大小与铁芯饱和磁通、剩磁大小以及电压突变初相角等因素直接相关,对于三角形接法侧的线电流所代表的两相涌流之差来说,有的二次谐波分量可能很小,但总有一个两相涌流之差中的二次谐波

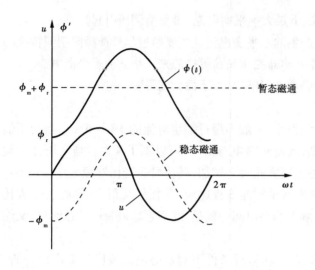

图 7.3 $\alpha = 0, \phi_r = 0.9\phi_m$ 的空载合闸磁通

分量占基波分量的比值超过 20%。

②每相涌流及二相涌流差的波形均会出现所谓间断角。

③在变压器内、外部故障的短路电流中,二次谐波分量所占比例较小,一般也不会出现波形间断。

利用特点①可以构成二次谐波制动的变压器差动保护,使之有效地躲过励磁涌流的影响。为了在发生涌流时可靠制动,通常对各相差电流分别求取二次谐波对基波的比值,只要其中有一相超过预先整定的二次谐波制动比,即可闭锁差动保护总出

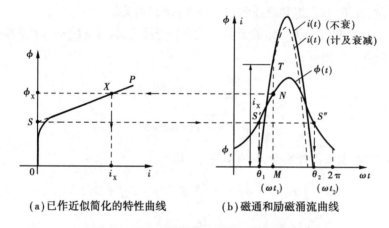

(a)已作近似简化的特性曲线　　(b)磁通和励磁涌流曲线

图 7.4 单相变压器励磁涌流的作图求解

口(或闭锁三相差动元件);利用特点②可以构成间断角原理的变压器差动保护,克服励磁涌流的不利影响。当出现涌流时,相邻波形之间不连续,出现间断角 θ_d。所谓间断角,定义为涌流波形中在基频周波内保持为 0 的那一段波形所对应的电角度。相应地定义波宽为涌流波形在一基频周期内不为 0 的那一段所对应的电角度,即波宽 $\theta_w = 2\pi - \theta_d$。在实际应用中,由于电流互感器等元件暂态过程的影响,会出现间断角消失的现象,因而采用输入差电流波形的导数及其他相应的措施恢复间断角,并用涌流导数的间断角和波宽构成涌流判据。

注意:对于三相变压器,电流互感器二次侧所得到的电流总为两相电流差。励磁涌流间断角的大小与电压初相角 α、变压器铁芯饱和磁通 B_b 以及剩磁大小与 B_r 有关。当其他条件不变时,单独增大 α,间断角 θ_d 随之增大;当 B_b 减小时,θ_d 相应减小;而当 B_r 增大时,θ_d 随之减小。在某一确定的初相角 α 下,流入继电器的涌流的导数具有最小间断角和最大波宽。

涌流的判据取决于涌流导数的可能最大波宽和最小间断角,它们又主要取决于最大剩磁

密度。根据计算分析及国内外测量结果,考虑最大剩磁密度为 $0.5\ B_{\mathrm{m}} \sim 0.7\ B_{\mathrm{m}}$（$B_{\mathrm{m}}$ 为变压器工作磁通密度最大值）,差动保护的涌流判别元件可采用下述判据:

$$\left.\begin{array}{l}\text{波宽:} \qquad\qquad\qquad\quad \theta_{\mathrm{W}} \geqslant 140° \\[4pt] \text{间断角:} \qquad\qquad\qquad \theta_{\mathrm{d}} \geqslant 65° \end{array}\right\} \qquad (7.9)$$

该判据与广泛采用的间断角原理判据相比,增加了测量波宽,使得允许的最大剩磁密度达到 $0.7B_{\mathrm{m}}$,并可保证变压器在过励磁时不误动。

（3）变压器差动保护的其他辅助性措施

①差动电流速断。当变压器内部发生严重故障时,差动电流可能大于最大励磁涌流,这时便不需再进行是否励磁涌流的判别,而改由差流元件直接出口。这是因为对于长线或附近装有静止补偿电容器的场合,在变压器发生内部严重故障时,由于谐振也会短时出现较大的衰减二次谐波电流,或者因主电流互感器及中间电流互感器严重饱和而产生二次谐波电流,谐波比制动元件可能会误闭锁保护,直到二次谐波衰减后才返回开放出口;同时,谐波比制动元件本身固有延时较大。这些情况对快速切除严重故障是不利的,利用差动电流速断元件直接出口能克服这个不足。

②电流互感器断线闭锁。大型变压器对差动保护的灵敏系数要求较高,如要求能灵敏地动作于变压器内部匝间短路故障,因而最小差流动作值均低于额定电流,并且三相比率制动元件均以"或"门出口方式,而不宜采用任意两相"与"的出口方式,因此在电流互感器断线时会误动。为此,变压器差动保护需要附设专门的电流互感器断线闭锁装置。

7.2.2 变压器差动保护原理框图

这里介绍的差动保护包括灵敏的比例制动差动元件和二次谐波制动原理和波形鉴别的涌流判别元件,另设有不灵敏的差动速断及闭锁元件,其原理逻辑框图如图7.5所示。

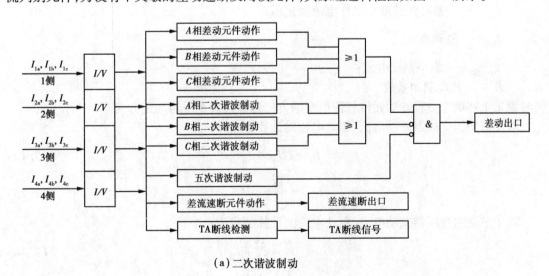

（a）二次谐波制动

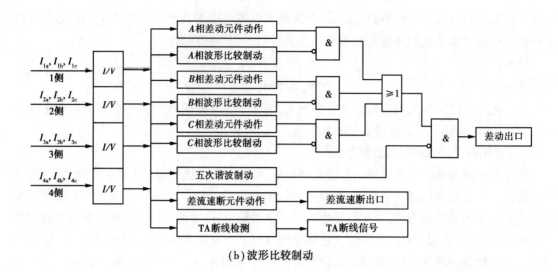

（b）波形比较制动

图 7.5　差动保护逻辑框图

1）比率差动保护

比率差动保护是变压器的主保护。它能反映变压器内部相间短路故障、高压侧单相接地短路及匝间层间短路故障,保护采用二次谐波制动或波形制动两种不同原理,用以躲过变压器空投时励磁涌流造成的保护误动。

差动保护动作方程为:

$$I_{op} > I_{op.\,min} \tag{7.10}$$

$$\mid \dot{I}_{op} - \dot{I}_{op.\,min} \mid \geqslant K_1 \mid \dot{I}_{brk} - \dot{I}_{brk.\,min} \mid \tag{7.11}$$

式中　$\dot{I}_{op}$——动作电流;

　　　$\dot{I}_{op.\,min}$——差动保护最小动作电流整定值;

　　　$\dot{I}_{brk}$——制动电流;

　　　$\dot{I}_{brk.\,min}$——最小制动电流;

　　　K_1——比率制动系数。

同时满足上述两个方程差动元件各侧电流的方向都以指向变压器为正方向。

对于双绕组变压器差动电流、制动电流的计算公式为:

$$I_D = \mid \dot{I}_I + \dot{I}_{II} \mid \tag{7.12}$$

$$I_{brk} = \left| \frac{\dot{I}_I - \dot{I}_{II}}{2} \right| \tag{7.13}$$

对于三绕组变压器差动电流、制动电流的计算公式为:

$$I_D = \mid \dot{I}_I + \dot{I}_{II} + \dot{I}_{III} \mid \tag{7.14}$$

$$I_{brk} = \max\{\mid \dot{I}_I \mid, \mid \dot{I}_{II} \mid, \mid \dot{I}_{III} \mid\} \tag{7.15}$$

式中　$\dot{I}_I$, $\dot{I}_{II}$, $\dot{I}_{III}$——高压侧、中压侧、低压侧电流。

2）二次谐波制动

保护利用三相差动电流中的二次谐波分量作为励磁涌流闭锁判据。动作方程为：

$$I_{d2} > K_2 I_D \tag{7.16}$$

式中　I_{d2}——A、B、C 三相差电流中二次谐波电流；

　　　I_D——对应三相差动电流；

　　　K_2——二次谐波制动系数。

闭锁方式为"或"门出口，即任一相涌流满足条件，同时闭锁三相保护。

3）波形比较制动

采用波形比较技术将变压器的涌流和故障电流分开来。闭锁方式采用分相闭锁，即任一相波形比较判据满足条件，闭锁本相差动。

4）差动速断保护

当任一相差动电流大于差动速断整定值瞬时，动作于出口。

5）差流越限告警

在正常情况下监视各相差流，如果任一相差流大于越限启动门槛（一般设为最小动作电流的 1/2），发告警信号。

6）TA 断线判别（要求主变各侧 TA 采用全星形接线）

当任一相差动电流大于 $0.1I_N$ 时，启动 TA 断线判别程序。满足下列条件，认为是 TA 断线。

①本侧三相电流中一相无电流。

②其他两相与启动前电流相等。

7）五次谐波制动

当系统过电压时，变压器将过激磁，这时激磁电流突增，差动保护可能误动作；当端电压达到额定电压的 1.3 倍时，激磁电流将达到额定电流的 0.2～0.3 倍，继电器可能误动作。为了防止在变压器允许的短时工频过电压范围（小于 140%）内差动继电器误动，利用继电器在五次谐波时制动电压较高而动作电压很低，使继电器制动。

7.2.3　比率制动差动保护的整定计算

（1）**最小动作电流** $I_{op.min}$

躲过正常运行状态下新产生的不平衡电流，整定此电流以确定比率制特性曲线的 A 点，即

$$I_{op.min} = \frac{K_{rel} K_{ss} f_i I_N}{n_{TA}} \tag{7.17}$$

式中　K_{rel}——可靠系数，取 1.3～1.5；

　　　K_{ss}——电流互感器的同型系数，型号相同时取 0.5，型号不同时取 1；

　　　f_i——电流互感器的数值误差，取 0.1；

　　　I_N——发动机的额定电流。

根据经验一般取

$$I_{op.min} = (0.3～0.5)I_N / n_{TA} \tag{7.18}$$

（2）**最小制动电流** $I_{brk.min}$

整定此电流已确定 B 点，即

$$I_{brk.min} = (0.8～1.0)I_N / n_{TA} \tag{7.19}$$

（3）**最大动作电流** $I_{op.max}$

当外部故障时新产生的最大不平衡电流，整定此电流以确定 C 点。

$$I_{\text{op.max}} = \frac{K_{\text{rel}}K_{\text{oper}}K_{\text{ss}}f_i I_{\text{K.max}}}{n_{\text{TA}}} \tag{7.20}$$

式中 $I_{\text{K.max}}$——外部短路最大短路电流；

K_{oper}——非周期分量影响系数，取 $1.5 \sim 2$。

（4）变压器比率制动差动保护电流平衡调整系数的计算

①计算变压器各侧一次预定电流 I_{1N}

$$I_{1N} = \frac{S_N}{\sqrt{3}\,U_N} \tag{7.21}$$

式中 S_N——变压器预定容量，应取最大侧的容量；

U_N——本侧预定线电压，有调压分接头的，应取中间抽头电压。

②计算变压器各侧 TA 二次计算电流

$$I_{2C} = \frac{I_{1N}K_C}{n_{\text{TA}}} \tag{7.22}$$

式中 K_C——TA 的接线系数，接线呈 △ 型，$K_C = \sqrt{3}$；接成 Y 型，$K_C = 1$。

这里应说明的是由于微机保护变压器 Y 型侧的 TA 也接成 Y 型，由软件内部进行 Y/△ 转换，新的变压器 Y 型侧的 TA 的 $K_C = \sqrt{3}$，△ 型侧 TA 的 $K_C = 1$。

（5）计算电流平衡调整系数 K_b

首先规定变压器高压侧的 I_{2C} 为电流的基本侧，然后对其他各侧的 TA 变比进行计算调整，其调整系数为 K_b，作为整定值输入保护装置，由保护软件完成差动 TA 的自动平衡，其他各侧调整系数按下式进行计算：

$$K_b = \frac{I_N}{I_{2C}} \tag{7.23}$$

将式（7.21）、式（7.22）代入式（7.23），求出各侧的调整系数：

高压侧 $K_{bh} = 1$

中压侧 $K_{bm} = \dfrac{\dfrac{S_N K_{ch}}{\sqrt{3}\,U_{Nh}n_h}}{\dfrac{S_N K_{cm}}{\sqrt{3}\,U_{Nm}n_m}} = \dfrac{U_{Nm}n_m K_{ch}}{U_{Nh}n_h K_{cm}}$ （7.24）

低压侧 $K_{bl} = \dfrac{U_{Nl}n_l K_{ch}}{U_{Nh}n_h K_{cl}}$

式中，h、m、l 分别表示高、中、低。对于 $Y_0/Y/\triangle$—12—11 三绕组变压器或高压侧带内桥（或分段）的双绕组变压器 $K_{ch} = \sqrt{3}$；$K_{cm} = \sqrt{3}$；$K_{cl} = 1$。

将各侧的平衡系数乘以各侧的二次计算电流 I_{2C}，则得到各侧平衡后的二次电流。

7.3　变压器相间短路的后备保护和过负荷保护

7.3.1　复合电压启动的过电流保护

复合电压启动的过电流保护原理图如图 7.6 所示。其主要由电流继电器 $KI_1 \sim KI_3$、负序

电压继电器 KV_2 及低电压继电器 KV_1 构成的复合电压元件和时间继电器 SJ 组成。这种保护装置一般用于升压变压器或采用过电流保护灵敏度不满足要求的降压变压器。

（1）**工作原理**

当保护范围内发生不对称短路时，由于出现负序电压，使 KV_2 动作，其常闭接点打开。这时加于 KV_1 的电压为零，KV_1 一定动作，使中间继电器 KM 动作。同时，$KI_1 \sim KI_3$ 中至少有一个动作。于是 KT 启动，延时动作于跳闸。

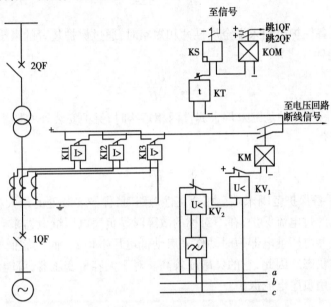

图7.6　复合电压启动的过电流保护原理图

当保护范围内发生三相短路时，由于短路初瞬一般短时出现负序电压，KV_2 动作，KV_1、KM 也动作。同时，$KI_1 \sim KI_3$ 均动作，KT 启动。负序电压消失后，KV_2 返回。此时，加在 KV_1 上的电压 U_{ac} 较小，KV_1 仍处于动作状态，使 KT 的线圈电压未中断。经延时后保护动作于跳闸。

当电压互感器回路发生断线时，KV_2 和 KV_1 动作，启动 KM 发出信号。由于电流元件未动作，故保护不会误动。

（2）**保护装置的整定计算**

①保护装置的起动值

a. 电流继电器的一次动作电流按躲过变压器额定电流 $I_{N.T}$ 整定，即

$$I_{dz} = \frac{K_{rel}}{K_{re}} I_{N.T} \tag{7.25}$$

式中　K_{rel}——可靠系数，取 1.2；

　　　K_{re}——返回系数，取 0.85。

b. 负序电压继电器的一次动作电压按躲过正常运行时的不平衡电压整定，根据运行经验可取为

$$U_{op.2} = 0.06\,U_N \tag{7.26}$$

式中　U_N——额定相间电压。

c. 低压继电器的一次动作电压，按躲过电动机自启动的条件确定。对于火力发电厂的升

压变压器,还应考虑躲过发电机失励运行时的最低运行电压。一般可取

$$U_{op} = (0.5 \sim 0.6)U_N \quad (7.27)$$

式中　U_N——额定相间电压。

②灵敏度按后备保护范围末端金属性短路进行校验,要求灵敏度系数不小于1.2。

a.电流元件

$$K_{sen} = \frac{I_{k.min}}{I_{set}} \quad (7.28)$$

式中　$I_{k.min}$——后备保护范围末端金属性两相短路时,通过保护装置的最小短路电流。

b.负序电压元件

$$K_{sen} = \frac{U_{k.2.min}}{U_{op2}} \quad (7.29)$$

式中　$U_{k.2.min}$——后备保护范围末端金属性两相短路时,保护安装处的最小负序电压。

c.相间电压元件

$$K_{sen} = \frac{U_{k2}}{U_{k.max}} \quad (7.30)$$

式中　$U_{k.max}$——后备保护范围末端三相金属性短路时,保护安装处的最大相间电压。

复合电压启动的过电流保护,在不对称的故障时靠负序电压继电器来启动低电压继电器;在对称故障时靠负序电压继电器短时动作来启动低电压继电器,而依靠低电压继电器返回电压较高来保持动作状态。因此,它的灵敏度较高。对于大容量变压器,可能保护的灵敏度不满足要求,为此,可采用负序电流保护。

7.3.2　负序电流保护

变压器负序电流保护的原理接线图如图7.7所示。它主要由负序电流继电器和一套单相式低电压启动的过电流保护构成。

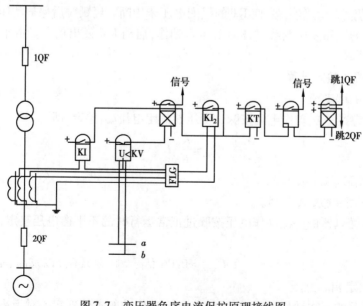

图7.7　变压器负序电流保护原理接线图

负序电流继电器包括电流过滤器 FLG 和电流继电器 KI2,它反映保护范围内的不对称短路。动作电流应躲过正常运行时 FLG 输出的最大不平衡电流和线路一相断线时出现的负序电流。此外,还应与相邻线路的后备保护在灵敏度上相配合。

由于负序电流继电器不能反映三相短路,所以必须加装一套单相式低电压启动的过电流保护来反映三相短路。这套保护装置由电流继电器 KI 和低电压继电器 KV 构成,其动作值按式(7.25)和式(7.27)进行计算。

负序电流保护有较高的灵敏度,接线也较简单,但整定计算复杂,通常用于 63 MVA 及以上的升压变压器或系统联络变压器上。

7.3.3　变压器的过负荷保护

变压器的过负荷电流,在绝大多数情况下都是对称的。因此只装设单相式对称过负荷保护,保护通常装在 B 相上,经延时动作于信号。

过负荷保护的配置原则:应能反映变压器各绕组的过负荷情况,对双绕组升压变压器,应装在低压侧和无电源侧;若三侧均有电源则,则各侧均应装设。在双绕组降压变压器上,保护装在高压侧,对单电源的三绕组降压变压器;若三绕组容量相同,保仅装在电源侧,若三绕组容量不同,保护装在容量较小一侧。对于双侧电源的三绕组降压变压器或联络变,三侧均应装设。

过负荷保护动作电流,按躲过变压器的额定电流整定,即:

$$I_{op} = \frac{K_{rel}}{K_{re}} I_{N.T} \tag{7.31}$$

式中　K_{rel} 取 1.05,K_{re} 取 0.85~0.9;

　　　$I_{N.T}$——保护安装侧变压器绕组的额定电流。

为了防止保护装置在外部故障时误发信号,保护动作时限应比变压器相间短路后备保护动作时限大一个 Δt。

7.3.4　三绕组变压器相间短路后备保护的装设原则

对两绕组变压器的后备保护,保护装在电源侧,分两段时限 t_1 跳开分段断路器,t_2 跳开两侧断路器。

对三绕组变压器,当变压器外部相间故障时,只跳开变压器故障点侧的断路器,使其他两侧继续运行;当变压器内部相间故障主保护因故不动时,也应起到后备作用,跳开各断路器。下面具体说明其配置原则。

①单侧电源的三绕组降压变压器,一般装设两套后备,一套装在低压负荷侧,另一套装在电源侧(第Ⅰ侧),低压侧保护的时限 t_3' 跳分段断路器,以 t_3'' 跳本侧断路器;高压侧保护也设两段时限,第Ⅱ侧外部故障时,保护以 t_1' 跳开本侧断路器,使Ⅰ、Ⅲ侧继续运行;如果变压器内部故障而主保护因故不动时,保护以时限 t_1'' 断开三侧断路器,使变压器退出运行,两侧保护的时限配合为:$t_1'' > t_1'$、$t_3'' > t_3'$。

②三侧均有电源的升压变压器。后备保护装在低压侧(第Ⅲ侧)以及高、中压,两侧中电源容量较大和断开机会较少一侧,如高压侧(第Ⅰ侧),该侧保护应具有带方向性保护和不带方向性保护两部分;带方向性的动作方向应指向该侧相邻元件,当该侧外部故障时,带方向

性保护以较短的时限 t_1' 跳开本侧断路器。当 II 侧外部故障时,不带方向性的保护以较长时限 t_1'' 断开 II 段断路器;如果内部故障而主保护因故不动时,第 III 侧保护的更长时限 t_3 跳开三侧断路器。$t_3 > t_1'' > t_1'$。这样考虑后,若配合难满足要求,则三侧均装设保护。这时动作时限较小一侧保护应带方向性,并各侧动作与本侧断路器跳闸。

7.4 变压器零序保护

变压器的高压侧连接 220 kV(及以上)电压的电力系统均为直接接地系统。实践表明,电力系统各种短路故障中单相接地故障概率最高。在变压器高压侧所配置的零序保护用于反映单相接地的故障,作为变压器及相邻元件接地短路的后备保护。

对于 220 kV 系统,为使电力系统中的零序电流水平限制在合理的范围,两台变压器通常是一台中性点直接接地运行,另一台不接地运行;并且需根据运行情况(如原中性点接地运行的那一台检修)进行互换,以保证零序阻抗水平不变。因此,每台变既可能接地运行,又可能在系统不失去接地点时不接地运行。零序保护的配置必须考虑这两种情况,并采取相应的动作措施。

7.4.1 变压器零序保护的基本原理

(1)变压器中性点直接接地运行时的零序保护

变压器零序保护由零序电流保护组成,电流元件接到变压器中性点电流互感器的二次侧。为提高可靠性和满足选择性,变压器中性点均配置两段式零序电流保护,每段均设置两个延时,图 7.8 所示为某电厂的保护接线框图。

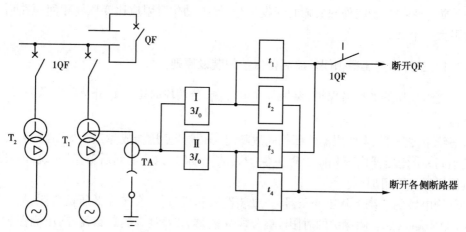

图 7.8 中性点直接接地变压器的零序保护

零序保护 I 段的动作电流延时 t_1 和 t_2 与相邻元件单相接地保护 I 段相配合。一般情况,$t_1 = 0.5 \sim 1.0$ s,而取 $t_2 = t_1 + \Delta t$。零序保护 I 段以 t_1 延时动作于母线解列,以缩小故障影响范围;动作后仍不能消除故障,再以 t_2 延时动作于发变组解列灭磁。设置 I 段的目的主要是解决母线及其附近的短路,因这类故障对电力系统影响特别严重,应尽快切除。

零序保护Ⅱ段的动作电流及相应的延时 t_3 和 t_4 与相邻元件零序保护的后备段相配合,而取 $t_4 = t_3 + \Delta t$。t_3 作用于母线解列,t_4 作用于解列灭磁。

为防止变压器与系统并列之前在变压器高压侧发生单相接地而误跳母联断路器,零序保护动作于母线解列的出口回路应经主变高压侧断路器的辅助触点闭锁。

(2)变中性点不接地运行时的零序保护

220 kV 及以上的大型变压器高压绕组均采用分级绝缘,绝缘水平偏低,例如,220 kV 变压器中性点冲击耐压为 400 kV,10 min;工频耐压为 200 kV。主变最高工作电压为 242 kV,而其中性点不能长时间耐受 $242/\sqrt{3} = 140$ kV 的稳态电压,同时,暂态电压值可能高达 252 kV(取暂态系数为 1.8),超过了工频过电压允许值 200 kV,这时,中性点避雷器可能会在暂态过电压下放电。避雷器按冲击过电压设计,热容量小,在工频过电压下放电后不能灭弧,将造成避雷器爆炸。另外,在系统故障引起断路器非全相跳、合闸时,若发生失步也会使中性点与地之间最高电压超过中性点耐压允许值,甚至引起避雷器爆炸。目前在变压器中性点装设了放电间隙作为过电压保护。但由于放电间隙是一种比较粗糙的保护,受外界环境状况的变化的影响较大,并不可靠,且放电时间不能允许过长。因此,在变压器上又装设了专门的零序电流电压保护,其任务是及时切除变压器,防止间隙长时间放电,并作为放电间隙拒动的后备,如图 7.9 所示。

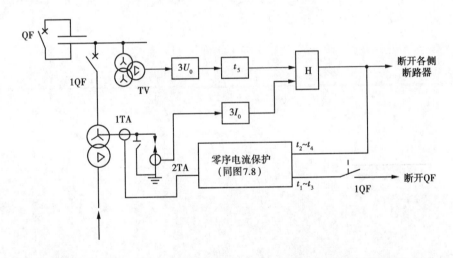

图 7.9　中性点装有放电间隙的分级绝缘变压器的零序保护原理框图

零序电压元件的输入取自相应的母线电压互感器的开口三角形,用于反映单相接地时的零序过电压,间隙零序电流元件的输入取自放电间隙对地连线的电流互感器,用于反映间隙放电电流。单相接地后,若放电间隙未动,则零序电压元件($3U_0$)动作,经延时 t_0(一般取 $t_5 \leqslant 0.5$ s)动作于解列灭磁,切除变压器;若间隙零序电流元件($3I_0$)动作,则瞬时动作于解列灭磁。

零序电压元件 $3U_0$ 的动作电压应低于变压器中性点绝缘耐压水平,但在电力系统中单相接地且不失去接地中性点的情况下,保护装置不应动作(为此要考虑接地系数 $a = x_0/x_1$)。定值需经过计算,一般电压互感器二次侧电压为 150~180 V(a 取 2~3)。

间隙零序电流元件 $3I_0$ 的动作电流,根据放电电流的经验数据整定,一般一次动作电流取为 100 A。

※7.5　变压器瓦斯保护

变压器内部发生严重漏油或匝数很少的匝间短路故障以及绕组断线故障时,差动保护及其他反映电量的保护均不能动作,而瓦斯保护却能动作,因此,瓦斯保护是变压器内部故障的重要的保护装置。

瓦斯保护有轻、重瓦斯保护之分,装于油箱与油枕之间的连接导管上。当变压器严重漏油或轻微故障时,在所产生的气体压力作用下,引起轻瓦斯保护动作,延时作用于信号;当变压器内部发生严重故障时,变压器油和绝缘材料分解产生大量气体,油箱内气体经导管冲向油枕,冲动重瓦斯保护动作,瞬时作用于跳闸。

轻瓦斯保护动作值采用气体容积大小表示。整定范围通常为 250~300 cm³。

重瓦斯保护动作值采用油流速度大小表示。整定范围通常为 0.6~1.5 m/s。

需要说明:瓦斯保护虽然简单、灵敏、经济,但它动作速度较慢,且仅能反映变压器油箱内部的故障,因此,瓦斯保护需要与差动保护共同使用。

第 **8** 章
发电机变压器组保护

8.1 概 述

电力系统中200 MW以上发电厂的主接线广泛采用发电机变压器组接线（简称发变组接线）。本章介绍发变组保护中发电机与变压器公用的保护。第6章介绍的发电机定子绕组过负荷保护实际上还兼作变压器过负荷保护，也可算是公用保护。其他的发变组公用保护还有下述几种。

①发变组纵联差动保护，构成双重化保护。

②反时限过励磁保护。

③后备阻抗保护。

④非全相运行保护。

⑤断路器失灵保护。

8.2 发电机变压器组内部故障纵差保护

大型发电机和变压器快速主保护必须双重化，以确保保护动作的可靠性，在发变组保护中，为了简化保护，通常并不按发电机和变压器各自单独配置第二套差动保护，而是采用发变组纵联差动保护方案，实现快速保护的双重化。

发变组纵差保护通常采用三侧电流差动，输入电流分别取自发电机中性点处电流互感器、厂变高压侧电流互感器以及主变高压侧断路器处的电流互感器。保护区为发电机、主变压器及其连线以及变压器至高压断电路器与发电机至厂用变压器高压侧间的引线。保护出口动作于全停。

发变组纵差保护装置的原理、结构及技术数据与变压器差动保护基本相同（参见7.2节）。为提高可靠性，保护往往选择与主变压器差动保护不同的判别励磁涌流原理，如变压器差动保护采用判别励磁涌流二次谐波的原理，则发变组差动保护可采用判别间断角原理。判别间断角励磁涌流原理的变压器差动保护电路原理如图7.5所示。

差动保护装置其他部分的原理、电路及技术数据参见7.2节。

※8.3　发电机变压器组反时限过激磁保护

大型发电机和变压器在运行中都可能因下述各种原因发生过激磁现象。

①发变组与系统并列之前,由于操作错误,误加大励磁电流引起过激磁。

②发电机启动过程中,转子在低速下预热时,若误将电压升至额定值,则因发电机和变压器低频运行造成过激磁。

③切除发电机过程中,发电机解列减速,若灭磁开关拒动,使发变组遭受低频引起过激磁。

④发变组出口断路器跳闸后,若自动励磁调节装置退出或失灵,则电压与频率均会升高,但因频率升高较慢而引起发变组过激磁。

⑤在运行中,当系统过电压及频率降低时也会发生过激磁。

过激磁将使发电机和变压器的温度升高,若过激磁倍数高,持续时间长,可能使发电机和变压器因过热而遭受破坏。现代大型变压器额定工作磁密 $B_N = 1.7 \sim 1.8$ T,饱和磁密 $B_S = 1.9 \sim 2.0$ T,两者很接近,容易出现过激磁。发电机的过激磁倍数一般低于变压器的过激磁倍数,更易遭受过激磁的危害。因此,大中型发变组设有性能完善的过激磁保护。

8.3.1　过激磁保护的原理

变压器的电压表达式为:

$$U = 4.44fWBS \tag{8.1}$$

对于给定的变压器,绕组匝数为 W 和铁芯截面 S 都是常数,因此变压器工作磁密 B 可表示为:

$$B = K\frac{U}{f} \tag{8.2}$$

式中　$K = 1/4.44WS$。

对于发电机,也可导出类似的关系。这个关系说明当电压 U 升高和频率 f 下降均会导致激磁磁密升高。通过测量电压 U 和频率 f,再根据式(8.2),就能确定激磁状况。

通常用过激磁倍数 N 来反映过激磁状况:

$$N = \frac{B}{B_N} = \frac{U/f}{U_N/f_N} = \frac{U_*}{f_*} \tag{8.3}$$

式中　下角标 N 表示额定值;下角标" $*$ "表示标幺值。

在发生过激磁后,发电机与变压器并不会立即损坏,有一个热积累过程。对于一过激磁倍数 N 均有对应的允许运行时间 t,研究表明:过激磁倍数与允许运行时间的关系 $N = f(t)$ 为一反时限特性曲线,过激磁保护应按此反时限特性设计。在发生过激磁时先动作于减励磁,并根据过激磁倍数在超过允许运行时间后解列灭磁,保证发变组的安全。

8.3.2　保护动作特性过激磁保护装置

(1)保护动作特性

过激磁保护的动作特性 $N = f(t)$ 如图8.1所示,包括上、下限定时限和反时限特性3部分。

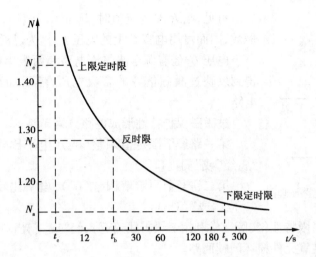

图 8.1　过激磁保护的动作特性曲线

过激磁倍数 N 有两个定值：N_a 和 N_c（$N_a < N_c$），当 $N_a > N_c$ 时，按上限整定时间 t_c 延时动作；当 $N_a < N < N_c$，按反时限特性动作；若 N 刚好大于 N_a，不足以使反时限部分动作时，则按下限整定时间 t_a 延时动作。

（2）**电路工作原理**

电路原理方框图如图 8.2 所示。

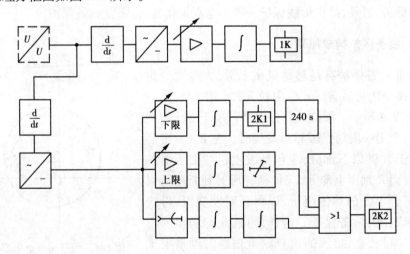

图 8.2　反时限过激磁保护电路原理方框图

测量回路（标有 d/dt 符号的方框）由 RC 串联回路构成。测量原理如图 8.3 所示。由图可得：

$$U_C = U / \sqrt{(2\pi fCR)^2 + 1}$$

当取 $2\pi fRC \gg 1$ 时，上式近似为：

$$U_C = \frac{U}{2\pi fCR} = K' \frac{U}{f} \tag{8.4}$$

式中　$K' = \dfrac{1}{2\pi CR}$。

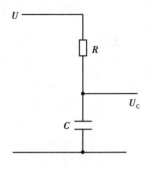

图 8.3 过激磁测量电路原理图

可见,当 R、C 为定值时,U_C 正比于 U/f,也即正比于过激磁倍数,因而可用电容 C 上的电压 U_C 作为过激磁倍数值。

电压 U_C 经有源全波整流电路和两级串联的 RC 滤波回路,得到反映过激磁倍数的直流电压,然后加至定时限特性形成电路。

过激磁保护特性形成电路分为 3 路:

第一路经下限定值调整(N_a),电平比较器、驱动长延时电路、经"或"门出口。

第二路经上限定值调整(N_c),电平比较器、时间定值延时(t_c)经"或"门出口。

第三路形成反时限特性(实际上常利用三段折线逼近),经"或"门出口。

最上面一路为装置元件损坏闭锁回路。

8.4 发电机变压器组后备阻抗保护

后备保护按发电机变压器组统一考虑。尽管发电机变压器组装有双重化主保护,但由于大型发变组价格昂贵,地位重要,仍需装设可靠的后备保护作为发电机、变压器及其有关引线短路故障的后备,另外,高压母线保护一般不是双重化的,也需要后备保护。

8.4.1 后备保护构成原理

为了保证后备保护有足够的灵敏系数,大型发变组可采用阻抗保护作为后备保护。阻抗元件动作特性为一偏移圆,如图 8.4 所示。限抗后备保护通常装于变压器高压侧出线处,采用一段动作区和两段延时。在 $R—X$ 平面上动作区位于 R 轴以下部分,应包括发电机与变压器总的等值阻抗;而 R 轴以上部分,应包括变压器到断路器引线、母线及部分出线的等值阻抗,以保证对发变组、母线及相应引出线提供后备保护。这样,阻抗元件动作区不得不向前延伸得较远,出线的出口附近短路时测量阻抗将进入动作区。为保证选择性,把后备阻抗保护动作时

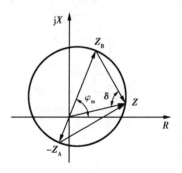

图 8.4 偏移阻抗继电器动作特性及测量阻抗相量图

间分为两段:Ⅰ段动作时间与出线快速保护动作相配合,动作于母线解列,以缩小故障影响范围;Ⅱ段动作时间再增加一个时段,动作于解列灭磁。

由图 8.4 所示的动作特性,在测量阻抗落入圆内时有:

$$270° \geqslant \arg\left(\frac{Z + Z_A}{Z - Z_B}\right) \geqslant 90° \tag{8.5}$$

当用电压和电流相量表示,上式分子分母均乘以测量电流相量 $\dot{I}$,则有:

$$270° \geqslant \arg\left(\frac{\dot{U} + \dot{I} Z_{\mathrm{A}}}{\dot{U} - \dot{I} Z_{\mathrm{B}}}\right) \geqslant 90° \tag{8.6}$$

式(8.6)是后备阻抗元件的动作判据(相位比较式),式中 $\dot{U}$ 通常取为线电压, $\dot{I}$ 取为对应的相电流差以构成0°接线的相间阻抗元件。

8.4.2　电路工作原理

电路原理方框图如图8.5所示。带通滤波器用以取出输入信号中的工频分量,消除其他分量。移相器 ϕ 用来改变 Z_{A} 和 Z_{B} 的相角,以得到阻抗元件的最大灵敏角。调整运算放大器的放大倍数 K_{A} 和 K_{B},可分别对 Z_{A} 和 Z_{B} 的幅值进行整定。

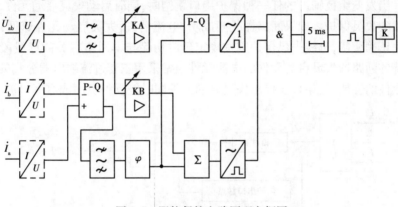

图 8.5　阻抗保护电路原理方框图

8.5　发电机变压器组辅助性保护

发变组辅助性保护主要包括非全相运行保护、断路器失灵启动元件、意外加电压保护(断路器误合闸保护)、断路器断口闪络保护以及起停机保护等。本节仅简要地介绍前两种保护,其他保护请读者参阅其他有关资料。

8.5.1　非全相运行保护

220 kV(及以上)断路器通常为分相操作断路器,由于误操作或机械方面的原因,使三相不能同时合闸和跳闸,或在正常运行中突然一相跳闸,这时发变组中将流过负序电流。如果靠反映负序电流的反时限保护,则可能会因为动作时间较长,而导致相邻线路对侧保护先动作,使故障范围扩大,甚至造成系统瓦解事故,因此,要求装设非全相运行保护。

非全相运行保护一般由灵敏的负序电流元件和非全相判别回路构成,如图8.6所示。保护经短延时(例如, t 取 $0.2 \sim 0.5$ s)动作于断开其他健全相。如果是操纵机构故障,断开其他健全相不能成功,则应动作(启动)断路器失灵保护启动元件,切断与本回路有关的母线段上的其他电源回路。

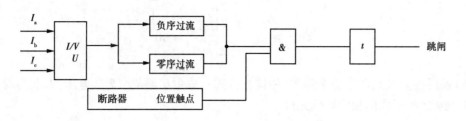

图 8.6 非全相保护逻辑框图

8.5.2 断路器失灵启动元件

断路器失灵启动元件由灵敏的过流继电器(三相)与有关的保护跳闸出口继电器辅助触点共同构成。当发变组范围内的任一种保护出口跳闸时,同时启动失灵启动元件,失灵启动元件则启动母线的失灵保护。如果断路器跳闸成功,电流消失,失灵启动元件返回;若断路器发生故障而无法正确跳闸,母线失灵保护则按规定延时切除与本回路有关的母线段上的所有其他电源。传统的断路器失灵启动元件的电流元件通常采用三套过流继电器分相安装。为了改善失灵启动元件的性能,近年来已提出失灵启动元件同时能反映负序或零序电流。

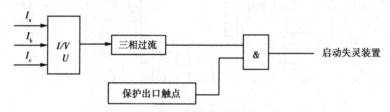

图 8.7 断路器失灵启动元件逻辑框图

第**9**章
母线保护

9.1 母线故障及其保护

　　高压母线上发生故障的原因多种多样，其故障可归纳为 3 种：一是母线上所连设备(包括开关、电流互感器、电压互感器、避雷器)故障；二是母线瓷瓶(包括隔离刀闸、支持瓷瓶)闪络或母线的带电导线直接闪络；三是某些人为的操作和作业引起的故障。

　　一般来说，如果不装设特殊的母线保护设备，靠相邻元件的保护作后备，最终也可以切除故障，但这将延长故障切除时间，并且往往要扩大停电范围。由于未装设专用的母线保护装置或母线保护装置在停用中，发生母线故障而不能快速切除，以致事故扩大，甚至酿成系统大面积停电。规程规定在 220 kV 及以上的超高压电网中必须装设母线保护。

　　最简单的单母线固定连接的差动保护如图 9.1 所示。图中母线 M 上有 4 条引出线，4 条引出线上流过的电流分别为 I_1、I_2、I_3 和 I_4。各引出线上装有完全相同的电流互感器，这些电流互感器同极性端连在一起，差动继电器中的电流为所有电流互感器副方电流之和，电流互感器副方线圈中的电流分别为 i_1、i_2、i_3 和 i_4。

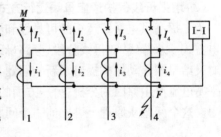

图 9.1　差动保护原理图

　　正常运行和外部短路的情况如下，根据基尔霍夫电流定理：

$$\sum_{j=1}^{4} \dot{I}_j = \dot{I}_1 + \dot{I}_2 + \dot{I}_3 + \dot{I}_4 = 0 \tag{9.1}$$

　　由于电流互感器具有相同的变比，且同极性相连，假设电流互感器工作在非饱和状态，则有：

$$\sum_{j=1}^{4} \dot{i}_j = \dot{i}_1 + \dot{i}_2 + \dot{i}_3 + \dot{i}_4 = \dot{i}_D = 0 \tag{9.2}$$

式中　$\dot{i}_D$——差动电流。

199

由于差动继电器中无电流流过,保护装置不会动作。

在发生母线内部短路中,由于故障电流的存在,式(9.1)不再满足,即母线各引出线上的电流之和不再为零,而是等于总的短路电流。因此,在差动继电器中流过的是与此短路电流成比例的一个电流,适当地整定差动继电器的动作电流,就可以检出母线内部发生的故障,并动作于相应的开关。

从理论上讲,如果不考虑电流互感器之间的误差,以及构成电流互感器的铁芯的饱和,这样构成的差动继电器是非常理想的。然而,由于电流互感器之间的误差及铁芯的饱和,使母线保护在内部或外部故障时,不能正确检测外部故障在差动继电器中出现的不平衡电流。内部故障时,不是所有与故障电流相应的电流都能从电流互感器的副方线圈流入差动继电器。为了避开不平衡电流,保证保护装置对外部短路的鉴别能力,使保护装置快速、正确地辨别出母线内部故障,从事母线保护的电力系统工程技术人员在下述几个方面进行了研究。

(1)提高保护动作速度和动作灵敏度

对于母线保护,提高保护的动作速度,不仅是被保护元件本身的要求,而且是防止电流互感器饱和对母线保护的影响以及电力系统稳定运行的要求。从电力系统运行稳定性的角度来看,母线故障被切除的时间越短越好。超高压变电站母线保护装置,其动作时间一般都要求在10 ms 之内。

早期的电流差动保护装置,虽然其动作速度比较快,但由于其动作电流要躲过母线外部故障的最大不平衡电流,灵敏度往往较低。针对这一缺陷,人们研制出了带制动特性的母线保护以及相位比较式母线保护,从而大大提高了母线保护的灵敏度。

(2)防止电流互感器饱和的影响

在一些严重的母线外部故障情况下,电流互感器可能深度饱和,其副方输出严重畸变,这是母线保护误动的重要原因之一。如何有效地防止电流互感器饱和对母线保护的影响是母线保护的主要研究课题之一。

(3)增强母线保护适应母线运行方式变化的能力

为了提高供电系统运行的可靠性和灵活性,现在高电压输电系统很少采用简单的单母线供电方式。双母线、双母线分段、旁路母线等的使用,一方面提高了电力系统运行的可靠性,但同时又给母线差动保护提出了新的问题,这方面问题较多地涉及差动保护的构成原理以及对不平衡电流产生原因的分析;另一方面的问题则是要解决母线保护适应不同母线运行方式的能力。这个问题从原理上讲比前一个问题简单些,但要较多涉及母线保护方案的实现。

9.2 带制动特性的母线差动保护

带制动特性的母线差动保护将母线上引出线的电流(即电流互感器的副方电流)按一定的方式组合成一制动电压,以阻止继电保护动作,这种电流又以另外的方式组合成一差动电压,以启动继电保护。继电保护的动作与否决定于制动电压与差动电压之间的大小;如果差动电压大于制动电压,则保护装置动作;如果差动电压小于制动电压,则保护装置不动作,这就是这种差动保护的工作原理。

设母线上有几条引出线,其电流分别为 I_1、I_2、$\cdots$、I_n,常见几种制动特性的差动保护,其动

作条件为:

$$\left| \sum_{i=1}^{n} I_i \right| - K |I_{i.\max}| \geqslant i_0 \tag{9.3}$$

$$\left| \sum_{i=1}^{n} I_i \right| - K \sum_{i=1}^{n} |I_i| \geqslant i_0 \tag{9.4}$$

式中,K 为制动系数;i_0 为定值。

在各种带制动特性的差动保护中,几乎无例外地将母线上各引出线电流互感器的副方电流之和作为差动继电器的动作量,此即上式中左边第一项。上式中左边第二项为差动保护的制动量。动作方程表明,只有动作量和制动量之差大于某一选定的电流 i_0 时,差动保护才动作。

动作方程式(9.3)选择所有引出线电流中的最大电流 $I_{i.\max}$ 构成制动量,方程式(9.4)选择所有引出线电流绝对值之和构成制动量。

为了详细了解带制动特性的差动保护的特性,现在对式(9.3)和式(9.4)所确定的差动保护的动作特性分析如下:

设发生故障时 I_i 为由线路流向母线的电流之和,I_0 为母线流向线路的电流之和。这两个电流皆取绝对值。

由式(9.4)所决定的差动保护的动作方程式可简写成:

$$|I_{\text{out}} - I_{\text{in}}| - K |I_{\text{out}} + I_{\text{in}}| \geqslant i_0 \tag{9.5}$$

如果以 I_0 为横坐标,I_i 为纵坐,可以在 I_i—I_0 平面上画出这种继电保护的动作区域,显然,动作区域分为 $I_0 > I_i$ 和 $I_0 < I_i$ 两种情况讨论。但是,若将上式中 I_0 与 I_i 互换,方程式不变,这说明在 $I_0 > I_i$ 及 $I_0 < I_i$ 这两种情况下,所画出的动作区域将对称于 $I_0 = I_i$ 直线。因此,可以只讨论其中一种情况。

设 $I_0 > I_i$,则式(9.5)变成:

$$I_i - I_0 - K I_0 - K I_i \geqslant i_0 \tag{9.6}$$

$$I_i \geqslant \frac{1 + K}{1 - K} I_0 + \frac{1}{1 - K} i_0 \tag{9.7}$$

由此可以作出 I_i—I_0 平面中的右下部分动作区域,如图 9.2 所示的阴影部分。同样可以作出左上半部分动作区域,最终的动作区域如图 9.2 所示。其临界动作曲线的斜率可以通过调整 K 达到,K 值越大(在小于 1 的条件下)两条临界动作直线离直线 $I_i = I_0$ 越远。若 $K = 0$,则两条直线平行于直线 $I_i = I_0$,这时制动性消失,K 越大,制动能力也越大,i_0 的选择能够按使特性直线与坐标轴的截距能够避开线路电容电流来考虑。

较大 K 值的选择,可以使动作区域远离直线 $I_i = I_0$,这使得在外部短路时保护动作的可能性变小,从而提高了整个保护装置的可靠性。但 K 值取得太大,又可能使内部故障时,由于铁芯的饱和使得只有部分短电流从电流互感器流出时保护装置拒动,从而使整个保护装置的灵敏系数下降。因此,K 值的选择应通过实验确定。

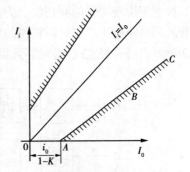

图 9.2　具有直线制动特性的
差动保护的动作区域

上述两种带制动特性的差动保护都可以不同程度地改善保护装置的性能。但是,在外部短路故障线路电流互感器完全饱和时,制动电流都将失去最大的一个电流(称为失去制动)从而影响了与内部故障的区分。为了不失去制动,可采取增加差动回路的电阻的办法,在差动回路电阻很高的情况下,尽管故障线路电流互感器饱和,其副方回路中仍流入所有健全线路电流之和,这样就不会失去制动。

9.3 电流相位比较式母线保护

电流相位比较式母线保护是近年来采用的各种新原理的母线保护的一种。它的工作原理是根据母线外部故障或内部故障时连接在该母线上各元件电流相位的变化来实现的,如图9.3所示。假设母线上只有两个元件,当线路正常运行或外部(K_1点)故障时,如图 9.3(a)所示,电流 I_I 流入母线,电流 I_{II} 由母线流出,两者大小相等、相位相反。当母线上 K 点故障时,电流 I_I 和 I_{II} 都流向母线,在理想情况下两者相位相同,如图9.3(b)所示。显然,利用比相元件比较各元件电流的相位,便可判断内部或外部故障,从而确定保护的动作情况。

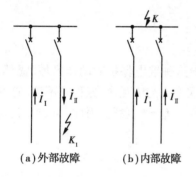

(a)外部故障　　(b)内部故障

图9.3　外部与内部短路时的电流分布

电流相位比较式母线保护的单相原理方框图,如图9.4所示。每条母线上都装设一套保护,为了对母线上各连接元件的电流进行比相,从每项一连接元件的 TA 引出三相电流(图中只表示出一相)经中间变流器和切换装置分别送入各相的小母线,每相的小母线分别接至本相的相位比较回路,相位比较回路用以比较所有连接元件二次电流的相位。当电流的相位基本相同时,比相回路有输出。当电流的相位相反时,比相回路无输出。由于接于母线元件的参数不同,电流互感器特性不一致,以及中间变流器存在变换角误差等因素的影响,各引出线的二次电流可能出现相位误差,使得母线故障时,二次电流出现短时的不同相位;母线外部故障时,二次电流出现短时的同相位。为防止上述情况下保护误动作,还应装设延时回路,从时间上躲开外部故障时出现短时同相位的情况。为了使出口继电器动作可靠,必须将相位比较回路的断续输出信号展宽成脉冲信号,因此,装设了脉冲展宽回路,最后经出口回路到断路器跳闸。

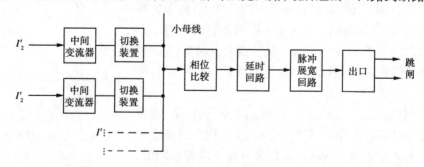

图9.4　电流比相式母线保护的单相原理方框图

　　电流相位比较式母线保护的相位比较回路原理接线图如图9.5所示。它由中间变流器 TA_1、TA_2、整流二极管 $VD_9 \sim VD_{12}$ 及非线性电阻 f_{x1}、f_{x2} 组成电压形成回路。TA_1、TA_2 副边输出电压经整流管半波整流后接于小母线1、2上，它们的公共抽头则接在小母线3上。当电流很大时，用非线性电阻 f_{x1}、f_{x2} 以防止 TA_1、TA_2 的二次侧产生危险的高电压。小母线的输出接到由三极管 $VT_1 \sim VT_3$ 所组成的晶体管相位比较回路，其工作情况如下：

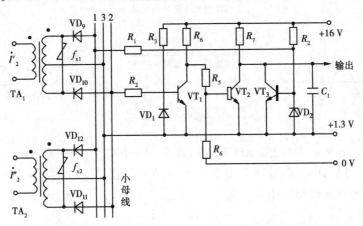

图9.5　相位比较回路的原理接线图

（1）小母线不带电的情况

　　小母线不带电时，正电源通过 R_3 和 R_8 给三极管 VT_1 和 VT_3 的基极供电而使之导通。当 VT_1 导通时，三极管 VT_2 的基极电位由于 R_5、R_6 分压的结果，使 VT_2 的基极电位较发射电位为低，VT_2 截止。但由于 VT_3 导通，C_1 被 VT_3 短接，使输出电压稍大于 1.3 V。

（2）母线处于正常运行或外部故障情况

　　母线处于正常运行或外部故障时，电流 $\dot{i}'_2$ 与 $\dot{i}''_2$ 的相位差为180°，这两个电流分别流入中间变流器（图9.5）。设在某一瞬间 $\dot{i}'_2$ 为正半周时，使 VD_{10} 导通，则小母线2由于 VD_{10} 导通而被钳位为负电位。同时，$\dot{i}''_2$ 使 VD_{12} 导通而把小母线1电位也钳到负电位。同理，在 $\dot{i}'_2$ 为负半周，$\dot{i}''_2$ 为正半周时，由于 VD_9、VD_{11} 导通，同样把小母线1、2电位钳为负电位。所以，在小母线1、2上呈现出连续的负电位而加于 VT_1 和 VT_3 的基极上。因此，VT_1、VT_3 截止。中间变流器一次侧及二次侧经检波后的波形，如图9.6所示。由于 VT_1 截止后，VT_2 的基极电位由于 R_4、R_5、R_6 分压的结果，变为较发射极电位为正而导通。因此，电容器 C_1 又被 VT_2 所短接，输出电压仍稍大于 1.3 V。

（3）母线内部短路故障

　　当母线内部发生故障时，连接有电源的元件，都向母线供给电流。在理想的情况下，流入 TA_1、TA_2 的一次电流的相位是相同的，即 $\dot{i}'_2$、$\dot{i}''_2$ 同相。因而小母线1、2的电位轮流为负。波形图如图9.7所示，第一个半波时，由于小母线1出现负电位，VT_3 截止。小母线2没有负电位而 VT_1 保持导通状态，因而 VT_2 截止。由于 VT_2、VT_3 都截止，故电容器 C_1 通过 R_7 充电，延时回路启动，输出电位由 1.3 V 开始随着 C_1 充电而逐渐提高，经约60°（3.3 ms）延时后，即启动脉冲展宽回路。

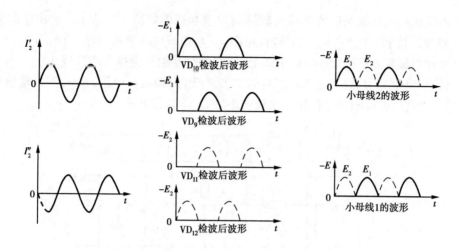

图 9.6　母线正常运行及外部故障时,TA 一次侧和二次侧的波形图

在第二个半波后,由于小母线 2 出现负电位,VT$_1$ 截止,VT$_2$ 导通. 小母线 1 没有负电位,VT$_3$ 导通。C$_1$ 被短接而输出电压大于 1.3 V。第三个半波时工作情况与第一个半波时相同,延时回路又能动作。

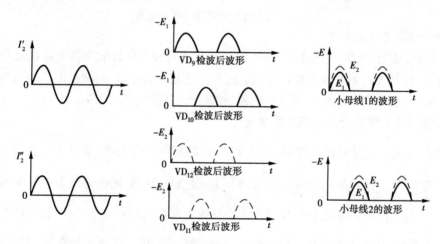

图 9.7　母线内部故障时,TA 一次侧和二次侧的波形图

(4)延时回路的作用

在理想情况下,外部故障时电流相位差为 180°,内部故障时为 0°。当母线保护范围外部发生故障时,由于一些因素的影响,反映到小母线 1 和 2 上的电位就将出现间断现象。这就和母线保护范围内部发生故障时的情况相似。为防止在这种情况下母线保护误动作,特设置了由 C$_1$、R$_7$ 等组成的延时回路,使比相电路的输出信号经一定延时后,才送到下一级脉冲展宽电路,通常,这一延时为 3. 3 ms。相当于 $\varphi = 60°$。实际上,各连接元件电流的相位差远小于60°。因此,小母线 1 和 2 的电位间断角要大于 60°才能输出信号。这就保证了外部故障时,保护可靠不误动,而在母线上故障时,保护能可靠动作。

由以上分析可得出如下的结论:

①电流比相母线保护只与电流的相位有关,而与电流的幅值无关。因此,既不用考虑采用

同型号和同变化的电流互感器,也不需要考虑不平衡电流的影响等问题,这就提高了保护的灵敏度,增加了使用的灵活性。

②每条母线都装设这种保护,从而克服了一般母线差动保护不适应母线运行方式改变的缺点。

9.4　母线保护的特殊问题及其对策

9.4.1　电流互感器的饱和及母线保护常用的对策

由于母线的连线元件众多,在发生近端区外故障时,故障支路电流可能非常大,其 TA 易发生饱和,有时可达极度饱和。这种情况对于普遍以差动保护作为主保护的母线而言极为不利,可能会导致母线差动保护误动作。为此母线保护必须要考虑防止 TA 饱和误动作的措施,在母线区外故障 TA 饱和时能可靠闭锁差动保护,同时在发生区外故障转换为区内故障时,能保证差动保护快速开放、正确动作。

目前国内较常采用的母线差动保护有中阻抗母线差动保护和数字式母线差动保护,并且在 110 kV 及以上电压等级的电网中广泛使用,具有较高的稳定性和可靠性。在这些母线保护中采用了多种抗 TA 饱和的方法,本节将对此予以说明。

(1)中阻抗母线差动保护抗 TA 饱和的措施

中阻抗母线差动保护利用 TA 饱和时励磁阻抗降低的特点来防止差动保护误动作。由于保护装置本身差动回路电流继电器的阻抗一般为几百欧,此时 TA 饱和造成的不平衡电流大部分被饱和 TA 的励磁阻抗分流,流入差动回路的电流很少,再加之中阻抗母线差动保护带有制动特性,可以使外部故障引起 TA 饱和时保护不误动。而对于内部故障 TA 饱和的情况,则利用差动保护快速性在 TA 饱和前即动作与跳闸,不会出现拒动的现象。

(2)数字式母线差动保护抗 TA 饱和的措施

目前数字式母线差动保护主要为低阻抗母线差动保护,影响其动作正确性的关键就是 TA 饱和问题。结合数字式保护性能特点,数字式母线差动保护抗 TA 饱和的基本对策主要基于下述几种原理。

①具有制动特性的母线差动保护。具有制动特性的母线差动保护在 TA 饱和不是非常严重时,比率制动特性可以保证母线差动保护不误动作。但当 TA 进入深度饱和时,此方法仍不能避免保护误动,需要采用其他专门的抗 TA 饱和的方法。

②TA 线性区母线差动保护。TA 进入饱和后,在每个周波内的一次电流过零点附近存在不饱和时段。TA 线性区母线差动保护就是利用 TA 的这一特性,在 TA 每个周波退出饱和的线性区内,投入差动保护。由于此种原理的保护实质上是避开了 TA 保护区,所以能对母线故障作出正确的判断。为保证 TA 线性区母线差动保护正确动作,必须实时检测每个周波 TA 饱和与退出饱和的时刻。但是由于 TA 饱和时的电流波形复杂,如何正确判断 TA 饱和和退出饱和的时刻,判别出 TA 的线性传变区是实现此方法的关键和难点。

③TA 饱和的同步识别法。当母线区外故障时,无论故障电流有多大,TA 在故障的最初瞬间

（在 1/4 周波内）都不会饱和，在饱和之前差电流很小，母线差动电流元件不会误动作；若以母线电压构成差动保护的启动元件，在故障发生时则可以瞬时动作，两者的动作会有一段时间差。当母线区内故障时，差电流增大和母线电压降低同时发生。TA 饱和的同步识别法就是利用这一特点，区分母线的区内、区外故障，在判别出母线区内故障 TA 饱和时则闭锁母线差动保护。考虑到系统可能会发生区外转区内的母线转移性故障，因为 TA 饱和的闭锁应该是周期性的。

④通过比较差动电流变化率鉴别 TA 饱和。TA 饱和后，二次侧电流波形出现缺损，在饱和点附近二次侧电流的变化率突增。而当母线区内故障时，由于各条线路的电流都流入母线，差电流基本上按照正弦规律变化，不会出现区外故障 TA 饱和条件下差电流突变较大的情况，因此可以利用差电流的这一特点进行 TA 饱和的检测。

TA 进入饱和需要时间，而在 TA 进入饱和后，在每个周波一次电流过零点附近都存在一个不饱和时段，在此时段内 TA 仍可不畸变地传变一次电流，此时差电流变化率很小。利用这一特点也可构成 TA 饱和检测元件。在短路初瞬和 TA 饱和后每个周波内的不饱和时段，饱和检测元件都能够可靠地闭锁保护。

⑤波形对称原理。TA 饱和后，二次侧电流波形发生严重畸变，1 周波内波形的对策性破坏，采用分析波形的对称性可以判定 TA 是否饱和。判别对称性的方法有多种，最基本的一种是电流相隔半周波的导数的模值是否相等。

⑥谐波制动原理。当发生区外故障 TA 饱和时，差电流的波形实际是饱和 TA 励磁支路的电流波形。当 TA 发生轻度饱和时，故障支路的二次电流出现波形缺损现象，差电流中包含有大量的高次谐波。随着 TA 饱和深度的加深，二次电流波形缺损的程度也随着加剧。但内部故障时差电流的波形接近工频电流，谐波含量少。

谐波制动原理利用了 TA 饱和时差电流波形畸变的特点，根据差电流中谐波分量的波形特征检测 TA 是否发生饱和。这种方法有利于发生保护区外转区内故障时根据故障电流中存在谐波分量减少的情况而迅速开放差动判据。

9.4.2　母线运行方式的切换及保护的自适应

各种主接线中以双母线接线运行最为复杂。随着运行方式的变化，母线上各种连接元件在运行中需要经常在两条母线上切换，因此希望母线保护能自动适应系统运行方式的变化，免去人工干预及由此引起的人为误操作。

可以利用隔离开关辅助触点来判断母线运行方式。在集成电路型母线保护保护中通常采用引入隔离开关辅助触点来判断母线运行方式的方法。为防止隔离开关辅助触点引入环节发生错误，有些母线保护采用引入每副隔离开关的动合触点和动断触点，以两队触点的组合来判别隔离开关状态。但这种方法常会因为隔离开关辅助触点不可靠（如接触不良、触点粘连或触点抖动等）而导致出错，因此在实际工程应用并不真正有效。当辅助触点出错时，会导致母线保护拒动或因保护失去选择性而扩大故障切除范围。

数字式保护具有强大的计算、自检及逻辑处理能力，数字式母线保护可以充分利用这些优势，采用将隔离开关辅助触点和电流识别两种方法相结合，且更加先进、有效的运行方式自适应方法。具体实现方法：将运行于母线上的所有连接单元的隔离开关辅助触点引入保护装置，实时计算保护装置所采集的各连接元件负荷电流瞬时值，根据运行方式识别判据，来校验隔离开关辅助触点的正确性,校验确定它们无误后,形成各个单元的"运行方式字",运行方式字反映了母线各连接元件与母线的连接情况;若校验发生有误,保护装置则自动纠正其错误。数字式母线保护的这种自适应运行方式的方法更能有效地减轻运行人员的负担,以提高母线保护动作的正确率。

9.4.3 $1\frac{1}{2}$ 断路器接线的母线及其保护问题

当母线为 $1\frac{1}{2}$ 断路器接线,在母线内部短路时可能有电流流出。这种情况会使比较母线连接元件电流相位原理的母线保护拒动,也会使具有制动特性的原理的母线差动保护的灵敏度降低。要考虑在内部短路时有一定电流流出的影响,是母线保护需要注意的问题之一。

第**2**篇
微机保护基础

绪 论

随着计算机技术的迅速发展,社会生活的各个方面受其影响,也在发生着深刻的变化。计算机的应用已经遍及生产和生活各个领域,电力系统就是其中之一。

"数字电力系统"的概念,形象地说明电力系统各个方面受计算机发展影响的深度和广度。毫无疑问,也直接促进了近30年来电力系统中继电保护技术的发展和进步。

0.1 微机保护的发展概况

20世纪60年代末期,国外提出用计算机构成继电保护的倡议,此时的计算机硬件非常昂贵。当时还不具备商业性生产这类保护装置的条件,早期的研究工作是以小型机为基础的。出于经济上的考虑,要采用一台小型计算机来实现多个电气设备或整个变电站的保护功能,但这种方案的可靠性显然受到怀疑。

20 世纪 70 年代中期,随着大规模集成电路技术的发展,微型计算机进入实用阶段,性价比和可靠性大为提高,为微机保护的实用化奠定了硬件基础。

随着计算机硬件水平不断提高,各种微机保护算法及软件不断地被提出,为继电保护的推广和应用提供了理论基础。

目前微机保护已经在各个电力系统的变电站、发电厂和线路上大量使用。

0.2 微机保护的特点

(1)维修调试方便

与原来使用的整流型继电保护装置相比,微机保护装置几乎可以不用调试。微机保护对硬件和软件都有自检功能,装置上电时,有故障就会立即报警,极大地减轻了运行维护的工作量。

(2)可靠性高

在各种保护方法中,考虑到了电力系统中的各种情况,具有很强的综合分析和判断能力。微机系统运行时,可以不断进行自检,可及时检查出微机保护内部的大多数随机故障,并采取适当的纠正措施。

(3)易于增设附加功能

由于计算机的通用性,因而在继电保护硬件的基础上,通过增加软件的形式增设保护之外的附加功能,如保护的动作顺序记录、故障谐波分析、故障测距、低频减载等。

(4)可扩展性高

对于相同的硬件,可以通过算法的不同,实现不同的保护。这样,也就可以通过改善算法来不断完善保护性能,而不需要改动硬件。通过软件算法的改善,可以较好地解决原有模拟继电保护装置无法解决的一些问题。

(5)便于远程监控

目前的微机保护装置均设有通信接口,可以方便地将各地保护装置纳入变电站综合自动化系统,实现远方修改定值与投切保护装置。

第 1 章
微机式保护装置硬件原理

数字式保护装置主要由硬件和软件两部分构成。硬件部分是指模拟和数字电子电路,是软件运行的平台,提供数字式保护装置与外部系统的电气联系;软件是指计算机程序,由它按照保护原理和功能的要求对硬件进行控制,有序地完成数据采集、外部信息交换、数字运算和逻辑判断、动作指令执行等各项操作。模拟式保护装置依赖硬件电路来实现保护原理和功能,而数字式保护装置需要硬件和软件的配合才能实现保护原理和功能。在同一套硬件装置上配置不同的软件可构成不同特性或者不同功能的保护装置,具有较强的灵活性、开放性、可扩展性和适应性。下面将简要介绍数字式保护装置硬件系统工作原理和技术特点。

如图 1.1 所示,数字式保护装置的硬件系统是由数字核心部件以及模拟量输入接口、开关量输入/输出接口、外部通信接口、人机对话接口等各种外围接口部件共同构成。需要特别强调的是,各部件功能需要在软件的支持下才能实现。下面分别介绍各部件的功用和特点。

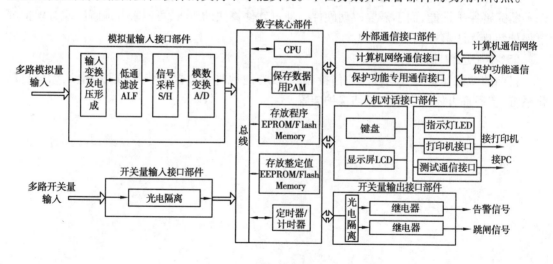

图 1.1　数字式保护装置的硬件系统原理框图

1.1 数字核心部件

数字式保护装置的数字核心部件实质上是一台特别设计的专用微型计算机,一般由中央处理器(CPU)、存储器、定时器/计数器及控制电路等部分组成,并通过数据总线、地址总线、控制总线连成一个系统,实现数据交换和操作控制。继电保护程序在数字核心部件内运行,完成数字信号处理任务,指挥各种外围接口部件运转,从而实现继电保护的原理和各项功能。

(1)**中央处理器**(CPU)

CPU 是数字核心部件以及整个数字保护装置的指挥中枢,计算机程序的运行依赖于 CPU 来实现,在很大程度上 CPU 决定了数字保护装置的技术水平。CPU 的主要技术指标包括字长(用二进制位数表示)、指令的丰富性、运行速度(用典型指令执行时间表示)等。当前应用于数字式保护装置的 CPU 主要有以下几种类型。

①单片机微处理器。其特点是将 CPU 与定时器/计数器及部分输入/输出接口集成在一起,特别适于构成紧凑的测量、控制及保护装置,如 Intel 公司的 8031 系列及其兼容产品(字长 8 位)、8096 以及 80C196(字长 16 位)等。目前,低压或中、小型电力设备的数字式保护装置多采用 16 位单片微处理器。

②通用微处理器。如 Intel 公司的 X86 及 Core 系列、Motorola 公司的 MC963XX 系列等。其中的 32/64 位 CPU 具有很高的性能,适用于各种复杂的数字式保护装置。

③数字信号处理器(DSP)。其主要特点是高运算速度、高可靠性、低功耗以及可由硬件完成某些数字信号处理算法。目前,DSP 已在各类数字保护装置中得到广泛使用,尤其是可支持浮点运算的 32 位 DSP 具有极高信息处理能力,特别适于构成高性能的数字式保护装置。

(2)**存储器**

存储器用来保存程序和数据等数字信息,其存储容量和访问速度(读取时间)是影响整个数字式保护装置性能的两个主要技术指标。数字信息大致可分为 3 类:

①可变数据,主要为 CPU 和存储器之间高速交换数据(读写),如实时采样值、控制变量、运算过程的数据等;

②计算机程序,在开发阶段之后不再需要也不允许改变,装置失电后也不允许改变;

③整定值及其他控制参数,需要依据被保护对象的实际运行方式由专业人员予以调整,但装置掉电后不允许随意改变。根据上述 3 类数字信息的特点,通常将存储器在存储空间分为数据存储区、程序存储区和定值存储区,分别采用 3 种不同类型存储器件。

a. 随机存取存储器(RAM)。RAM 用来暂存需要快速交换的大量临时数据,如数据采集系统提供的数据信息、计算处理过程的中间结果等。RAM 中的数据允许高速读取和写入,但在失电后会丢失。还有一种存储器件称为非易失性随机存取存储器(NVRAM),既可以高速读写,又可以在失电后不丢失数据,适于用来快速保存大量数据。

b. 只读存储器(ROM)。实际使用的是可擦除可编程只读存储器(EPROM),用来保存数字式保护的运行程序和一些固定不变的数据。EPROM 中的数据允许高速读取且在失电后不会丢失。改写 EPROM 存储的内容需要两个过程:首先在专用擦除器内经紫外线较长时间照射擦除原来保存的数据,然后在专用写入器(称为编程器)写入新数据,因此 EPROM 的内容不能在数字保护装置中直接改写,但保存数据的可靠性极高。

c.电可擦可编程只读存储器(EEPROM)。其用来保存在使用中有时需要改写的控制参数,如继电保护的整定值等。EEPROM中保存的数据允许高速读取且在失电后不会丢失,同时无须专用设备就可以在使用中在线改写,对于修改整定值比较方便。但也正是因为改写方便,EEPROM保存数据的可靠性不如EPROM,因而不宜用来保存程序;另外EEPROM写入数据的速度很慢,也不能用它来代替RAM。目前使用的EEPROM有两种接口形式:一种为并行数据总线;另一种为串行数据总线。后者的数据操作需要按特定编码格式逐位进行(类似于串行通信),读写速度相对前一种较慢,但数据保存的可靠性较高。因此目前更倾向于采用串行EEPROM来保存定值,并通过在数字式保护装置上电或复位后将串行EEPROM中的定值调入RAM存储区来满足继电保护运行中高速使用定值的要求。

目前还广泛使用快闪存储器(Flash Memory,也称为快擦写存储器),其数据读写和存储特点与并行EEPROM类似(即快读慢写、掉电后不丢失数据),但存储容量更大且可靠性更高,在数字式保护装置中不仅可以用来保存整定值,还可以用来保存大量的故障记录数据(便于事后事故分析),也可用来保存程序。目前,不少CPU(如常用的DSP)中已内置了Flash Memory器件,主要用来保存程序,从而可省去外部程序存储器。

(3)定时器/计数器

定时器/计数器在数字式保护中也是十分重要的器件,除了为延时动作的保护提供精确计时外,还可以用来提供定时采样触发信号、形成中断控制等。目前,很多CPU中已将定时器/计数器集成在其内部。

(4)控制电路

数字核心部件的控制电路包括地址译码器、地址锁存器、数据缓冲器、晶体振荡器及时钟发生器、中断控制器等,其作用是保证整个数字电路的有效连接和协调工作。早期这些控制电路由分离的逻辑器件相互连线构成,而现在已广泛采用大规模可编程逻辑器件(如CPLD和FPGA等器件),大大简化了印制板的连线,提高了数字核心部件的可靠性。由于这些部分是微机原理课程的内容,此处不赘述,读者可查阅相关资料。

1.2 模拟量输入(AI)接口部件

继电保护的基本输入电量是模拟性质的电信号。一次系统的模拟电量可分为交流电量(包括交流电压和交流电流)、直流电量(包括直流电压和直流电流)以及各种非电量。这些信号经过各种传感器(如电压互感器TV或电流互感器TA等)转变为二次电信号,再由引线端子进入数字式保护装置。由传感器输入的模拟电信号还需变换为离散化的数字量,该过程也就是通常所说的数据采集。因此,模拟量输入接口部件也称为模拟量数据采集部件或数据采集系统,简称为AI(Analog Input)接口。

AI接口包括多路不同性质的模拟量输入通道,如不同相别的电压和电流、零序电压和电流以及直流电压和电流等。具体情况取决于数字式保护装置的功能要求,但一般都要求AI接口满足以下技术要求:

①输入的多路数字信号之间应在时间上保持同时性(对于交流信号相当于保持各通道之

间原有相位关系不变)；

②同性质的通道之间变换比例一致(如三相电压之间或者三相电流之间的幅值变换比相同)；

③能够不失真地采集输入信号。继电保护装置需要在故障暂态过程中有效地工作,而发生故障时电流、电压量值往往呈现很大的动态变化范围,因此 AI 接口的输入信号应在最大变化范围内保持良好的线性度和变换精度。

AI 接口是数字式保护装置的关键部件之一,不仅要完成数据采集任务,还要遵循数字化处理的基本原理并达到前述技术要求。以交流信号输入(取自于 TV、TA 的二次侧)为例,交流模拟量输入 AI 接口由图 1.1 所示几个部分构成:输入变换及电压形成回路、低通滤波器(ALF)、采样保持(S/H)电路、模数变换(A/D)电路。以下对这几个部分作简要说明。

（1）输入变换及电压形成回路

输入变换器接受来自电力互感器二次侧的电压、电流信号,完成输入信号的标度变换与隔离。其作用是通过装置内的输入变压器、变流器将二次电压、电流进一步变小,以适应弱电电子元件的要求;同时使二次回路与保护装置内部电路之间实现电气隔离和电磁屏蔽,以保障保护装置内部弱电元件的安全,减少来自高压设备对弱电元件的干扰。交流电压变换可直接采用电压变换器,如图 1.2（a）所示。

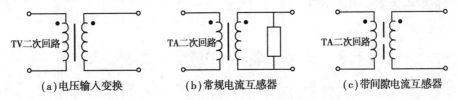

（a）电压输入变换　　　（b）常规电流互感器　　　（c）带间隙电流互感器

图 1.2　输入变换及电压形成回路的原理图

而对于交流电流,通常使用的电压输入型器件,需将电流信号转换为电压信号,这个转换过程称为电压形成。电压形成的方式与数字式保护装置所采用的电流变换器的形式有关,常有以下两种形式。

第一种采用常规电流互感器。其工作原理与电压互感器完全相同,通过在电流互感器的副边接入一个低阻值电阻,其输出电流流过电阻便产生与副边电流同相位、正比例的输出电压,如图 1.2（b）所示。

第二种采用带气隙特殊电流互感器。其工作原理分析如下:采用一种铁芯带气隙的特殊电流互感器,如图 1.2（c）所示,其原边输入电流而副边输出电压,理想状态下副边输出电压与原边电流的微分成正比。此类变换器的优点是可一次完成电流标度变换和电压形成,使其副方输出电压较少受原方电流中衰减直流分量的影响。其缺点是对原方电流中的高次谐波有放大作用,使用中应加以注意。

（2）模拟低通滤波器

模拟低通滤波器（Analogue Low-pass Filter, ALF）是一种简单的低通滤波器,每一路 AI 通道都需要配置,以便采样时抑制输入信号中对保护无用的频率较高部分分量。如图 1.3 所示为常用的二阶 RC 型无源滤波电路。

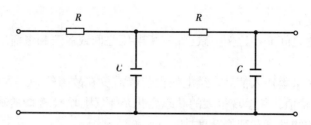

图 1.3　RC 型无源滤波电路

　　输入变换、电压形成及模拟低通滤波 3 部分电路合起来通常又被称为信号调理回路。

　　直流信号的信号调理回路的原理与作用和交流信号的基本类似,其差别主要在于输入变换器,目前常用的直流输入变换器有隔离放大器(光电型或逆变型)或基于霍尔效应的传感器等。

　　(3)采样保持(S/H)电路

　　用以完成对输入模拟信号的采样,即在某时刻获取(抽取)输入模拟信号在该时刻的瞬时值,并维持适当时间不变,以便模数变换回路将其转化为数字量。如果按固定的时间间隔重复地进行这种采样操作,就可将时间上连续变化的模拟信号转换为时间上离散的模拟信号序列。

　　(4)模数变换(A/D)电路

　　用以实现模拟量到数字量的变换,也就是将由(S/H)电路采集(抽取)并保持的输入模拟信号的瞬时值变换为相应的数字值。

1.3　开关量输入(DI)接口部件

　　开关量泛指反映"是"或"非"两种状态的逻辑变量,如断路器的"合闸"或"分闸"状态、开关或继电器触点的"通"或"断"状态、控制信号的"有"或"无"状态等,正好对应二进制数字的"1"或"0",故可作为数字量直接读入(每一路开关量信号占用二进制数字的一位)。继电保护装置往往需要依据相关开关量的状态动作,而外部设备一般采用辅助继电器触点的"闭合"与"断开"来反映开关的状态。开关量输入接口(Digital Input,DI 接口)的作用是为开关量提供输入通道,并在数字保护装置内外部之间实现电气隔离,以保证内部弱电电子电路的安全和减少外部干扰。如图 1.4 所示为一种典型的光电耦合 DI 接口电路(仅绘出一路)。

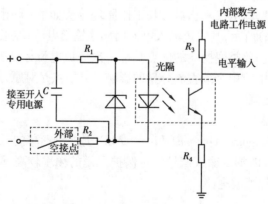

图 1.4　采用光电耦合的开关量输入接口电路

该接口电路采用光电耦合器件实现电气隔离,其光电耦合器件内部由发光二极管和光敏晶体管组成。目前,常用的光电耦合器件为电流型,当外部继电器触点闭合时,电流经限流电阻 R 流过发光二极管使其发光,光敏晶体管受光照射而导通,其输出端呈现低电平"0";反之,当外部继电器触点断开时,无电流流过发光二极管,光敏晶体管因无光照射而截止,其输出端呈现高电平"1"。该"0""1"状态可作为数字量由 CPU 直接读入,也可控制中断控制器向 CPU 发出中断请求。

1.4　开关量输出(DO)接口部件

数字保护装置通过开关量输出的"0"或"1"状态来控制执行回路(如告警信号或跳闸回路继电器触点的"通"或"断"),这种控制执行回路称为开关量输出接口,DO(Digital Output)接口。DO 接口的作用是为开关量操作命令提供输出通道,并在数字式保护装置内外部之间实现电气隔离,以保证内部弱电电路的安全和减少外部干扰。如图 1.5 所示为一种典型的光电耦合 DO 接口电路(仅绘出一路),其工作原理可参见 DI 接口说明。继电器线圈两端并联的二极管称为续流二极管。它在开关量输出由"0"变为"1"时,光敏晶体管突然由"导通"变为"截止",为继电器线圈释放储存的能量提供电流通路。同时,采用光电耦合方式,可有效避免电流突变产生较高的反向电压而引起相关元件的损坏和产生强烈的干扰信号。需要注意的是,在重要的开关量输出回路(如跳闸回路)中,需要对跳闸出口继电器的电源回路采取如图 1.5 所示的控制措施,并对光隔导通回路采用异或逻辑予以控制。其目的主要是防止在输出回路出现强烈干扰、元件损坏等不正常状态改变时,以及因保护装置上电(合上电源)或工作电源不正常通断等不确定状态时保护装置的误动。图中,KCO 为出口继电器线圈。

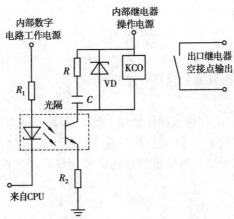

图 1.5　采用光电耦合器件的开关量输出及继电器控制电路

1.5　人机对话接口(MMI)部件

人机对话接口简称为 MMI(Man Machine Interface),其作用是建立起数字保护装置与使用者之间的信息联系,以便对保护装置进行人工操作、调试和得到反馈信息。继电保护的操作主要包括整定值和控制命令的输入等;而反馈信息主要包括被保护的一次设备是否发生故障及何种性质的故障、保护装置是否已发生动作以及保护装置本身是否运行正常等。模拟式保护装置一般只能通过切换开关或电位器进行整定值调整,通过指示灯和信号继电器来反映保护动作情况,通过外接仪表来了解电子电路工作是否正常(只能在装置退出运行后才能进行),人机联系手段十分有限。而数字式保护装置采用智能化人机界面,使人机信息交换功能大为丰富、操作更为方便。

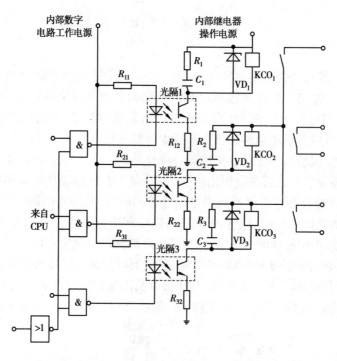

图 1.6　具有电源控制和异或逻辑的跳闸出口继电器输出回路

数字保护装置的 MMI 部件通常包括下述几种。

（1）**紧凑键盘**

紧凑键盘用来修改整定值和输入操作命令。称之为紧凑键盘是因为其键的数量少,控制电路简捷,通常只有光标移动键（如含上下左右四方向移动）、数值增减键(增值和减值)、操作确认键、操作取消键等几个键。紧凑键盘往往需要与显示屏相配合来完成对保护装置的各种操作任务。

（2）**显示屏**

通常采用小型图形化(或点阵式)液晶显示屏(LCD)来实现数据的曲线、图形及汉字等形式显示,与紧凑键盘配合可实现菜单和图标操作。显示内容包括整定值、控制命令、采样值、测量值、被保护设备故障报告(含故障发生的时间、性质、保护动作情况)、保护装置运行状态的报告等。

（3）**指示灯**

通常采用发光二极管(LED)来为保护装置动作、保护装置运行正常、保护装置故障等提供明显的监视信号。

（4）按钮

按钮用来完成对某些特定功能的直接控制,如数字保护装置的系统复位(Reset)按钮、信号复归按钮等。

（5）打印机接口

打印机接口用来连接打印机形成纸质文字报告。早期重要的数字保护装置通常都配有打印机,目前基本上已取消了打印机,改由将相关信息经通信传送给厂站自动化系统统一打印。

（6）调试通信接口

用来在对数字保护装置进行现场调试时与通用计算机(如笔记本电脑)相连,实现视窗化和图形化的高级自动调试功能。

1.6　外部通信接口(CI)及其他部件

外部通信接口(Communication Interface,CI)的作用是提供与计算机通信网络以及远程通信网的信息通道。CI 可分为专用通信接口和通用计算机网络接口两大类。专用通信接口是为实现特殊保护功能的专用信息通道,如本书第 1 篇第 3 章介绍的输电线路高频保护涉及输电线路两端的保护交换信息和相互配合,共同完成保护功能,这时需要为不同类型的纵联保护提供载波、微波或光纤等通信接口。通用计算机网络接口则指与厂站计算机局域网以及电力系统远程通信网相连,实现更高一级的信息管理和控制功能,如信息交互、数据共享、远程操作及远程维护等。

数字式保护装置除了上述各部件外,还需要工作电源。由于电源必须保证对所有有源器件安全、稳定、优质、可靠地供电,并满足它们的特殊要求,故电源部件是最重要的部件之一。目前通常采用开关式逆变电源组件。

需要指出,一台完整的数字式保护装置硬件系统要比图 1.1 所示内容更为丰富和复杂,需要考虑很多工业应用中的技术问题和系统设计问题,主要包括装置结构设计、工作电源选择、各项硬件功能如何在插件上分配,抗干扰(又称为 EMC,即电磁兼容)技术和装置自身故障诊断(简称自检或自诊断)等可靠性措施。目前,现代数字式保护装置内部通常采用分层多微机系统模式,其特点是由多个独立并行的下层 CPU 子系统(插件)承担不同的保护功能;由一个上层 CPU 管理系统通过内部通信网对各个下层 CPU 子系统进行管理和数据交换,同时担负对外部通信网络接口、人机对话接口的控制。该结构可有效提高数字保护装置的处理能力、可靠性以及硬件模块化、标准化水平。

还需要说明,随着微机硬件系统处理能力不断增强,数字式保护装置软件系统的技术水平也不断发展。数字式保护装置要求极高的实时处理能力,早期限于 CPU 的处理能力,均采用低级语言(汇编语言甚至机器语言)编程;现有的装置不仅保护功能软件已普遍采用高级语言(如 C 语言)和面向对象的模块化编程技术,而且实时多任务嵌入式操作系统平台也广泛应用,使继电保护软件的可读性、可维护性、可开发性以及安全性、灵活性和适应性得到全面提高。

第**2**章
微机保护的数据采集与数字滤波

2.1 数据采集系统的基本原理

数字式保护的基本特征是由软件对数字信号进行计算和逻辑处理来实现继电保护的原理,而所依据表征电力系统运行状态大多是模拟信号,需要通过数字信号采集系统将连续的模拟信号转变为离散的数字信号,此过程称为离散化。离散化过程包含了2个子过程:①采样过程,通过采样保持器(S/H)对时间进行离散化,即把时间连续的信号变为时间离散的信号,或者说在一个等时间间隔的瞬时点上抽取信号的瞬时值;②模数变换过程,通过模数变换器(A/D)对采样信号幅度进行离散化,即把时间上已离散而数值上仍连续的瞬时值变换为数字量。本节主要讨论与采样和模数变换过程有关的一些基本概念。

2.1.1 采样过程

设输入模拟信号为 $x_A(t)$,现在以确定的时间间隔 T_S 对其连续采样,得到一组代表 $x_A(t)$ 在各采样点瞬时值的采样值序列 $x(n)$ 可表示为:

$$x(n) = x_A(nT_S) \qquad (n = 1,2,3,\cdots) \qquad (2.1)$$

如图 2.1 所示,设输入模拟信号 $x_A(t) = X_m \sin(\omega t + \varphi)$,则 $x(n) = X_m \sin(\omega n T_S + \varphi)$。注意,这里 n 只能为整数,这意味着 $x(n)$ 仅在采样点上有值,而在采样点外没有定义,但不能认为这些位置上其值为零。换言之,$x(n)$ 是以 n 为变量,以 T_S 为时间间隔的一组采样序列。以下将要讨论的各种算法,均是针对此类型采样序列。

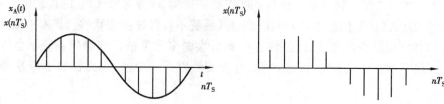

图 2.1　采样过程示意图

218

式 2.1 中相邻采样值之间的间隔时间 T_S 称为采样周期。采样周期 T_S 的倒数称为采样频率(简称采样率),记为 f_S,即

$$f_S = \frac{1}{T_S} \tag{2.2}$$

采样率反映了采样速度。在电力系统的实际应用中,习惯用采样率 f_S 相对于基波频率的倍数(记为 N)来表示采样速率,称为每基频周期采样点数,或简称为 N 点采样。设基频频率为 f_1、基频周期为 T_1,则有:

$$N = \frac{f_S}{f_1} = \frac{T_1}{T_S} \tag{2.3}$$

2.1.2　采样定理

对连续信号进行采样时应选择多高的采样率才能保证不丢失原始信号中的信息?根据直观的经验,若输入模拟信号的频率较高而采样率很低,采样数据便无法正确地描述原始波形,也就是说,合适的采样率与输入信号的频率有关。研究表明,无论原始输入信号的频率成分多复杂,保证采样后不丢失其中信息的充分必要条件,或者说由采样值能完整、正确和唯一地恢复输入连续信号的充分必要条件是,采样率 f_S 应大于输入信号的最高频率 f_{max} 的两倍,即

$$f_S > 2 f_{max} \tag{2.4}$$

这就是著名的采样定理(Sampling Theory)。

满足采样定理的必要性可以用图 2.2 加以说明。

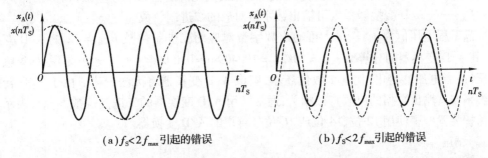

(a) $f_S < 2 f_{max}$ 引起的错误　　　　　　　　(b) $f_S < 2 f_{max}$ 引起的错误

图 2.2　说明采样定理必要性的示意图

如图 2.2(a)所示为当 $f_S < 2 f_{max}$ 时引起错误的情况:原高频信号如实线所示,由于采样率太低,由采样值观察,将会误认为输入信号为虚线所示的低频信号。如图 2.2(b)所示为当 $f_S = 2 f_{max}$ 时引起错误的情况:对于实线所示的信号一周波可以得到两个采样值,但由这两个采样值还可以得到另一同频率但不同幅值和相位的信号(虚线所示),实际上由这两个采样值可以得到无数个同频率但不同幅值和相位的信号,这表明当 $f_S = 2 f_{max}$ 时,由采样值无法唯一地确定输入信号。采样定理充要性的严格证明请读者参阅数字信号处理方面的书籍。

在实际应用中,确定采样率还需考虑下述问题。

①电力系统的故障信号中可能包含很高的频率成分,但多数保护原理只需要使用基波和较低次的高次谐波成分。为了不对数字式保护的硬件系统提出过高的要求,可以对输入信号先进行模拟低通滤波,降低其最高频率,从而可选取较低的采样频率。前面介绍的模拟低通滤波器(ALF)就是为此设置。

②实用采样频率通常按保护原理所用信号频率的 4 ～ 10 倍来选择。例如,常用采样率为

$f_S = 600$ Hz$(N=12)$,$f_S = 800$ Hz$(N=16)$,$f_S = 1\ 000$ Hz$(N=20)$及$f_S = 1\ 200$ Hz$(N=24)$等。这样选择的主要原因是保证计算精度,同时也考虑了数字滤波的性能要求。另外,简单的模拟低通滤波器难于同时达到很低的截止频率和理想的高频截断特性,也限制了采样频率不能太低。

2.1.3 模数变换过程

简单地说,所谓模数变换(A/D 变换)就是用一个微小的标准单位电压(即 A/D 的分辨率)来度量一个无限精度的待测量电压值(即瞬时采样值),从而得到它所对应的一个有限精度的数字值(即待测量的电压值可以被标准单位电压分为多少份)。显然,选定的标准单位电压越小,A/D 变换的分辨率越高,得到的数字量就能越精确地刻画瞬时采样值;但无论多小,总会有误差,该误差被称为量化误差。这也说明了 A/D 的分辨率越高,量化误差越小。

A/D 变换器的主要技术指标是分辨率、精度和变换速度。

(1)分辨率

分辨率反映 A/D 变换器对输入电压信号微小变化的区分能力的一种度量,其计算公式为:

$$r_{A/D} = \frac{U_{A/D.n}}{2^{B_{A/D}}} \tag{2.5}$$

式中 $r_{A/D}$——A/D 变换器的分辨率(用最小分辨电压表示),V;

$U_{A/D.n}$——A/D 变换器额定满量程电压,即最大允许的输入信号电压,V;

$B_{A/D}$——A/D 变换器最大可输出数字量对应的二进制位数。

以满量程电压值为 $\pm 5V$、最大可输出数字量对应的二进制位数 $B_{A/D} = 12$ 的 A/D 变换器为例,其 A/D 变换器的分辨率 $r_{A/D} = 10/2^{12} = 10/409\ 6 \approx 0.002\ 44(V)$。也就是说,如果输入信号电压(或者电压的变化)比这个数值还小,则该 A/D 变换器将无法分辨。由于 A/D 转换器的分辨率与其输出数据的位数直接相关,通常又用 A/D 变换器的二进制位数 $B_{A/D}$ 来表示。在数字保护装置中多使用 12 位、14 位或 16 位分辨率的 A/D 变换器。

(2)精度

A/D 变换器的精度是指 A/D 变换的结果与实际输入的接近程度,也就是准确度,或者说 A/D 变换器的精度反应变换误差。A/D 变换器的精度通常用最低有效位(LSB)来表征,即当 A/D 变换结果用二进制数来表示时,其低位端最大可能有几位是不准确的。

(3)变换速度

A/D 变换器的速度是指完成一次 A/D 变换的时间(或变换时延),记为 $\Delta T_{A/D}$。目前数字保护装置中常用 A/D 变换器的变换时延仅为数微秒。

2.1.4 多通道数据采集系统的实现方案

数据采集系统应能同时完成多路模拟输入信号的数据采集,并应保证多路数字采样序列在每一时刻采样值的同时性。目前数字保护装置中广泛实用的数据采集系统由多路采样保持器(S/H)、多路转换器(MPX)、模数变换器(A/D)组成,原理示意图如图 2.3 所示。

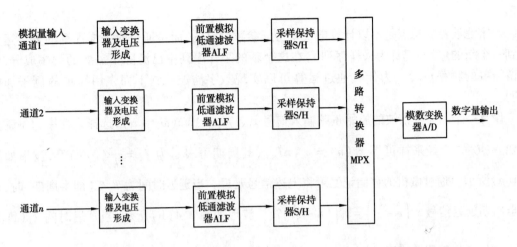

图 2.3　基于采样保持器和 A/D 变换器的多路数据采集系统原理示意图

由图可见,为实现多路模拟信号的同时采样,每一路模拟通道对应一路采样保持器,并由 CPU 通过逻辑控制电路对它们进行同时操作。平时,采样保持器处于"跟随状态",其输出随输入信号电压变化;到达采样时刻,CPU 发出指令,使采样保持器进入"采样保持"状态,捕捉当前时刻输入信号电压的瞬时值并记忆保持,以保证在 A/D 变换期间电压值恒定不变。待所有通道都完成 A/D 变换之后,CPU 又将控制各路采样保持器恢复到"跟随状态",为下一次转换作好准备。以后不断依此循环,形成数字采样序列。

多路转换器(MPX)是一种多信号输入、单信号输出的电子切换开关器件,可由 CPU 通过编码控制将多通道输入信号(由 S/H 送来)依次与其输出端连通,而其输出端与模数变换器的输入端相连,在 CPU 的控制下逐一将各通道的采样值变换成数字量,并读入内存。利用多路转换器可以只用一路 A/D 变换器实现所有通道的模数变换,大大简化了电路和降低了成本,当然,同时也对 A/D 变换器的变换速度提出了较高的要求。因此,在此方案中,A/D 变换器通常采用所谓逐次逼近型 A/D 变换器(请参阅数字电路或微机接口原理方面书籍)。

采样保持器、多路转换器以及逐次逼近型 A/D,变换器既有各自独立的集成电路芯片,也有组合在一起的集成电路芯片,需要根据具体设计指标来选择。

※2.2　数字滤波的基本概念

数字式保护通过对采样序列的数字运算和时序逻辑处理来实现继电保护的原理和功能。数字运算主要包括数字滤波、基本特征量的计算(如幅值、相位、阻抗、功率等)和保护动作方程的运算 3 项内容。这里仅介绍数字滤波的基本概念。

目前,大多数数字式继电保护是以故障信号中的基频分量或某种整次谐波分量为基础构成。实际故障电流、电压信号,除了含有保护所需的有用成分外,还包含有许多无效的"噪声"分量,如衰减直流分量和各种高频分量等。消除噪声有两种基本途径:①采用数字滤波器对输入信号采样序列进行滤波,再使用算法对滤波后的有效信号进行运算处理;②直接对输入信号采样序列进行数字滤波运算处理。但一般情况下这两种基本途径或多或少都需要用到数字滤波器。

数字滤波器的特点是不以计算电气量特征参数为目的,而是通过对采样序列的数字运算得到一个新的序列(仍称为采样序列),在这个新的采样序列中已滤除不需要的频率成分,仅保留需要的频率成分。为什么通过运算可以实现数字滤波呢?下面先用简单的例子加以说明。

设有一个第 k 次谐波的原始正弦输入信号 $x_k(t) = U_{mk}\sin(\omega_k t + \alpha)$,选择采样率为每基频周期 N 点采样,经采样可得 $x_k(n) = x_k(nT_S)$,其周期可表示为 $T_k = \dfrac{T_1}{k}(N/k)T_S$,波形如图 2.4(a)所示。通过微机的存储记忆可将上述信号延迟。当延迟时间为 $T_k/2$(即半周期)时,得到半周期延迟信号 $x_k\left(t - \dfrac{T_k}{2}\right) = x_k\left[\left(n - \dfrac{N}{2k}\right)T_S\right]$,波形如图 2.4(b)所示;当延迟时间 T_k(即整周期)时,得到整周期延迟信号 $x_k(t - T_k) = x_k\left[\left(n - \dfrac{N}{k}\right)T_S\right]$,波形如图 2.4(c)所示。如果需要滤除(消除)第 k 次谐波,可将图 2.4(a)、(b)波形相加或者图 2.4(a)、(c)波形相减,则有:

$$x_k(t) + x_k\left(t - \frac{T_k}{2}\right) = x_k(nT_S) + x_k\left[\left(n - \frac{N}{2k}\right)T_S\right] = 0$$

或
$$x_k(t) - x_k(t - T_k) = x_k(nT_S) - x_k\left[\left(n - \frac{N}{k}\right)T_S\right] = 0$$

即通过上述运算消除了第 k 次谐波(实际上也消除了第 k 次谐波的整倍数谐波),而其他信号,只要其频率不为 $x_k(t)$ 频率及其整数倍频率的信号,都将不同程度地得到保留。反之,如果在上两式中交换加、减号[即取图 2.4(a)、(b)波形相减或者图 2.4(a)、(c)波形相加],可使第 k 次谐波得到增强,并且相对于其他频率的信号增强最大。由此可见,通过对采样序列采样信号的适当延时与运算相配合可实现滤波。当然,实际应用的数字滤波器的运算过程要比上例复杂,以获得优良的滤波特性。

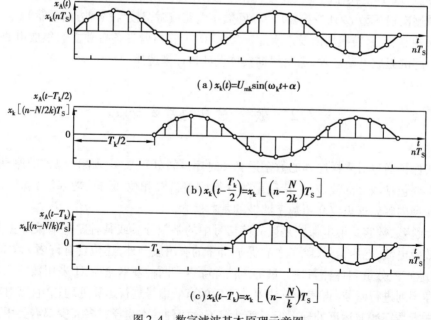

$$(a)\ x_k(t) = U_{mk}\sin(\omega_k t + \alpha)$$

$$(b)\ x_k\left(t - \frac{T_k}{2}\right) = x_k\left[\left(n - \frac{N}{2k}\right)T_S\right]$$

$$(c)\ x_k(t - T_k) = x_k\left[\left(n - \frac{N}{k}\right)T_S\right]$$

图 2.4 数字滤波基本原理示意图

一般地,线性数字滤波器的运算过程可用常系数线性差分方程表述为:

$$y(n) = \sum_{i=0}^{K} a_i x(n-i) + \sum_{i=0}^{K} b_i y(n-i) \tag{2.6}$$

式中　$x(n)$、$y(n)$——分别为滤波器的输入值采样序列和输出值采样序列;

　　　　a_i、b_i——滤波器的系数,简称滤波系数。

通过选择滤波系数 a_i、b_i,可控制数字滤波器的滤波特性。在式(2.6)中,若系数 b_i 全部为 0 时,称之为有限冲击响应(FIR)数字滤波器。此时,当前的输出 $y(n)$ 只是过去和当前的输入值 $x(n-i)$ 的函数,而与过去的输出值 $y(n-i)$ 无关。若系数 b_i 不全为 0,即过去的输出对现在的输出也有直接影响,称之为无限冲激响应(IIR)数字滤波器。与模拟滤波器对比,FIR 和 IIR 数字滤波器可以理解为前者没有输出信号对输入的反馈,而后者则有输出信号对输入的反馈。

数字滤波器的滤波特性用频率响应特性来表征,包括幅频特性和相频特性。幅频特性反映经过数字滤波后,输入和输出信号的幅值随频率的变化情况;而相频特性则反映输入和输出信号的相位移随频率的变化情况。获得数字滤波器的频率响应特性需要使用数学工具 Z 变换。

设离散序列 $x(n)$ 的 Z 变换为 $Z[x(n)] = X(z)$,这里 $z = e^{sT_S}$,$s = \sigma + j\omega$。对离散系统的差分方程式(2.6)进行 Z 变换,则有:

$$Y(z) = \sum_{i=0}^{K} a_i X(z) z^{-i} + \sum_{i=0}^{K} b_i Y(z) z^{-i} \tag{2.7}$$

定义该离散系统的转移函数为 $H(z) = \dfrac{Y(z)}{X(z)}$,则有:

$$H(z) = \frac{Y(z)}{X(z)} = \frac{\displaystyle\sum_{i=0}^{K} a_i z^{-i}}{1 - \displaystyle\sum_{i=0}^{K} b_i z^{-i}} \tag{2.8}$$

注意 $H(z) = |H(z)| e^{j\varphi H(z)}$,$Y(z) = |Y(z)| e^{j\varphi Y(z)}$,$X(z) = |X(z)| e^{j\varphi X(z)}$ 均为复数,因此,式(2.8)还可表示为:

$$H(z) = |H(z)| e^{j\varphi H(z)} = \frac{Y(z)}{X(z)} = \frac{|Y(z)| e^{j\varphi Y(z)}}{|X(z)| e^{j\varphi X(z)}} = \frac{|Y(z)|}{|X(z)|} e^{j[\varphi_Y(z) - \varphi_X(z)]} \tag{2.9}$$

若在式(2.9)中取 $z = e^{j\omega T_S}$ 代入,即获得该系统的频域响应特性,记为 $H(\omega)$。于是得到幅频和相频特性响应分别为:

$$|H(\omega)| = \frac{|Y(\omega)|}{|X(\omega)|} \tag{2.10}$$

$$\varphi_H(\omega) = \varphi_Y(\omega) - \varphi_X(\omega) \tag{2.11}$$

在数字保护中,只要各通道模拟信号采用同样的数字滤波器,无论相频特性响应如何,都不会改变各信号的相对相位关系,从而不会影响相位判别,因此,通常主要关心幅频特性响应,因为它真正反映了对不同频率信号的增益(即对有用信号的增强和对无用信号的衰减程度)。

对于 FIR 型数字滤波器,其差分方程为:

$$y(n) = \sum_{i=0}^{K} a_i x(n-i) \tag{2.12}$$

这意味着当前滤波输出与当前及前 K 个输入数据有关。更确切地说,需等待 $K+1$ 输入数据之后滤波器才可能得到第一个滤波输出数据,也就是说,滤波输出采样序列相对于输入采样序列出现了时间上的延迟,K越大则时延越长。定义 FIR 型数字滤波器的响应时延 τ 为:

$$\tau - KT_S \tag{2.13}$$

由于 T_S 为常数,因而在实用中广泛采用数字滤波器产生一个输出数据所需要等待的输入数据的个数来表示时延,称为数据窗,记为 W_d(为整数)。显然有:

$$\left. \begin{array}{c} W_d = K + 1 \\ \tau = (W_d - 1)T_S \end{array} \right\} \tag{2.14}$$

时延和数据窗反映数字滤波器对输入信号的响应速度,是非常重要的技术指标。

FIR 型数字滤波器的优点是因其采用有限个输入信号的采样值进行滤波计算,不存在信号反馈,因而滤波器没有不稳定问题,也不会因计算过程中舍入误差的累积造成滤波特性逐步恶化。此外,由于滤波器的数据窗明确,便于确定其滤波时延,易于在滤波特性与滤波时延之间进行协调。而 IIR 数字滤波器利用了反馈信号,易于获得较理想的滤波特性,但存在滤波系统稳定性问题,在设计和应用中需特别注意。目前在实用的数字保护装置中实用 FIR 数字滤波器居多。

数字滤波器作为数字信号处理领域中的一个重要组成部分,已建立起完整的理论体系和成熟的设计方法。但继电保护装置作为一种实时性要求较高而且需要使用故障暂态信号的自动装置,对滤波器的性能有一些特殊的要求,通过学者们的研究,提出了很多具有针对性的适于数字保护的数字滤波器的设计方法。读者要想全面了解这方面知识,可查阅相关文献,而本书仅介绍在数字保护装置中使用的简单数字滤波器,以帮助读者建立起这方面的基本概念。

※2.3　微机保护中常用的简单数字滤波器

2.3.1　最简单的单位系数数字滤波器

(1)差分(相减)滤波器

差分(相减)滤波器是一种简单的数字滤波器,其滤波差分方程为:

$$y(n) = x(n) - x(n - K) \tag{2.15}$$

式中　K——差分步长,根据不同的滤波要求给定的整常数,$K \geq 1$。

采用 Z 变换法可由差分方程得到该滤波系统转移函数为 $H(z) = 1 - z^{-K}$,令 $z = e^{j\omega T_S}$ 得到其频域响应特性为:

$$H(\omega) = 1 - e^{-j\omega T_S K} = 1 - \cos(\omega T_S K) + j\sin(\omega T_S K)$$

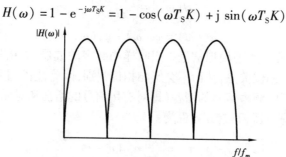

图 2.5　差分滤波器幅频特性

若取每基频周期内采样点数为 N、基频频率为 f_1，则有 $T_s = \dfrac{1}{Nf_1}$。将此关系代入上式，可得到差分滤波器的幅频特性为：

$$|H(\omega)| = \left| 2\sin\frac{K\omega T_s}{2} \right| = \left| 2\sin\frac{Kf}{Nf_1}\pi \right| \tag{2.16}$$

请注意，频率响应特性中 f 的变化范围应满足采样定理要求，即 $f < \dfrac{N}{2}f_1$。式（2.16）中若设 $f_m = \dfrac{N}{K}f_1$，其幅频特性曲线如图 2.5 所示。当取 $f = mf_m (m = 1,2,3,\cdots)$ 时，$|H(\omega)| = 0$，表明经差分滤波后输入信号中的直流分量以及频率为 f_m 和 f_m 的整次谐波分量将被完全滤出。当 $f = (m + \dfrac{1}{2})f_m (m = 0,1,2,\cdots)$ 时，有一系列等幅极大值 $|H(\omega)| = 2$，这表明经差分滤波后输入信号中所有对应此频率的谐波将会得到等幅的最大输出。通过合理地选择（或控制）参数 N 与 K 可以控制滤波器的滤波特性。

在数字保护装置中，差分滤波器主要有下述用途。

①消除直流和某些谐波分量的影响。但需要指出的是，差分滤波器对故障信号中的某些高频分量有放大作用，因此，一般不能单独使用，需要与其他的数字滤波器和算法配合使用，以便得到良好的综合滤波效果。

②抑制故障信号中的衰减直流分量的影响。利用差分滤波器可以完全滤除恒定直流分量，也可对衰减直流分量起到良好的抑制作用。为获得最好的抑制衰减直流分量的效果，需要合理地选择数据窗。通常数据窗越短，取 $K = 1$ 抑制衰减直流分量的效果越好，但需要综合考虑对其他有用信号的不利影响。

（2）积分滤波器

积分滤波器也是一种常用的简单数字滤波器，其滤波方程为：

$$y(n) = \sum_{i=0}^{K} x(n - i) \tag{2.17}$$

式中　K——积分区间，常数，可按不同的滤波要求选择，$K \geq 1$。

积分滤波器的幅频特性为：

$$|H(\omega)| = \left| \frac{\sin\dfrac{(K+1)\omega T_s}{2}}{\sin\dfrac{\omega T_s}{2}} \right| = \left| \frac{\sin\dfrac{(K+1)f_\pi}{Nf_1}}{\sin\dfrac{f_\pi}{Nf_1}} \right| \tag{2.18}$$

若设 $f_m = \dfrac{N}{K+1}f_1$，其幅频特性曲线如图 2.6 所示。当 $f = mf_m (m = 1,2,\cdots)$ 时，$|H(\omega)| = 0$，对应此频率的谐波分量将被完全滤除；$f = (m + \dfrac{1}{2})f_m (m = 0,1,2,\cdots)$ 时，有一系列极值点，而当 $f = 0$ 时，$|H(\omega)|$ 得到其最大值 $|H_{max}(\omega)| = |H(0)| = K + 1$，且随 f 的增大，在其他的极值点上 $|H(\omega)|$ 逐步减小[并均小于 $|H(0)|$]。这表明积分滤波器不能滤除输入信号中的直流分量和低频分量，但对高频分量有一定的抑制作用，并且频率越高抑制作用越强。进一步考虑取 $K = \dfrac{N-2}{2}$，即取积分区间或数据窗约为半个基频周期时，$f_m = 2f_1$，表明此时积分滤波器可

滤除所有的偶次谐波分量。

上述差分和积分滤波器的结构非常简单,并具有单位系数的特点,计算量很小,但各自独立使用时,滤波特性难以满足数字式保护有效信号提取的要求。

2.3.2 级联数字滤波器

为了改善滤波特性,可将多个简单的数字滤波器进行级联。所谓级联,类似于多个模拟滤波器相串联,即将前一个滤波器的输出作为后一个滤波器的输入,如此依次相连,构成一个新的滤波器,称为级联滤波器。

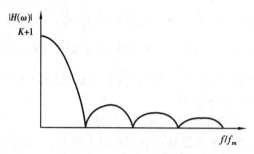

图 2.6　积分滤波器幅频特性

级联滤波器的时延为各个滤波器时延之和。设有 M 个滤波器的时延为 τ_i,则级联滤波器的时延为:

$$\tau = \sum_{i=1}^{M} \tau_i \tag{2.19}$$

相应的,若设第 i 个滤波器的数据窗为 W_{di},则级联滤波器的数据窗为:

$$W_{d} = \sum_{i=1}^{M} W_{di} - (M-1) \tag{2.20}$$

级联滤波器的幅频特性等于各滤波器的幅频特性的乘积。对于 M 个滤波器级联,设第 i 个滤波器的幅频特性为 $H_i(\omega)$,那么级联滤波器的幅频特性 $H_i(\omega)$ 为:

$$H(\omega) = \prod_{i=1}^{M} H_i(\omega) \tag{2.21}$$

利用式(2.21)还可以把 M 个滤波器频域特性连乘展开,合成统一的频域特性;然后再还原成时域差分方程,从而综合得到一个新的数字滤波器。

通过合理选择具有不同滤波特性的滤波器进行级联,可使级联滤波器的滤波性能得到明显改善。例如,为了提取故障暂态信号中的基频分量,可将差分滤波器与积分滤波器相级联,利用差分滤波器消除直流分量和减少非周期分量的影响,而借助积分滤波器来抑制高频分量;还可将多个积分滤波器相级联,进一步加强放大基频分量和抑制高频分量的作用。

例如,可利用差分滤波器和积分滤波器的级联设计一个获取基频分量的级联数字滤波器,要求具有良好的高频衰减特性。设采样频率 $f_S = 1\ 200$ Hz(即每基频周期 24 个采样点,$N = 24$)。

考虑选用一个差分滤波器和两个积分滤波器依次级联,组成三单元级联滤波器。各滤波器的滤波差分方程选择为:

$$y_1(n) = x(n) - x(n-6),\quad y_2(n) = \sum_{i=1}^{7} y_1(n-i),\quad y_n(n) = \sum_{i=0}^{9} y_2(n-i)$$

226

由式(2.19)、式(2.20),可得滤波器的时延 $\tau = (6 + 7 + 9)T_S \approx 19.33(\text{ms})$,数据窗 $W_d = (7 + 8 + 10) - (3 - 1) = 23$。又根据式(2.21)、式(2.16)、式(2.18),该级联滤波器的幅频特性表达为:

$$H(\omega) = \frac{Y_m}{X_m}\left|2 \sin \frac{6f}{24f_1}\pi\right| \times \left|\frac{2 \sin \dfrac{(7+1)f}{24f_1}\pi}{\sin \dfrac{f}{24f_1}\pi}\right| \times \left|\frac{2 \sin \dfrac{(9+1)f}{24f_1}\pi}{\sin \dfrac{f}{24f_1}\pi}\right| \tag{2.22}$$

由式(2.22)得到的级联滤波器幅频特性如图 2.7 所示。

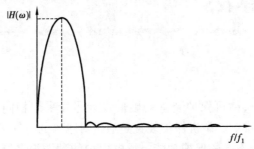

图 2.7　式(2.22)得到的级联滤波器幅频特性

由图 2.7 可见,该级联滤波器具有优良的滤波特性,相对于基频分量(有用信号),它对其他所有高于 2.4 次谐波的高频分量(无用信号)的衰减不小于 20 dB,实际上它对非周期分量也具有良好的抑制效果。

级联滤波是一种设计数字滤波器的常用方法,不仅可用于 FIR 数字滤波器的设计,而且还可用于设计 IIR 数字滤波器。

以上简明介绍了在数字保护装置中使用的简单的数字滤波器。选择数字滤波器主要取决于应用场合的不同要求,包括所采用的保护原理、故障信号的变化特点以及保护所选用的计算机硬件等。此外,在滤波器的选型和滤波特性的设计时,还应充分考虑与对滤波输出序列进行后续计算的算法相配合。算法最终完成输入信号的特征参数的计算和保护原理的实现,不同的算法,对滤波器的要求也会有所不同,两者应综合考虑。

第**3**章

微机保护的算法

在保证功能的前提下,微机保护装置的硬件设计尽量采用相同的设计标准、相同的元器件,以便于标准化生产和维护。微机保护装置是通过对输入的电气量进行分析运算和判断,编制不同的软件算法来实现不同的保护功能。继电保护的种类很多,其核心问题都是计算保护对象在故障状态下的物理量(电气量),并依据这些物理量进行数字运算和逻辑判断,从而构成不同原理的保护。

3.1 两采样值积算法

采样值积算法,假定输入信号是正弦信号,利用采样值的乘积来计算电流、电压、阻抗的幅值和相角等电气参数。由于这种方法是利用两个采样值推算出整个曲线情况,所以属于曲线拟合法。这种算法的特点是计算的判定时间较短(小于 $T/2$)。

电压过零点后, t_k 时的采样值 u_1 和落后于 u_1 一个 θ 角的电流的采样值 i_1 为:

$$\left.\begin{array}{l} u_1 = U_m \sin \omega t_k \\ i_1 = I_m \sin(\omega t_k - \theta) \end{array}\right\} \tag{3.1}$$

而另一时刻 t_{k+1} 时的采样值:

$$\left.\begin{array}{l} u_2 = U_m \sin \omega t_{k+1} = U_m \sin \omega(t_k + \Delta T) \\ i_2 = I_m \sin(\omega t_{k+1} - \theta) = I_m \sin[\omega(t_k + \Delta T) - \theta] \end{array}\right\} \tag{3.2}$$

式中, ΔT 为两采样值的时间间隔,即 $\Delta T = t_{k+1} - t_k$ 。

取两采样值(例如 u_1 、i_1)的乘积:

$$u_1 i_1 = U_m I_m \sin \omega t_k \sin(\omega t_k - \theta) = \frac{U_m I_m}{2}[\cos \theta - \cos(2\omega t_k - \theta)] \tag{3.3}$$

由式(3.3)可知,只要消去含 t_k 的项,便可由采样值计算出其幅值 U_m 、I_m 。为此,再计算:

$$u_2 i_2 = \frac{U_m I_m}{2}[\cos \theta - \cos(2\omega t_k + 2\omega \Delta T - \theta)] \tag{3.4}$$

$$u_1 i_2 = \frac{U_m I_m}{2}[\cos(\theta - \omega \Delta T) - \cos(2\omega t_k + \omega \Delta T - \theta)] \tag{3.5}$$

$$u_2 i_1 = \frac{U_m I_m}{2} \left[\cos(\theta + \omega \Delta T) - \cos(2\omega t_k + \omega \Delta T - \theta) \right] \tag{3.6}$$

于是有:

$$u_1 i_1 + u_2 i_2 = \frac{U_m I_m}{2} \left[2\cos\theta - 2\cos\omega\Delta T \cos(2\omega t_k + \omega\Delta T - \theta) \right] \tag{3.7}$$

$$u_1 i_2 + u_2 i_1 = \frac{U_m I_m}{2} \left[2\cos\omega\Delta T \cos\theta - 2\cos(2\omega t_k + \omega\Delta T - \theta) \right] \tag{3.8}$$

可见,若将式(3.8)乘以 $\cos\omega\Delta T$,然后与式(3.7)相减,便可消去 ωt_k 项,可得:

$$U_m I_m \cos\theta = \frac{u_1 i_1 + u_2 i_2 - (u_1 i_2 + u_2 i_1)\cos\omega\Delta T}{\sin^2\omega\Delta T} \tag{3.9}$$

也可用式(3.5)减去式(3.6)消去 ωt_k 项,得:

$$U_m I_m \sin\theta = \frac{u_1 i_2 - u_2 i_1}{\sin\omega\Delta T} \tag{3.10}$$

在式(3.9)中,如用同一电压的采样值相乘,或用同一电流的采样值相乘,则 $\theta = 0°$,此时,可得:

$$U_m^2 = \frac{u_1^2 + u_2^2 - 2u_1 u_2 \cos\omega\Delta T}{\sin^2\omega\Delta T} \tag{3.11}$$

$$I_m^2 = \frac{i_1^2 + i_2^2 - 2i_1 i_2 \cos\omega\Delta T}{\sin^2\omega\Delta T} \tag{3.12}$$

由于 ΔT 是预先选定的常数,所以,$\sin\omega\Delta T$、$\cos\omega\Delta T$ 都是常数。只要送进相隔 ΔT 的两个时刻的采样值,便可按式(3.11)和式(3.12)算出 U_m 和 I_m 值,但这样的运算要进行两次平方、两次乘法、一次除法、两次加减法和一次开平方运算,占用计算机的时间较多。如果选用 $\Delta T = T/4$,即 $\omega\Delta T = 90°$,则式(3.11)和式(3.12)可以简化为:

$$U_m^2 = u_1^2 + u_2^2 = u^2\left(t - \frac{T}{4}\right) + u^2(t) \tag{3.13}$$

$$I_m^2 = i_1^2 + i_2^2 = i^2\left(t - \frac{T}{4}\right) + i^2(t) \tag{3.14}$$

以式(3.14)去除式(3.9)和式(3.10),还可得测量阻抗中的电阻和电抗分量(此时,仍令 $\omega\Delta T = 90°$),即

$$R = \frac{U_m}{I_m}\cos\theta = \frac{u_1 i_1 + u_2 i_2}{i_1^2 + i_2^2} \tag{3.15}$$

$$X = \frac{U_m}{I_m}\sin\theta = \frac{u_1 i_2 - u_2 i_1}{i_1^2 + i_2^2} \tag{3.16}$$

由式(3.13)和式(3.14)也可求阻抗的模值:

$$Z_m = \frac{U_m}{I_m} = \sqrt{\frac{u_1^2 + u_2^2}{i_1^2 + i_2^2}} = \sqrt{\frac{u^2\left(t - \frac{T}{4}\right) + u^2(t)}{i^2\left(t - \frac{T}{4}\right) + i^2(t)}} \tag{3.17}$$

U、I 之间的相角差可由下式计算:

$$\tan \theta = \frac{\sin \theta}{\cos \theta} = \frac{u_1 i_2 - u_2 i_1}{u_1 i_1 + u_2 i_2} \tag{3.18}$$

或

$$\theta = \arctan \frac{u_1 i_2 - u_2 i_1}{u_1 i_1 + u_2 i_2} \tag{3.19}$$

3.2　半周积分算法

半周积分算法的依据是一个正弦量在任意半个周期内绝对值的积分为一常数 S。

$$S = \int_0^{\frac{T}{2}} \sqrt{2} I \mid \sin(\omega t + \alpha) \mid \mathrm{d}t = \int_0^{\frac{T}{2}} \sqrt{2} I \sin \omega t \mathrm{d}t = \frac{2\sqrt{2}}{\omega} I \tag{3.20}$$

积分值 S 与积分起始点的初相角 α 无关。因为如图 3.1 所示画有断面线的两块面积显然是相等的。式(3.20)的积分可以用梯形法则近似求出：

$$S \approx \left[\frac{1}{2} \mid i_0 \mid + \sum_{k=1}^{N/2-1} \mid i_k \mid + \frac{1}{2} \mid i_{\frac{N}{2}} \mid \right] T_s \tag{3.21}$$

式中　i_k——第 k 次采样值；

　　　N——一个周期的采样点数；

　　　i_0——$k = 0$ 时的采样值；

　　　$i_{\frac{N}{2}}$——$k = \frac{N}{2}$ 时的采样值。

如图 3.2 所示，只要采样率足够高，用梯形近似积分的误差可以做到很小。求出积分值 S 后，应用式(3.20)可求得有效值 $I = S \cdot \dfrac{\omega}{2\sqrt{2}}$。

半周积分法需要的数据窗长度为 10 ms，显然较长。但它本身有一定的滤除高频分量的能力，因为叠加在基频成分上的幅度不大的高频分量在半周期积分中其对称的正负半周互相抵消，剩余的未被抵消的部分占的比重就减小了，但它不能抑制直流分量。另外，由于这种算法运算量极小，可以用非常简单的硬件实现。因此，对于一些要求不高的电流、电压保护可以采用这种算法，必要时可另配一个简单的差分滤波器来抑制电流中的非周期分量。

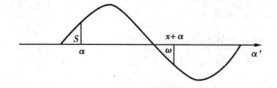

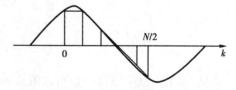

图 3.1　半周积分算法原理示意图　　　　图 3.2　用梯形近似半周积分示意图

※3.3　Mann-Morrison 导数算法

设

$$\left.\begin{array}{l} u = U_{\mathrm{m}}\sin \omega t \\ i = I_{\mathrm{m}}\sin(\omega t - \theta) \end{array}\right\} \tag{3.22a}$$

则

$$\left.\begin{array}{l} u' = \omega U_{\mathrm{m}}\cos \omega t \\ i' = \omega I_{\mathrm{m}}\cos(\omega t - \theta) \end{array}\right\} \tag{3.22b}$$

两组式分别取平方相加,得:

$$\left.\begin{array}{l} u^2 + \left(\dfrac{u'}{\omega}\right)^2 = U_{\mathrm{m}}^2 \\[2mm] i^2 + \left(\dfrac{i'}{\omega}\right)^2 = I_{\mathrm{m}}^2 \end{array}\right\} \tag{3.23}$$

$$Z^2 = \frac{U_{\mathrm{m}}^2}{I_{\mathrm{m}}^2} = \frac{\omega^2 u^2 + u'^2}{\omega^2 i^2 + i'^2} \tag{3.24}$$

在对电压、电流采样后,利用采样数据进行上述计算时,导数值采用下式近似代替:

$$u'_k = \frac{u_{k+1} - u_{k-1}}{2T_s} \tag{3.25}$$

这里,k 为采样值的序号,u_k 为第 k 次采样时的采样值,u_{k+1} 则为第 k 次以后,经过一个 T_s 时的采样值,u_{k-1} 则为在第 k 次以前一次,即前一个 T_s 时的采样值。

除幅值计算外,正弦波形上的相位可表示为:

$$\varphi_u = \arctan\left(\frac{\omega u}{u'}\right) \tag{3.26}$$

由此也可以算出两个正弦信号之间的相位差。

※3.4　Prodar-70 算法

将式(3.22b)再求导,得:

$$\left.\begin{array}{l} u'' = - \omega^2 U_{\mathrm{m}}\sin \omega t \\ i'' = - \omega^2 I_{\mathrm{m}}\sin(\omega t - \theta) \end{array}\right\} \tag{3.27}$$

结合式(3.22b),得:

$$Z^2 = \frac{u'^2 \omega^2 + u''^2}{i'^2 \omega^2 + i''^2} \tag{3.28}$$

而且有:

$$\theta = \arctan\left(\frac{i'}{i'\omega}\right) - \arctan\left(\frac{u''}{u'\omega}\right) \tag{3.29}$$

其中

$$u' = \frac{1}{2T_s}(u_{k+1} - u_{k-1})$$

$$u'' = \frac{1}{T_s^2}(u_{k+1} - 2u_k + u_{k-1})$$

3.5 傅立叶算法

傅立叶算法的基本原理来自傅立叶级数,本身具备滤除整数次谐波的作用。假定被采样模拟信号是一个周期性的时间函数,可表示为:

$$u_{(t)} = \sum_{n=0}^{\infty}(u_{Rn}\cos n\omega t + u_{In}\sin n\omega t)$$

式中,n 为自然数,$n = 0,1,2,\cdots$,u_{Rn} 和 u_{In} 分别为各次谐波的正弦项和余弦项的振幅。

根据傅氏级数的原理,其 n 次倍频分量的实部模值可以表示为:

$$U_{Rn} = \frac{2}{T}\int_{-\frac{T}{2}}^{\frac{T}{2}} u(t)\cos n\omega t dt \tag{3.30}$$

n 次倍频分量的虚部的模值 U_{In} 为:

$$U_{In} = \frac{2}{T}\int_{-\frac{T}{2}}^{\frac{T}{2}} u(t)\sin n\omega t dt \tag{3.31}$$

由此则可得模值 U_n,即

$$U_n = \sqrt{U_{Rn}^2 + U_{In}^2} \tag{3.32}$$

并可得到以样品函数为基准的 U_n 的相位角 θ,即

$$\theta = \arctan\frac{U_{In}}{U_{Rn}} \tag{3.33}$$

式(3.30)和式(3.31)就是傅氏级数相应项的系数计算式。

这种算法在计算机上实现时,也是对离散的采样值进行运算。首先是计算 U_n 的实部 U_{Rn} 和虚部 U_{In} 值,然后计算 U_n 和 θ。将式(3.30)用离散值计算时,其实部为:

$$U_{Rn} = \frac{2}{N}\sum_{k=1}^{N} u_k\cos nk\frac{2\pi}{N} \tag{3.34}$$

式中 N—— 一个周期 T 中的采样数;

  u_k——第 k 个采样值。

这种算法是利用一个周期 T 内的全部采样值来进行计算,因此,数据窗也就是一个周期 T。

用同上方法求其虚部:

$$U_{In} = \frac{2}{N}\sum_{k=1}^{N} u_k\sin nk\frac{2\pi}{N} \tag{3.35}$$

在计算机上作实时计算时,每隔一个 $T_s = T/N$ 就对 $u(t)$ 采样一次。换句话说,随着时间的变化,每隔一个 T_s 就出现一个新的采样值 u_k,从而作实时计算时,一般须在每出现一个新采

样值后就计算一次。根据式(3.34)和式(3.35)的要求,计算机应对这一新采样值前的 N 个采样值(包括新出现的一个)同时加以运算。在运算时,对 N 个采样值都分别乘以不同的系数 $\cos nk\dfrac{2\pi}{N}$ 和 $\sin nk\dfrac{2\pi}{N}$,然后求和。

　　由于用离散值累加代替连续积分,所以上述计算结果也要受频率的影响。此外,计算要用到全部 N 个采样值,因此,计算必须在系统发生故障后第 N 个采样值出现时才是准确的,在此之前,N 个采样值中有一部分是故障前的数值,一部分是故障后的数值,这就使计算结果不是真正地反映故障的电量值。

※3.6　衰减直流分量的影响

　　前面的分析是在假定输入信号为正弦量或周期量的基础上,但是,电力系统发生故障时,其电流、电压中常包含有衰减的直流分量。由频谱分析可知,衰减直流分量的频谱是连续的、包含基频分量的频谱。因此,采用前面提到的所有算法时,计算所得的基频分量的结果必有误差。

　　下面介绍一种消除衰减的直流分量影响的方法:

　　设输入信号为:

$$i(t) = I_0 e^{-t/\tau} + \sum_{n=1}^{N/2} I_n \sin(\omega_n t + \varphi_n) \tag{3.36}$$

　　令 $\omega_n = n\omega_1$,n 为正整数,则第 k 次采样值为:

$$i_k = I_0 e^{-kT_s/\tau} + \sum_{n=1}^{N/2} I_n \sin\left(\frac{2\pi}{N}nk + \varphi_n\right) = i_{kd} + i_{ka} = I_0 r^k + i_{h0} \tag{3.37}$$

式中,i_{kd} 为衰减直流分量,i_{ka} 为交流分量,$r = e^{-T_s/\tau}$。当对此输入信号进行傅氏算法计算求其基频正弦分量,并令 $N=12$ 时,得:

$$I_{s1} = \frac{2}{N}\left[(i_3 - i_9) + \frac{1}{2}(i_1 - i_7 + i_5 - i_{11}) + \frac{\sqrt{3}}{2}(i_2 - i_8 + i_4 - i_{10}) \right] \tag{3.38}$$

或

$$I_{s1} = \frac{2}{N}\left[(i_{3d} - i_{9d}) + (i_{1d} - i_{7d} - i_{11d}) + \frac{\sqrt{3}}{2}(i_{2d} - i_{8d} + i_{4d} - i_{10d}) \right] +$$

$$\frac{2}{N}\left[(i_{3a} - i_{9a}) + (i_{1a} - i_{7a} + i_{5a} - i_{11a}) + \frac{\sqrt{3}}{2}(i_{2a} - i_{8a} + i_{4a} - i_{10a}) \right] \tag{3.39}$$

　　考虑到交流分量做一周积分时为零,以矩形积分近似时,有:

$$\sum_{k=1}^{n} i_{ka} T_s = 0$$

$$\sum_{k=1}^{N} i_k T_s = \sum_{k=1}^{M} i_{kd} T_s = \sum_{k=1}^{N} I_0 r^k T_s \tag{3.40}$$

　　当 τ 已知时,r 即可预先算出,由此可算得:

$$I_0 = \sum_{k=1}^{N} i_k \bigg/ \sum_{k=1}^{N} r^k \tag{3.41}$$

　　考虑式(3.37)、式(3.38)可写成:

$$I_{s1} = \frac{2}{N} I_0 \left[(r^3 - r^9) + \frac{1}{2}(r^1 - r^7 + r^5 - r^{11}) + \frac{\sqrt{3}}{2}(r^2 - r^8 + r^4 - r^{10}) \right] + I_{s1(a)} \tag{3.42}$$

$I_{s1(a)}$ 为 I_{s1} 中不包含衰减直流分量的周期分量部分,根据式(3.41)可得:

$$I_{s1(a)} = I_{s1} - \frac{2}{N} \sum_{k=1}^{N} i_k \left[(r^3 - r^9) + \frac{1}{2}(r^1 - r^7 + r^5 - r^{11}) + \right.$$

$$\left. \frac{\sqrt{3}}{2}(r^2 - r^8 + r^4 - r^{10}) \right] / \sum_{k=1}^{N} r^k = I_{s1} - K_s \sum_{k=1}^{N} i_k \tag{3.43}$$

此处,

$$K_s = \left[(r^3 - r^9) + \frac{1}{2}(r^1 - r^7 + r^5 - r^{11}) + \frac{\sqrt{3}}{2}(r^2 - r^8 + r^4 - r^{10}) \right] / 6 \sum_{k=1}^{12} r^k \tag{3.44}$$

当 r 已知时,K_s 可离线预先算出,作为正弦分量的补偿系数。

同理,可以求得余弦余量的补偿系数:

$$K_c = \left[(r^{12} - r^6) + \frac{1}{2}(r^2 - r^8 - r^4 + r^{10}) + \frac{\sqrt{3}}{2}(r^1 - r^7 - r^5 + r^{11}) \right] / 6 \sum_{k=1}^{12} r^k \tag{3.45}$$

$$I_{c1(a)} = I_{c1} - K_c \sum_{k=1}^{12} I_k \tag{3.46}$$

将式(3.38)代入式(3.42),$I_{s1(a)}$ 也可写成另一形式:

$$I_{s1(a)} = \frac{2}{N} \left\{ \left[(i_3 - I_0 r^3) - (i_9 - I_0 r^9) \right] + \frac{1}{2} \left[(i_1 - I_0 r^1) - (i_1 - I_0 r^7) + \right. \right.$$

$$\left. (i_5 - I_0 r^5) - (i_{11} - I_0 r^{11}) \right] + \frac{\sqrt{3}}{2} \left[(i_2 - I_0 r^2) - (i_8 - I_0 r^8) + \right.$$

$$\left. \left. (i_4 - I_0 r^4) - (i_{10} - I_0 r^{10}) \right] \right\} \tag{3.47}$$

式(3.43)和式(3.47)是完全等价的。一般称式(3.43)为并联补偿,称式(3.47)为串联补偿。前者是对 I_{s1} 的计算结果集中进行补偿,后者是对每一采样值进行补偿,然后进行傅氏计算。虽然二者的计算结果和性质是等价的,但是,式(3.43)可以预先离线计算出 K_s 值,因而大大减轻了在线计算量,基频幅值计算的精度相当高。

※3.7 移相器算法

在保护中有很多地方要用到移相器,本节介绍几种在微机保护中实现移相的算法。

3.7.1 直接移相法

取用不同时刻的采样值,可直接移相,移相的角度为 $K\frac{2\pi}{N}$。

如图3.3所示,正弦量 $x_1(t)$ 和 $x_2(t)$ 波形完全相同,$x_1(t)$ 超前 $x_2(t)$ θ 角。在某一时刻 nT_s 的采样值分别为 $x_1(n) = \sin(\omega nT_s + \theta)$ 和 $x_2(n) = \sin(\omega nT_s)$,取 $\theta = K\omega T_s = K\frac{2\pi}{N}$,$N$ 为每周采

样点数,K 取正整数,则 $x_2(t)$ 在 n 点的采样值正好为 $x_1(t)$ 在 $(n-K)$ 的采样值。因此,在 nT_s 时刻取用 $(n-K)T_s$ 时,$x_1(t)$ 的采样值就等于将 $x_1(t)$ 移相(滞后)$\theta = K\omega T_s$ 相角。例如,当 $N=12$,$K=1$ 时,$x_2(n) = x_1(n-1)$,所以,$x_1(n-1)$ 滞后 $x_1(n)30°$。因此,要使 $x_1(t)$ 滞后 $K\dfrac{2\pi}{N}$,可用 $x_1(n-K)$ 代替 $x_1(n)$,通常用已采得的数据,可取 $x_1(n+K) = x_1(n-N+K)$ 或 $-x_1\left(n-\dfrac{N}{2}+K\right)$。

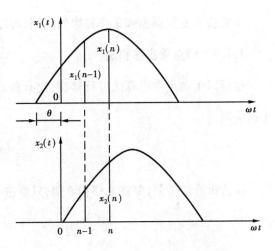

图 3.3　取不同时刻采样值直接移相法

这种移相的算法简单,实现方便,但只能移相 ωT_s 的整倍数角度,调整级差为 ωT_s。

3.7.2　差分移相法

有些场合利用差分运算进行移相是很方便的。设有正弦函数 $x(t) = A\sin(\omega t)$,要在移相 θ 角后得到 $x_\theta(t) = B\sin(\omega t + \theta)$,取 $x(t)$ 在 n 和 $n-K$ 时刻的采样值做差分计算:

$$
\begin{aligned}
x_\theta(n) &= x(n) - x(n-K) \\
&= A\sin(\omega nT_s) - A\sin[\omega(n-K)T_s] \\
&= B\sin(\omega nT_s + \theta)
\end{aligned}
$$

其中
$$
B = A\sqrt{2 - 2\cos K\omega T_s} \tag{3.48}
$$

$$
\theta = \arctan\frac{\sin K\omega T_s}{1 - \cos K\omega T_s} \tag{3.49}
$$

可见,移相的角度与数据窗 K 及采样频率有关。当 $K=1$,$N=12$,此时,$\omega T = 30°$,移相角 $\theta = 75°$,$B = 0.517A$。若要移相后保持幅值不变,将结果除以 $\sqrt{2 - 2\cos K\omega T_s}$ 即可。本算法的调整级差为 $\dfrac{1}{2}\omega T_s$。

3.7.3　傅氏移相法

在用傅氏算法计算出基波的正弦和余弦分量的系数后,基波的复数形式可表示为: $X = \dfrac{1}{\sqrt{2}}(X_S + jX_C)$,若要将 $\dot{X}$ 移相任意角 θ,只要将 $\dot{X}$ 乘以 $1\underline{/\theta}$ 就可以实现。其算法为:

$$
\begin{aligned}
\dot{X}\underline{/\theta} &= \frac{1}{\sqrt{2}}(X_S + jX_C)(\cos\theta \pm j\sin\theta) \\
&= \frac{1}{\sqrt{2}}\left[X_S\cos\theta \mp X_C\sin\theta\right] + j\frac{1}{\sqrt{2}}\left[X_C\cos\theta \pm X_S\sin\theta\right]
\end{aligned} \tag{3.50}
$$

式中,"$\pm$"号表示前移或后移。当 θ 一定时,$\cos\theta$ 和 $\sin\theta$ 均为已知数,可以连同 $\dfrac{1}{\sqrt{2}}$ 一起考虑事先计算后进行编程。

本算法不受数据窗和采样频率的限制,可以使 $\dot{X}$ 向前或向后移相任意角度。

3.7.4　两点乘积移相法

也可以用两点乘积算法进行移相,设 x_1 和 x_2 分别为相隔 1/4 周期的两个采样数据,则相量 $\dot{X}$ 可表示为:

$$\dot{X} = \frac{1}{\sqrt{2}}(x_2 + \mathrm{j}x_1)$$

同傅氏算法类似,要将 $\dot{X}$ 移相 θ 角,只要进行下面的运算即可:

$$\dot{X} = \frac{1}{\sqrt{2}}(x_2 + \mathrm{j}x_1)(\cos\theta \pm \mathrm{j}\sin\theta)$$

3.8　序分量滤过器算法

在目前运行的保护中,普遍采用序分量元件,特别是负序、零序分量元件的应用更加广泛。因为负序和零序分量只在故障时才产生,它具有不受负荷电流的影响、灵敏度高等优点。

下面介绍几种序分量元件算法。

3.8.1　直接移相原理的序分量滤过器

这种序分量滤过器是基于对称分量基本公式(以电压为例):

$$\left.\begin{array}{l} 3\dot{U}_1 = \dot{U}_\mathrm{a} + a\dot{U}_\mathrm{b} + a^2\dot{U}_\mathrm{c} \\[4pt] 3\dot{U}_2 = \dot{U}_\mathrm{a} + a^2\dot{U}_\mathrm{b} + a\dot{U}_\mathrm{c} \\[4pt] 3\dot{U}_0 = \dot{U}_\mathrm{a} + \dot{U}_\mathrm{b} + \dot{U}_\mathrm{c} \end{array}\right\} \tag{3.51}$$

对于序列 $3u_1$、$3u_2$、$3u_0$ 相应的有公式:

$$\left.\begin{array}{l} 3u_1(n) = u_\mathrm{a}(n) + au_\mathrm{b}(n) + a^2u_\mathrm{c}(n) \\[4pt] 3u_2(n) = u_\mathrm{a}(n) + a^2u_\mathrm{b}(n) + au_\mathrm{c}(n) \\[4pt] 3u_0(n) = u_\mathrm{a}(n) + u_\mathrm{b}(n) + u_\mathrm{c}(n) \end{array}\right\} \tag{3.52}$$

只要知道了 a、b、c 三相的采样序列,经过移相 $\pm 120°$ 后,按上式运算即可得到正序、负序和零序分量的序列,相当于各序分量的采样值。设每周采样 12 点,即 $N=12$,$\omega T_\mathrm{s}=30°$,根据移相时的数据窗不同,可有下列几种算法。这里先说明相量 $\dot{U}$ 的相位变化情况。随时间变化,相量 $\dot{U}$ 的相位由 $0°\sim360°$ 呈周期性变化,这相当于相量 $\dot{U}$ 在复平面上周而复始地旋转。设 $t=nT_\mathrm{s}$ 时,$\dot{U}$ 的相位为 $0°$,此时,采得 $\dot{U}$ 的瞬时值为 $u(n)$。当 $t=(n-K)T_\mathrm{s}$ 时,$\dot{U}$ 的相位相对于 $t=nT_\mathrm{s}$ 时滞后 $K\omega T_\mathrm{s}$ 角度,对应此时的采样值为 $u(n-K)$。显然,若取 $\omega T_\mathrm{s}=30°$,当 K 分别为 8 和 4 时,相量 $\dot{U}$ 已旋转了 $240°$ 和 $120°$,此时,所对应的采样值分别为 $u(n-8)$ 和 $u(n-4)$,如图 3.4 所示。

（1）**数据窗 $K=8$ 时**

由图 3.4 可以看出：

$$au(n) = u(n-8)$$
$$a^2u(n) = u(n-4)$$

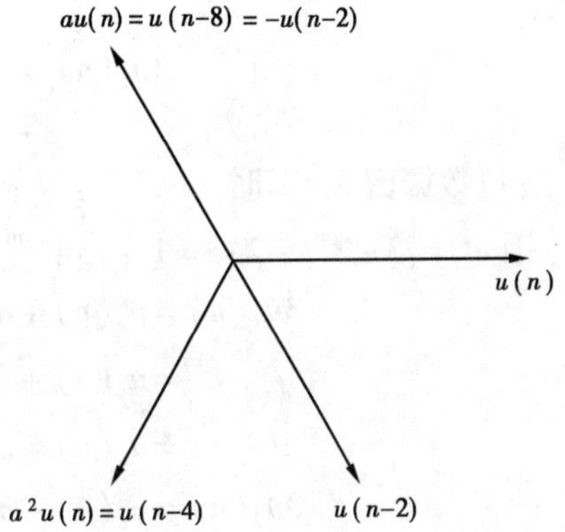

于是有：

$$3u_1(n) = u_a(n) + u_b(n-8) + u_c(n-4)$$
$$3u_2(n) = u_a(n) + u_b(n-4) + u_c(n-8)$$
$$3u_0(n) = u_a(n) + u_b(n) + u_c(n)$$

上式表明，只要知道了 a、b、c 三相的电压在 n、$n-4$、$n-8$ 三点的采样数据，就可以由上式计算出各序在 n 时刻的值。本算法的数据窗 $K=8$，时窗 $KT_s = 13.3$ ms。

（2）**数据窗 $K=4$ 时**

由图 3.5 可见，$au(n)$ 可以表示为 $-u(n-2)$，$a^2u(n) = u(n-4)$，于是有：

$$3u_1(n) = u_a(n) + au_b(n) + a^2u_c(n)$$
$$= u_a(n) - u_b(n-2) + u_c(n-4)$$
$$3u_2(n) = u_a(n) + a^2u_b(n) + au_c(n)$$
$$= u_a(n) + u_b(n-4) - u_c(n-2)$$

在此，以负序为例来分析其正确性。图 3.5（a）是正序输入时的相量关系，因 $u_{a1}(n)$、$u_{b1}(-4)$、$-u_{c1}(n-2)$ 三者对称，故 $3u_2(n)$ 输出为 0；图 3.5（b）是负序输入时的相量关系，因 $u_{a2}(n)$、$u_{b2}(n-4)$、$-u_{c2}(n-2)$ 三者同相，故 $3u_2(n)$ 输出很大，其值为 $3u_{a2}(n)$。

图右上角：

$$au(n) = u(n-8) = -u(n-2)$$

$u(n)$

$$a^2u(n) = u(n-4)$$

$u(n-2)$

图 3.4　相量 $\dot{U}$ 相位变化

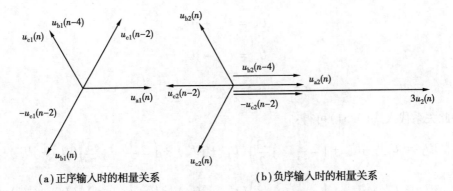

（a）正序输入时的相量关系　　　　（b）负序输入时的相量关系

图 3.5　$K=4$ 时的负序元件相量分析图

同理，可以分析正序元件在正序输入时有输出，而在负序输入时输出为 0。

（3）**数据窗 $K=2$ 时**

由图 3.6 可见：

$$a^2u(n) = u(n)e^{-j60°} - u(n) = u(n-2) - u(n)$$
$$au(n) = -u(n-2)$$

因此，有

$$3u_1(n) = u_a(n) + au_b(n) + a^2u_c(n)$$

$$= u_a(n) - u_b(n-2) + u_c(n-2) - u_c(n)$$

$$3u_2(n) = u_a(n) + a^2 u_b(n) + au_c(n)$$

$$= u_a(n) + u_b(n-2) - u_b(n) - u_c(n-2)$$

(4)数据窗 $K = 1$ 时

因 $a^2 = \sqrt{3}\,\mathrm{e}^{-\mathrm{j}30°} - 2 ; a = 1 - \sqrt{3}\,\mathrm{e}^{-\mathrm{j}30°}$

故

$$3u_1(n) = u_a(n) + au_b(n) + a^2 u_c(n)$$

$$= u_a(n) + (1 - \sqrt{3}\,\mathrm{e}^{-\mathrm{j}30°})u_b(n) + (\sqrt{3}\,\mathrm{e}^{-\mathrm{j}30°} - 2)u_c(n)$$

$$= u_a(n) + u_b(n) - \sqrt{3}u_b(n-1) + \sqrt{3}u_c(n-1) - 2u_c(n)$$

$$3u_2(n) = u_a(n) + a^2 u_b(n) + au_c(n)$$

$$= u_a(n) + (\sqrt{3}\,\mathrm{e}^{-\mathrm{j}30°} - 2)u_b(n) + (1 - \sqrt{3}\,\mathrm{e}^{-\mathrm{j}30°})u_c(n)$$

$$= u_a(n) + \sqrt{3}u_b(n-1) - 2u_b(n) + u_c(n) - \sqrt{3}u_c(n-1)$$

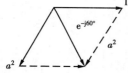
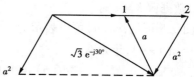

图 3.6　$K = 2$ 时的相量关系　　　　图 3.7　$K = 1$ 时的相量关系

3.8.2　傅氏算法原理的序分量滤过器

如用傅氏算法已求得 a、b、c 三相电压的正弦和余弦分量系数,各相电压为:

$$\dot{U}_a = U_{as} + \mathrm{j}U_{ac}$$

$$\dot{U}_b = U_{bs} + \mathrm{j}U_{bc}$$

$$\dot{U}_c = U_{cs} + \mathrm{j}U_{cc}$$

又

$$a = -\frac{1}{2} + \mathrm{j}\frac{\sqrt{3}}{2}, a^2 = -\frac{1}{2} - \mathrm{j}\frac{\sqrt{3}}{2}$$

将此关系代入式(3.51)可得:

$$3\dot{U}_1 = U_{as} + \mathrm{j}U_{ac} + \left(-\frac{1}{2} + \mathrm{j}\frac{\sqrt{3}}{2}\right)(U_{bs} + \mathrm{j}U_{bc}) + \left(-\frac{1}{2} - \mathrm{j}\frac{\sqrt{3}}{2}\right)(U_{cs} + \mathrm{j}U_{cc})$$

$$3\dot{U}_2 = U_{as} + \mathrm{j}U_{ac} + \left(-\frac{1}{2} + \mathrm{j}\frac{\sqrt{3}}{2}\right)(U_{bs} + \mathrm{j}U_{bc}) + \left(-\frac{1}{2} - \mathrm{j}\frac{\sqrt{3}}{2}\right)(U_{cs} + \mathrm{j}U_{cc})$$

$$3\dot{U}_0 = U_{as} + \mathrm{j}U_{ac} + U_{bs} + \mathrm{j}U_{bc} + U_{cs} + \mathrm{j}U_{cc}$$

经整理得:

$$3\dot{U}_1 = \left(U_{as} - \frac{1}{2}U_{bs} - \frac{1}{2}U_{bs}\right) - \frac{\sqrt{3}}{2}(U_{bc} - U_{cc}) +$$

$$\mathrm{j}\left[\left(U_{ac} - \frac{1}{2}U_{bc} - \frac{1}{2}U_{cc}\right) + \frac{\sqrt{3}}{2}(U_{bs} - U_{cs})\right]$$

$$3\dot{U}_2 = \left(U_{as} - \frac{1}{2}U_{bs} - \frac{1}{2}U_{bs} \right) + \frac{\sqrt{3}}{2}(U_{bc} - U_{cc}) +$$

$$\text{j}\left[(U_{ac} - \frac{1}{2}U_{bc} - \frac{1}{2}U_{cc}) - \frac{\sqrt{3}}{2}(U_{bs} - U_{cs}) \right]$$

$$3\dot{U}_0 = U_{as} + U_{bs} + U_{cs} + \text{j}(U_{ac} + U_{bc} + U_{cc})$$

傅氏算法原理的序分量滤过器计算的结果是各序分量的相量(实部和虚部),而前面直接移相原理的序分量滤过器计算的结果是各序分量的序列(相当于各序分量的采样数据),欲求各序的幅值和相位,还得用前面所介绍的算法通过这些采样数据求取。

与傅氏算法类似,也可以用两点乘积算法构成序分量滤过器,读者可自行分析,这里不再赘述。

3.8.3　小接地电流系统中的序分量滤过器算法

在小接地电流系统中,一般采用两相式接线方式,电流互感器只装在 A、C 两相上,此时要取得序分量,可以采取下面的算法:

正序滤过器:
$$\dot{I}_1 = \frac{1}{\sqrt{3}}(\dot{I}_a + \dot{I}_c \text{e}^{-\text{j}60°}) \tag{3.53}$$

负序滤过器:
$$\dot{I}_2 = \frac{1}{\sqrt{3}}(\dot{I}_c + \dot{I}_a \text{e}^{-\text{j}60°}) \tag{3.54}$$

通过图 3.8 的相量关系对上式进行分析。在正序分量的作用下,正序滤过器的输出为 I_1,负序滤过器的输出为 0;在负序分量的作用下,正序滤过器的输出为 0,负序滤过器的输出为 I_2。这里的 I_1 和 I_2 分别为正序、负序相电流。

如果每周采样 $N=12$,则对应式(3.53)、式(3.54)的离散形式为:

$$i_1(n) = \frac{1}{\sqrt{3}}\left[i_a(n) + i_c(n-2) \right]$$

$$i_2(n) = \frac{1}{\sqrt{3}}\left[i_c(n) + i_a(n-2) \right]$$

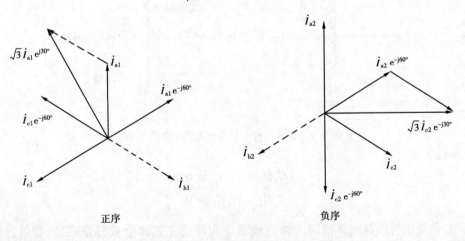

图 3.8　两相式序分量滤过器相量图

239

※3.9　相位比较器算法

3.9.1　正弦型、余弦型比相器的基本算法

设两个被比较量 $\dot{G}$ 和 $\dot{H}$, $\dot{G} = G\angle\alpha_G$, $\dot{H} = H\angle\alpha_H$, 比较二者的相位, 当它们的相位差满足某一关系时, 比相器有输出, 或称"动作"。根据动作范围不同, 通常可分为正弦型和余弦型两种。

两种形式的动作条件为:

余弦型:
$$-90° \leqslant \arg\frac{\dot{G}}{\dot{H}} \leqslant 90° \tag{3.55}$$

正弦型:
$$0° \leqslant \arg\frac{\dot{G}}{\dot{H}} \leqslant 180° \tag{3.56}$$

其中, $\arg\dfrac{\dot{G}}{\dot{H}} = \alpha_G - \alpha_H = \theta$, $\dot{G}$ 超前于 $\dot{H}$ 为正, 其动作特性如图 3.9 所示。上两式可等效为:

$$\cos(\alpha_G - \alpha_H) = \cos\alpha_G\cos\alpha_H + \sin\alpha_G\sin\alpha_H \geqslant 0$$
$$\sin(\alpha_G - \alpha_H) = \sin\alpha_G\cos\alpha_H - \sin\alpha_G\cos\alpha_H \geqslant 0$$

两边同乘以 G 和 H 得:

$$G\cos\alpha_G H\cos\alpha_H + G\sin\alpha_G H\sin\alpha_H \geqslant 0$$
$$G\sin\alpha_G H\cos\alpha_H - G\sin\alpha_G H\cos\alpha_H \geqslant 0$$

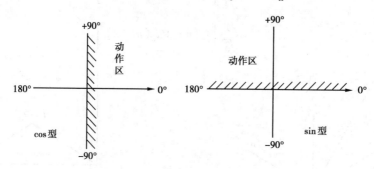

图 3.9　正弦型和余弦型比相器的动作特性

①傅氏算法。

$$\left.\begin{array}{r} G_S H_S + G_C H_C \geqslant 0 \\ G_C H_S - H_C G_S \geqslant 0 \end{array}\right\} \tag{3.57}$$

上式表明, 只要用傅氏算法算出两个被比较量 $\dot{G}$ 和 $\dot{H}$ 的正弦和余弦分量系数, 就可以实现比相, 式(3.57)与式(3.55)、式(3.56)等效。

②两点乘积算法。

$$\left.\begin{array}{l} g_2h_2 + g_1h_1 \geqslant 0 \\ g_1h_2 - h_1g_2 \geqslant 0 \end{array}\right\} \tag{3.58}$$

其中, g_1、g_2、h_1、h_2 分别为两个相隔 1/4 周期采样时刻 t_1、t_2 时的 $\dot{G}$ 和 $\dot{H}$ 的采样数据,该式与式(3.55)、式(3.56)等效。

③动作范围不为 180°,可用两个范围为 180° 的元件组合而成。以余弦型为例,若将图 3.9 中的特性转动 θ_0 角,则式(3.55)可写成:

$$-90° \pm \theta_0 \leqslant \arg \frac{\dot{G}}{\dot{H}} \leqslant 90° \pm \theta_0$$

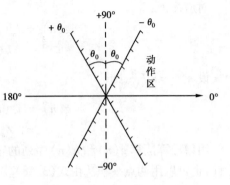

图 3.10　转动 ±θ_0 时余弦型特性

将上式变成如式(3.55)的标准形式:

$$-90° \leqslant \arg \frac{\dot{G}}{\dot{H}} e^{\mp j\theta_0} \leqslant 90° \tag{3.59}$$

其特性如图 3.10 所示,其中, +θ_0 表示特性逆时针方向转动, -θ_0 表示特性顺时针方向转动。

对于 +θ_0,式(3.59)等效于 $\cos(a_G - a_H + \theta_0) \geqslant 0$,展开整理后得:

$$(\cos a_G \cos a_H + \sin a_G \sin a_H)\cos \theta_0 - (\sin a_G \cos a_H - \sin a_H \cos a_G)\sin \theta_0 \geqslant 0$$

傅氏法:　　　　$(G_S H_S + G_C H_C)\cos \theta_0 - (G_C H_S - G_S H_C)\sin \theta_0 \geqslant 0$

两点法:　　　　$(g_2 h_2 + g_1 h_1)\cos \theta_0 - (g_1 h_2 - g_2 h_1)\sin \theta_0 \geqslant 0$

对于 -θ_0,式(3.59)等效于 $\cos(a_G - a_H - \theta_0) \geqslant 0$,展开整理后得:

$$(\cos a_G \cos a_H + \sin a_G \sin a_H)\cos \theta_0 + (\sin a_G \cos a_H - \sin a_H \cos a_G)\sin \theta_0 \geqslant 0$$

傅氏法:　　　　$(G_S H_S + G_C H_C)\cos \theta_0 + (G_C H_S - G_S H_C)\sin \theta_0 \geqslant 0$

两点法:　　　　$(g_2 h_2 + g_1 h_1)\cos \theta_0 + (g_1 h_2 - g_2 h_1)\sin \theta_0 \geqslant 0$

+θ_0 和 θ_0 元件的动作范围都是 180°,将二者组合起来,可以得到大于或小于 180° 的动作范围。若要二者都动作时才动作,即取二者的"与",动作角度范围 $-90° + \theta_0 < \theta < 90° - \theta_0$,动作范围小于 180°;若只要满足其中一个动作条件即动作,则动作角度为 $-90° - \theta_0 < \theta < 90° + \theta_0$,动作范围大于 180°。

3.9.2　常用的方向元件算法

(1)圆特性的方向阻抗继电器

由继电保护原理可知,圆特性的方向阻抗继电器的动作条件为:

$$-90° \leqslant \arg \frac{Z_{set} - Z_m}{Z_m} \leqslant 90°$$

$$-90° \leqslant \arg \frac{\dot{I}_m Z_{set} - \dot{U}_m}{\dot{U}_m} \leqslant 90°$$

式中, Z_{set} 为整定阻抗, Z_m、$\dot{U}_m$、$\dot{I}_m$ 分别为测量阻抗、测量电压和测量电流。对照式(3.55)有:

$$\dot{G} = \dot{I}_\mathrm{m} Z_\mathrm{set} - \dot{U}_\mathrm{m} = \dot{I}_\mathrm{m} \mid Z_\mathrm{set} \mid \angle \phi_\mathrm{set} - \dot{U}_\mathrm{m}$$

$$\dot{H} = \dot{U}_\mathrm{m}$$

对应序列：

$$g(n) = i_\mathrm{m}(n) \mid Z_\mathrm{set} \mid \mathrm{e}^{\mathrm{j}\phi_\mathrm{set}} - u_\mathrm{m}(n)$$

$$h(n) = u_\mathrm{m}(n)$$

设 $\mathrm{e}^{\mathrm{j}\phi_\mathrm{set}} = K \dfrac{2\pi}{N}$，则

$$g(n) = i_\mathrm{m}(n) \mid Z_\mathrm{set} \mid \mathrm{e}^{\mathrm{j}\phi_\mathrm{set}} - u_\mathrm{m}(n)$$

$$= \mid Z_\mathrm{set} \mid i_\mathrm{m}(n + K) - u_\mathrm{m}(n)$$

用傅氏算法算 $g(n)$ 和 $h(n)$ 序列的正弦和余弦系数，就可以利用式(3.57)实现方向阻抗元件，也可以用两点乘积法由式(3.58)实现。

为了消除方向阻抗继电器的死区，极化电压 $\dot{H} = \dot{U}_\mathrm{m}$ 应能记忆。在微机保护中实现记忆十分简单，如果要记忆两个周波的时间，只要极化电压取用两周前的采样数据即可，即将 $h(n) = u_\mathrm{m}(n)$ 用 $h(n) = u_\mathrm{m}(n - 2N)$ 代替即可。

(2)90°接线的功率方向元件

以 A 相的功率方向继电器为例，动作条件为：

$$-90° - \alpha \leqslant \arg \frac{\dot{U}_\mathrm{BC}}{\dot{I}_\mathrm{A}} \leqslant 90° - \alpha$$

$$-90° \leqslant \arg \frac{\dot{U}_\mathrm{BC}}{\dot{I}_\mathrm{A}} \mathrm{e}^{\mathrm{j}a} \leqslant 90°$$

式中，α 为继电器的内角，当 $\dot{U}_\mathrm{BC}$ 和 $\dot{I}_\mathrm{BC}$ 的相差为 $-\alpha$ 时，继电器最灵敏。令 $\dot{G}_\mathrm{BC} = \dot{U}_\mathrm{BC}$，$\dot{H}_\mathrm{BC} = \dot{I}_\mathrm{A} \mathrm{e}^{-\mathrm{j}a}$，如取 $\alpha = 30°, N = 12$，则

$$g(n) = u_\mathrm{b}(n) - u_\mathrm{c}(n)$$

$$h(n) = i_\mathrm{a}(n - 1)$$

3.9.3 直接相位比较器

对于图 3.11 所示的电流、电压波形，只要测量到两者过零点的时间差 Δt，就可以算出它们的相位差 $\theta = \omega \Delta t$。设电压 $u(t)$ 在 $n - 1$ 两个采样点之间从负到正过零点，在这两点的采样值为 $u(n - 1)$、$u(n)$；电流 $i(t)$ 在 $m - 1$ 和 m 两个采样点之间从负到正过零点，采样值为 $i(m - 1)$、$i(m)$。如图所示，两波形过零点的时间距离为：

$$\Delta t = T_\mathrm{s}(m - n) + \tau - \tau'$$

其中，τ 和 τ' 是修正量。为求得 τ 和 τ'，可将两个采样点的间隔内过零点附近的正弦曲线近似看作直线，根据直线方程有：

$$\frac{u(n)}{\tau} = -\frac{u(n - 1)}{T_\mathrm{s} - \tau}$$

由此得：

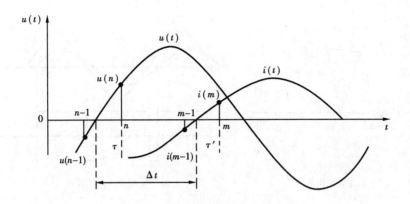

图 3.11　直接相位比较器原理示意图

$$\tau = \frac{u(n)}{u(n) - u(n-1)}T_{s}$$

同理可得：

$$\tau' = \frac{i(m)}{i(m) - i(m-1)}T_{s}$$

于是有：

$$\theta = \omega\Delta t = \left[(m-n) + \frac{u(n)}{u(n)-u(n-1)} - \frac{i(m)}{i(m)-i(m-1)}\right]\omega T_{s} \tag{3.60}$$

在求出 θ 后可直接判断是否满足动作条件，从而实现方向判别。本算法的特点是简单，但响应时间与 θ 有关，当 θ 为 180° 时，延时可达 10 ms。因此，本算法应用在对速度要求不高并仅对相位感兴趣的场合。

3.9.4　零序功率方向元件

这里介绍一种实用的零序功率方向继电器，其算法是电流经过一次差分后再与电压比符号。运作条件为：

$$G = \sum_{n=1}^{\frac{N}{2}} u(n) \not\subset [i(n) - i(n-1)] \tag{3.61}$$

式中，符号"$\not\subset$"表示"异域"，上式的含义是比较 $u(n)$ 和 $\Delta i(n) = i(n) - i(n-1)$ 的符号。当二者符号相同时，计数器 G 加 1；当二者符号相异时，计数器 G 减 1。在半个周期内，当 $G > 0$ 时，判为正方向；当 $G < 0$ 时，判为反方向。下面分析这种方向元件判别零序功率方向的原理。

取 $u(n) = -3u_0(n)$，$i(n) - i(n-1)$ 取 $3i_0(n) - 3i_0(n-1)$，设每周采样点数 $N = 12$，即 $\omega T_{s} = 30°$，$i(n-1)$ 落后于 $i(n)30°$，在正方向和反方向接地故障时的动作行为分析如下。

正方向接地故障时，由继电保护原理可知，此时，$3\dot{I}_0$ 超前 $3\dot{U}_0$ 约 110°，而落后于 $-3\dot{U}_0$ 约 70°，有关相量关系如图 3.12(a) 所示。由图可见，$\Delta\dot{I} = 3\dot{I}_0 - 3\dot{I}_0 e^{-j30°}$ 超前 $-3\dot{U}_0$ 约 5°，可以看作基本同相，其波形如图 3.12(b) 所示。因此，比符号实际上已转化为比极性。显然，正方向故障时，同极性的持续时间长，而异极性持续时间很短，结果为 $G > 0$。由图 3.12 可以推出其动作条件：

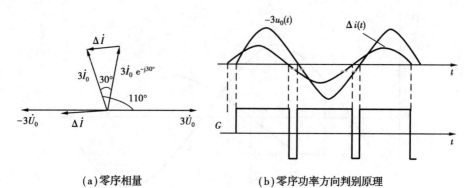

（a）零序相量　　　　　　（b）零序功率方向判别原理

图 3.12　正向接地故障时的相量关系及波形图

$$-90° \leqslant \arg \frac{\Delta \dot{I}}{-3\dot{U}_0} \leqslant 90°$$

$$-90° \leqslant \arg \frac{3\dot{I}_0 e^{j75°}}{-3\dot{U}_0} \leqslant 90°$$

$$-90° - 75° \leqslant \arg \frac{3\dot{I}_0}{-3\dot{U}_0} \leqslant 90° - 75°$$

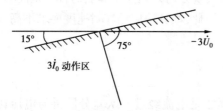

图 3.13　零序功率方向元件的动作特性

其动作区如图 3.13 所示。可见，其最大灵敏角为 75°，与 LG-12 型功率方向元件具有类似的特性。值得注意的是，这里的灵敏角与采样频率有关，当 $N = 12$ 时，灵敏角为 75°，而当 $N = 20$ 时，灵敏角为 81°。

当反方向接地故障时，图 3.12(a) 中的 $3\dot{I}_0$ 和 $\Delta \dot{I}$ 均反向，$\Delta \dot{I}$ 超前 $3\dot{U}_0$ 约 5°，即 $\Delta \dot{I}$ 与 $-3\dot{U}_0$ 接近反相，G 减 1 多，而加 1 少，因此，$G < 0$，判为反方向，继电器不动作。

3.10　增量元件算法

在模拟保护中，常用突变量元件作为启动及振荡闭锁元件。这些突变量元件在微机中实现起来特别方便，因为保护装置中的循环寄存区具有一定的记忆容量，可以很方便地取得突变量。以电流为例，其算法如下：

$$\Delta i(n) = | i(n) - i(n - N) | \tag{3.62}$$

式中　$i(n)$——电流在某一时刻 n 的采样值；

　　　N——一个工频周期内的采样点数；

$i(n-N)$——比 $i(n)$ 早一个周期的采样值；

$\Delta i(n)$——n 时刻电流的突变量。

由图 3.14 可以看出,当系统正常运行时,负荷电流是稳定的,或者说负荷虽时时有变化,但不会在一个工频周期这样短的时间内突然发生很大变化,因此,这时 $i(n)$ 和 $i(n-N)$ 应当接近相等,突变量 $\Delta i(n)$ 等于或近似等于零。

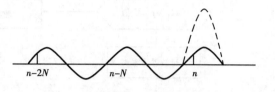

图 3.14　突变量元件原理示意图

如果在某一时刻发生短路,故障相电流突然增大如图 3.14 中虚线所示,将有突变量电流产生。按式(3.62)计算得到的 $\Delta i(n)$ 实质是用叠加原理分析短路电流时的故障分量电流,负荷分量在式(3.62)中被减去了。显然,突变量仅在短路发生后的第一个周期内存在,即 $\Delta i(n)$ 的输出在故障后持续一个周期。

按式(3.62)计算存在不足,系统正常运行时 $\Delta i(n)$ 本应无输出,即 $\Delta i(n)$ 应为 0。如果电网的频率偏离 50 Hz,就会产生不平衡输出。这是因为 $\Delta i(n)$ 和 $\Delta i(n-N)$ 的采样时刻相差 20 ms,这决定于微机的定时器,它是由石英晶体振荡器控制的,十分精确和稳定。电网频率变化后,$\Delta i(n)$ 和 $\Delta i(n-N)$ 对应电流波形的电角度不再相等,二者具有一定的差值而产生不平衡电流,特别是负荷电流较大时,不平衡电流较大可能引起该元件的误动。为了消除由于电网频率的波动引起不平衡电流,突变量按下式计算:

$$\Delta i(n) = \Big|\,|\,i(n) - i(n-N)\,| - |\,i(n-N) - i(n-2N)\,|\,\Big| \tag{3.63}$$

正常运行时,如果频率偏离 50 Hz 而造成 $|i(n) - i(n-N)|$ 不为 0,但其输出必然与 $|i(n-N) - i(n-2N)|$ 的输出相接近,因而式(3.63)右侧的两项几乎可以全部抵消,使 $\Delta i(n)$ 接近为 0,从而有效地防止误动。

用式(3.63)计算突变量,不仅可以补偿频率偏离产生的不平衡电流,还可以减弱由于系统静稳定破坏而引起的不平衡电流,只有在振荡周期很小时,才会出现较大的不平衡电流,这就保证了静稳破坏检测元件能可靠地抢先动作。式(3.63)其数据窗为两周,突变量持续的时间不是 20 ms 而是 40 ms。

(1)相电流突变量元件

当式(3.63)中各电流取相电流时,称为相电流突变量元件。以 A 相为例,式(3.63)可写成 $\Delta i_A(n) = \Big|\,|\,i_A(n) - i_A(n-N)\,| - |\,i_A(n-N) - i_A(n-2N)\,|\,\Big|$。对于 B 相和 C 相只需将上式中的 A 换成 B 或 C 即可。该元件在微机保护中常被用作启动元件,3 个突变量元件一般构成“或”的逻辑。为了防止由于干扰引起的突变量输出而造成误启动,通常在突变量元件连续动作几次才允许启动保护,其逻辑如图 3.15 所示。

(2)相电流差突变量元件

当式(3.63)中各电流取相电流差时,称为相电流差突变量元件。其计算式变为:

$$\Delta i_{\varphi\varphi}(n) = \Big|\,|\,i_{\varphi\varphi}(n) - i_{\varphi\varphi}(n-N)\,| - |\,i_{\varphi\varphi}(n-N) - i_{\varphi\varphi}(n-2N)\,|\,\Big| \tag{3.64}$$

式中,$\varphi\varphi$ 分别取 AB、BC、CA。该元件通常用作启动元件和选相元件。用作启动元件时的逻辑关系与图 3.15 相似,作为选相元件时,要求能反映各种故障,不反映振荡,特别是在非全相运

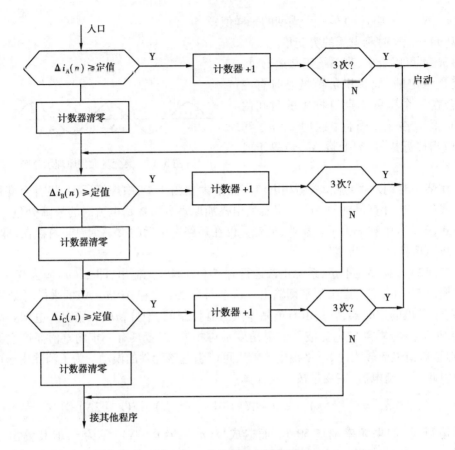

图 3.15　启动元件动作逻辑图

行中振荡时不能误动。为了能更有效地躲过系统振荡,可将式(3.64)变为:

$$\Delta i_{\varphi\varphi}(n) = \bigg| |i_{\varphi\varphi}(n) + i_{\varphi\varphi}(n-N/2)| - |i_{\varphi\varphi}(n-N/2) + i_{\varphi\varphi}(n-N)| \bigg| \quad (3.65)$$

上式不是相隔 N 点的采样数据相减,而是相隔 $N/2$ 的两个采样值相加,这样,一方面缩短了数据窗,另一方面对躲过系统振荡更为有利。

电流差突变量元件作为选相元件时,其常见判据有两种,这里只介绍其中一种。由故障分析可知,当系统发生各种类型故障时,各相电流差突变量的大小可定性地表示见表3.1。

表 3.1　电力系统各类型接地故障各相电流突变量一览表

	AN	BN	CN	AB	BC	CA	ABC
ΔI_{AB}	中	中	小	大	中	中	大
ΔI_{BC}	小	中	中	中	大	中	大
ΔI_{CA}	中	小	中	中	中	大	大

以 A 相接地故障为例来说明:A 接地故障时,ΔI_{AB} 和 ΔI_{CA} 都有输出且二者接近(理想情况下相等),而 ΔI_{BC} 输出很小(理想下为 0),即 ΔI_{AB} 和 ΔI_{CA} 相等。但由于计算的误差,总可以将这 3 个值排队为大、中、小,显然,这里的"大"和"中"其实是十分接近的。选相元件如满足下面的条件:

$$|中-小|\gg|大-中|$$

则判为与"小值"无关的那一相故障,显然,这里与"小"无关的相是 A。

对于两相接地故障,例如 AB 相接地,ΔI_{AB} 大,ΔI_{AB} 和 ΔI_{AB} 相等或接近相等。三者排队后,不满足 $|中-小|\gg|大-中|$ 的条件,判断为相间故障。

(3)序分量突变量元件

若式(3.62)或式(3.63)中所用的各电流是由式(3.52)计算出的负序和零序分量采样值,则该元件为负序突变量或零序突变量元件,这些元件可以用作启动元件及振荡闭锁元件。

将上述各式中的电流改为电压即成为电压突变量元件,电压突变量元件与电流突变量元件配合,可以构成突变量距离和突变量方向等元件。

第 **4** 章
微机保护装置的软件构成

数字式保护装置由硬件电路和软件程序共同构成。数字式保护装置的原理、特性及性能特点更多地由软件来体现,其特有的辅助功能也由软件来实现。本章从数字式保护装置软件的基本功能要求出发,介绍其软件结构和程序流程,并讨论这些基本功能的含义和实现方法。

4.1 数字式保护装置的基本软件流程

4.1.1 数字式保护装置软件的基本功能

要明确数字式保护装置软件的基本功能,应首先具备 2 个基本概念。

①数字式保护装置中软件的各项功能必须有相应的硬件电路支持,并满足硬件电路的技术要求。在后面讨论诸如自检、人机对话、通信等功能的软件实现时,均假定有硬件的充分支持。

②数字式保护装置的功能与保护功能不是等同的概念,而是前者包含后者。

目前,数字保护装置除了具备高性能的保护功能外,还应具备其他基本功能,包括系统监控、人机对话、通信、自检、事故记录及分析报告以及调试等。这些将在后续数字式保护装置软件结构及流程中逐一说明。

与各种数字式实时测控系统相类似,数字式保护装置的基本软件结构及程序流程由主程序流程和中断服务程序流程构成。下面考虑一个简单而典型的结构,即软件系统由主程序和一个采样中断服务程序构成:前者执行对整个系统的监控以及实时性要求相对较低的各项辅助功能,后者按中断服务程序中断前者,执行实时性要求较高的保护和辅助功能。

4.1.2 数字式保护装置软件的主流程及主循环

数字式保护装置软件的主流程如图 4.1 所示。由图可见,主流程可看作由上电复位流程及主循环流程两部分组成。

保护装置在合上电源(简称上电)或硬件复位(简称复位)后,首先进入第 1 框,即执行系统初始化。初始化的作用是使整个硬件系统处于正常工作状态。系统初始化又可细分为低级初始化和高级初始化:低级初始化任务通常包括与各存储器相应的可用地址空间的设定、输入或输出口的定义、定时器功能的设定、中断控制器的设定以及安全机制等其他功能的设定;高级初始化是指与保护装置各项功能直接有关的初始化,如地址空间的分配、各数据缓冲区的定义、各个控制标志的初设、整定值的换算与加载、各输入输出口的位置或复归等。

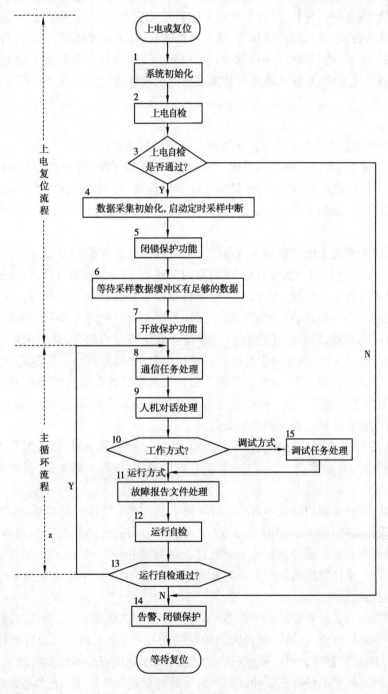

图 4.1　数字式保护装置软件的主流程图

然后,程序进入第 2 框,执行上电后的全面自检。

自检(Self-Check)是数字保护装置软件对自身硬软件系统工作状态正确性和主要元件完好性进行自动检查的简称。通过自检可以迅速地发现保护装置缺陷,发出告警信号并闭锁保护出口,等待技术人员排除故障,从而使数字保护装置工作的可靠性、安全性得到根本性改善。自检是数字保护装置的一种特有的、非常重要的智能化安全技术,目前自检功能主要包括:程序的自检、定值的自检、输入通道的自检、输出回路的自检、通信系统的自检、工作电源的自检、数据存储器(如 RAM)的自检、程序存储器(如 EPROM)的自检以及其他关键元件的自检等。例如,对于三相交流系统,对输入通道及采集数据的正确性进行检查的判断式为:

$$\left| i_a + i_b + i_c - 3i_0 \right| < \varepsilon_i$$
$$\left| u_a + u_b + u_c - 3u_0 \right| < \varepsilon_u$$

式中 ε_i、ε_u ——分别反映数字式保护装置测量误差的门槛值。

若输入回路完好,数据采集系统正常,采样过程未受到干扰,则无论电力系统处于何种运行状态,上述两式均应该成立;反之,如果某个环节出现错误,上式则有可能不成立。所以可根据上式来判断采集数据的正确性。在数据准确的前提下,才能进行后续计算,否则应将本次采集的数据丢弃。

自检在程序中分为上电自检和运行自检。上电自检是在保护装置上电或复位过程(保护功能程序运行之前)进行的一次性自检,此时有时间进行比较全面的自检,以保证开始执行保护功能程序时装置处于完好的工作状态。而运行自检是在保护装置运行过程中进行的自检,以便及时发现运行中出现的装置故障。由于保护程序在运行中的大部分时间必须分配给保护功能以及其他辅助功能,通常在运行自检中需对自检任务进行简化,同时采用分类处理的措施。分类处理措施分为两类:①对于某些必须快速报警、处理量较小以及必须一次性完成的自检任务置于中断服务程序中;②对于其他次要且处理量又较大的自检任务,则置于主循环程序中,并且采用分时处理的方法。这里只是为了说明软件流程而简单介绍了自检的概念,关于自检的原理和实现方法请读者参阅相关文献。

上电自检完成后,在第 3 框判别自检是否通过:若自检不能通过,将转至第 14 框,发出告警信号并闭锁保护,然后等待人工复位;若上电自检通过,则进入第 4 框,保护功能程序开始运行。

第 4 框执行数据采集初始化和启动定时采样中断。其主要作用是对循环保存采样数据的存储区(称为采样数据缓冲区)进行地址分配,设置标志当前最新数据的动态地址指针,然后按规定的采样周期对控制循环采样的中断定时器赋初值并令其启动,开放采样中断。从此定时器开始每隔一个采样周期循环产生一次采样中断请求,由采样中断服务程序(后面介绍)响应中断,周而复始地运转。

由于保护功能的实现需要足够的数据(可理解为保护算法需要一定时宽的数据窗),不能马上进入保护功能的处理,在第 5 框暂时闭锁保护功能(实质上是通过设置闭锁保护的控制字,通知采样中断服务程序暂时不要执行启动元件、故障处理程序等相关功能)。第 6 框的作用则是等待一段时间使采样数据缓冲区获得足够的数据供计算使用。在具备足够的采样数据之后,进入第 7 框重新开放保护功能,此后主程序进入主循环。

主循环在数字保护正常运行过程中是一个无终循环,只有在复位操作和自检判定出错时才会中止。在主循环过程中,每当中断到来,当前任务被暂时中止,CPU 响应中断并转而执行中断服务;CPU 完成中断服务任务后又返回主循环,继续刚才被中断的任务。主循环利用中断服务的剩余时间来完成各种非严格定时的任务,如通信处理任务、人机对话处理、调试任务处理、故障报告处理以及运行自检等。需要指出的是,在主循环中需要逐一执行的各项任务往往都要求得到及时的服务,且各个任务既不能因执行时间过长而影响其他任务的执行,也不能出现内部死循环。为避免这种情况,主循环中任何一个任务当不满足上述要求时,需要作分时处理,在各任务间还需要处理好优先权问题。

在主循环中,第 8 框执行通信任务处理。需要指出,此处并不是指装置外部或装置内部其他部分进行信息发送和接收操作,而是为信息发送和接收进行数据准备,比如根据保护程序其他部分的数据发送请求而收集相关数据,按通信规约进行通信信息整理和打包,并将其置于数据发送缓冲区;又如对数据接收缓冲区的数据进行整理、分类和任务解释,并将其按任务类别交给相应的任务处理程序。至于通信的发送和接收数据的操作需要满足严格的通信速率(如串行通信的波特率)要求,并且应保证发送数据的及时性和接收数据的完整性(不丢失数据),即要求很强的实时性。因此通信的发送和接收操作一般需根据硬件系统的设计,或者置于中断程序中或者置于专用的通信硬件模块中。

第 9 框执行人机对话处理。关于人机对话处理,不同的硬件配置模式对应不同的处理方式。若采用具备独立 CPU 的专用上层管理插件,则通常上层管理插件与保护功能插件采用通信交换信息,并由上层管理插件的 CPU 负责人对话部件的控制,此处保护功能插件通过通信与管理插件 CPU 交换数据,那么第 9 框只需完成第 8 框交付的信息处理任务;若没有配置具备独立 CPU 的专用上层管理插件,此时需要由保护功能插件的 CPU 对人机对话部件进行管理,此时第 9 框程序应执行如扫描键盘及控制按钮、在 LCD 上显示数据等任务,同时对各种操作命令进行解释和分类,并按任务分别交给相应的任务处理程序执行。

第 10 框判别数字保护系统当前工作方式,即处于调试方式还是运行方式:若是调试方式,则在第 15 框先执行由第 8 框或第 9 框下达的调试功能任务;若是运行方式,以及在执行完毕调试任务后,进入第 11 框去执行后续任务。

调试功能是指数字保护装置特有的对控制参数进行给定、核对和对自身性能进行辅助测试、调整的功能。继电保护装置新安装或定期检修之后,需要进行项目繁多的调试工作,以保证保护装置的性能指标和状态符合技术要求,如各测量通道的校准、整定值的输入和修改、各项保护特性的测定、出口操作回路的传动检测、通信系统的测试以及保护装置各种辅助功能的调整等。对于模拟式保护装置,调试往往要借助于各种仪器仪表,并花费大量时间和人力;而数字式保护装置则通过智能化调试程序,可以高效可靠地完成调试工作。另外,现代数字式保护装置通常还预留了调试通信接口,通过与通用电脑接口,可实现视窗化、菜单化和图形化的高级调试、管理和分析功能。简单、便捷和丰富的调试功能是数字式保护装置深受现场技术人员喜爱的重要原因之一。调试功能虽然重要,但在处理某些调试任务过程中可能会影响保护运行安全,这些调试功能只能在数字式保护装置退出运行后才能执行。为此,数字式保护装置设计了两种基本工作方式:运行方式和调试方式,通过开关或键盘操作来进行工作方式的切换。

第 11 框为故障报告文件处理程序。电力系统发生故障或者数字式保护装置自身发生故障,数字式保护装置在完成处理任务之后,可自动生成、保存并通过通信网络向变电站计算机监控系统提交故障报告。故障报告对于系统事故的追忆和分析,以及对于保护装置自身动作正确性的评估有非常重要的作用,也是数字保护的优势之一。目前,对故障报告内容的要求越来越高。以电力系统事故为例,一份故障报告通常要求包括故障时刻、故障性质及原因、保护装置的动作行为及根据、计算结果、延时情况、使用的整定值、故障前后的采样数据(相当于故障录波)等完整信息。另外,甚至还要求提供附带时标的程序实际流程、中间计算结果、逻辑判别过程等对保护动作行为的细节描述以及故障诊断的结果(如故障定位等)等,以便使得整个事故过程和保护装置的处理过程一目了然。故障报告中的原始数据是在故障处理过程中由故障处理程序模块等来临时保存的,而故障报告的信息综合、文件生成和转储则由故障报告文件处理程序来完成。

最后,在第12框和第13框的执行远行自检功能。若自检判定保护装置出错,则告警并闭锁保护,然后等待人工复位;若自检通过则继续执行主循环程序。如前所述,在主循环中的运行自检主要是执行如保护程序的自检、整定值的自检、数据存储器(如RAM)自检、程序存储器(如EPROM)自检以及某些元件的自检等。这些自检任务由于处理量较大,需要通过分时和循环执行程序来完成。

至此完成了一次主循环的过程,返回到第8框,然后周而复始。

4.1.3　采样中断服务程序的流程

数字式保护装置的软件系统根据具体设计的不同,可能存在多个中断源,相应地有多个不同的中断服务程序,但其中必不可少的是采样中断服务程序。为简化说明,以下考虑一个较为简单的情形,即只有一个定时采样中断源,从而只有一个采样中断服务程序的情形来介绍。

采样中断服务程序的基本流程如图4.2所示。由图可见,采样中断服务程序并不只是进行周期性的数据采集(即采样和A/D变换),通常还需完成通信数据收发、运行自检、调试、启动检测及故障处理等任务。由于中断服务程序是由采样定时器周期性激活的,习惯上仍称为采样中断服务程序。

响应采样中断后的初始阶段和中断返回前的最末阶段通常必须进行保留现场和恢复现场的操作,必要时还需执行关闭中断和重新开放中断的操作,这些属于中断响应和服务的基本程序的内容,图中未标出。采样中断服务程序进入第1框执行数据采集处理,主要完成各通道模拟信号的采样和A/D变换,并将采集的数据按各通道和时间的先后顺序存入采样数据缓冲区,并标定指向最新采样数据的地址指针。还需注意,数据采集还包括对各路开关输入信号、脉冲信号、频率测量信号等的采集工作。

接下来第2框主要完成通信所要求的直接接收和发送数据的任务(参看主循环说明),当然,对于规定在中断服务中应做出响应的通信处理任务也必须迅速加以执行(如线路电流纵联差动保护对侧传来的通信数据)。采样中断的速率必须足够高,在满足采样率规定指标的同时,必要时还应兼顾与通信速率(如波特率)相匹配,满足不迟滞发送数据和不丢失接收数据的要求(若采样率不能够达到此要求,则需要另设更高速率的通信中断)。

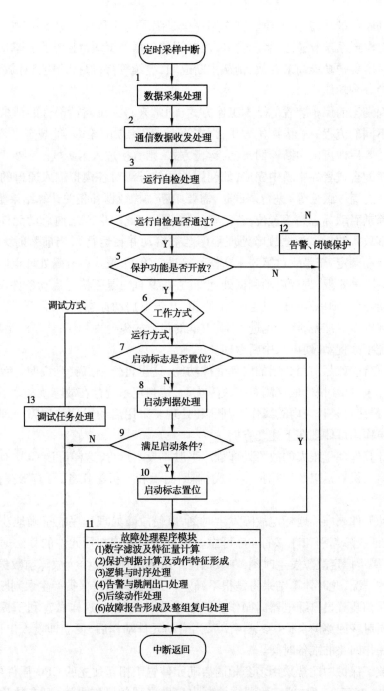

图 4.2　采样中断服务程序的基本流程图

　　第 3 框完成必须在中断服务中完成的运行自检任务,并在第 4 框进行判断:若运行自检没有通过将转向第 12 框进行装置故障告警、闭锁保护等处理,并置相关标志,然后直接从中断返回,等候人工处理;若自检通过则可以进入第 5 框。运行自检任务是指输入输出回路的自检、工作电源的自检等,往往需要当前数据且会立即影响保护后续功能的正确性(如输入通道和电源状态);或者不允许被中断打断(如输出回路),否则会引起不可预料的结果,甚至造成保护误动作,必须由中断服务程序完成。

253

第 5 框判断保护功能是否开放,其作用完全是为了与主程序中第 5 ~ 7 框任务相配合,即在保护装置上电或系统复位之后需等待一段时间使采样数据缓冲区获得足够的数据供保护功能计算使用。若保护功能尚未开放,则从中断返回,继续等待;保护功能已开放,则进入第 6 框开始执行保护处理功能。

第 6 框判别当前保护装置的基本工作方式(通常来自人机对话部件的请求),根据当前工作方式执行不同的流程。若为调试方式,则在第 13 框完成由调试功能规定必须在中断服务中执行的处理任务后即可从中断返回;若为运行方式,则直接进入第 7 框。不少调试功能是需要中断服务程序配合或者在中断中完成,如利用外加信号源对各模拟输入通道的标度(幅值、相位准确性和各通道一致性等)进行调试时,需要中断采样数据和相关计算结果给予配合。

第 7 框判别启动标志是否置位,若已置位则说明在此次中断之前启动元件已经检测到了可能的系统事故扰动(第 11 框故障处理程序已被启动并在运行),当前暂时无须再计算启动判据和进行启动判定,于是跳过第 8—10 框直接进入第 11 框执行故障处理程序。若启动标志未被置位则进入第 8 框,进行启动判据处理,并在第 9 框对是否满足启动条件作出判断。若判断为满足启动条件,则标定故障发生时刻,在第 10 框对启动标志置位,为下一次响应采样中断后第 7 框的判别作好准备,接着也进入第 11 框的执行故障处理程序;若不满足启动条件,表明当前没有系统事故扰动,便可从中断返回。

第 8 框执行的就是前面介绍的启动元件功能,这里再作一点补充说明。数字保护中通常采用启动元件来灵敏、快速地探测系统故障扰动,待判定系统存在故障扰动之后才进入故障处理程序模块,最终对是否区内故障作出判断和处理。采用启动元件和故障处理程序相配合这种结构的主要作用可体现在下述几方面。

①由于计算处理量很大的故障处理程序平时不投入运行,这样可让 CPU 有时间来处理诸如自检、通信、人机对话以及故障报告形成、辅助测量和分析等任务,可有效提高 CPU 的运行效率。

②由启动元件来准确地标定故障发生时刻,以使故障处理程序能正确地获取故障发生前后的数据,保证故障判别和计算的准确可靠。这是因为故障判别元件的算法通常都需要较长的数据窗,如果不标定故障发生时刻,在数据窗中可能出现一部分为故障前数据而另一部分为故障后数据的情况,此时计算结果将是很不确定,可能引起某些保护产生误判断。

③数字保护装置出口继电器的操作电源平时是不投入的,这样做有利于提高出口回路的可靠性和实现对该回路的自检(参见前文),当启动元件动作后,便立即投入出口继电器电源,可加快出口操作回路的准备时间。

④现代数字保护中还常采用多套相同启动元件置于相互独立的 CPU 插件中,通过多启动元件"与"逻辑,甚至"三取二"表决器来控制出口继电器的操作电源,可有效防止硬件故障所引起的保护误动作。

第 11 框为故障处理程序模块,是完成保护功能,形成保护动作特性的核心部分。如图 4.2 所示,第 11 框说明抛开了具体保护内容,简要列举了故障处理程序模块的基本功能和处理步骤,主要包括:

①数字滤波及特征量计算。

②保护判据计算及动作特性形成。

③逻辑与时序处理。

④告警与跳闸出口处理。

⑤后续动作处理,如重合闸及启动断路器失灵保护等。

⑥故障报告形成及整组复归处理。

在4.2小节,将以线路距离保护为例对故障处理程序模块作进一步说明。

由于相对于正常运行时间而言故障处理时间很短,在故障处理时,只保留采样中断服务程序中的数据采集与保存、通信数据收发、运行自检等必须按严格定时完成的以及必须及时响应的任务外,其他中断服务任务(如启动元件)和主循环中的大部分任务将会自动地暂时中止,留待故障处理完毕后再恢复正常执行,这就要求编制相关的程序模块来适应这一要求。

另外,在故障处理程序模块的执行过程中,有些任务不能在一次采样中断服务周期(即采样周期 T_S 中完成。常见的此类情况有:

①数据窗等待问题:各种算法都有一定时宽的数据窗,即需要等待多点采样数据逐步都到达后才能最终完成计算。

②信号滞后等待问题:如纵联保护远方信号需要传输时间等,在信号正确到达之前,故障处理程序必须等待。

③动作延时等待问题:如后备保护通常需要较长的延时,CPU 在此期间需保持重复计算和故障判断,并在出现不满足判据时执行整组复归操作,只有一直满足判据并到达规定时延时,才能发出告警或跳闸。

④计算处理超时问题:因计算处理量太大而在一个采样中断服务周期中无法完成。

前3种情况有共同之处,即无论 CPU 的处理能力有多强,都必须等待完整信息或规定时延的到达。而第④种情况主要受限于 CPU 的处理能力。为了解决好上述问题,在编制采样中断服务程序(尤其是故障处理程序)时需要严格遵循两点基本要求,如下所述。

①在当前中断服务中还不完全具备完成该任务条件,不允许在中断服务中等待,在处理完当前可以执行的部分任务后,应立即转至下一个具备处理条件的任务或从中断返回,未完成的处理任务留待下一次中断服务时再进行判断和处理。这是针对非 CPU 能力而出现的延时等待的对策。

②与 CPU 处理能力相关的对策问题。在设计每次中断服务任务时不允许超过在一次中断服务限定时间内 CPU 的处理能力,或者说应选用足够能力的 CPU 保证能在一次中断服务限定时间内完成全部计算处理任务并留有裕度(这是目前可以做到并且推荐的做法),以避免中断程序走死或不可预计的中断嵌套;当受限于 CPU 的能力在一次中断服务限定时间内无法完成规定的故障处理任务时,故障处理程序模块则需要采用分时分步处理的方法。

在目前实用的保护装置中,对故障处理程序模块还有其他的处理方法,如一次中断嵌套法和中断返回转移法等,也可解决延时等待和计算超时问题,读者可参阅其他参考文献。

完成第11框任务后执行中断返回,便结束了此次采样中断服务,CPU 从中断返回至被打断的主循环程序执行,并等待下一次采样中断的到来,周而复始。

4.2　距离保护的软件流程

输电线路距离保护是一种很有代表性的保护,其基本实现方法对很多其他保护有借鉴作用,本节以距离保护为例来介绍故障处理程序流程,实际的输电线路保护装置见本篇第 5 章。距离保护故障处理程序简略流程如图 4.3 所示。

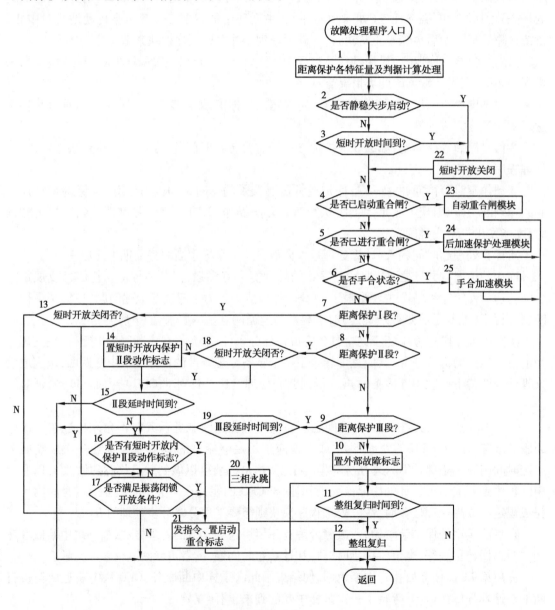

图 4.3　输出线路距离保护故障处理程序简略流程图

实用的输电线路距离保护故障处理程序,除了能正确处理一般区内外简单故障外,还需要兼顾很多在线路实际内外部故障过程中的复杂过程和配合问题,如故障发展(指同一地点短路故障类型的改变,如单相接地故障发展成两相短路接地故障等)、故障地点转移(指在很短时间内在线路不同地点相继发生短路故障,如先发生区外故障进而又发生区内故障等)、系统振荡过程中又发生区内外故障(如需要考虑振荡闭锁及其再次开放保护)、不同主接线时自动重合闸的配置与配合(如 2/3 断路器主接线或双母线主接线时的不同处理以及综合重合闸等问题)、断路器失灵保护的启动与配合、线路弱馈端保护特殊处理问题等,使得故障处理程序的逻辑及时序配合非常复杂。这些对于初学者而言不是一下就能理解和接受的。因此,如图4.3 所示的距离保护故障处理程序流程中省略了上述复杂处理逻辑,也省略了诸如 TV 断线检测、故障报告信息存储等辅助功能,而对于诸如重合闸、重合于永久故障加速保护动作、合闸于故障加速保护动作等辅助功能也进行了简化处理。这样做的目的是使读者能更好地理解和掌握距离保护的故障处理程序的主要特点和基本过程。

为了便于理解程序,读者首先还应当明确,完整的距离保护是由很多个不同功能的元件组成的,主要包括启动元件、故障类型及故障相判别元件(即选相元件)、距离元件、振荡闭锁及故障再开放元件等基本元件,以及自动重合闸、重合于故障加速保护、手合于故障加速保护、TV 及 TA 断线闭锁等辅助元件。结合本篇前述章节介绍的各种算法,如数字滤波、基本特征量算法 [如电压、电流相量及阻抗算法、启动判据算法、相位(或幅值)比较判据算法]等,就可实现距离保护各元件的功能,然后再通过逻辑和时序处理来形成距离保护的整组功能。

以下首先假定主 CPU 具有足够的处理能力在一次中断服务中完成当前赋予的全部故障处理任务,无计算处理超时问题,然后按图4.3 所示介绍距离保护故障处理程序流程,并结合流程进一步说明上述各个元件的功能及其相互配合关系。

进入故障处理程序模块后,在第 1 框进行距离保护动作判据的计算和处理,是距离保护故障处理的核心之一,包括基本特征量的计算、故障类型及故障相判别、动作方程的计算处理及动作特性形成以及对保护区内外故障作出判断。另外,诸如振荡闭锁及故障再开放条件、重合闸条件、重合闸后加速保护条件以及合闸于故障加速保护动作条件等辅助判据也需要在第 1框内计算完毕。第 1 框计算和处理完成后,将所有这些结果交给后续逻辑和时序处理程序段。实际上,如图4.3 所示的距离保护的故障处理程序流程主要是对逻辑和时序处理过程的描述。

继电保护功能是经启动元件进入故障处理程序模块来实现。如图4.3 所示高压输电线路距离保护的启动元件通常由相电流差突变量启动元件、零序电流稳态量启动元件和静稳失步启动元件构成。若前两个启动元件有任何一个动作,则判为线路上发生了短路故障;若前两个启动元件均未动作而静稳失步启动元件动作,则判为系统发生静稳失步。启动元件对引起启动的判据进行了标记,故障处理程序将按此标记正确引导程序执行对应的功能。

进入逻辑和时序处理程序段后,首先在第 2 框判别是否静稳失步启动:若是,表明系统发生了静稳破坏事故,则进入第 22 框关闭短时开放保护功能,从而使距离保护可立即并在下一次进入采样中断服务时可直接进行振荡闭锁的处理(参见下文说明);若不是静稳失步启动,意味着保护是由短路故障启动判据启动的,表明线路上已发生了短路故障,则进入第 3 框。第 3 框检查是否达到了短时开放时间:若未达到,表明可直接进行短路性质和区域的判别;若已达到短时开放时间(短时开放时间是指一般从短路故障启动开始算起,规定不小于距离保护Ⅰ段动作时间加上断路器跳闸时间,此间采样中断服务程序以及故障处理程序已循环执行了多次,要么短路不在距离保护Ⅰ段范围内,要么短路在距离保护Ⅰ段范围内已引起跳闸,进入了重合闸等后续过程),表明系统随后可能将要出现由内外部短路引起的系统振荡,为防止系统振荡引起距离保护后续处理的误判断(误动),也需要进入第22框关闭短时开放保护功能,使距离保护进入振荡闭锁的处理。

为了便于理解上述做法和后续程序流程,需要先说明振荡闭锁及其故障再开放问题。根据前面相关章节的学习已知,在系统振荡过程中距离保护的第Ⅲ段会误动作,必须实行振荡闭锁;在振荡闭锁期间若系统再次发生故障(包括故障发展和故障转移),保护应能正确处理,尤其对于区内故障,保护不能拒动。因此,振荡闭锁不是简单闭锁,在检测到满足某些条件时还应适时重新使振荡闭锁开放(这些条件则称为振荡闭锁开放条件)。实际上振荡过程中距离保护的应对措施是非常重要的,也是十分复杂的,本书前面相关章节已讨论过这个问题,这里从故障处理程序的角度再作一点概括。系统振荡可分为静稳破坏引起的失步振荡和故障引起的振荡(其中又可分为故障引起的同步摇摆性振荡和动稳破坏引起的失步振荡),前者由静稳失步启动元件启动,后者由突变量或稳态量启动元件启动。目前在距离保护中振荡闭锁的基本流程可作如下简单概括:当由突变量启动元件或稳态量启动元件判定为短路故障启动而进入故障处理程序模块后,可直接执行距离保护动作判据的计算和处理,但此过程只短时开放一段时间(约150 ms),在此期间允许在单独满足保护动作判据时(含延时)出口跳闸,短时开放时间到达后无论先前判为内部或外部故障均进入振荡闭锁模块。而当由静稳失步启动元件判定而进入故障处理程序模块后,则直接进入振荡闭锁模块。进入振荡闭锁模块后到整组复归之前,距离保护的行为一直受到振荡闭锁逻辑控制,此间必须同时满足振荡闭锁开放条件和距离元件动作判据(含延时),才允许出口跳闸。可见,振荡闭锁处理过程是振荡闭锁控制逻辑、振荡闭锁开放条件、启动元件、距离元件相互配合的结果。

另外,还需要对保护系统整组复归作些说明。所谓整组复归是指保护软件进行完毕一次完整的事故处理之后,清除所有临时标志、收回各种操作命令、形成事故报告的过程,然后保护装置自动返回到事故发生前的状态,为下一次保护动作作好准备。距离保护的整组复归时间通常为数 s,因为需要考虑从故障发生至保护(包括其他相关线路的保护)的各项操作完成的时间,此间需要完成初期故障判定、故障切除、重合闸、故障发展和故障转移处理以及各段保护延时等全部过程。在一般情况下,当保护动作判据持续判断为Ⅲ段以外且到达整组复归时间时,故障处理程序才对保护整组复归标志置位,进行整组复归操作。

然后,故障处理程序在第4框判别是否已启动重合闸(根据重合闸启动标志判断,它由先前循环中断服务中故障处理程序设置):若否,则进入第5框继续后面的其他流程;若是,说明在此之前已进行了跳闸并启动了重合闸操作,则进入第23框的重合闸流程。在图4.3中,重合闸处理流程简化为一个自动重合闸模块,这里再作一点补充说明。重合闸过程启动之后,先判断是否到达重合闸延时(该延时应可整定,是用来保证故障切除后故障点去游离和恢复绝缘的时间):若未到重合闸延时,则从中断返回等待;若到达重合闸延时,则判断是否满足重合条件。归纳本书前面章节的内容,重合条件主要包括以下几个方面:

①保护装置投运时在控制字或当前压板设置的是否允许重合闸。

②当前断路器的状态是否允许重合闸(如断路器的绝缘介质状态、内部压力等因素,通常由读取相应输入开关量状态确定)。

③根据重合闸检测方式(包括单相重合闸、三相重合闸或综合重合闸以及检无压、检同期还是无条件重合闸等)经检测后确定如何或是否进行重合闸。

若经判断前两个重合条件不满足,则不再进行重合操作,进一步判断早先保护已经执行的跳闸是否为单相跳闸,若是则应执行所谓沟通三跳(即补发三跳指令跳开其余的两相,这样可避免系统长期处于非全相运行状态),然后置整组复归标志、完成整组复归操作并从中断返回;若经判断前两个重合条件满足,则进一步检测第三个条件,待满足条件后(条件满足前中断返回,等候下次中断),按规定的重合方式执行重合闸操作并置重合闸标志(作为下阶段重合闸后加速保护的投入标志,见后面说明),最后还需经过等待整组复归时间的判定后从中断返回。

接下来,故障处理程序在第 5 框判别是否已进行重合闸(根据重合闸动作标志判定,由先前循环中断服务中故障处理程序设置):若否,进入第 6 框继续后面的流程;若是,说明在此之前已进行了重合闸操作,则进入第 24 框执行重合闸后加速保护流程。在图 4.3 中,重合闸后加速保护流程简化为一个后加速保护处理模块,这里再作一点补充说明。如前面章节介绍的那样,目前我国在超高压输电线路上普遍采用一次重合闸,即第一次重合闸后,若再次检测到区内故障(包括第Ⅰ、Ⅱ、Ⅲ段保护范围内的故障),即认为永久性故障,规定应立即三相加速跳闸,并不允许再次重合闸,称为加速永跳三相。在此之后即直接进入整组复归过程。若经判断不满足任何一段保护动作条件,则表明重合成功,然后需经过等待整组复归时间的判定后从中断返回。

故障处理程序接下来由第 6 框和第 25 框进行手动合闸于故障的处理。在手动合闸操作中检测到的故障,最大可能是合闸前存在的故障或者因线路突然升压引起的绝缘损坏,可判定为永久性故障,因此规定无论故障发生在哪一段,均应不经重合闸加速永跳三相。第 6 框判别是否手动合闸状态(通常通过手动操作的按钮或合闸开关的触点状态来反映):若是,则进入第 25 框的手动合闸加速模块,在加速模块中若满足手合于故障的条件,则出口永跳三相;若不是手动合闸状态,则进入正常按三段延时故障处理的逻辑和时序过程。

接下来,故障处理程序在第 7 框判别故障地点是否处在距离保护Ⅰ段保护区内:若不在Ⅰ段区内,则先设定Ⅰ段区外标志,然后转到第 8 框进行保护Ⅱ段区内判断;若在Ⅰ段区内,则进入第 13 框。第 13 框进行短时开放是否关闭的判断:若未关闭,表明当前仍在短时开放时间内,可进入第 21 框,距离保护Ⅰ段动作,发出跳闸令并置启动重合闸标志,然后转向整组复归的时间判定和处理;若短时开放已关闭,表明是在进入振荡闭锁后才判断为距离保护Ⅰ段保护区内,可能是因振荡引起的错误判断,因此转入第 17 框。第 17 框判断是否满足振荡闭锁开放条件:若满足,表明(在振荡过程中)的确发生了距离保护Ⅰ段保护区内故障,保护可进入第 21 框动作跳闸,接下来的流程与前文所述相同;若不满足振荡闭锁开放条件,则不允许跳闸,程序从中断返回,等待下一次中断再作判断和处理。

第 8 框判别故障地点是否处在距离保护Ⅱ段保护区内:若不在Ⅱ段区内,则先设定Ⅱ段区外标志并将Ⅱ段定时器清零,然后转到第 9 框进行保护Ⅲ段;若在Ⅱ段区内,则进入第 18 框。第 18 框进行短时开放是否关闭的判断:若未关闭,表明当前仍在短时开放时间内(即在进入振荡闭锁前就已判为Ⅱ段区内故障),则进入第 14 框设置"短时开放内保护Ⅱ段动作"标志(即对这种状态给以记忆),然后转向保护Ⅱ段延时处理;若短时开放已关闭,表明在进入振荡闭锁后才判为Ⅱ段区内故障,直接转向保护Ⅱ段延时处理。第 15 框判断是否达到保护Ⅱ段延时时间:若未到达延时,则需继续等待,程序从中断返回,等待下一次中断再作判断和处理;若已到达延时时间,则进入第 16 框。第 16 框检查是否已设置了"短时开放内保护Ⅱ段动作"标志:若未设置,则在出口跳闸前必须进入第 17 框检查是否满足振荡闭锁开放条件,以下的处理过程与距离保护Ⅰ段类似;若已设置"短时开放内保护Ⅱ段动作"标志,则无须检查振荡闭锁开放条件,直接进入第21框动作跳闸,接下来流程与距离保护Ⅰ段相同。

第9框判别故障地点是否处在距离保护Ⅲ段保护区内:若不在Ⅲ段保护区内,表明故障位于Ⅲ段以外(外部故障),则先将Ⅲ段定时器清零,并在第10框置外部故障标志,然后进行等待整组复归处理;若在Ⅲ段保护区内,则进入延时处理。第19框判断是否达到保护Ⅲ段延时时间:若未到达延时,则需继续等待,程序从中断返回,等待下一次中断再作判断和处理;若已到达延时时间,则直接进入第20框,由于距离保护Ⅲ段无须经振荡闭锁,且动作后不要求进行重合闸,因此可直接发三相永跳令,然后转向整组复归处理。

以上是图4.3所示的距离保护故障处理程序流程的完整说明,读者需要仔细阅读并结合本书前面相关章节的内容才能很好地理解。

第**5**章

※超高压输电线路保护装置

适用于 220 kV 及以上电压等级高压输电线路的 PCS-931 型数字式保护装置,是一种典型的微机保护装置,其主保护为以分相电流差动和零序电流差动为主体的快速保护,后备保护则由反映工频变化量的快速Ⅰ段保护、三段式相间和接地距离保护以及 2 个零序方向过流构成。以下对该装置的技术参数、技术指标、软件工作原理以及硬件构成逐一进行介绍。

5.1 概 述

5.1.1 应用范围

本装置是由微机实现的数字式超高压线路成套快速保护装置,支持电子式互感器和常规互感器,支持电力行业通信标准 DL/T 667—1999(IEC60870-5-103)和新一代变电站通信标准 IEC61850,支持 GOOSE 功能,可用作 220 kV 及以上电压等级输电线路的主保护及后备保护。

5.1.2 保护配置

主保护是分相电流差动和零序电流差动为主体的快速保护,后备保护则由反映工频变化量的快速Ⅰ段保护、三段式相间和接地距离保护以及 2 个零序方向过流构成。装置有分相出口,配有自动重合闸功能,对单或双母线接线的开关实现单相重合、三相重合和综合重合闸。

5.1.3 特点

①采用 32 位高性能的 CPU 和 DSP、内部高速总线、智能 I/O。
②硬件和软件均采用模块化设计,具有通用、易于扩展、易于维护的特点。
③具有双重化的采样回路和完全独立的启动和保护 DSP,可以有效保证装置动作的可靠性。
④保护动作速度快,线路近处故障跳闸时间短于 10 ms,线路中间故障跳闸时间短于 15 ms,线路远处故障跳闸时间短于 25 ms。
⑤设有分相电流差动和零序电流差动继电器全线速跳功能。

⑥对暂态和稳态电容电流进行补偿,提高了差动保护的灵敏度。

⑦适应线路两侧电子式互感器和电磁式互感器的混合使用,有效补偿由于两侧采样延时不同造成的角差。

⑧更加完善的同步处理,对侧电流、差动电流、补偿后差动电流在线显示。

⑨通道状态自动检测,通道故障时自动记录当时通道状况,每个通道均有详细的通道状态量显示。通道故障自动闭锁差动保护。

⑩反映工频变化量的测量元件采用了具有自适应能力的浮动门槛,对系统不平衡和干扰具有极强的预防能力。

⑪具有先进可靠的振荡闭锁功能,保证距离保护在系统振荡加区外故障时能可靠闭锁,而在振荡加区内故障时能可靠切除故障。

⑫具有灵活的自动重合闸方式。

⑬装置具有友好的人机界面,采用 320×240 点阵液晶显示屏,可以通过整定选择中文或英文显示。

⑭具有完善的事件报文处理,可保存最新 256 次动作报告,64 次故障录波报告。

⑮具有与 COMTRADE 兼容的故障录波。

⑯具有灵活的通信方式,配有 2 个独立的以太网接口和 2 个独立的 RS - 485 通信接口。支持电力行业通信标准 DL/T 667—1999(IEC60870-5—103)和新一代变电站通信标准 IEC61850,支持 GOOSE 功能。

⑰采用整体面板、全封闭机箱,强弱电严格分开,取消传统背板配线方式,装置的抗干扰能力大大提高,达到了电磁兼容各项标准的最高等级。

5.2 技术参数及技术指标

5.2.1 技术参数

(1)机械及环境参数

①机箱结构尺寸: $482 \text{ mm} \times 177 \text{ mm} \times 291 \text{ mm}$;嵌入式安装。

②正常工作温度:0 ~ 40 ℃。

③极限工作温度: - 10 ~ 50 ℃。

④贮存及运输: - 25 ~ 70 ℃。

(2)额定电气参数

①直流电源:220 V 或 110 V;允许偏差: + 15% , - 20% 。

②交流电压: $100/\sqrt{3}$ V(额定电压 U_n)。

③交流电流:5 A 或 1 A(额定电流 I_n)。

④频率:50 Hz/60 Hz。

⑤过载能力。

a. 电流回路:2 倍 I_n,连续工作;10 倍 I_n,允许 10 s;40 倍 I_n,允许 1 s。

b. 电压回路:1.5 倍 U_n,连续工作。

⑥功耗。

- 交流电流：< 1 VA/相$(I_n = 5$ A$)$；< 0.5 VA/相$(I_n = 1$ A$)$。
- 交流电压：< 0.5 VA/相。
- 直流：正常时小于 35 W；跳闸时 < 50 W。

5.2.2　主要技术指标

(1)整组动作时间

①工频变化量距离元件：近处 3 ~ 10 ms；末端 < 20 ms。

②差动保护全线路跳闸时间：短于 25 ms(差流大于 4 倍差动电流启动值)。

③距离保护 I 段：≈ 20 ms。

(2)启动元件

①电流变化量启动元件，整定范围 $0.1I_n$ ~ $0.5I_n$。

②零序过流启动元件，整定范围 $0.1I_n$ ~ $0.5I_n$。

(3)工频变化量距离

①动作速度：< 10 ms$(\Delta U_{OP} > 2U_Z$ 时$)$。

②整定范围：0.1 ~ 7.5 $\Omega(I_n = 5$ A$)$；0.5 ~ 37.5 $\Omega(I_n = 1$ A$)$。

(4)距离保护

①整定范围：0.01 ~ 25 $\Omega(I_n = 5$ A$)$；0.05 ~ 125 $\Omega(I_n = 1$ A$)$。

②距离元件定值误差：$< 5\%$。

③精确工作电压：< 0.25 V。

④最小精确工作电流：0.1 I_n。

⑤最大精确工作电流：30 I_n。

⑥Ⅱ、Ⅲ段跳闸时间：0 ~ 10 s。

(5)零序过流保护

①整定范围：0.1 I_n ~ 20 I_n。

②零序过流元件定值误差：$< 5\%$ 。

③后备段零序跳闸延迟时间：0 ~ 10 s。

(6)暂态超越

快速保护均不大于 2%。

(7)测距部分

①单端电源多相故障时允许误差：$< \pm 2.5\%$。

②单相故障有较大过渡电阻时测距误差将增大。

(8)自动重合闸

检同期元件角度误差：$< \pm 3°$。

(9)电磁兼容

①电压渐变抗扰度：　　　　　　IEC 61000-4-29　　　+20% ~ -20%

②电压暂降和短时中断抗扰度：　IEC 61000-4-29　　　50% ×0.2s　100% ×0.05 s

③浪涌(冲击)抗扰度：　　　　　IEC 61000-4-5(GB/T 17626.5)　　4 级

④电快速瞬变脉冲群抗扰度： IEC 61000-4-4（GB/T 17626.4） 4 级

⑤振荡波抗扰度： IEC 61000-4-12（GB/T 17626.12） 3 级

⑥静电放电抗扰度： IEC 61000-4-2（GB/T 17626.2） 2 级

⑦工频磁场抗扰度： IEC 61000-4-8（GB/T 17626.8） 5 级

⑧脉冲磁场抗扰度： IEC 61000-4-9（GB/T 17626.9） 5 级

⑨阻尼振荡磁场抗扰度： IEC 61000-4-10（GB/T 17626.10） 5 级

⑩射频电磁辐射抗扰度： IEC 61000-4-3（GB/T 17626.3） 3 级

⑪无线电干扰水平： 在 160 kV 下无线电干扰电压小于 2 500 μV

(10)输出接点容量

①信号接点容量。

a. 允许长期通过电流 8 A。

b. 切断电流 0.3 A（DC 220 V，L/R 40 ms）。

②其他辅助继电器接点容量。

a. 允许长期通过电流 5 A。

b. 切断电流 0.2 A（DC 220 V，L/R 40 ms）。

③跳闸出口接点容量。

a. 允许长期通过电流 8 A。

b. 切断电流 0.3 A（DC 220 V，L/R 40 ms），不带电流保持。

(11)通信接口

①2 个独立的 RS-485 通信接口（双绞线接口）及 2 个独立的以太网接口，支持电力行业通信标准 DL/T 667-1999（IEC 60870-5-103）和新一代变电站通信标准 IEC 61850；支持 GOOSE 功能。

②一个用于 GPS 对时的 RS-485 双绞线接口。

③一个打印接口，RS-232 方式，通信速率可整定。

④一个用于调试的 RS-232 接口（前面板）。

(12)光纤接口

①可通过专用光纤或经复用通道，与对侧交换信号，光接头采用 FC/PC 型式。参数如下：

a. 光纤类型： 单模 CCITT，Rec. G652。

b. 波长： 1310 nm。

c. 发信功率： −12.0 ± 2.0 dBm。

d. 接收灵敏度： < −40 dBm。

e. 传输距离： <50 km。

f. 光过载点： > −8 dBm。

②当采用专用光纤通道传输时，在传输距离大于 50 km，接收功率裕度不够时，需配用 1 550 nm 激光器件。当采用复用通道传输时，装置发送功率为出厂时的默认功率，采用通信设备复接时：

a. 信道类型： 数字光纤或数字微波（可多次转接）。

b. 接口标准： 2 048 Kbit/s E1 接口。

③保护对通道的要求：

a. 时延要求：　单向传输时延 < 15 ms。

b. 通道要求：　必须保证保护装置的收发路由时延一致。

5.3　软件工作原理

5.3.1　保护程序结构

保护程序结构框图如图 5.1 所示。

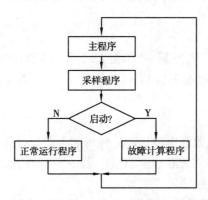

图 5.1　保护程序结构框图

主程序按固定采样周期接受采样中断进入采样程序,在采样程序中进行模拟量采集与滤波、开关量的采集、装置硬件自检、交流电流断线和启动判据的计算,根据是否满足启动条件而进入正常运行程序或故障计算程序。硬件的自检内容包括 RAM、EEPROM、跳闸出口三极管等。

正常运行程序中进行采样值自动零漂调整以及运行状态检查。运行状态检查包括交流电压断线、检查开关位置状态、变化量制动电压形成、重合闸充电、通道检查、准备手合判别等。不正常时发送告警信号,信号分两种,一种是运行异常告警,这时不闭锁装置,提醒运行人员进行相应处理;另一种为闭锁告警信号,告警同时将装置闭锁,保护退出。

故障计算程序中进行各种保护算法计算,跳闸逻辑判断以及事件报告、故障报告及波形整理。

5.3.2　装置启动元件

启动元件的主体以反映相间工频变化量的过流继电器实现,同时又配以反映全电流的零序过流继电器互相补充。为提高装置的安全性,反映工频变化量的启动元件采用浮动门槛,正常运行及系统振荡时变化量的不平衡输出均自动构成自适应式的门槛,浮动门槛始终略高于不平衡输出。在正常运行时由于不平衡分量很小,而装置有很高的灵敏度;当系统振荡时,自动降低灵敏度,不需要设置专门的振荡闭锁回路,从而使得启动元件灵敏度高而又不会频繁启动,测量元件不会误测量。

（1）电流变化量启动

$$\Delta I_{\Phi\Phi MAX} > 1.25\Delta I_{T} + \Delta I_{ZD} \tag{5.1}$$

式中　$\Delta I_{\Phi\Phi MAX}$——相间电流的半波积分的最大值；

　　　ΔI_{ZD}——可整定的固定门槛；

　　　ΔI_{T}——浮动门槛，随着变化量的变化而自动调整，取1.25倍可保证门槛始终略高于不平衡输出。

该元件动作并展宽7 s，再开放出口继电器正电源。

（2）零序过流元件启动

当外接和自产零序电流均大于整定值时，零序启动元件动作并展宽7 s，再开放出口继电器正电源。

（3）位置不对应启动

该启动由用户选择投入。若控制字"单相TWJ启动重合闸"或"三相TWJ启动重合闸"整定为"1"，在重合闸充电完成情况下，如有开关偷跳，则总启动元件动作并展宽15 s，再开放出口继电器正电源。

（4）纵联差动或远跳启动

发生区内三相故障，弱电源侧电流启动元件可能不动作，此时若收到对侧的差动保护允许信号，则判别差动继电器动作相关相、相间电压，若小于65%额定电压，则辅助电压启动元件动作，再开放出口继电器正电源7 s。

当本侧收到对侧远跳信号且定值中"远跳受本侧启动控制"置"0"时，再开放出口继电器正电源7 s。

5.3.3　工频变化量距离继电器

电力系统发生短路故障时，其短路电流、电压可分解为故障前负荷状态的电流电压分量和故障分量，反映工频变化量的继电器只考虑故障分量，不受负荷状态的影响。

工频变化量距离继电器测量工作电压的工频变化量的幅值，其动作方程为：

$$|\Delta U_{OP}| > U_{Z} \tag{5.2}$$

对相间故障：

$$U_{OP\Phi\Phi} = U_{\Phi\Phi} - I_{\Phi\Phi} \times Z_{ZD} \tag{5.3}$$

对接地故障：

$$U_{OP\Phi} = U_{\Phi} - (I_{\Phi} + K \times 3I_0) \times Z_{ZD} \tag{5.4}$$

式中　$\Phi = A, B, C; \Phi\Phi = AB, BC, CA;$

　　　Z_{ZD}——整定阻抗，一般取0.8~0.85倍线路阻抗；

　　　U_{Z}——动作门槛，取故障前工作电压的记忆量。

正、反方向故障时，工频变化量距离继电器动作特性如图5.2所示。

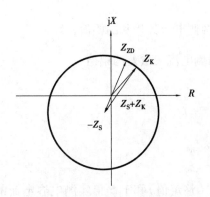

图 5.2　正方向短路动作特性

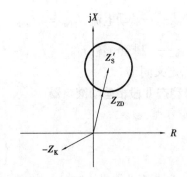

图 5.3　反方向短路动作特性

正方向故障时,测量阻抗 $-Z_K$ 在阻抗复数平面上的动作特性是以矢量 $-Z_S$ 为圆心,以 $|Z_S + Z_{ZD}|$ 为半径的圆。如图 5.2 所示,当 Z_K 矢量末端落于圆内时动作,可见这种阻抗继电器有大的允许过渡电阻能力。当过渡电阻受对侧电源助增时,由于 ΔI_N 一般与 ΔI 是同相位,过渡电阻上的压降始终与 ΔI 同相位,过渡电阻始终呈电阻性,与 R 轴平行,不存在由于对侧电流助增所引起的超越问题。

对反方向短路,如图 5.3 所示,测量阻抗 $-Z_K$ 在阻抗复数平面上的动作特性是以矢量 Z'_S 为圆心,以 $|Z'_S - Z_{ZD}|$ 为半径的圆,动作圆在第一象限。因为 $-Z_K$ 总是在第三象限,所以阻抗元件有明确的方向性。

5.3.4　电流差动继电器

电流差动继电器由变化量相差动继电器、稳态相差动继电器、零序差动继电器和差动联跳继电器 4 个部分组成。

（1）变化量相差动继电器
动作方程:

$$\begin{cases} \Delta I_{CD\Phi} > 0.75 \times \Delta I_{R\Phi} \\ \Delta I_{CD\Phi} > I_H \end{cases} \tag{5.5}$$

式中　$\Delta I_{CD\Phi}$——工频变化量差动电流,$\Delta I_{CD\Phi} = |\Delta \dot{I}_{M\Phi} + \Delta \dot{I}_{N\Phi}|$ 即为两侧电流变化量矢量和的幅值;

　　　　$\Delta I_{R\Phi}$——工频变化量制动电流,$\Delta I_{R\Phi} = \Delta I_{M\Phi} + \Delta I_{N\Phi}$ 即为两侧电流变化量的标量和。

I_H 由是否采取电容电流补偿决定,而实测电容电流由正常运行时未经补偿的差动电流获得。当电容电流补偿投入时,I_H 为"1.5 倍差动电流定值"(整定值)和 4 倍实测电容电流的大值;当电容电流补偿不投入时,I_H 为"1.5 倍差动电流定值"(整定值)、4 倍实测电容电流和 $\dfrac{1.5 U_N}{X_{C1}}$ 的大值。

（2）稳态 I 段相差动继电器
动作方程:

$$\begin{cases} I_{CD\Phi} > 0.6 \times I_{R\Phi} \\ I_{CD\Phi} > I_H \end{cases} \tag{5.6}$$

式中　$I_{CD\Phi}$——差动电流，$I_{CD\Phi} = |\dot{I}_{M\Phi} + \dot{I}_{N\Phi}|$ 即为两侧电流矢量和的幅值；

$\qquad I_{R\Phi}$——制动电流；$I_{R\Phi} = |\dot{I}_{M\Phi} - \dot{I}_{N\Phi}|$ 即为两侧电流矢量差的幅值；

$\qquad I_H$ 定义同上。

(3)稳态Ⅱ段相差动继电器

动作方程：

$$\begin{cases} I_{CD\Phi} > 0.6 \times I_{R\Phi} \\ I_{CD\Phi} > I_M \end{cases} \tag{5.7}$$

当电容电流补偿投入时，I_M 为"差动电流定值"（整定值）和 1.5 倍实测电容电流的大值；

当电容电流补偿不投入时，I_M 为"差动电流定值"（整定值）、1.5 倍实测电容电流和 $\dfrac{1.25U_N}{X_{C1}}$ 的大值。

$I_{CD\Phi}$、$I_{R\Phi}$ 定义同上。

稳态Ⅱ段相差动继电器经 25 ms 延时动作。

(4)零序差动继电器

对于经高过渡电阻接地故障，采用零序差动继电器具有较高的灵敏度，由零序差动继电器，通过低比率制动系数的稳态差动元件选相，构成零序差动继电器，经 40 ms 延时动作。其动作方程：

$$\begin{cases} I_{CD0} > 0.75 \times I_{R0} \\ I_{CD0} > I_L \\ I_{CD\Phi} > 0.15 \times I_{R\Phi} \\ I_{CD\Phi} > I_L \end{cases} \tag{5.8}$$

式中　I_{CD0}——零序差动电流，$I_{CD0} = |\dot{I}_{M0} + \dot{I}_{N0}|$ 即为两侧零序电流矢量和的幅值；

$\qquad I_{R0}$——零序制动电流；

$\qquad I_{R0} = |\dot{I}_{M0} - \dot{I}_{N0}|$ 即为两侧零序电流矢量差的幅值；

$\qquad I_{CD\Phi}$、$I_{R\Phi}$ 定义同上。

无论电容电流补偿是否投入，I_L 均为"差动电流定值"（整定值）和 1.25 倍实测电容电流的大值。

(5)差动联跳继电器

为了防止长距离输电线路出口经高过渡电阻接地时，近故障侧保护将立即启动。但受助增的影响，远故障侧可能由于故障量不明显而不能启动，差动保护不能快速动作。为此，本装置设有差动联跳继电器：即本侧任何保护动作元件动作（如距离保护、零序保护等）后，立即发对应相联跳信号给对侧；当对侧收到联跳信号后，启动保护装置，并结合差动允许信号联跳对应相。

(6)电容电流补偿

对于较长输电线路，电容电流较大，为提高经过渡电阻故障时的灵敏度，需进行电容电流补偿。传统的电容电流补偿法只能补偿稳态电容电流，在空载合闸、区外故障切除等暂态过程中，线路暂态电容电流很大，稳态补偿方式就不能将此时的暂态电容电流进行补偿。为此，提出以下暂态电容电流补偿方法。

对于不带并联电抗器的输电线路,其Ⅱ型等效电路如图5.4所示。

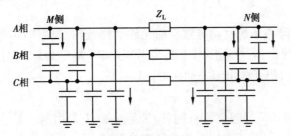

图5.4　不带并联电抗器线路的Ⅱ型等效电路

图中,各个电容的电流可通过下式计算得到:

$$i_c = C \frac{\mathrm{d}u_c}{\mathrm{d}t} \tag{5.9}$$

式中　i_c——通过各个电容的电流;

　　　C——电容值;

　　　u_c——电容两侧的电压降。

求出各个电容的电流后,即可求得线路各相的电容电流。由于不同频率的电容电压、电流都存在式(5.9)关系,计算的电容电流对于正常运行、空载合闸和区外故障切除等情况下的电容电流稳态分量和暂态分量都能给予较好的补偿,提高了差动保护的灵敏度。

对于安装有并联电抗器的输电线路,由于并联电抗器已经补偿了部分电容电流,差动保护时,需补偿的电容电流为式(5.9)计算的电容电流减去并联电抗器电流 i_L,并联电抗器中性点接小电抗等效电路图如图5.5所示。

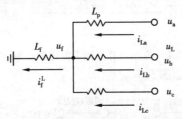

图5.5　并联电抗器中性点接小电抗等效电路图

电抗器上的电流和电压之间存在以下关系:

$$u_L(t) - u_f(t) = L_p \frac{\mathrm{d}i_L(t)}{\mathrm{d}t} \tag{5.10}$$

式(5.10)在 $(t - \Delta t) \sim t$ 区间进行积分,可得:

$$i_L(t) = i_L(t - \Delta t) + \frac{1}{L_p} \int_{t-\Delta t}^{t} \left[U_L(t) - U_f(t) \right] \mathrm{d}t \tag{5.11}$$

$$i_c = C \frac{\mathrm{d}u_c}{\mathrm{d}t} - i_L(t) \tag{5.12}$$

对于较短的输电线路,电容电流很小,差动保护无须电容电流补偿功能即可满足灵敏度的要求。可通过控制字"电流补偿"将电容电流补偿功能退出。

(7)CT 断线

CT 断线瞬间,断线侧的启动元件和差动继电器可能动作,但对侧的启动元件不动作,不会向本侧发差动保护动作信号,从而保证纵联差动不会误动。非断线侧经延时后报"长期有差流",与 CT 断线作同样处理。

CT 断线时发生故障或系统扰动导致启动元件动作,若控制字"CT 断线闭锁差动"整定为"1",则闭锁电流差动保护;若控制字"CT 断线闭锁差动"整定为"0",且该相差流大于"CT 断线差流定值"(整定值),仍开放电流差动保护。

(8)CT 饱和

当发生区外故障时,CT 可能会暂态饱和,装置中由于采用基于异步法的抗 CT 饱和判据和自适应浮动制动门槛,以保证在较严重的暂态饱和情况下不会误动。

(9)采样同步

两侧装置一侧作为参考端(识别码大的一侧),另一侧作为同步端(识别码小的一侧)。以同步方式交换两侧信息,参考端采样间隔固定,并在每一采样间隔中固定向对侧发送一帧信息。同步端随时调整采样间隔,直到满足同步条件为止。

两侧装置采样同步的前提条件为:

①通道单向最大传输时延≤15 ms。

②通道的收发路由一致(即两个方向的传输延时相等)。

(10)通道连接方式

装置可采用"专用光纤"或"复用通道"。在纤芯数量及传输距离允许范围内,优先采用"专用光纤"作为传输通道。当功率不满足条件,可采用"复用通道"。

专用光纤的连接方式如图 5.6 所示。

图 5.6　专用光纤方式下的保护连接方式

64 Kbit/s 复用的连接方式如图 5.7 所示。

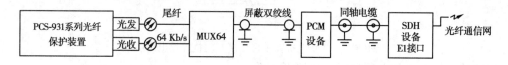

图 5.7　64 Kbit/s 复用的连接方式

2 048 Kbit/s 复用的连接方式如图 5.8 所示。

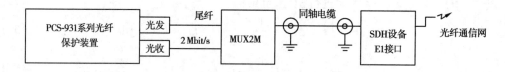

图 5.8　2 048 Kbit/s 复用的连接方式

双通道 2 048 Kbit/s 两个通道都复用的连接方式如图 5.9 所示。

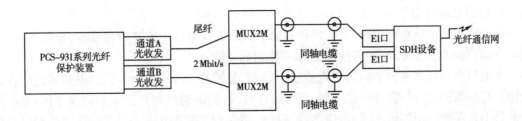

图 5.9　双通道 2 048 Kbit/s 复用的连接方式

双通道差动保护也可以两个通道都采用专用光纤；或一个通道复用，另外一个通道采取专用光纤，在这种情况下，通道 A 优先选用专用光纤。

（11）**通信时钟**

数字差动保护的关键是线路两侧装置之间的数据交换。本装置采用同步通信方式。

差动保护装置发送和接收数据采用各自的时钟，分别为发送时钟和接收时钟。保护装置的接收时钟固定从接收码流中提取，保证接收过程中没有误码和滑码产生。

发送时钟可以有 2 种方式，如下所述。

①采用内部晶振时钟。

②采用接收时钟作为发送时钟。

采用内部晶振时钟作为发送时钟常称为内时钟（主时钟）方式，采用接收时钟作为发送时钟常称为外时钟（从时钟）方式。两侧装置的运行有 3 种方式。

①两侧装置均采用从时钟方式。

②两侧装置均采用内时钟方式。

③一侧装置采用内时钟，另一侧装置采用从时钟（该方式使整定定值更复杂，不推荐采用）。

本装置通过整定控制字"通信内时钟"来决定通信时钟方式。控制字"通信内时钟"置为 1，装置自动采用内时钟方式；反之，自动采用外时钟方式。

对于 64 Kbit/s 速率的装置，其"通信内时钟"控制字整定如下：

①保护装置通过专用纤芯通信时，两侧保护装置的"通信内时钟"控制字都整定为："1"。

②保护装置通过 PCM 机复用通信时，两侧保护装置的"通信内时钟"控制字都整定成："0"。

对于 2 048 Kbit/s 速率的装置，其"（通信内时钟）"控制字整定如下：

①保护装置通过专用纤芯通信时，两侧保护装置的"通信内时钟"控制字都整定为："1"。

②保护装置通过复用通道传输时，两侧保护装置的"通信内时钟"控制字按如下原则整定。

a. 当保护信息直接通过同轴电缆接入 SDH 设备的 2 048 Kbit/s 板卡，同时 SDH 设备中 2 048 Kbit/s 通道的"重定时"功能关闭时，两侧保护装置的"通信内时钟"控制字置 1（推荐采用此方式）。

b. 当保护信息直接通过同轴电缆接入 SDH 设备的 2 048 Kbit/s 板卡，同时 SDH 设备中 2 048 Kbit/s 通道的"重定时"功能打开时，两侧保护装置的"通信内时钟"控制字置 0。

c. 当保护信息通过通道切换等装置接入 SDH 设备的 2 048 Kbit/s 板卡，两侧保护装置的"通信内时钟"控制字的整定需与其他厂家的设备配合。

(12)纵联标识码

保护装置提供纵联标识码功能,以提高数字式通道线路保护装置的可靠性,分别采用"本侧识别码"和"对侧识别码"两项来完成纵联标识码功能。

本侧识别码和对侧识别码需在定值项中整定,范围均为 0 ~ 65535,识别码的整定应保证全网运行的保护设备具有唯一性。即,正常运行时,本侧识别码与对侧识别码应不同,且与本线的另一套保护的识别码不同,也应该和其他线路保护装置的识别码不同(保护校验时可以整定相同,表示自环方式)。

保护装置根据本装置定值中本侧识别码和对侧识别码定值决定本装置的主从机方式,同时决定是否为通道自环试验方式。若本侧识别码和对侧识别码整定一样,表示为通道自环试验方式,若本侧识别码大于等于对侧识别码,表示本侧为主机,反之为从机。

保护装置将本侧的识别码定值包含在向对侧发送的数据帧中传送给对侧保护装置。对于双通道保护装置,当通道 A 接收到的识别码与定值整定的对侧识别码不一致时,退出通道 A 的差动保护,报"纵联通道 A 识别码错""纵联通道 A 异常"告警。"纵联通道 A 识别码错"延时 100 ms 展宽 1 s 报警。通道 B 与通道 A 类似。对于单通道保护装置,当接收到的识别码与定值整定的对侧识别码不一致时,退出差动保护,报"纵联通道识别码错""纵联通道异常"告警。

5.3.5 距离继电器

本装置设有三阶段式相间和接地距离继电器;用于短输电线路时,为了进一步扩大测量过渡电阻的能力,还可将Ⅰ、Ⅱ段阻抗特性向第Ⅰ象限偏移;接地距离继电器设有零序电抗特性,可防止接地故障时继电器超越。

继电器由正序电压极化,可确保有较大的测量故障过渡电阻的能力,其原因分析如下:正序极化电压较高时,正序电压极化的距离继电器有很好的方向性;当正序电压下降至10%以下时,进入三相低压程序,由正序电压记忆量极化,Ⅰ、Ⅱ段距离继电器在动作前设置正的门槛,保证母线三相故障时继电器不可能失去方向性;继电器动作后则改为反门槛,保证正方向三相故障继电器动作后一直保持到故障切除。Ⅲ段距离继电器始终采用反门槛,因而三相短路Ⅲ段稳态特性包含原点,不存在电压死区。

当用于长距离重负荷线路,常规距离继电器整定困难时,可引入负荷限制继电器,负荷限制继电器和距离继电器的交集为动作区,这有效地防止了重负荷时测量阻抗进入距离继电器而引起的误动。

(1)低压距离继电器

当正序电压小于$10\% U_n$ 时,进入低压距离程序,此时只可能有三相短路和系统振荡 2 种情况;系统振荡由振荡闭锁回路区分,这里只需考虑三相短路。三相短路时,因 3 个相阻抗和 3 个相间阻抗性能一样,所以仅测量相阻抗。

一般情况下各相阻抗一样,为保证母线故障转换至线路构成三相故障时仍能快速切除故障,应对三相阻抗均进行计算,任一相动作跳闸时选为三相故障。

低压距离继电器比较工作电压和极化电压的相位:

工作电压：

$$U_{\text{OP}\Phi} = U_{\Phi} - I_{\Phi} \times Z_{\text{ZD}} \tag{5.13}$$

极化电压：

$$U_{\text{P}\Phi} = -U_{1\Phi\text{M}} \tag{5.14}$$

式中　$\Phi = A, B, C$；

$U_{\text{OP}\Phi}$——工作电压；

$U_{\text{P}\Phi}$——极化电压；

Z_{ZD}——整定阻抗；

$U_{1\Phi\text{M}}$——记忆故障前正序电压。

正方向故障时，故障系统图如图 5.10 所示。

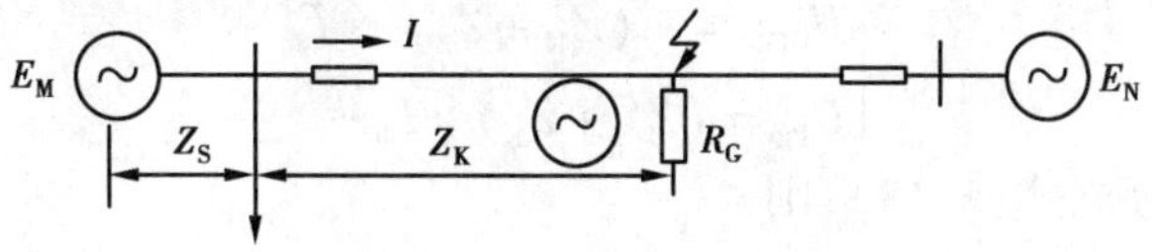

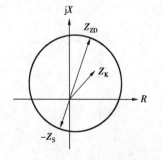

图 5.10　正方向故障系统图

$$U_{\Phi} = I_{\Phi} \times Z_{\text{K}} \tag{5.15}$$

在记忆作用消失前

$$\begin{cases} U_{1\Phi\text{M}} = E_{\text{M}\Phi} \times \text{e}^{\text{j}\delta} \\ E_{\text{M}\Phi} = (Z_{\text{S}} + Z_{\text{K}}) \times I_{\Phi} \end{cases} \tag{5.16}$$

因此

$$\begin{cases} U_{\text{OP}\Phi} = (Z_{\text{K}} - Z_{\text{ZD}}) \times I_{\Phi} \\ U_{\text{P}\Phi} = -(Z_{\text{S}} + Z_{\text{K}}) \times I_{\Phi} \text{e}^{\text{j}\delta} \end{cases} \tag{5.17}$$

继电器的比相方程为：

$$-90° < \arg \frac{U_{\text{OP}\Phi}}{U_{\text{P}\Phi}} < 90° \tag{5.18}$$

则

$$-90° < \arg \frac{Z_{\text{K}} - Z_{\text{ZD}}}{-(Z_{\text{S}} + Z_{\text{K}}) \text{e}^{\text{j}\delta}} < 90° \tag{5.19}$$

设故障线母线电压与系统电势同相位 $\delta = 0$，其暂态动作特性如图 5.11 所示。

测量阻抗 Z_{K} 在阻抗复数平面上的动作特性是以 Z_{ZD} 至 $-Z_{\text{S}}$ 连线为直径的圆，动作特性包含原点表明正向出口经或不经过渡电阻故障时都能正确动作，并不表示反方向故障时会误动作；反方向故障时的动作特性必须以反方向故障为前提导出。当 δ 不为零时，将是以 Z_{ZD} 至 $-Z_{\text{S}}$ 连线为弦的圆，动作特性向第 Ⅰ 或第 Ⅱ 象限偏移。

反方向故障时，故障系统图如图 5.12 所示。

图 5.11　正方向故障时动作特性

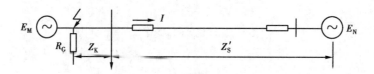

图 5.12　反方向故障的计算用图

$$U_{\Phi} = -I_{\Phi} \times Z_{K} \tag{5.20}$$

在记忆作用消失前

$$\begin{cases} U_{1\Phi M} = E_{M\Phi} \times e^{j\delta} \\ EV_{M\Phi} = -(Z'_{S} + Z_{K}) \times I_{\Phi} \end{cases} \tag{5.21}$$

因此

$$\begin{cases} U_{OP\Phi} = -(Z_{K} + Z_{ZD}) \times I_{\Phi} \\ U_{P\Phi} = (Z'_{S} + Z_{K}) \times I_{\Phi} e^{j\delta} \end{cases} \tag{5.22}$$

继电器的比相方程同式(5.18),则

$$-90° < \arg \frac{-(Z_{K} + Z_{ZD})}{(Z'_{S} + Z_{K})e^{j\delta}} < 90° \tag{5.23}$$

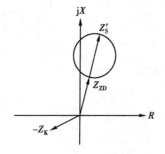

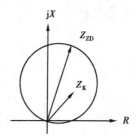

图 5.13　反方向故障时的动作特性　　　　图 5.14　三相短路稳态特性

测量阻抗 $-Z_{K}$ 在阻抗复数平面上的动作特性是以 Z_{ZD} 与 Z'_{S} 连线为直径的圆,如图 5.13 所示,当 $-Z_{K}$ 在圆内动作时继电器有明确的方向性,不可能误判方向。以上的结论是在记忆电压消失以前,即继电器的暂态特性,当记忆电压消失后,

正方向故障时:

$$\begin{cases} U_{1\Phi M} = I_{\Phi} \times Z_{K} \\ U_{OP} = (Z_{K} - Z_{ZD}) \times I_{\Phi} \\ U_{P\Phi} = -I_{\Phi} \times Z_{K} \\ -90° < \arg \dfrac{Z_{K} - Z_{ZD}}{-Z_{K}} < 90° \end{cases} \tag{5.24}$$

反方向故障时:

$$\begin{cases} U_{1\Phi M} = -I_{\Phi} \times Z_{K} \\ U_{OP} = (-Z_{K} - Z_{ZD}) \times I_{\Phi} \\ U_{P\Phi} = -I_{\Phi} \times (-Z_{K}) \\ -90° < \arg \dfrac{Z_{K} + Z_{ZD}}{-Z_{K}} < 90° \end{cases} \tag{5.25}$$

正方向故障时,测量阻抗 Z_K 在阻抗复数平面上的动作特性如图 5.14 所示,反方向故障时, $-Z_K$ 动作特性也如图 5.14 所示。由于动作特性经过原点,母线和出口故障时,继电器处于动作边界。为了保证母线故障,特别是经弧光电阻三相故障时不会误动作,对 Ⅰ、Ⅱ 段距离继电器设置了门槛电压,其幅值取最大弧光压降。同时,当 Ⅰ、Ⅱ 距离继电器暂态动作后,将继电器的门槛倒置,相当于将特性圆包含原点,以保证继电器动作后能保持到故障切除。为了保证 Ⅲ 段距离继电器的后备性能,Ⅲ 段距离元件的门槛电压总是倒置的,其特性包含原点。

(2)接地距离继电器

① Ⅲ 段接地距离继电器。

工作电压:

$$U_{OP\Phi} = U_\Phi - (I_\Phi + K \times 3I_0) \times Z_{ZD} \tag{5.26}$$

极化电压:

$$U_{P\Phi} = -U_{1\Phi} \tag{5.27}$$

$U_{P\Phi}$ 采用当前正序电压,非记忆量,这是因为接地故障时,正序电压主要由非故障相形成,基本保留了故障前的正序电压相位,因此,Ⅲ 段接地距离继电器的特性与低压时的暂态特性完全一致,如图 5.11、图 5.13 所示,继电器有很好的方向性。

② Ⅰ、Ⅱ 段接地距离继电器。

a. 由正序电压极化的方向阻抗继电器:

工作电压:同式(5.26)。

极化电压:

$$U_{P\Phi} = -U_{1\Phi} \times e^{j\theta_1} \tag{5.28}$$

Ⅰ、Ⅱ 段极化电压引入移相角 θ_1,其作用是在短线路应用时,将方向阻抗特性向第 Ⅰ 象限偏移,以扩大允许故障过渡电阻的能力。其正方向故障时的特性如图 5.15 所示。θ_1 取值为 $0°、15°、30°$。

由图 5.15 可见,该继电器可测量很大的故障过渡电阻,但在对侧电源助增下可能超越,因而引入了第二部分零序电抗继电器以防止超越。

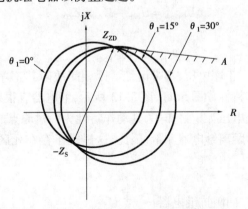

图 5.15 正方向故障时继电器特性

b. 零序电抗继电器

工作电压同式(5.26)。

极化电压：

$$U_{P\Phi} = -I_0 \times Z_D \tag{5.29}$$

式中　Z_D——模拟阻抗。

比相方程：

$$-90° < \arg \frac{U_\Phi - (I_\Phi + K \times 3I_0) \times Z_{ZD}}{-I_0 \times Z_D} < 90° \tag{5.30}$$

正方向故障时：

$$U_\Phi = (I_\Phi + K \times 3I_0) \times Z_K \tag{5.31}$$

则

$$-90° < \arg \frac{(I_\Phi + K \times 3I_0) \times (Z_K - Z_{ZD})}{-I_0 \times Z_D} < 90° \tag{5.32}$$

$$90° + \arg Z_D + \arg \frac{I_0}{I_\Phi + K \times 3I_0} < \arg(Z_K - Z_{ZD}) < 270° + \arg Z_D + \arg \frac{I_0}{I_\Phi + K \times 3I_0} \tag{5.33}$$

式（5.32）为典型的零序电抗特性，如图 5.15 中直线 A。

当 I_0 与 I_Φ 同相位时，直线 A 平行于 R 轴，不同相时，直线的倾角恰好等于 I_0 相对于 $I_\Phi + K \times 3I_0$ 的相角差。假定 I_0 与过渡电阻上压降同相位，则直线 A 与过渡电阻上压降所呈现的阻抗相平行，因此，零序电抗特性对过渡电阻有自适应的特征。

实际的零序电抗特性由于 Z_D 为 78° 而要下倾 12°，所以当实际系统中由于二侧零序阻抗角不一致而使 I_0 与过渡电阻上压降有相位差时，继电器仍不会超越。由带偏移角 θ_1 的方向阻抗继电器和零序电抗继电器两部分结合，同时动作时，Ⅰ、Ⅱ段距离继电器动作，该距离继电器有很好的方向性，能测量很大的故障过渡电阻且不会超越。

（3）**相间距离继电器**

①Ⅲ段相间距离继电器。
工作电压：

$$U_{OP\Phi\Phi} = U_{\Phi\Phi} - I_{\Phi\Phi} \times Z_{ZD} \tag{5.34}$$

极化电压：

$$U_{P\Phi\Phi} = -U_{1\Phi\Phi} \tag{5.35}$$

继电器的极化电压采用正序电压，不带记忆。因相间故障其正序电压基本保留了故障前电压的相位；故障相的动作特性如图 5.11、图 5.13 所示，继电器有很好的方向性。

三相短路时，由于极化电压无记忆作用，其动作特性为一过原点的圆，如图 5.14 所示。由于正序电压较低时，由低压距离继电器测量，因此，这里既不存在死区也不存在母线故障失去方向性问题。

②Ⅰ、Ⅱ段距离继电器。
a. 由正序电压极化的方向阻抗继电器：
工作电压：同式（5.34）。
极化电压：

$$U_{P\Phi\Phi} = -U_{1\Phi\Phi} \times e^{j\theta_2} \tag{5.36}$$

上式极化电压与接地距离Ⅰ、Ⅱ段一样，较Ⅲ段增加了一个偏移角 θ_2，其作用也同样是为了在短线路使用时增加允许过渡电阻的能力。θ_2 的整定可按 0°、15°、30° 选择。

b. 电抗继电器:

工作电压:同式(5.34)。

极化电压:

$$U_{P\Phi\Phi} = -I_{\Phi\Phi} \times Z_D \tag{5.37}$$

式中　Z_D——模拟阻抗。

正方向故障时:

$$U_{OP\Phi\Phi} = I_{\Phi\Phi} \times Z_K - I_{\Phi\Phi} \times Z_{ZD} \tag{5.38}$$

比相方程为:

$$-90° < \arg \frac{Z_K - Z_{ZD}}{-Z_D} < 90° \tag{5.39}$$

$$90° + \arg Z_D < \arg(Z_K - Z_{ZD}) < 270° + \arg Z_D \tag{5.40}$$

当 Z_D 阻抗角为 90° 时,该继电器为与 R 轴平行的电抗继电器特性,实际的 Z_D 阻抗角为 78°,因此,该电抗特性下倾 12°,使送电端的保护受对侧助增而过渡电阻呈容性时不致超越。

以上方向阻抗与电抗继电器两部分结合,增强了在短线上使用时允许过渡电阻的能力。

(4)负荷限制继电器

为保证距离继电器躲开负荷测量阻抗,本装置设置了接地、相间负荷限制继电器,其特性如图 5.16 所示。继电器两边的斜率与正序灵敏角 Φ 一致,R_{ZD} 为负荷限制电阻定值,直线 A 和直线 B 之间为动作区。当用于短线路不需要负荷限制继电器时,用户可将控制字"投负荷限制距离"置"0"。

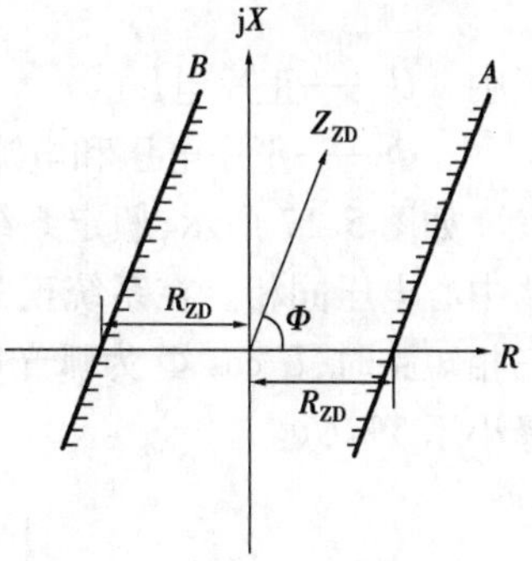

(5)振荡闭锁

装置的振荡闭锁分为 4 个部分,任意一个动作开放保护。

①启动开放元件。启动元件开放瞬间,若按躲过最大负荷整定的正序过流元件不动作或动作时间尚不到 10 ms,则将振荡闭锁开放 160 ms。

图 5.16　负荷限制继电器特性

该元件在正常运行突然发生故障时立即开放 160 ms,当系统振荡时,正序过流元件动作,其后再有故障时,该元件已被闭锁,另外当区外故障或操作后 160 ms 再有故障时也被闭锁。

②不对称故障开放元件。不对称故障时,振荡闭锁回路还可由对称分量元件开放,该元件的动作判据为:

$$|I_0| + |I_2| > m \times |I_1| \tag{5.41}$$

以上判据成立的依据如下所述。

①系统振荡或振荡又区外故障时不开放。系统振荡时,I_0、I_2 接近于零,上式不开放是容易实现的。

振荡同时区外故障时,相间和接地阻抗继电器都会动作,上式也不应开放,这种情况考虑的前提是系统振荡中心位于装置的保护范围内。

对短线路,必须在系统角 180° 时继电器才可能动作,这时线路附近电压很低,短路时的故障分量很小,因此,容易取 m 值以满足式(5.41)不开放。

对长线路,区外故障时,故障点故障前电压较高,有较大的故障分量。在此情况,上式的不利条件是长线路在电源附近故障时,不过这时线路上零序电流分配系数较低,短路电流小于振荡电流,仍很容易以最不利的系统方式验算 m 的取值。

本装置中 m 的取值是根据最不利的系统条件下,振荡又区外故障时振荡闭锁不开放为条件验算,并留有相当裕度。

②区内不对称故障时振闭开放。当系统正常发生区内不对称相间或接地故障时,将有较大的零序或负序分量,上式成立,振荡闭锁开放。

当系统振荡伴随区内故障时,如果短路时刻发生在系统电势角未摆开时,振荡闭锁将立即开放。如果短路时刻发生在系统电势角摆开状态,则振荡闭锁将在系统角逐步减小时开放,也可能由一侧瞬时开放,跳闸后另一侧相继速跳。

采用对称分量元件开放振荡闭锁,保证了在任何情况下,甚至系统已经发生振荡的情况下,发生区内故障时瞬时开放振荡闭锁以切除故障,振荡或振荡同时区外故障时则可靠闭锁保护。

A. 对称故障开放元件。在启动元件开放 160 ms 以后或系统振荡过程中,如发生三相故障,则上述两项开放措施均不能开放振荡闭锁,本装置中另设置了专门的振荡判别元件,即测量振荡中心电压:

$$U_{\mathrm{OS}} = U \cos \Phi \tag{5.42}$$

式中　U——正序电压;

　　　　Φ——正序电压和电流之间的夹角。

如图 5.17 所示,假定系统联系阻抗的阻抗角为 90°,则电流向量垂直于 E_{M}、E_{N} 连线,与振荡中心电压同相。在系统正常运行或系统振荡时,$U \cos \Phi$ 恰好反映振荡中心的正序电压;在三相短路时,$U \cos \Phi$ 为弧光电阻上的压降,三相短路时过渡电阻是弧光电阻,弧光电阻上压降小于 $5\% U_{\mathrm{N}}$。

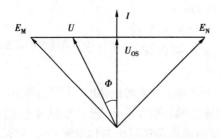

图 5.17　系统电压向量图

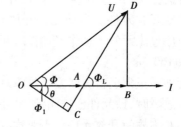

图 5.18　短路电流电压向量图

而实际系统线路阻抗角不为 90°,因而需进行角度补偿,如图 5.18 所示。

OD 为测量电压,$U \cos \Phi = OB$,因而 OB 反映当线路阻抗角为 90° 时弧光电阻压降,实际的弧光压降为 OA,与线路压降 AD 相加得到测量电压 U。

本装置引入补偿角 $\theta = 90° - \Phi_{\mathrm{L}}$,由 $\Phi_1 = \Phi + \theta$,上式变为 $U_{\mathrm{OS}} = U \cos \Phi_1$,三相短路时,$U_{\mathrm{OS}} = OC \leqslant OA$,可见 $U \cos \Phi_1$ 可反映弧光压降。

本装置采用的动作判据分为两部分。

a. $-0.03 U_{\mathrm{N}} < U_{\mathrm{OS}} < 0.08 U_{\mathrm{N}}$,延时 150 ms 开放。实际系统中,三相短路时故障电阻仅为弧光电阻,弧光电阻上压降的幅值不大于 $5\% U_{\mathrm{N}}$。为了保证振荡时不误开放,其延时应保证躲过振荡中心电压在该范围内的最长时间,而振荡中心电压为 $0.08 U_{\mathrm{N}}$ 时,系统角为 171°,振荡中

心电压为 $-0.03U_N$ 时,系统角为 $183.5°$,按最大振荡周期 $3''$ 计,振荡中心在该区间停留时间为 104 ms,装置中取延时 150 ms 已有足够的裕度。

b. $-0.1U_N < U_{OS} < 0.25U_N$,延时 500 ms 开放。该判据作为第一部分的后备,以保证任何三相故障情况下保护不可能拒动。振荡中心电压为 $0.25U_N$ 时,系统角为 $151°$,振荡中心电压为 $-0.1U_N$ 时,系统角为 $191.5°$,按最大振荡周期 $3''$ 计,振荡中心在该区间停留时间为 337 ms,装置中取 500 ms 已有足够的裕度。

B. 非全相运行时的振荡闭锁判据。非全相振荡时,距离继电器可能动作,但选相区为跳开相。非全相再单相故障时,距离继电器动作的同时选相区进入故障相,因此,可以以选相区不在跳开相作为开放条件。

另外,非全相运行时,测量非故障二相电流之差的工频变化量,当该电流突然增大达到一定幅值时开放非全相运行振荡闭锁。因而非全相运行发生相间故障时能快速开放。

以上两种情况均不能开放时,由对称故障开放元件部分作为后备。

5.3.6　选相元件

采用工作电压变化量选相元件、差动选相元件和 I_0 与 I_{2A} 比相的选相元件进行选相。

(1)电流差动选相元件

工频变化量和稳态差动继电器动作时,动作相选为故障相。

(2)工作电压变化量选相元件

保护有 6 个测量选相元件,即: ΔU_{OPA}、ΔU_{OPB}、ΔU_{OPC}、ΔU_{OPAB}、ΔU_{OPBC}、ΔU_{OPCA}。先比较 3 个相工作电压变化量,取最大相 $\Delta U_{OP\Phi MAX}$,与另两相的相间工作电压变化量 $\Delta U_{OP\Phi\Phi}$ 比较,大于一定的倍数即判为最大相单相故障;若不满足则判为多相故障,取 $\Delta U_{OP\Phi\Phi}$ 中最大的为多相故障的测量相。

(3)I_0 与 I_{2A} 比相的选相元件

如图 5.19 所示,选相程序首先根据 I_0 与 I_{2A} 之间的相位关系,确定 3 个选相区之一。

当 $-60° < \arg\dfrac{I_0}{I_{2A}} < 60°$ 时选 A 区;$60° < \arg\dfrac{I_0}{I_{2A}} < 180°$ 时选 B

区;$180° < \arg\dfrac{I_0}{I_{2A}} < 300°$ 时选 C 区。

单相接地时,故障相的 I_0 与 I_2 同相位。A 相接地时,I_0 与 I_{2A} 同相;B 相接地时,I_0 与 I_{2A} 相差在 $120°$;C 相接地时,I_0 与 I_{2A} 相差 $240°$。

两相接地时,非故障相的 I_0 与 I_2 同相位。BC 相间接地故障时,I_0 与 I_{2A} 同相;CA 相间接地故障时,I_0 与 I_{2A} 相差 $120°$;AB 相间接地故障时,I_0 与 I_{2A} 相差 $240°$。

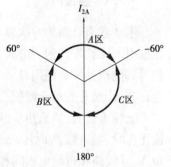

图 5.19　选相区域

5.3.7　非全相运行

非全相运行流程包括非全相状态和合闸于故障保护,跳闸固定动作或跳闸位置继电器 TWJ 动作且无流,经 30 ms 延时、置非全相状态。

(1)单相跳开形成的非全相状态

①单相跳闸固定动作或 TWJ 动作而对应的有流元件不动作判为跳开相。

②测量两个健全相和健全相间的工频变化量阻抗。

③对健全相求正序电压作为距离保护的极化电压。

④测量健全相间电流的工频变化量,作为非全相运行振荡闭锁开放元件。

⑤跳开相有电流或 TWJ 返回,开放合闸于故障保护 200 ms。

(2)三相跳开形成的非全相状态

①三相跳闸固定动作或三相 TWJ 均动作且三相无电流时,置非全相状态,有电流或三相 TWJ 返回后开放合闸于故障保护 200 ms。

②进全相运行的流程。

(3)非全相运行状态下,相关保护的投退

非全相运行状态下,退出与断开相关的相、相间变化量距离继电器,将零序过流保护 II 段退出,零序反时限过流不经方向元件控制。

(4)合闸于故障线路保护

①单相重合闸时,零序过流加速经 60 ms 跳闸,距离 II 段受振荡闭锁控制经 25 ms 延时三相跳闸。

②三相重合闸或手合时,零序电流大于加速定值时经 100 ms 延时三相跳闸。

③三相重合闸时,经整定控制字选择加速不经振荡闭锁的距离 II、III 段,否则总是加速经振荡闭锁的距离 II 段。

④手合时总是加速距离 III 段。

(5)单相运行时切除运行相

当线路因任何原因切除两相时,由单相运行三跳元件切除三相,其判据为:有两相 TWJ 动作且对应相无电流($< 0.06 I_n$),而零序电流大于 $0.15 I_n$,则延时 200 ms 发单相运行三跳命令。

5.3.8 重合闸

本装置重合闸为一次重合闸方式,可实现单相重合闸或三相重合闸,应根据故障的严重程度引入闭锁重合闸的方式。重合闸可以由保护动作启动或开关位置不对应两种启动方式。当与其他产品一起使用有 2 套重合闸时,2 套装置的重合闸可以同时投入,不会出现二次重合;与其他装置的重合闸配合时,可考虑仅投入 1 套重合闸。

三相重合时,可采用检线路无压重合闸或检同期重合闸,也可采用快速直接重合闸方式。检无压时,检查线路电压或母线电压小于 30 V;检同期时,检查线路电压和母线电压大于 40 V,且线路和母线电压间相位差在整定范围内。正常运行时,保护检测线路电压与母线 A 相电压的相角差,设为 Φ;检同期时,检测线路电压与母线 A 相电压的相角差是否在($\Phi -$ 定值)至($\Phi +$ 定值)范围内,故不管线路电压用的是哪一相电压还是哪一相间电压,保护能够自动适应。

重合闸方式由控制字决定,其功能表见表 5.1。

表 5.1　功能表

序号	重合闸方式	整定方式	备　注
1	单相重合闸	0,1	单相跳闸单相重合闸方式
2	三相重合闸	0,1	三相跳闸三相重合方式
3	禁止重合闸	0,1	仅放电,禁止本装置重合,不沟通三跳
4	停用重合闸	0,1	既放电,又闭锁重合闸,并沟通三跳

单相重合闸、三相重合闸、禁止重合闸和停用重合闸有且只能有一项置"1",如不满足此要求,保护装置报警(报"重合方式整定错")并按停用重合闸处理。

当系统选择单相重合闸方式时,在单相故障时开放单相重合闸。当仅单相跳开,即装置单相跳闸并当跳闸接点返回时或者当单相 TWJ 动作且满足单相 TWJ 启动重合条件时,启动单重时间。若装置三跳或三相 TWJ 动作,则不启动单重。当系统选择三相重合闸方式时,单相故障或多相故障,保护均三跳,当无闭锁重合闸信号时开放三相重合闸。当三相跳闸并当跳闸接点返回时或者当三相 TWJ 动作且满足三相 TWJ 启动重合条件时,启动三重时间。

5.3.9　正常运行程序

(1)检查开关位置状态

三相无电流,同时 TWJ 动作,则认为线路不在运行,开放准备手合于故障 400 ms;线路有电流但 TWJ 动作,或三相 TWJ 不一致,经 10 s 延时报 TWJ 异常。

(2)交流电压断线

三相电压向量和大于 8 V,保护不启动,延时 1.25 s 发 PT 断线异常信号;三相电压向量和小于 8 V,但正序电压小于 33.3 V 时,若采用母线 PT 则延时 1.25 s 发 PT 断线异常信号;若采用线路 PT,则当任一相有流元件动作或 TWJ 不动作时,延时 1.25 s 发 PT 断线异常信号。装置通过整定控制字来确定是采用母线 PT 还是线路 PT。PT 断线信号动作的同时,保留工频变化量阻抗元件,将其门槛增加至 1.5 U_N,退出距离保护,自动投入 PT 断线相过流和 PT 断线零序过流保护。将零序过流保护Ⅱ段退出,Ⅲ段不经方向元件控制。三相电压正常后,经 10 s 延时 PT 断线信号复归。

(3)交流电流断线(始终计算)

自产零序电流小于 0.75 倍的外接零序电流,或外接零序电流小于 0.75 倍的自产零序电流,延时 200 ms 发 CT 断线异常信号;有自产零序电流而无零序电压,且至少有一相无电流,则延时 10 s 发 CT 断线异常信号。保护判出交流电流断线的同时,在装置总启动元件中不进行零序过流元件启动判别,将零序过流保护Ⅱ段不经方向元件控制,退出零序过流Ⅲ段和零序反时限过流段。

(4)工频变化量距离继电器的门槛电压形成

工频变化量距离继电器的门槛电压 U_Z,取正常运行时工作电压的半波积分值。

(5)线路电压断线

当重合闸投入且处于三重方式,如果装置整定为重合闸检同期或检无压,则要用到线路电压,开关在合闸位置时检查输入的线路电压小于 40 V 经 10 s 延时报线路 PT 断线。如重合闸不投、不检定同期或无压时,线路电压可以不接入本装置,装置也不进行线路电压断线判别。

当装置判定线路电压断线后,重合闸逻辑中不进行检同期和检无压的逻辑判别,不满足同期和无压条件。

（6）电压、电流回路零点漂移调整

随着温度变化和环境条件的改变，电压、电流的零点可能会发生漂移，装置将自动跟踪零点的漂移。

5.3.10　各保护方框图

（1）电流差动保护方框图

电流差动保护方框图如图5.20所示。

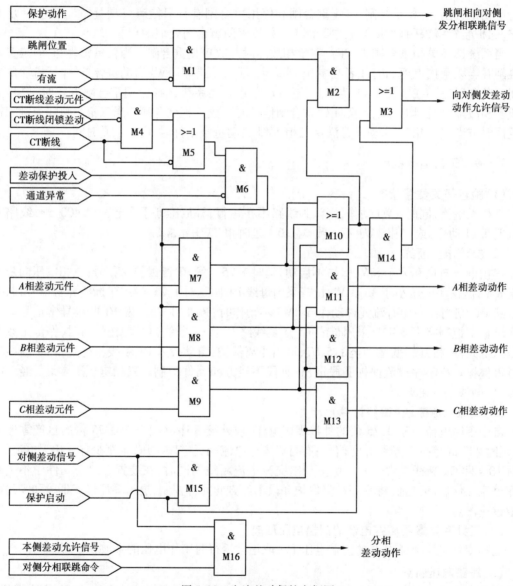

图5.20　电流差动保护方框图

①差动保护投入指屏上"主保护压板"、压板定值"投主保护压板"和定值控制字"投纵联差动保护"同时投入。

②"A相差动元件""B相差动元件""C相差动元件"包括变化量差动、稳态量差动Ⅰ段或Ⅱ段、零序差动，只是各自的定值有差异。

③三相开关在跳开位置或经保护启动控制的差动继电器动作,则向对侧发差动动作允许信号。

④CT断线瞬间,对侧的启动元件不动作,不会向本侧发差动保护动作信号,保证纵联差动不会误动。CT断线时发生故障或系统扰动导致启动元件动作,若"CT断线闭锁差动"整定为"1",则闭锁电流差动保护;若"CT断线闭锁差动"整定为"0",且该相差流大于"CT断线差流定值",仍开放电流差动保护。

⑤本侧跳闸分相联跳对侧功能:本侧任何保护动作元件动作后立即发对应相远跳信号给对侧,对侧收到联跳信号后,启动保护装置,结合差动允许信号联跳对应相。

（2）距离保护方框图

距离保护方框图如图5.21所示。

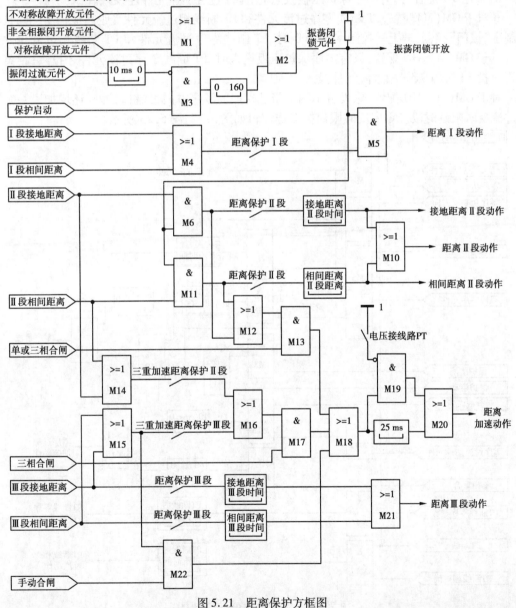

图 5.21　距离保护方框图

283

(3)零序、过流保护方框图

①设置了两个带延时段的零序方向过流保护,不设置速跳的Ⅰ段零序过流。Ⅱ段零序受零序正方向元件控制,Ⅲ段零序则由用户选择经或不经方向元件控制。

②跳闸前零序Ⅲ段的动作时间为"零序过流Ⅲ段时间",跳闸后零序Ⅲ段的动作时间为"零序过流Ⅲ段时间",500 ms。

③PT断线时,装置自动投入零序过流和相过流元件,两个元件经同一延时段出口。

④单相重合时零序加速时间延时为60 ms,手合和三重时加速时间延时为100 ms,其过流定值用零序过流加速段定值。

⑤对于GM(M)配置,只有"零序电流保护"控制字投入时,零序过流加速元件才投入。对于GM(M)_HD配置,只有零序保护压板投入时,零序过流加速元件才投入。

⑥对于GM(M)配置,PT断线零序过流元件和PT断线相过流元件受距离保护Ⅰ、Ⅱ、Ⅲ段控制字"或门"控制,即上述控制字全为0时,PT断线零序过流元件和PT断线相过流元件退出。对于GM(M)_HD配置,只有零序保护压板投入时,PT断线零序过流元件才投入;距离保护压板投入时,PT断线相过流元件投入。

对于GM(M)_HD配置,除设置了两个带延时段的零序方向过流保护外,还增加了一个零序过流反时限延时段。零序反时限保护动作逻辑如图5.22、图5.23所示。

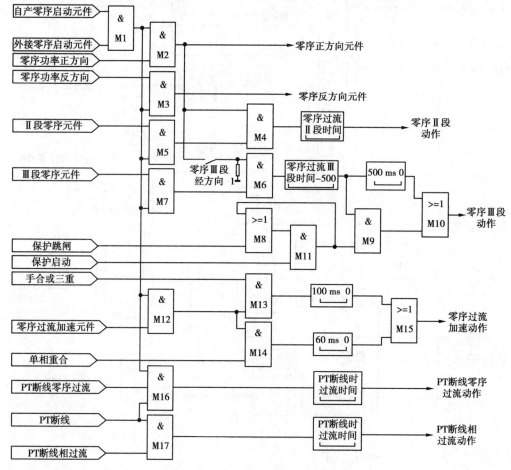

图5.22　GM配置零序保护方框图

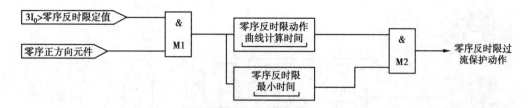

图 5.23　零序反时限过流保护方框图

本装置采用 IEC255-4 标准规定的反时限特性方程中的正常反时限特性方程(normal IDMT.):

$$t(I_0) = \frac{0.14}{\left(\dfrac{I_0}{I_p}\right)^{0.02} - 1} T_P \tag{5.43}$$

式中　I_p——电流基准值,对应"零序反时限过流"定值;

　　　T_p——时间常数,对应"零序反时限时间"定值。

零序电流反时限保护动作三跳并闭锁重合闸;在非全相和 PT 断线期间,退出零序过流Ⅱ段,零序过流Ⅲ段和零序电流反时限保护自动不带方向。

零序反时限过流定值应大于零序启动电流定值。

(4)跳闸逻辑方框图

跳闸逻辑如下所述。

①分相差动继电器动作,则该相的选相元件动作。

②工频变化量距离、纵联差动、距离Ⅰ段、距离Ⅱ段、零序Ⅱ段动作时经选相跳闸;若选相失败而动作元件不返回,则经 200 ms 延时发选相无效三跳命令。

③零序Ⅲ段、零序反时限延时段、相间距离Ⅲ段、接地距离Ⅲ段、合闸于故障线路、非全相运行再故障、PT 断线过流、选相无效延时 200 ms、单跳失败延时 150 ms、单相运行延时 200 ms 直接跳三相。

④发单跳令后若该相持续有流($>0.06I_n$),经 150 ms 延时发单跳失败三跳命令。

⑤选相达二相及以上时跳三相。

⑥采用三相跳闸方式、有闭锁重合闸输入、重合闸投入时充电未完成或处于三重方式时,任何故障三相跳闸。

⑦严重故障时,如零序Ⅲ段跳闸、零序反时限延时段跳闸、Ⅲ段距离跳闸、手合或合闸于故障线路跳闸、单跳不返回三跳、单相运行三跳、PT 断线时跳闸等闭锁重合闸。

⑧Ⅱ段保护(Ⅱ段零序、Ⅱ段相间距离、Ⅱ段接地距离),经用户选择"Ⅱ段保护闭重"时,闭锁重合闸。

⑨选相无效时保护固定三跳闭重。用户选择"多相故障闭重"时,二相以上故障、非全相运行再故障保护三跳闭锁重合闸。

⑩"远跳经本侧控制",启动后收到远跳信号,三相跳闸并闭锁重合闸;"远跳不受本侧控制",收到远跳信号后直接启动,三相跳闸并闭锁重合闸。

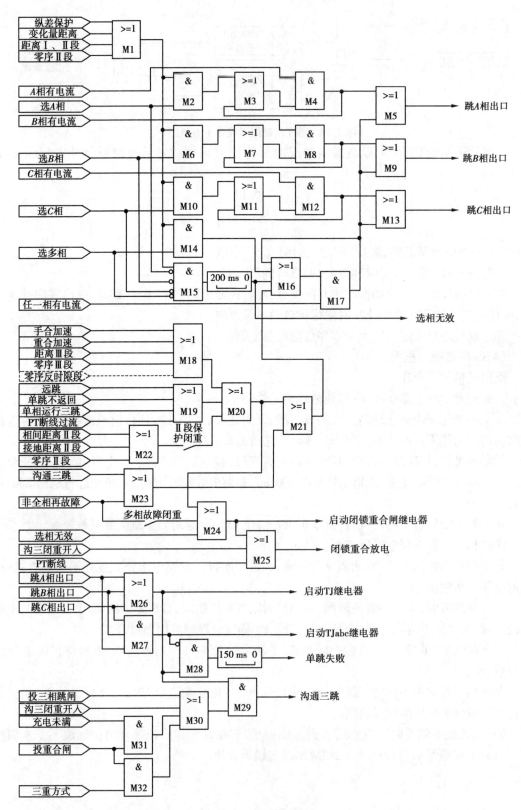

图 5.24　跳闸逻辑方框图

（5）重合闸逻辑方框图

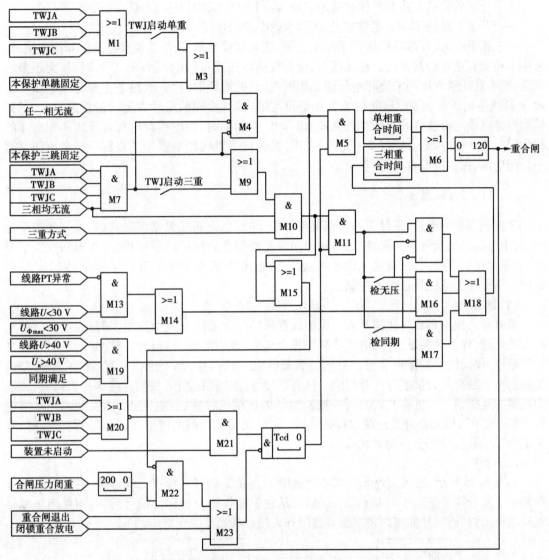

图 5.25　重合闸逻辑方框图

①TWJA、TWJB、TWJC 分别为 A、B、C 三相的跳闸位置继电器的接点输入。

②保护单跳固定、保护三跳固定为本保护动作跳闸形成的跳闸固定,单相故障,故障相无电流时该相跳闸固定动作,三相跳闸,三相电流全部消失时三相跳闸固定动作。

③定值中"禁止重合闸"控制字置"1",则重合闸退出,但保护仍是选相跳闸的。要实现保护重合闸停用,需将"停用重合闸控制字""停用重合闸软压板""闭锁重合闸硬压板"三者任一投上。当控制字"单相重合闸"或"三相重合闸"置"1"时,本装置重合闸投入。

④差动保护投入并且通道正常,当采用单重或三重不检方式,PT 断线时不放电;差动退出或纵联通道异常时,不管哪一种重合方式,PT 断线都要放电。

⑤重合闸充电在正常运行时进行,重合闸投入、无 TWJ、无压力低闭重闭重输入、无 PT 断线放电和其他闭重输入经 15 s 后充电完成。

⑥本装置重合闸为一次重合闸方式,用于单开关的线路,一般不用于 3/2 开关方式,可实

现单相重合闸、三相重合闸。

⑦重合闸的启动方式有本保护跳闸启动、经用户选择的不对应启动。

⑧若开关三跳如 TGabc 动作或三相 TWJ 动作,则不启动单重。

⑨三相重合时,可选用检线路无压重合闸、检同期重合闸,当不选检线路无压和检同期时,采用不检而直接重合闸方式。检无压时,检查线路电压或母线电压小于 30 V 时,检无压条件满足,而不管线路电压用的是相电压还是相间电压;检同期时,检查线路电压和母线电压大于 40 V 且线路电压和母线电压间的相位在整定范围内时,检同期条件满足。正常运行时,保护检测线路电压与母线 A 相电压的相角差,设为 Φ,检同期时,检测线路电压与母线 A 相电压的相角差是否在(Φ – 定值)至(Φ + 定值)范围内,因此不管线路电压用的是哪一相电压还是哪一相间电压,保护能够自动适应。

5.3.11　远跳、远传

装置利用数字通道,不仅交换两侧电流数据,同时也交换开关量信息,以实现一些辅助功能,其中包括远跳及远传。远跳、远传保护功能受两侧差动保护的硬压板、软压板和控制字控制,当差动保护不投入时,自动退出远跳、远传功能,但开入量中显示用的收远跳、收远传 1、收远传 2 不受差动保护是否投入控制。

（1）远跳

装置开入接点 826 为远跳开入。保护装置采样得到远跳开入为高电平时,经过专门的互补校验处理,作为开关量,连同电流采样数据及 CRC 校验码等,打包为完整的一帧信息,通过数字通道,传送给对侧保护装置。对侧装置每收到一帧信息,都要进行 CRC 校验,经过 CRC 校验后再单独对开关量进行互补校验。只有通过上述校验后,并且经过连续 3 次确认后,才认为收到的远跳信号是可靠的。收到经校验确认的远跳信号后,若整定控制字"远跳经本侧控制"整定为"0",则无条件置三跳出口,启动 A、B、C 三相出口跳闸继电器,同时闭锁重合闸;若整定为"1",则需本装置启动才出口。

（2）远传

如图 5.26 所示,装置接点 827、828 为远传 1、远传 2 的开入接点。同远跳一样,装置也借助数字通道分别传送远传 1、远传 2。区别只是在于接收侧收到远传信号后,并不作用于本装置的跳闸出口,而只是如实地将对侧装置的开入接点状态反映到对应的开出接点上。

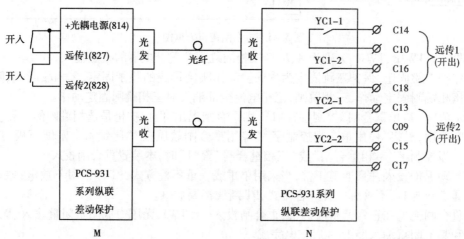

图 5.26　远传功能示意图

5.4　硬件构成

5.4.1　装置硬件框图

通用模拟采样硬件框图如图 5.27 所示。

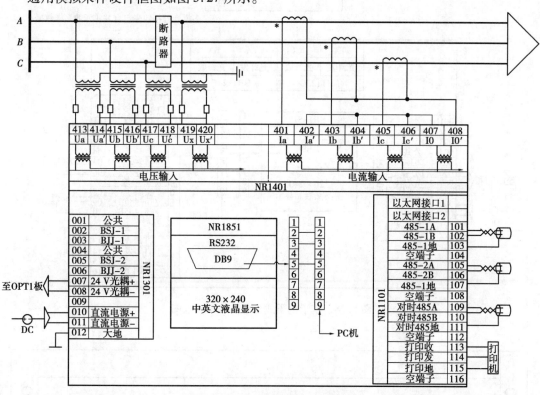

图 5.27　通用模拟采样硬件框图

基于电子式互感器的硬件框图如图 5.28 所示。

基于电子式互感器的硬件结构与通用硬件装置的区别仅仅是采样数据接收模块部分,装置通过多模光纤接收合并单元采样数据。

5.4.2　面板布置图

图 5.29 所示为装置的正面面板布置图。

5.4.3　输入输出定义

图 5.30 所示为保护装置端子定义图。其中可选插件根据保护装置的采样方式(常规模拟采样和电子式互感器采样)、保护出口方式(常规出口和 GOOSE 出口)、是否需三相不一致保护跳闸单独出口等情况灵活配置。

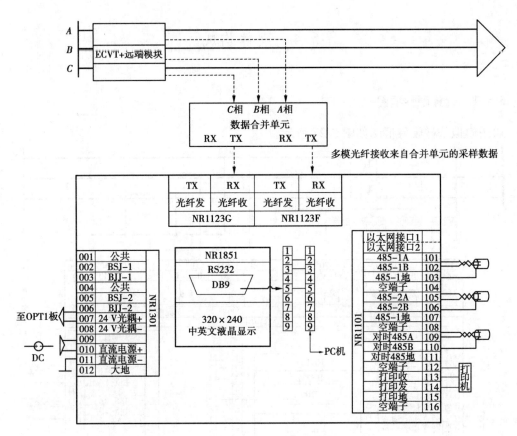

图 5.28 基于电子式互感器的硬件框图

图 5.29 面板布置图

通信插件 NR1102

名称	编号	说明
以太网口1		以太网
以太网口2		以太网
以太网口1		以太网
以太网口2		以太网
IRIG-B+	01	
IRIG-B-	02	时钟同步
485-3地	03	
大地	04	
打印RX	05	打印
打印TX	06	
打印地	07	

保护插件 NR1123

启动插件 NR1123

交流插件 NR1401 [可选]

名称	编号	名称	编号
Ia	01	Ia′	02
Ib	03	Ib′	04
Ic	05	Ic′	06
3Io	07	3Io′	08
	09		10
Ua	11		12
Ub	13	Ua′	14
Uc	15	Ub′	16
Ux	17	Uc′	18
	19	Ux′	20
	21		22
	23		24

GOOSE 插件 NR1126 [可选]

备用

光耦插件 NR1502

编号	名称	编号	名称
01	对时	02	打印
03	投检修态	04	信号复归
05	差动保护	06	备用
07	备用	08	备用
09	备用	10	停用重合闸
11	备用	12	备用
13		14	光耦电源+
15	光耦电源−	16	
17	备用	18	备用
19	备用	20	备用
21	备用	22	TWJA
23	TWJB	24	TWJC
25	低气压闭重	26	远跳
27	远传1	28	远传2
29	备用	30	

图5.30 装置端子定义图

出口插件1 NR1552 [可选]

端子	名称	端子	名称
01	公共1	02	BSJ-1
03	BJJ-1	04	XTJ-1
05	XHJ-1	06	公共2
07	BSJ-2	08	BJJ-2
09	公共3	10	公共4
11	TDGJ-1	12	TDGJ-2
13	YC1-1	14	YC2-1
15	YC1-2	16	YC2-2
17	YC1-2	18	YC2-2
19	公共	20	TJ-1
21	TJABC-1	22	BCJ-1
23	公共	24	TJ-2
25	TJABC-2	26	BCJ-2
27	公共	28	TJ-3
29	TJABC-3	30	BCJ-3

出口插件2 NR1551 [可选]

端子	名称	端子	名称
01	跳闸1公共	02	合闸1公共
03	跳闸2公共	04	
05	TJA-1	06	TJA-2
07	TJB-1	08	TJB-2
09	TJC-1	10	TJC-2
11	HJ-1	12	
13		14	
15	TJA	16	公共
17	TJB	18	TJC
19	TJA-3	20	公共
21	TJB-3	22	TJC-3
23	TJA-4	24	公共
25	TJB-4	26	TJC-4
27	HJ	28	HJ
29	HJ-2	30	HJ-2

出口插件3 NR1551B [可选]

端子	名称	端子	名称
01		02	跳闸5公共
03		04	跳闸6公共
05	TJA-5	06	TJA-6
07	TJB-5	08	TJB-6
09	TJC-5	10	TJC-6
11		12	
13		14	
15	TJA-7	16	跳闸7公共
17	TJB-7	18	TJC-7
19	TJA-8	20	跳闸8公共
21	TJB-8	22	TJC-8
23		24	
25		26	
27		28	
29		30	

出口插件4 NR1558 [可选]

端子	名称	端子	名称
01	TDGJA-1	02	TDGJA-1
03	TDGJA-2	04	TDGJA-2
05	TDGJB-1	06	TDGJB-1
07	TDGJB-2	08	TDGJB-2
09	TDGJ-3	10	TDGJ-3
11	TDGJ-4	12	TDGJ-4
13		14	
15		16	
17		18	
19		20	
21		22	
23		24	
25		26	
27		28	
29		30	

电源插件 NR1301

端子	名称
01	COM1
02	BSJ1
03	BJJ1
04	COM2
05	BSJ2
06	BJJ2
07	24 V+
08	24 V−
09	
10	DC+
11	DC−
12	大地

备用　备用　备用

保护装置支持常规继电器出口跳闸和 GOOSE 跳闸两种方式,也支持同时采用两种跳闸方式的情况,当保护装置采用常规继电器出口时,输出接点如图 5.35 所示。

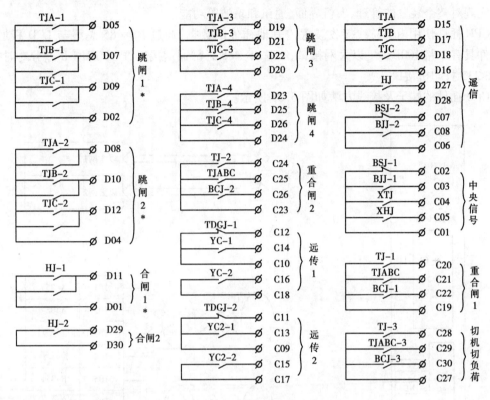

图 5.31　输出接点图

保护装置采用 GOOSE 跳闸方式时,不配置出口插件,而是通过 GOOSE 插件转发 GOOSE 输出信号。

5.4.4　各插件简要说明

本装置的主要特点是:高可靠性、高抗干扰能力、智能化、网络化,其通用硬件模块图如图 5.32 所示。

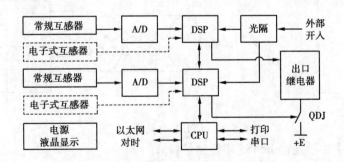

图 5.32　通用硬件模块图

（1）CPU 插件

CPU 插件由高性能的嵌入式处理器、FLASH、SRAM、SDRAM、以太网控制器及其他外设组成。实现对整个装置的管理、人机界面、通讯和录波等功能。

CPU 插件使用内部总线接收装置内其他插件的数据，通过 RS-485 总线与 LCD 板通讯。此插件具有 2 路 100BaseT 以太网接口、2 路 RS-485 外部通信接口、PPS/IRIG-B 差分对时接口和 RS-232 打印机接口。

CPU 插件的端子及接线方法如图 5.33 所示。

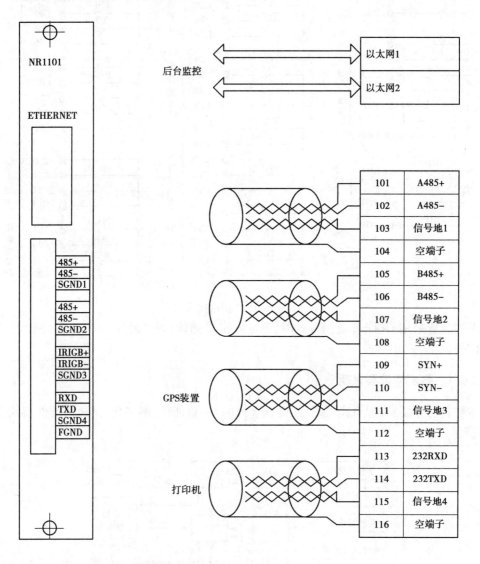

图 5.33　CPU 插件接线端子图

端子 101～104 用于连接 RS485 串行通信口 A。

端子 105～108 用于连接 RS485 串行通信口 B。

端子 109～112 用于连接差分同步总线，支持 PPS 和 IRIG-B 两种对时方式。

端子 113～116 用于连接打印机，其中收和发的方向均是相对于本装置而言。

正确接线的方法如图 5.33 所示,一般应选用内有两对双绞线的屏蔽电缆。其中一对双绞线分别连接差分信号的"＋""－"端;另一对双绞线铰接后连接该口的信号地,即将该总线上所连接的信号地的双绞线连接在一起。本插件为每一个通信口留有一个空端子,该空端子不与本装置任何信号有连接,用于多台装置串接时将两段电缆的外屏蔽连接在一起。电缆的外屏蔽应在某一端一点接地。

(2)DSP 插件 1

DSP 插件 1 由高性能的数字信号处理器、光纤接口、同步采样的 16 位高精度 ADC 以及其他外设组成。插件完成模拟量数据采集功能、与对侧交换采样数据、保护逻辑计算和跳闸出口等功能。

当连接常规互感器时,插件通过交流输入板进行同步数据采集;当连接电子式互感器时,插件通过多模光纤接口从合并单元实时接收同步采样数据。

根据不同的场合,配置不同型号的 DSP 插件,具体配置见表 5.2。

表 5.2　DSP 插件应用场合及接口情况

序号	应用场合	DSP 插件接口情况
1	模拟采样,单通道差动保护	配置 1 个模拟采样 ADC,配置 1 个单模光纤接口
2	模拟采样,双通道差动保护	配置 1 个模拟采样 ADC,配置 2 个单模光纤接口
3	单电子式互感器采样,单通道差动保护	配置 1 个多模光纤接口,配置 1 个单模光纤接口
4	双电子式互感器采样,单通道差动保护(用于 3/2 接线情况)	配置 2 个多模光纤接口,配置 1 个单模光纤接口
5	单电子式互感器采样,双通道差动保护	配置 1 个多模光纤接口,配置 2 个单模光纤接口
6	双电子式互感器采样,双通道差动保护(用于 3/2 接线情况)	配置 2 个多模光纤接口,配置 2 个单模光纤接口

DSP 插件 1 可提供的单模光纤接口速率可选 2 048 Kbit/s 或 64 Kbit/s。用于与对侧保护交换采样数据和信号。

(3)DSP 插件 2

DSP 插件 2 由高性能的数字信号处理器、光纤接口、同步采样的 16 位高精度 ADC 以及其他外设组成。插件完成模拟量数据采集、总启动元件的计算、实现开放出口正电源功能。

当连接常规互感器时,插件通过交流输入板进行同步数据采集;当连接电子式互感器时,插件通过多模光纤接口从合并单元实时接收同步采样数据。

DSP 插件 2 应根据不同的场合,配置不同型号的 DSP 插件。因为 DSP 插件 2 无须与对侧通信,与 DSP 插件 1 相比,DSP 插件 2 无须单模光纤接口。

(4)交流输入变换插件

对于支持电子式互感器的保护装置,不配置该插件。该插件的槽号为 4、5。

交流输入变换插件(NR1401)适用在有模拟 PT、CT 的厂站,其与系统接线方式如图 5.34所示。

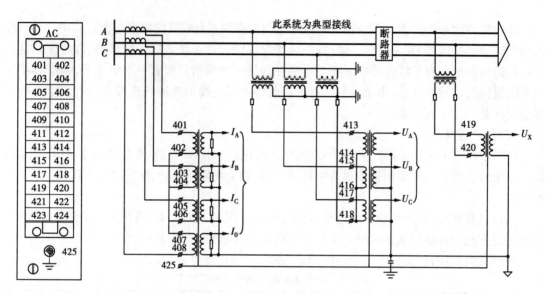

图 5.34　交流输入变换插件与系统接线图

I_A、I_B、I_C、I_0，分别为三相电流和零序电流输入，值得注意的是，虽然保护中零序方向、零序过流元件均采用自产的零序电流计算，但是零序电流启动元件仍由外部的输入零序电流计算，因此如果零序电流不接，则所有与零序电流相关的保护均不能动作，如零序过流等，电流变换器的线性工作范围为 $30I_N$。

U_A、U_B、U_C 为三相电压输入，额定电压为 $100/\sqrt{3}$ V；U_X 为重合闸中检无压、检同期元件用的电压输入，额定电压为 100 V 或 $100/\sqrt{3}$ V。当输入电压小于 30 V 时，检无压条件满足；当输入电压大于 40 V 时，检同期中有压条件满足，如重合闸不投或不检重合，则该输入电压可以不接。如果重合闸投入且使用检无压或检同期方式(由定值中重合闸方式整定)，则装置在正常运行时检查该输入电压是否大于 40 V，若小于 40 V，经 10 s 延时报线路 PT 断线告警，BJJ 继电器动作。正常运行时测量 U_X 与 U_A 之间的相位差，作为检同期的固有相位差，故对 U_X 是哪一相或相间是没有要求的，保护能够自动适应。

425 端子为装置的接地点，应将该端子接至接地铜排。

交流插件中三相电流和零序电流输入，按额定电流可分为 1 A、5 A 两种，订货时请注明，投运前注意检查。

（5）GOOSE 插件（可选）

GOOSE 插件由高性能的数字信号处理器、两路百兆光纤以太网、两路百兆 RJ-45 以太网及其他外设组成。插件支持 GOOSE 功能和 IEC61850-9-1 规约，完成保护从合并单元接收数据、发送 GOOSE 命令给智能操作箱等功能。当不采用 GOOSE 功能时，该插件不需要配置。

GOOSE 发送功能和 GOOSE 接收功能需要通过配置发送模块和接收模块来完成。

装置最大支持配置 8 个发送模块，推荐配置 1 个发送模块。为方便现场调试，最大化配置了 12 个发送压板。当相应发送压板退出时，与之关联的 GOOSE 发送信息都是清零处理。每个 GOOSE 发送信息中，包含 GOOSE 发送信息和发送装置的"投检修态"开入信息，供接收侧判别接收信号是否有效使用。装置中 GOOSE 发送的信息包括：跳 A，跳 B，跳 C，重合，闭重，远传 1、远传 2 和通道告警等信号。

装置最大支持配置 12 个 GOOSE 接收模块,每个接收模块配置一个接收软压板。目前支持接收的 GOOSE 信号见表 5.3。

表 5.3 支持待接收的 GOOSE 信号表

序号	GOOSE 开入	备 注	对应的光耦开入	总的开入信号
1	闭锁重合闸_GOOSE			
2	闭锁重合闸_GOOSE		闭锁重合闸_OPT(810)	
3	闭锁重合闸_GOOSE	每个闭锁重合闸_GOOSE 为或的关系	(注:无论是否采用 GOOSE 功能,该光耦闭重开入始终有效)	闭锁重合闸
4	闭锁重合闸_GOOSE			
5	闭锁重合闸_GOOSE			
6	开关 1A 相跳闸位置_GOOSE		A 相跳闸位置_OPT(822)	A 相跳闸位置
7	开关 1B 相跳闸位置_GOOSE	对于 3/2 接线,两组 TWJ 为与的关系;对于非 3/2 接线,只接一组 TWJ	B 相跳闸位置_OPT(823)	B 相跳闸位置
8	开关 1C 相跳闸位置_GOOSE		C 相跳闸位置_OPT(824)	C 相跳闸位置
9	开关 2A 相跳闸位置_GOOSE		A 相跳闸位置_OPT(822)	A 相跳闸位置
10	开关 2B 相跳闸位置_GOOSE		B 相跳闸位置_OPT(823)	B 相跳闸位置
11	开关 2C 相跳闸位置_GOOSE		C 相跳闸位置_OPT(824)	C 相跳闸位置
12	远跳_GOOSE			
13	远跳_GOOSE	每个远跳_GOOSE 为或的关系	远跳开入_OPT(826)	远跳开入
14	远跳_GOOSE			
15	远跳_GOOSE			
16	远传 1_GOOSE			
17	远传 1_GOOSE	每个远传 1_GOOSE 为或的关系	远传 1 开入_OPT(827)	远传 1 开入
18	远传 1_GOOSE			
19	远传 1_GOOSE			
20	远传 2_GOOSE			
21	远传 2_GOOSE	每个远传 2_GOOSE 为或的关系	远传 2 开入_OPT(828)	远传 2 开入
22	远传 2_GOOSE			
23	远传 2_GOOSE			

为方便现场调试,表 5.3 中的"GOOSE 开入"为 GOOSE 本身的接收信号,该 GOOSE 开入是否有效,还需结合 GOOSE 接收软压板、GOOSE 接收链路是否完好、检修状态压板等因素影响,具体关系如下所述。

接收到的 GOOSE 有效信息 = (发送端和接收端均在投检修态 | 发送端和接收端均不在检修态) & GOOSE 接收信息 & 对应接收软压板 & 对应通信链路正常。

对于断路器跳闸位置,当发送 GOOSE 断链、接收软压板退出、发送端和接收端检修压板状态不一致时,断路器跳闸位置保持原来的值。

（6）光耦插件1

光耦插件背板端子及外部接线如图5.35所示，装置配置智能开入板可同时监测25路开入，并将开入信息通过内部总线传给其他板卡。光耦插件的电源可选24 V，110 V和220 V。当开入电压＜额定工作电压的60%时，开入保证为0，当开入电压＞额定工作电压的70%时，开入保证为1。

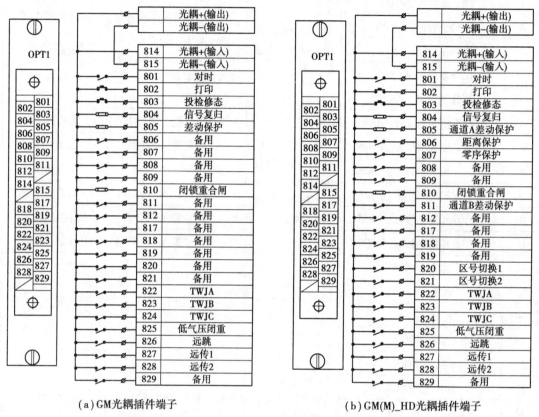

（a）GM光耦插件端子　　　　　　　　　　　　　（b）GM(M)_HD光耦插件端子

图5.35　光耦插件背板端子及外部接线图

光耦电源正应与本板的光耦正（814端子）相连，以便让保护监视光耦开入电源是否正常。光耦电源负应与本板的光耦负（815端子）相连。

802端子是打印输入，用于手动启动打印最新一次动作报告，一般在屏上装设打印按钮。装置通过整定控制字选择自动打印或手动打印，当设定为自动打印时，保护一有动作报告即向打印机输出，当设定为手动打印时，则需按屏上的打印按钮打印。

803端子是投检修态输入，它的设置是为了防止在保护装置进行试验时，有关报告经IEC 60870-5-103规约接口向监控系统发送相关信息，而干扰调度系统的正常运行，一般在屏上设置一投检修态压板，在装置检修时，将该压板投上，在此期间进行试验的动作报告不会通过通信口上送，但本地的显示、打印不受影响；运行时应将该压板退出。

804端子是信号复归输入，用于复归装置的磁保持信号继电器和液晶的报告显示，一般在屏上装设信号复归按钮。信号复归也可以通过通信进行远方复归。

805为通道A差动保护压板。

810端子是闭锁重合闸输入，其意义是：①沟三跳，即单相故障保护也三跳；②闭锁重合闸,如重合闸投入则放电。

本装置的重合闸启动方式有:①位置(TWJ)接点确定的不对应启动(由整定控制字确定是否投入);②本保护动作启动。

822、823、824 端子分别为 A、B、C 三相的分相跳闸位置继电器接点(TWJA、TWJB、TWJC)输入,一般由操作箱提供。位置接点的作用是:①重合闸用(不对应启动重合闸、单重方式是否三相跳开);②判别线路是否处于非全相运行;③PT 三相失压且线路无流时,看开关是否在合闸位置,若是则经 1.25 s 报 PT 断线。

825 端子是低气压闭锁重合闸输入,仅作用于重合闸,不用本装置的重合闸时,该端子可不接。

826 端子定义为远跳;主要为其他装置提供通道切除线路对侧开关,如本侧失灵保护动作,跳闸信号经远跳,结合"远跳经本侧控制"控制字可直接或经对侧启动控制,跳对侧开关。

827,828 端子定义为远传 1,远传 2;只是利用通道提供简单的接点传输功能,如本侧失灵保护动作,跳闸信号经远传 1(2),结合对侧就地判据跳对侧开关。

对于华东版程序,增加下述光耦定义。

806 为距离保护压板。

807 为零序保护压板。

811 为通道 B 差动保护压板。

820、821 端子为定值区号切换输入,一般在屏上装设定值区号切换开关,接点引入及方式见表 5.4。

表 5.4　820、821 端子接点引入及方式

端　子	定　义	定值区号 1	定值区号 2	定值区号 3	定值区号 4
820	区号切换 1	0	1	0	1
821	区号切换 2	0	0	1	1

(7)**光耦插件 2(NR1502)**

一般情况下,一块光耦插件已经满足保护装置的所有开入需求,但在某些情况下,一块光耦插件不能满足保护需求时,可配置光耦插件 2,该插件的背板端子及外部接线图如图 5.36 所示。

(8)**继电器出口 1 插件**

本插件提供输出空接点,如图 5.37 所示。

BSJ 为装置故障告警继电器,其输出接点 BSJ-1、BSJ-2、BSJ-3 均为常闭接点,装置退出运行如装置失电、内部故障时均闭合。

BJJ 为装置异常告警继电器,其输出接点 BJJ-1、BJJ-2 为常开接点,装置异常如 PT 断线、TWJ 异常、CT 断线等,仍有保护在运行时,发告警信号,BJJ 继电器动作,接点闭合。

XTJ、XHJ 分别为跳闸和重合闸信号磁保持继电器,保护跳闸时 XTJ 继电器动作并保持,重合闸时 XHJ 继电器动作并保持,需按信号复归按钮或由通信口发远方信号复归命令才返回。

TDGJ、YC1、YC2 为通道告警及远传继电器。TDGJ 定义为通道告警(常开接点),YC1 定

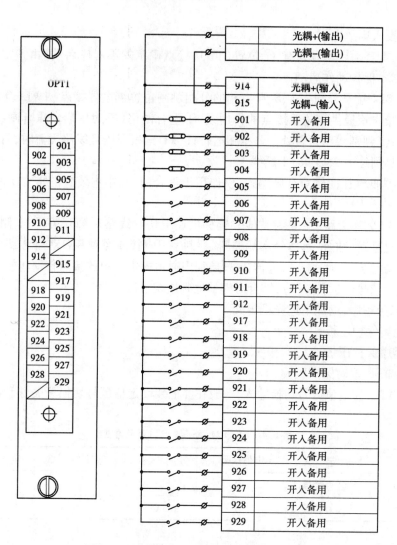

图 5.36　光耦插件 2 背板端子及外部接线图

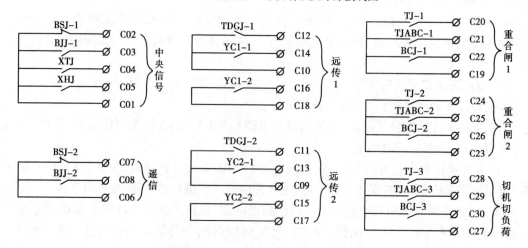

图 5.37　继电器出口 1 插件接点输出图

义为远传 1，YC2 定义为远传 2。装置给出两组接点，可分别给两套远方启动跳闸装置。

TJ 继电器为保护跳闸时动作(单跳和三跳该继电器均动作)，保护动作返回时。

TJABC 继电器为保护发三跳命令时动作，保护动作返回该继电器也返回。

BCJ 继电器为闭锁重合闸继电器，当本保护动作跳闸同时满足了设定的闭重条件时，BCJ 继电器动作，例如设置Ⅱ段保护闭锁重合闸，则当距离Ⅱ段动作跳闸时，BCJ 继电器动作。BCJ 继电器一旦动作，则直至整组复归返回。

TJ、TJABC、BCJ 继电器各有 3 组接点输出，供其他装置使用。

(9)继电器出口 2 插件

该插件输出 5 组跳闸出口接点和 3 组重合闸出口接点，均为瞬动接点；用第一组跳闸和第一组合闸接点去接操作箱的跳合线圈，其他供作遥信、故障录波启动、失灵用。如果需跳两个开关，则用第二组跳闸接点去跳第二个开关。继电器出口 2 接点输出如图 5.38 所示。

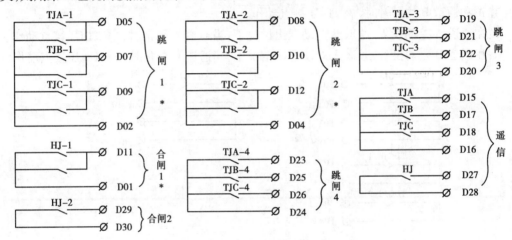

图 5.38 继电器出口 2 接点输出图

(10)继电器出口 3 插件

一般而言，继电器出口 2 插件的跳合闸输出接点是够用的，如果不够，可在其右侧插入继电器出口 3 插件，可扩展 4 组跳闸接点。

供货时一般不配继电器出口 3 插件，如有需要订货时请注明。出口 3 插件的端子定义如图 5.39 所示。

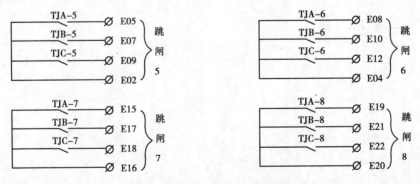

图 5.39 继电器出口 3 插件接点输出图

（11）继电器出口 4 插件

GMM 配置双光纤通道保护,需配置继电器出口 4 插件,该插件提供下述通道告警接点,其端子定义如图 5.44 所示。

①两路通道 A 告警接点,用于遥信和录波。当"通道 A 纵联差动保护"控制字退出情况下,当通道 A 异常时,该接点不动作,无"纵联通道 A 异常"报文。

②两路通道 B 告警接点,用于遥信和录波。当"通道 B 纵联差动保护"控制字退出情况下,当通道 B 异常时,该接点不动作,无"纵联通道 B 异常"报文。

③两路通道总告警接点,在双光纤通道保护中,出口 1 插件的通道告警接点和该通道总告警接点含义相同,用于遥信、录波和给就地判别装置。

通道总告警信号的输出逻辑为:

A:在通道 A 差动和通道 B 差动均投入或均不投入(包括软硬压板和控制字)情况下,只有通道 A 和通道 B 均异常时,该 TDGJ 接点动作。

B:在通道 A 差动投入、通道 B 差动退出情况下,当通道 A 异常时, 该 TDGJ 接点动作。

C:在通道 B 差动投入、通道 A 差动退出情况下,当通道 B 异常时, 该 TDGJ 接点动作。

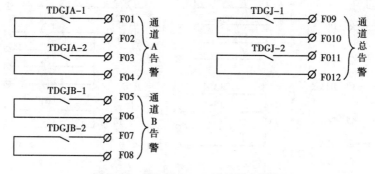

图 5.40　继电器出口 4 插件接点输出图

参考文献

[1] 陈德树,张哲,尹向根.微机继电保护[M].北京:中国电力出版社,2000.

[2] 陈德树.计算机继电保护原理与技术[M].北京:中国水利电力出版社,1992.

[3] 杨奇逊.微型机继电保护基础[M].北京:中国水利电力出版社,1988.

[4] IEEE 电力系统继电保护委员会,IEEE 电力工程教育委员会.计算机继电保护系统[M].黄焕焜,李菊,译.北京:水利电力出版社,1983.

[5] 姜琳,沈有昌,杨奇逊.微机保护抗干扰研究[J].电力系统自动化,1998,22(12):65-68.

[6] 丁书文,龚庆武,张承学.微机保护系统软件的抗干扰设计[J].华北电力技术,1999(2):46-49.

[7] 丁书文,杨雪平.微机保护装置的抗干扰技术[J].东北电力技术,1999(02):10-12.

[8] 徐立子.变电站自动化系统的分析和实施[J].电网技术,2000,24(5):25-29.

[9] 李华.微机型继电保护装置软硬件技术探讨[J].电力建设,2001,22(5):44-57.

[10] 柳永智.电力系统运动原理及微机远动装置[M].成都:成都科技大学出版社,1989.

[11] IEEE 电力工程委员会,IEEE 电力系统继电保护委员会.微处理机式继电器和保护系统[M].孙军,陶惠良,等,译.重庆:重庆大学出版社,1990.

[12] 杨新民,杨隽琳.电力系统微机保护培训教材[M].北京:中国电力出版社,2000.

[13] 黑龙江省电力有限公司调度中心.现场运行人员继电保护知识实用技术与问答[M].北京:中国电力出版社,2001.

[14] 涂光瑜.汽轮发电机及电气设备[M].北京:中国电力出版社,2000.

[15] 国家电力公司,中国华电电站装备工程(集团)总公司.电力系统继电保护与自动化设备手册[M].北京:中国电力出版社,2000.

[16] 华中工学院.电力系统继电保护原理与运行[M].北京:中国水利电力出版社,1985.

[17] 贺家李,宋从矩.电力系统继电保护原理[M].北京:中国电力出版社,2004.

[18] 张保会,尹项根.电力系统继电保护[M].北京:中国电力出版社,2009.

[19] 上海超高压输变电公司.超高压输变电操作技能培训教材(第六册)——继电保护[M].北京:中国电力出版社,2007.

[20] 许正亚.距离保护[M].北京:中国水利水电出版社,2002.

[21] 南京南端继保电气有限公司.超(特)高压输电线路成套保护装置说明书[G],2010.